高等职业教育土建类专业"十三五"规划教材

建筑工程计量与计价

（第二版）

董春霞　倪万芳　主编

王润明　主审

中国铁道出版社有限公司

CHINA RAILWAY PUBLISHING HOUSE CO., LTD.

内 容 简 介

本书为高等职业教育土建类专业"十三五"规划教材之一，根据全国高等职业教育土建类专业教学指导委员会编写的专业教育标准和培养方案及主干课程教学大纲编写。

本书共分 5 个单元，由浅入深地讲述了建筑工程造价概述、建筑工程计量与计价基础、建筑工程施工图预算、建筑工程工程量清单计价、工程结算与竣工决算等内容。

本书立足于基本理论的阐述，注重实际能力的培养，体现了"案例教学法"的思想，通过对一个完整建筑工程实例全过程计价文件编制的分析，完成了整个教材内容的编写，具有"实用性、系统性、先进性"等特色。

本书适合作为高等职业院校及部分中职学校建筑类各专业的教材，也可作为岗位培训教材，对于学习建筑工程计量与计价及从事建筑工程计量与计价的工作人员也有一定的参考价值。

图书在版编目（CIP）数据

建筑工程计量与计价/董春霞，倪万芳主编 . —2 版 . —北京：
中国铁道出版社，2019.1（2023.8 重印）
高等职业教育土建类专业"十三五"规划教材
ISBN 978-7-113-25180-2

Ⅰ．①建… Ⅱ．①董… ②倪… Ⅲ．①建筑工程-计量-高等职业教育-教材 ②建筑造价-高等职业教育-教材
Ⅳ．①TU723.32

中国版本图书馆 CIP 数据核字（2018）第 275652 号

书　　名：建筑工程计量与计价（第二版）	
作　　者：董春霞　倪万芳	

策　　划：何红艳	编辑部电话：（010）63560043
责任编辑：何红艳	
封面设计：付　巍	
封面制作：刘　颖	
责任校对：张玉华	
责任印制：樊启鹏	

出版发行：中国铁道出版社有限公司（100054，北京市西城区右安门西街 8 号）
网　　址：http://www.tdpress.com/51eds/
印　　刷：三河市宏盛印务有限公司
版　　次：2015 年 8 月第 1 版　2019 年 1 月第 2 版　2023 年 8 月第 4 次印刷
开　　本：787 mm×1 092 mm　1/16　印张：22.25　字数：543 千
书　　号：ISBN 978-7-113-25180-2
定　　价：56.00 元

第二版前言

"建筑工程计量与计价"是高等职业教育土建类建筑工程相关专业的一门重要课程。本教材根据全国高等职业教育土建类专业教学指导委员会编写的专业教育标准和培养方案及主干课程教学大纲，本着"必需、够用"的原则，以"讲清概念、强化应用"为主旨组织编写。通过对本课程的学习，学生可以掌握工程计量与计价的方法，具备分析和解决工程实际问题的能力。

党的二十大报告指出："在全社会弘扬劳动精神、奋斗精神、奉献精神、创造精神、勤俭节约精神，培育时代新风新貌。"为进一步贯彻落实党的二十大精神，落实立德树人根本任务，本书将学习目标细化为：知识目标、技能目标、素质目标，围绕实训项目，有机融入课程思政目标，培养学生成为有理想、敢担当、能吃苦、肯奋斗的新时代好青年。

为满足教材内容与行业规范同步，随着《天津市建设工程计价办法》(DBD 29-001—2020)、《天津市建筑工程预算基价》(DBD 29-101—2020)、《天津市装饰装修预算基价》(DBD 29-201—2020) 和《天津市建筑工程工程量清单计价指引》(DBD 29-901—2020)、《天津市装饰装修工程工程量清单计价指引》(DBD29-902—2020)等新规范颁布执行，并且为了强化学生造价技能操作基本功，我们对本书进行了改版修订，在内容上进行了较大地调整和更新，对单元 2 中 2.2.5 和 2.2.6 的计算规则进行了补充修改，为了强化学生造价操作基本功，增加了部分例题和 2.2.6 定额应用部分内容，对单元 3、单元 4 的全部案例进行了重新编写。由于国家标准《建设工程工程量清单计算规范》(GB 50500—2013) 仍在执行，故本书中单元 4 的4.1、4.2 内容不变。

为方便教学，各单元前设置学习目标，为学生学习和教师教学作了引导；各单元后设置复习思考题，从更深层次给学生以思考、复习的提示，由此构建了"引导—学习—总结—练习"的教学模式，本次改版依然保留下来。

本书由天津城市建设管理职业技术学院董春霞老师、倪万芳老师任主编。本书编写工作具体分工如下：单元 1、单元 5 由董鸾（天津城市建设管理职业技术学院）编写；单元 2、单元 3、单元 4 的 4.3 节由董春霞编写；单元 4 的 4.1 节、4.2 节由倪万芳编写；最后由董春霞统稿、修改并定稿。本书由天津市建设工程造价和招投标管理协会原副理事长兼常务秘书长王润明高级工程师担任主审，并提出了许多宝贵意见。

在编写本书过程中，参考了有关书籍、标准、规范及相关算量软件，在此谨向这些文献的作者和第一版的所有参编人员深表谢意；本书在编写过程中，得到了编者所在单位领导、中国铁道出版社的鼓励和支持，在此深表谢意。由于编者水平有限，书中难免有不妥之处，恳请使用本教材的师生和广大读者指正。

编　者

2023 年 6 月

第一版前言
PREFACE

建筑工程计量与计价经历了几十年风风雨雨，经过我国几代造价工作者的不懈努力，形成了具有我国特色的计价模式。随着国家标准《建设工程工程量清单计价规范》（GB 50500—2013）的颁发，建设工程造价计价方式发生了重大变化，从单一的定额计价模式转变为工程量清单计价、定额计价两种模式并存的格局。工程量清单计价采用的是综合单价，是一种全新的报价方式，工程量清单计价明确，真实地反映了工程的实物消耗以及包括人工、材料、机械、管理费、利润等在内的有关费用。随着我国工程造价领域精细化管理时代的到来，建筑工程计量与计价工作将更加公开透明，这也要求工程造价从业人员提高自身综合素质，尽快掌握国际经济活动规则，按国际惯例开展工作。

"建筑工程计量与计价"是高等职业教育土建类建筑工程相关专业的一门重要课程。本教材根据全国高等职业教育土建类专业教学指导委员会编写的专业教育标准和培养方案及主干课程教学大纲，本着"必需、够用"的原则，以"讲清概念、强化应用"为主旨组织编写。通过本课程的学习，学生可以掌握工程计量与计价的方法，具备分析和解决工程实际问题的能力。

本书依据《房屋建筑与装饰工程工程量计算规范》（GB 50854—2013）、《建设工程工程量清单计价规范》（GB 50500—2013）、《建筑工程建筑面积计算规范》（GB/T 50353—2013）等国家最新规范标准、法规编写，主要介绍了建设工程造价构成、建筑工程计量与计价基础、建筑工程施工图预算、建筑工程工程量清单计价、工程结算与竣工决算等内容。

为方便教学，各单元前设置学习目标，为学生学习和教师教学作引导；各单元后设置复习思考题，从更深层次给学生以思考、复习的提示，由此构建了"引导学习、总结练习"的教学模式。

本书由天津城市建设管理职业技术学院倪万芳、董春霞任主编，董鸾、庞娜参编。本书编写工作具体分工如下：单元1、单元2的2.1~2.4节由董春霞编写；单元2的2.5节、2.6节、单元3、单元4的4.2节、单元5由倪万芳编写；单元4的4.1节由董鸾（天津城市建设管理职业技术学院）编写；单元4的4.3节由庞娜（天津住宅集团建设工程总承包有限公司）编写，最后由倪万芳统稿、修改并定稿。本书由天津市建设工程造价和招投标管理协会副理事长兼常务秘书长王润明（高级工程师）主审。

编者衷心感谢王润明秘书长严谨、细致、认真的审稿工作；本书在编写过程中，还得到了编者所在单位领导、中国铁道出版社的鼓励和支持，在此深表谢意。

本书的编写参考了书后所列参考文献中的部分内容，谨在此向其作者致以衷心的感谢！

由于时间仓促，编者水平有限，书中难免有疏漏之处，敬请广大读者指正。

编　者
2015 年 5 月

目　录
CONTENTS

概　述

学习目标

（1）知识目标

◆ 了解工程造价的概念和计价模式。

◆ 掌握建设项目划分的方法。

◆ 掌握工程造价的构成内容。

（2）技能目标

◆ 能够区分建设工程造价的两种计价模式。

（3）素质目标

◆ 培养学生的爱国情怀。

◆ 遵守标准规范，树立认真负责的规则意识。

通过网络等媒介，以小组形式，完成对工程造价的发展历史的认识，谈谈你对企业实践，考取专业证书、参加专业比赛等方式的看法，对于你提升专业技能和专业素养有哪些优势？

1.1　建筑工程造价概述

1.1.1　建筑工程造价的概念

建筑工程造价从字面理解就是工程的建造价格。工程造价有两种含义，即工程投资费用和工程价格。

工程投资费用是指建设一项工程预期开支或实际开支的全部固定资产投资费用，也就是一项工程通过建设形成相应的固定资产、无形资产所需的一次性费用总和。这一含义是从投资者（业主）的角度来定义的。从这个意义上说，工程造价就是工程投资费用，建设项目工程造价就是建设项目固定资产投资。

工程造价的第二种含义是指工程价格。即为建成一项工程，预计或实际在土地市场、设备市场、技术劳务市场，以及承包市场等交易活动中所形成的建筑安装工程的价格和建设工程总价格。它以工程这种特定的商品形式作为交易对象，通过招标投标、承发包或其他交易方式，在进行多次预估的基础上，最终由市场形成的价格。

1.1.2 工程计价的特点

工程计价是对投资项目工程造价的计算，具体是指工程造价人员在项目实施过程中，根据各阶段的不同要求，遵循计价的原则、程序，采用科学的计价方法，对投资项目最可能实现的合理价格作出科学的推测和判断，从而确定投资项目工程造价的经济文件。这里所指计价主要是指计算建筑工程造价即计算建筑工程产品的价格。

由于建筑产品价格的特殊性，与一般工业产品价格的计价方法相比，采取了特殊的计价方法，即按定额计价方式和工程量清单计价方式。

建筑产品的庞大性及其施工的长期性（工期长）、建筑产品的固定性及其施工的流动性、建筑产品的多样性及其施工的单件性（个别性）、建筑产品的综合性及其施工的复杂性决定了工程计价具有单件性、多次性、组合性和动态性等特点。

1. 单件性计价

建筑产品的个体差别性决定了每个工程项目都必须单独计算造价。

每个工程项目都有其特定的功能和用途，因而也就有不同的结构、造型和装饰，不同的体积和面积，且在设计时要采用不同的工艺设备和建筑材料。同时，工程项目的技术指标要适应当地的风俗习惯，再加上不同地区构成投资费用的各种价值要素的差异，导致建设项目不能像对工业产品那样按品种、规格和质量成批定价，只能是单件计价。也就是说，一般不能由国家或企业规定统一的价格，只能就单个项目通过特殊的程序（编制估算、概算、预算、结算及最后确定竣工决算等）来计价。

2. 多次性计价

建设工程周期长、规模大、造价高，因此要按建设程序分阶段进行，相应地也要在不同阶段多次计价，以保证工程造价确定与控制的科学性。多次性计价是一个逐步深化、逐步细化和逐步接近实际造价的过程，其过程与基本建设程序各阶段对应关系如图1-1所示。

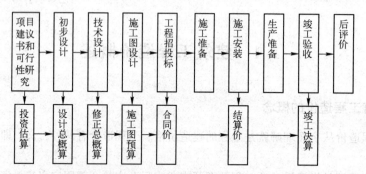

图1-1 多次性计价与基本建设程序对应关系图

从图1-1可以看出，从投资估算、设计概算、施工图预算到招标承包合同价，再到各项工程的结算价和最后在结算价基础上编制的竣工决算，整个计价过程是一个由粗到细、由浅到深、多层次的计价过程。计价过程各环节之间相互衔接，前者控制后者，后者补充前者。

3. 按工程构成的分部组合计价

从图1-1中可以看出，一个建设项目是一个工程综合体，这个综合体可以分解为许多有内在联系的独立和不能独立的工程。建设项目的这种组合性决定了计价过程是一个逐步组合的过

2

程，计算工程价格时，一般都是由单个到综合，由局部到总体，逐个计价，层层汇总而成。其计算过程和计算顺序：分部分项工程单价→单位工程造价→单项工程造价→建设项目总造价。

4. 工程计价的动态性

任何一项工程从决策阶段开始到竣工交付使用，都要经历较长的建设时间。在此期间，工程造价受价值规律、货币流通规律和商品供求规律的支配，因此工程造价受到许多不确定因素的影响，如工程变更、设备材料价格、投资额度、工资标准及费率、利率、汇率、建设工期等。总之，工程计价在工程建设的全过程中具有动态性，建筑工程造价应根据工程建设程序不同阶段的不同条件分别计价。

5. 计价方法的多样性

为了适应多次性计价具有不同的计价依据，以及对造价的不同精度的要求，计价方法具有多样性。不同方法的利弊不同，适应的条件也不同，所以计价时要对其进行选择。目前，我国工程造价计价主要采用定额计价和工程量清单计价两种方法。

6. 计价依据的复杂性

由于影响造价的因素较多，所以计价依据种类也多，主要有以下 7 类：

（1）设备和工程量的计算依据。一般包括设计文件等。

（2）计算人工、材料、机械等实物消耗量依据。它包括投资估算指标、概算定额和预算定额等。

（3）计算工程单价的依据。它包括人工单价、材料价格和机械台班费等。

（4）计算其他有关费用的依据。它包括国家和地方的一些文件规定。

（5）计算设备单价依据。它包括设备原价、设备运杂费和进口设备关税等。

（6）政府规定的税费。

（7）物价指数和工程造价指数。

计价依据的复杂性不仅使计算过程复杂，而且要求计价人员熟悉各类计价依据，并能正确应用。

1.2　建设工程造价计价模式

现阶段，我国存在两种工程造价计价模式：一种是定额计价模式；另一种是工程量清单计价模式。不论哪一种计价模式都是先计算工程量，再计算工程价格。

1.2.1　定额计价模式

定额计价模式是我国传统的计价模式。在招投标时，不论作为招标标底，还是投标报价，其招标人和投标人都需要按国家规定的统一工程量计算规则计算工程量，然后按建设行政主管部门颁发的预算定额计算人工费、材料费、机械费，再按有关费用标准计取其他费用，然后汇总得到工程造价。其整个计价过程中的计价依据是相对固定的，即法定的"定额"。因此，定额在一定的历史条件下，起到了确定和衡量工程造价标准的作用，规范了建筑市场，使专业人士在确定工程计价时有所依据、有所凭借。但定额指令性过强，反映在具体的表现形式上，就是把企业的技术装备、施工手段、管理水平等本属于竞争内容的活跃因素固定化了，不利于竞争机制的发挥。

定额计价模式下的费用由直接费（直接工程费、措施费）、间接费（规费、企业管理费）、利润、税金四大项内容组成，具体详细内容见单元2。

1.2.2　工程量清单计价模式

工程量清单计价模式，是指由招标人按照国家统一规定的工程量计算规则计算工程数量，由投标人按照企业自身的实力，根据招标人提供的工程数量，自主报价的一种模式。由于"工程数量"由招标人提供，增大了招标市场的透明度，为投标企业提供了一个公平合理的基础和环境，真正体现了建设工程交易市场的公平、公正。"工程价格由投标人自主报价"，即定额不再作为计价的唯一依据，政府不再作任何参与，而由企业根据自身技术专长、材料采购渠道和管理水平等，制定企业自己的报价定额，自主报价。

工程量清单计价模式下的费用由分部分项工程费、措施项目费、其他项目费和规费、税金五大项内容组成。

1.2.3　定额计价方式与工程量清单计价方式的区别与联系

1. 定额计价方式与工程量清单计价方式的区别

1）计价依据不同

（1）依据不同定额。定额计价按照政府主管部门颁发的预算定额计算各项消耗量；工程量清单计价按照企业定额计算各项消耗量，也可以选择其他适合的定额（包括预算定额）计算各项消耗量，选择什么样的定额，由投标人自主确定。

（2）采用的单价不同。定额计价的人工单价、材料单价和机械台班单价采用预算定额基价或政府指导价；工程量清单计价的人工单价、材料单价和机械台班单价采用市场价，由投标人自主确定。

（3）费用项目不同。定额计价的费用根据政府主管部门颁发的费用计算程序规定的项目和费率计算；工程量清单计价的费用按照计价规范的规定，并结合拟建项目和本企业的具体情况由企业自主确定实际的费用项目和费率。

2）费用构成不同

定额计价方式的工程造价费用构成一般由直接费（包括直接工程费和措施费）、间接费（包括规费和企业管理费）、利润和税金（包括营业税、城市维护建设税和教育费附加）构成；工程量清单计价的工程造价费用由分部分项工程费、措施项目费、其他项目费、规费和税金构成。

3）采用的计价方法不同

定额计价方式常采用单位估价法和实物金额法计算直接费，然后再计算间接费、利润和税金；工程量清单计价则采用综合单价的方法计算分部分项工程费，然后再计算措施项目费、其他项目费、规费和税金。

4）本质特性不同

定额计价方式确定的工程造价具有计划价格的特性，工程量清单计价方式确定的工程造价具有市场价格的特性，两者有着本质上的区别。

2. 定额计价方式与工程量清单计价方式的联系

从发展过程来看，可以将清单计价方式看作是在定额计价方式的基础上发展起来的、适应市场经济条件的、新的计价方式，这两种计价方式之间具有传承性。

1）两种计价方式的目标相同

不管是何种计价方式，其目标都是正确确定建筑工程造价。

2）两种计价方式的编制程序主线条基本相同

清单计价方式和定额计价方式都要经过识图、计算工程量、套用定额、计算费用和汇总工程造价等主要程序来确定工程造价。

3）两种计价方式的重点都是要准确计算工程量

工程量计算是两种计价方式的共同重点。该项工作涉及的知识面较宽，计算的依据较多，花的时间较长，技术含量较高。

两种计价方式计算工程量的不同点主要是项目划分的内容不同、采用的计算规则不同。清单计价的工程量根据计价规范的附录进行列项和计算工程量；定额计价的工程量根据预算定额来列项和计算工程量。

4）两种计价方式发生的费用基本相同

不管是清单计价或者是定额计价，都必然要计算直接费、间接费、利润和税金。其不同点是，两种计价方式的费用划分方法、计算基数和采用的费率不一致。

5）两种计价方式的计费方法基本相同

计费方法是指应该计算哪些费用、计费基数是什么及计费费率是多少等。在清单计价方式和定额计价方式中都存在如何取费、取费基数的规定及取费费率的规定等。不同的是，两者各项费用的取费基数及费率有差别。

1.3　建设项目划分

基本建设是指国民经济各部门固定资产的形成过程，即将一定的建筑材料和机器设备等，通过建造、购置和安装等活动转化为固定资产，形成新的生产能力或使用效益的过程。与此相关的其他工作（如：土地征用、房屋拆迁、勘察设计、招标投标和工程监理等）也是基本建设的部分。为了便于进行基本建设工程管理和确定工程造价，基本建设项目按从大到小的顺序，可划分为建设项目、单项工程、单位工程、分部工程和分项工程5个基本层次，如图1-2所示。

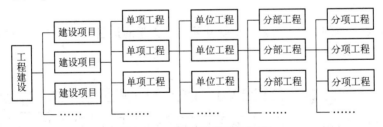

图1-2　工程建设项目分解图

1. 建设项目

建设项目是指具有经过有关部门批准的立项文件和设计任务书，经济上实行独立核算，行政上实行统一管理的工程项目。它由一个或几个单项工程组成，一般情况下，一个建设单位就是一个建设项目。

在工业建设中，一般以拟建厂矿企业单位为一个建设项目，如一座玩具厂、一座钢铁厂或一座汽车制造厂等。在民用建设中，一般以拟建居住建筑群、公共建筑群为一个建设项目，如一个住宅小区、一所学校或一所医院等。

2. 单项工程

单项工程是建设项目的组成部分，是指在一个建设项目中，具有独立的设计文件，建成后可以独立发挥生产能力或使用效益的项目，如一座工厂中的各个车间、办公楼、宿舍或食堂等，一所学校中的教学楼、办公楼、实验楼或学生公寓等。

单项工程是具有独立存在意义的完整的工程项目，是一个复杂的综合体，它由多个单位工程组成。

3. 单位工程

单位工程是单项工程的组成部分，是指具有独立的设计文件，可以独立组织施工和单独成为核算对象，但建成后不能独立发挥其生产能力或使用效益的项目。

在工业与民用建筑中，单位工程一般包括建筑工程、装饰工程、电气照明工程和设备安装工程等多个单位工程。一个单位工程又由多个分部工程组成。

4. 分部工程

分部工程是单位工程的组成部分，是指按工程的结构形式、工程部位、构件性质、使用材料和设备种类等的不同划分的项目。如：在土建工程中，分部工程包括土（石）方工程、桩与地基基础工程、砌筑工程、混凝土及钢筋混凝土工程、门窗工程及木结构工程、金属结构工程、屋面及防水工程和防腐、隔热、保温工程等多个分部工程。一个分部工程由多个分项工程组成。

5. 分项工程

分项工程是分部工程的组成部分，是指按选用的施工方法、所使用的材料以及结构构件规格的不同等因素划分的，用较为简单的施工过程就能完成的，以适当的计量单位就可以计算工料消耗的最基本构成项目，如混凝土及钢筋混凝土分部工程，根据施工方法、材料种类及规格等因素的不同，可进一步划分为带形基础、独立基础、满堂基础、设备基础、矩形柱及异型柱等分项工程。

分项工程是单项工程组成部分中最基本的构成因素。每个分项工程都可以用一定的计量单位计算，并能求出完成相应计量单位分项工程所需消耗的人工、材料、机械台班的数量及其预算价值。

某大学扩建工程的项目划分如图 1-3 所示，该大学的扩建工程包括学术报告厅、实验楼和 1 号教学楼三部分。

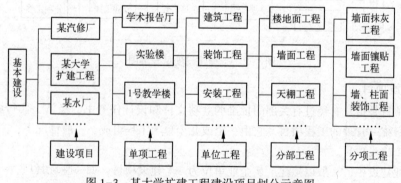

图 1-3　某大学扩建工程建设项目划分示意图

综上所述，一个建设项目是由一个或若干个单项工程组成的，一个单项工程又是由若干个单位工程组成的，一个单位工程可划分为若干个分部工程，一个分部工程又可划分为若干个分项工程。建筑工程造价的计算就是从最基本的构成因素开始的。

1.4　建设工程造价的构成

建设投资构成包括固定资产投资和流动资产投资两个组成部分。工程造价由建筑安装工程费用、设备及工具器具购置费用、工程建设其他费用、预备费、建设期贷款利息等组成。现分述如下：

1.4.1　建筑安装工程费用的构成

建筑安装工程费用由直接工程费、间接费、利润和税金构成，将在单元 2 中详细介绍。

1.4.2　设备及工具器具购置费用组成

设备及工具器具购置费用是由设备购置费用（包括设备原价、设备运杂费）和工具、器具、生产家具的购置费用构成，它是固定资产的重要组成部分。在生产性建设项目中，设备及工具器具购置费用占工程造价比重的增长，标志着生产技术的进步和资本构成的提高。

1. 设备购置费用

建设项目的设备购置费用是指建设项目购置或自制的达到固定资产标准的各种国产或进口设备、工具、器具的购置费用。其具体计算公式如下：

$$设备购置费 = 设备原价 + 设备运杂费 \tag{1-1}$$

在上述计算式中，设备原价是指国家标准设备、非标准设备、进口设备的原价，设备运杂费是指设备供销部门手续费，设备原价中未包括的包装和包装材料费、运输费、装卸费、采购费及仓库保管费之和。

1）国产标准设备原价

国产标准设备是指按照主管部门颁发的标准图纸和技术要求，由我国设备制造厂批量生产的，符合国家质量检验标准的设备。国产标准设备原价一般指的是设备制造厂的交货价，即出厂价。如设备由设备成套公司供应，则以订货合同价为设备原价。有的设备有两种出厂价，即带有备件的出厂价和不带备件的出厂价。在计算设备原价时，一般采用带有备件的出厂价计算。

2）国产非标准设备原价

国产非标准设备是指国家尚无定型标准，各设备生产厂不可能批量生产，只能根据具体的单独设计图纸制造的设备。非标准设备原价有多种不同的计算方法。常用的方法是成本计算估价法。

按成本计算估价法确定国产非标准设备原价时，其费用构成主要有：材料费、加工费、辅助材料费、专用工具费、废品损失费、外购配件费、包装费、利润、税金（主要指增值税）和设计费等。单台非标准设备原价计算表达式为：

$$单台非标准设备原价 = \{[(材料费 + 加工费 + 辅助材料费) \times (1 + 专用工具费率) \times$$
$$(1 + 废品损失率 + 外购配套件费)] \times (1 + 包装费 - 外购配套件费)\} \times$$
$$(1 + 利润率) + 增值税 + 非标准设备设计费 + 外购配套件费$$

$$\tag{1-2}$$

3）进口设备原价

进口设备原价是指进口设备的抵岸价，即抵达买方边境港口或边境车站且交完关税后形成的价格。

（1）进口设备的交货方式可分为内陆交货类、目的地交货类、装运港交货类。

内陆交货类，即卖方在出口国内陆的某个地点完成交货任务。在交货地点，卖方及时提交合同规定的货物和有关凭证，并负担交货前的一切费用和风险；买方及时接受货物交付货款，负担交货后的一切费用和风险，并自行办理手续和装运出口。

目的地交货类，即卖方在进口国的港口或内地交货，包括目的港船上交货价、目的港船边交货价（FOS）、目的港码头交货价（关税已付）和完税后交货价（进口国的指定地点）。它们的特点是：买卖双方承担的责任、费用与风险是以目的地约定交货地点为分界线，只有当卖方在交货地点将货物置于买方的控制下才算交货，才能向买方收取货款。这类交货方式对卖方来说承担的风险较大，在国际贸易中卖方一般不愿采用。

装运港交货类，即卖方在出口装运港交货，主要有装运港船上交货价（FOB），习惯上称为离岸价格；运费在内价（CFF）和运输费、保险费在内价（CIF），习惯上称为到岸价格。它们的特点是：卖方按约定的时间在装运港交货，只要卖方把合同规定的货物装船后提供货运输单完成交货任务，并凭单据收回货款。装运港船上交货价是我国进口设备采用最多的一种交货价。

（2）进口设备抵岸价的构成。我国进口设备采用最多的是装运港船上交货价。其抵岸价的构成如下：

$$进口设备抵岸价 = 货价 + 国外运输 + 国外运输保险费 + 银行财务费 + 外贸手续费 + \qquad (1-3)$$
$$进口关税 + 增值税 + 消费税 + 海关监管手续费$$

4）设备运杂费

设备运杂费通常由下列各项构成：

（1）运费和装卸费。国产设备由设备制造厂交货地点起至工地仓库（或施工组织设计指定的需要安装设备的堆放地点）止所发生的运费和装卸费；进口设备则由我国到岸港口或边境车站起至工地仓库（或施工组织设计指定的需要安装设备的地点）止所发生的运费和装卸费。

（2）包装费。在设备原价中没有包含的为运输而需要包装支出的各种费用。

（3）供销部门手续费。按有关规定的统一费率计算。

（4）采购与仓库保管费。是指采购、验收、保管及收发设备所发生的各种费用，包括设备采购、保管和管理人员工资、工资附加费、办公费、差旅交通费、设备供应部门办公和仓库所占固定资产使用费、工具用具使用费、劳动保护费检验试验费等。这些费用可按主管部门规定的采购保管费率计算。设备运杂费计算如下：

$$设备运杂费 = 设备原价 \times 设备运杂费率 \qquad (1-4)$$

式中，设备运杂费率按各部门及省、市等的规定计算。

2. 工具器具及生产家具购置费

工具器具及生产家具购置费是指新建项目或扩建项目初步设计规定的保证初期正常生产必须购置的没有达到固定资产标准的设备、仪器、工卡模具、器具、生产家具和备用配件等的购置费用。一般以设备购置费为起算基数，按照部门或行业规定的工具器具及生产家具定额费率计算，计算公式如下：

$$工具器具及生产家具费 = 设备原价 \times 定额费率 \qquad (1-5)$$

1.4.3　工程建设其他费用组成

工程建设其他费用组成是指从工程筹建到工程竣工、验收、交付使用为止的整个建设期间，除建筑安装工程费用和设备、工具器具购置费以外的，以保证工程建设顺利完成和交付使用后能正常发挥效用而发生的各项费用的总和。

工程建设其他费用按其内容可分为三类：第一类指土地使用费；第二类指与工程建设有关的其他费用；第三类指与未来企业生产经营有关的其他费用。

1. 土地使用费

任何一个建设项目都要占用一定量的土地，也就必然要发生为获得建设用地而支付的费用，即土地使用费。它是指建设项目通过划拨方式取得土地使用权而支付的土地征用及迁移补偿费，或者通过土地使用权出让方式取得土地使用权而支付的土地使用权出让金。

1）土地征用及迁移补偿费

土地征用及迁移补偿费指建设项目通过划拨方式取得无限期的土地使用权，依照《中华人民共和国土地管理法》的规定所支付的费用。其总和一般不得超过被征土地年产值的 20 倍，土地年产值则按该地被征用前 3 年的平均产量和国家规定的价格计算，其内容包括：

（1）土地补偿费。征用耕地（包括菜地）的补偿标准为该耕地年产值的 3 ～ 5 倍，其具体标准由省、自治区、直辖市人民政府在此范围内制定。征用园地、鱼塘、藕塘、苇塘、宅基地、林地、牧场、草原等的补偿标准，由省、自治区、直辖市人民政府制定。征用无收益的土地，不予补偿。

（2）青苗补偿费和被征用土地上的房屋、水井、树木等附着物的补偿费。该标准由省、自治区、直辖市人民政府制定。征用城市郊区的菜地时，还应按照有关规定向国家缴纳新菜地开发建设基金。

（3）安置补助费。征用耕地、菜地时，每个农业人口的安置补助费标准为该地每亩年产量的 2~3 倍，需要安置的农业人口数按被征地单位征地前农业人口和耕地面积的比例及征地数量计算，每亩的安置补助费最高不得超过其年产量的 10 倍。

（4）缴纳的耕地占用税或城镇土地使用税、土地登记及征地管理费等。县、市土地管理机关从征地费中提取管理费的比率要按征地工作量的大小，视不同情况，在 1% ～ 4% 幅度内提取。

（5）征地动迁费。其内容包括征用土地上房屋及附属构筑物、城市公共设施等拆除、迁建补偿费，搬迁运输费，企业单位因搬迁造成的减产、停工损失补贴费、拆迁管理费等。

（6）水利水电工程水库淹没处理补偿费。内容包括农村移民安置迁建费，城市迁建补偿费，库区工矿企业、交通、电力、通信、广播、管网、水利等的恢复、迁建补偿费，库底清理费，防护工程费，环境影响补偿费用等。

2）土地使用权出让金

土地使用权出让金指建设项目通过土地使用权出让方式取得有限期的土地使用权，依照《中华人民共和国城镇国有土地使用权出让和转让暂行条例》规定支付的土地使用权出让金。其内容包括：

（1）明确国家是城市土地的唯一所有者，并分层次、有偿、有限地出让或转让城市土地使用权给用地者。第一层次由所在城市政府将国有土地使用权出让给用地者，该层次由城市政府垄断经营，出让对象可以是有法人资格的企事业单位，也可以是外商。第二层次及以下层次的转让则发生在土地使用者之间。

（2）城市土地的出让和转让方式可分为协议、招标、公开拍卖。要为各用地者获得土地使用权提供平等竞争机会，但竞争程度应各有不同。

协议方式是指由用地单位申请，经市政府批准同意后双方洽谈具体地块及地价。该方式适用于市政工程、公益事业用地以及需要减免地价的机关、部队用地和需要重点扶持、优先发展的产业用地。

招标方式是指在规定的期限内，由用地单位以书面形式投标，市政府根据投标报价所提供的规划方案及企业的信誉等综合考虑，择优而取。该方式适用于一般工程建设用地。

公开拍卖是指在指定的地点和时间由申请用地者叫价应价，价高者得。这完全是由市场竞争决定的，适用于盈利高的行业用地。

（3）在有偿出让和转让土地时，政府对地价不作统一规定但应坚持以下原则：地价对投资环境不产生大的影响；地价与当时的社会经济承受能力相适应；地价要考虑已投入的土地开发费用、土地市场供求关系、土地用途和使用年限。

（4）关于政府有偿出让土地使用权的年限，各地可根据时间、区位等各种条件作不同的规定，一般为 30～99 年，按照地面附属建筑物的折旧年限来看，以 50 年为宜。

（5）土地有偿出让和转让，土地使用者和所有者要签约，明确使用者对土地享有的权利和对土地所有者应承担的义务。有偿出让和转让使用权，应向土地受让者征收契税；转让土地如有增值，要向土地转让者征收土地增值税；在土地转让期间国家要区别不同地段、不同用途向土地占用者收取土地占用费。

2. 与工程建设有关的费用

1）建设单位管理费

建设单位管理费指建设项目立项、筹建、建设、联合试运转、竣工验收交付使用及评估等全过程管理所需费用。内容包括：

（1）建设单位开办费。它是指新建项目为保证筹建和建设工作正常进行所需要的办公设备、生活家具、用具、交通工具等的购置费用。

（2）建设单位经费。包括工作人员的基本工资、工资性津贴、办公费、差旅交通费、固定资产使用费、工具用具使用费、劳动保险费和职工福利费、劳动保护费、工会经费、职工教育经费、图书资料费、生产工人招募费、工程招标费、合同咨询费、法律顾问费、审计费、业务招待费、排污费、竣工交付使用清理费、竣工验收费、后评估等费用。不包括应计入设备、材料预算价格、建设单位采购及保管设备材料所需要的费用。

2）勘测设计费

勘测设计费指为本建设项目提供项目建议书、可行性研究报告及设计文件等所需费用，内容包括：编制项目建议书、可行性研究报告及投资估算、工程咨询、评价文件，以及为编制上述文件所进行勘测、设计、研究等所需费用；委托勘测设计单位进行初步设计、施工图设计及概预算编制等所需的费用；在规定范围内由建设单位自行完成的勘测、设计工作所需费用。

3）研究试验费

研究试验费指为本建设项目提供和验证设计参数、数据、资料所进行的必要的试验费用，以及设计规定在施工中必须进行的试验、验证所需费用，包括自行或委托其他部门研究试验所需人工费、材料费、试验设备及仪器使用费等。

4）临时设施费

临时设施费指建设期间建设单位所需临时设施的搭设、维修、摊销费用或租赁费用。

临时设施包括：临时宿舍、文化福利及公用事业房屋与构筑物、仓库、办公室、加工厂及规定范围内的道路、水、电、管线等临时设施和小型临时设施。

5）工程监理费

工程监理费指委托工程监理单位对工程实施监理工作所需费用。可以选择下列方法进行计算，如：

（1）一般情况应按工程建设监理收费标准计算，即占所监理工程概算或预算的百分比进行计算。

（2）对于单位工程或临时性项目，可根据参与监理的年度平均人数按每人每年 3～5万元计算。

6）工程保险费

工程保险费指建设项目在建设期间根据需要实施工程保险所需费用，包括以各种建筑工程及其在施工过程中的材料、机械设备为保险标的的建筑工程一切保险以及机械损坏保险等。根据不同的工程类别，分别依其建筑、安装工程费乘以建筑、安装工程保险费率计算。民用建筑占建筑工程费的 0.2%～0.4%。其他工程占建筑工程费的 0.3%～0.6%，安装工程占建筑工程费的 0.3%～0.6%。

7）供电贴费

供电贴费指建设项目按照国家规定应交付的供电工程贴费、施工临时用电贴费，是解决电力建设资金不足的临时对策。供电贴费是指用户申请用电时，由供电部门统一规划并负责建设的 110 kV 以下各级电压外部供电工程的建设、扩充、改建等费用的总称。供电贴费只能用于为增加或改善用户而必须新建、扩建和改善的电网建设以及有关的业务支出，由建设银行监督使用不得挪作他用。

8）施工机构迁移费

施工机构迁移费指施工机构根据建设任务的需要，经有关部门决定成建制地（指公司或公司所属工程处、工区）由原驻地迁移到另一个地区的一次性搬迁费用。费用内容包括职工及随同家属的差旅费，调迁期间的工资和施工机械、设备工具、用具、周转材料的搬运费，一般按建筑安装工程费的 0.5%～1% 计算。

9）引进技术和进口设备其他费

引进技术和进口设备其他费包括出国人员费用、国外技术人员来华费用、技术引进费用、分期或延期付款利息、担保以及进口检验鉴定费用。

（1）出国人员费用，是指为引进技术和进口设备派出人员在国外培训和进行设计联络，以及材料、设备检验等的差旅费、服装费、生活费等，一般按照设计规定的出国培训和工作的人数、时间及派往国家，按财政部、外交部规定的临时出国人员费用开支标准及中国民用航空公司现行国际航线票价等进行计算。

（2）国外工程技术人员来华费用，是指为引进国外技术和安装进口设备等聘用国外工程技术人员进行技术指导工作所发生的费用，包括技术服务费、外国技术人员的在华工资、生活补贴、差旅费、医药费、住宿费、交通费、宴请费、参观游览等招待费用。这项费用按每人每月费用指标计算。

（3）技术引进费用，是指为引进国外先进技术而支付的费用，包括专利费、专有技术费、国外设计及技术资料费、计算机软件费等，这项费用一般按照合同或协议的价格计算。

（4）分期或延期付款利息，是指利用出口信贷引进技术或进口设备，采用分期或延期付款的办法所支付的利息。

（5）担保费用，是指国内金融机构为买方出具保函的担保费用。这项费用按有关金融机构规定的担保率计算（一般可按承保金的5‰计算）。

（6）进口检验鉴定费用，是指进口设备按规定付给商品检验部门的进口设备鉴定费用。这项费用按进口设备货价的3‰～5‰计算。

10）工程承包费用

工程承包费用指具有总承包条件的工程公司对工程建设项目从开始建设至竣工投产全过程的总承包所需的管理费用。主要包括组织勘察设计、设备材料采购、非标准设备设计制造与销售、施工招标、发包、工程预决算、项目管理、施工质量监督、隐蔽工程检查、验收试车直至竣工投产的各种管理费用。该项费用应按照国家主管部门或各省、自治区、直辖市所规定的工程总承包费的收费标准计算。

3. 与未来企业生产经营有关的其他费用

1）联合试运转费用

联合试运转费用是指新建企业或扩建企业在竣工验收前，按照设计规定的工程质量标准，进行负荷或无负荷联合试运转所发生的费用支出大于试运转收入（系指试运转产品销售和其他收入）的差额部分费用。该费用包括试运转所需要的原料、燃料、油料和动力的费用，机械使用费用，低值易耗品及其他物品购置费用，以及施工企业参加联合试运转人员的工资等。

2）生产准备费用

生产准备费用是指新建企业或扩建企业为保证竣工交付使用而进行的生产准备所发生的费用。其费用的具体内容如下：

（1）生产人员培训费用，包括自行培训或委托培训人员的工资、工资性补贴、职工福利费、差旅交通费、学习资料费、学习费和劳动保护费等。

（2）新建企业提前进厂参加施工、设备调试及熟悉设备性能与工艺流程等人员的工资、工资性补贴、职工福利费、差旅交通费和劳动保护费等。

（3）办公和生活家具购置费用。该项费用是指为了保证新建、扩建、改建工程项目建设初期能正常生产、管理所必须购置的办公和生活家具、用具的费用。扩建、改建项目所需的办公和生活家具用具购置费应低于新建项目，主要包括办公室、会议室、阅览室、资料档案室、文娱室、食堂、单身宿舍等家具用具的购置费用。

4. 预备费

预备费是指考虑建设期可能发生的风险因素而导致增加的建设费用。包括基本预备费和价差预备费。

1）基本预备费（建设不可预见费）

基本预备费是指在项目建设过程中初步设计及概算内难以预料的工程费用。它以建设投资（包括工程费用和工程建设其他费用）为基数乘以基本预备费率进行计算。

$$基本预备费 = (工程费用 + 工程建设其他费用) \times 预备费费率 \qquad (1-6)$$

基本预备费率取值应符合国家及有关部门的规定，如没有规定时，一般可根据工程具体情况按 5%～10% 计取。

2）价差预备费（价格变动不可预见费、涨价预备费）

价差预备费是指在建设期间由于工程的人工、材料、设备、施工机械的价格及费率、利率、汇率等浮动因素可能引起工程概算费用的上涨而预留的费用。它以工程费用总值为基数，按建设期分年度用款计划和各类价格年上涨系数逐年递增计算，计算公式：

$$价差预备费 = P\left[(1+f)^{n-1} - 1\right] \qquad (1-7)$$

式中　P——工程费用总值（包括建筑安装工程费和设备购置费）；

　　　f——年工程造价上涨系数；

　　　n——概算文件编制年至建设项目开工年加上建设项目建设年限。

5. 建设期贷款利息

建设期贷款利息指建设项目以负债形式筹集资金在建设期应支付的利息，包括向国内银行和其他非银行金融机构贷款、出口信贷、外国政府贷款、国际商业银行贷款以及在境内外发行的债券等，在建设期内应偿还的借款利息。按照我国计算工程总造价的规定，在建设期支付的贷款利息也构成工程总造价的一部分。

建设期贷款利息一般按下式计算：

$$建设期每年应计利息 = (年初借款累计 + 当年借款额/2) \times 年利率 \qquad (1-8)$$

6. 经营项目铺底流动资金

经营项目铺底流动资金指经营性建设项目为保证生产和经营正常进行，按规定应列入建设项目总资金的铺底流动资金。它的估算对于项目规模不大且同类资料齐全的可采用分项估算法，其中包括劳动工资、原材料、燃料动力等部分；对于大项目及设计深度浅的可采用指标估算法。如一般加工工业项目多采用产值（或销售收入）进行估算，一些采掘工业项目常采用经营成本（或总成本）资金率进行估算，有些项目如火电厂按固定资产价值资金率进行估算。

复习思考题

1. 什么是工程造价？它具有哪些特点？

2. 工程造价分为哪几类？

3. 什么是建设项目？建设项目如何划分？

4. 建设投资由哪些内容构成？

5. 工程造价计价模式有哪几种？这些计价模式有何区别？

● 单元 2

建筑工程计量与计价基础

学习目标

（1）知识目标

◆ 了解建筑安装工程费用的组成和计算方法。

◆ 了解建筑面积、使用面积、结构面积的概念。

◆ 理解工程定额的原理，能查阅、使用工程定额。

◆ 掌握工程量的计算方法。

（2）技能目标

◆ 能查阅、使用工程定额。

◆ 能够利用计算规则，准确计算工程量。

（3）素质目标

◆ 培养学生热爱劳动，热爱工作，热爱岗位的基本职业操守。

◆ 引导统筹兼顾、效率制胜的工作作风。

在进行建筑工程工程量模块计算活动时，例如计算土石方工程量的过程中，各个环节之间存在着密切的关联，一旦某一环节出现失误，就会严重影响后续环节的工作。在实际的工作中，为了能够对计算结果产生一定的影响，一些造价人员可能对部分设置作出调整，面对该问题。谈谈你对造价员岗位职责的认识。

2.1 建筑安装工程费用组成与计价程序

根据我国住房和城乡建设部及财政部联合颁发的关于印发《建筑安装工程费用项目组成》的通知（建标〔2013〕44号），建筑安装工程费用项目按费用构成要素组成划分为人工费、材料费、施工机具使用费、企业管理费、利润、规费和税金。为指导工程造价专业人员计算建筑安装工程造价，将建筑安装工程费用按工程造价形成顺序划分为分部分项工程费、措施项目费、其他项目费、规费和税金。这与前面所述的两种计价模式相对应。

2.1.1 定额计价模式下建筑安装工程费用的组成

1. 定额计价的基本原理与特点

定额计价实际上是国家通过颁布统一的计价定额或指标，对建筑产品价格进行有计划的管理。国家以假定的建筑安装产品为对象，制订统一的预算和概算定额，按照统一的项目划

14

分和工程量计算规则计算出工程量后，套用相应的定额单价计算出定额直接费，再在直接费的基础上计算各种相关费用及利润和税金，最后汇总形成建筑产品的造价。定额计价法的特点就是量与价的结合，经过不同层次的计算形成量与价的最优结合过程。

2. 定额计价模式下建筑安装工程费的费用组成

根据住房和城乡建设部及财政部联合颁发的关于印发《建筑安装工程费用项目组成》的通知（建标［2013］44 号），建筑安装工程费按照费用构成要素划分为人工费、材料（包含工程设备，下同）费、施工机具使用费、企业管理费、利润、规费和税金。其中人工费、材料费、施工机具使用费、企业管理费和利润包含在分部分项工程费、措施项目费、其他项目费中（见图 2-1）。

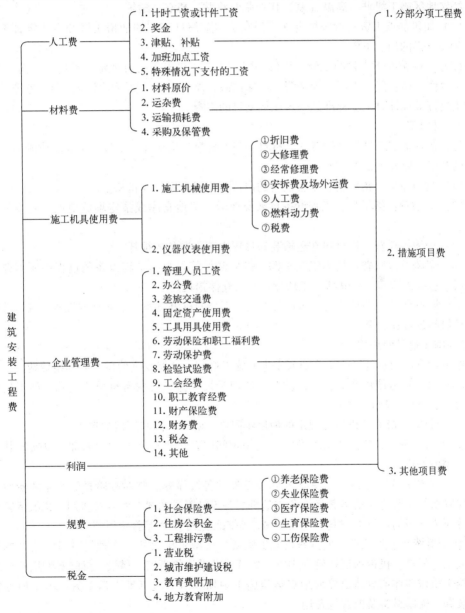

图 2-1　建筑安装工程费用项目组成（按费用构成要素划分）

15

1）人工费

人工费是指按工资总额构成规定，支付给从事建筑安装工程施工的生产工人和附属生产单位工人的各项费用。内容包括：

（1）计时工资或计件工资：指按计时工资标准和工作时间或对已做工作按计件单价支付给个人的劳动报酬。

（2）奖金：指对超额劳动和增收节支支付给个人的劳动报酬，如节约奖、劳动竞赛奖等。

（3）津贴、补贴：指为了补偿职工特殊或额外的劳动消耗和因其他特殊原因支付给个人的津贴，以及为了保证职工工资水平不受物价影响支付给个人的物价补贴，如流动施工津贴、特殊地区施工津贴、高温（寒）作业临时津贴、高空津贴等。

（4）加班加点工资：指按规定支付的在法定节假日工作的加班工资和在法定日工作时间外延时工作的加点工资。

（5）特殊情况下支付的工资：指根据国家法律、法规和政策规定，因病、工伤、产假、计划生育假、婚丧假、事假、探亲假、定期休假、停工学习、执行国家或社会义务等原因按计时工资标准或计时工资标准的一定比例支付的工资。

2）材料费

材料费是指施工过程中耗费的原材料、辅助材料、构配件、零件、半成品或成品、工程设备的费用。内容包括：

（1）材料原价：指材料、工程设备的出厂价格或商家供应价格。

（2）运杂费：指材料、工程设备自来源地运至工地仓库或指定堆放地点所发生的全部费用。

（3）运输损耗费：指材料在运输装卸过程中不可避免的损耗。

（4）采购及保管费：指为组织采购、供应和保管材料、工程设备的过程中所需要的各项费用。包括采购费、仓储费、工地保管费、仓储损耗。

工程设备是指构成或计划构成永久工程一部分的机电设备、金属结构设备、仪器装置及其他类似的设备和装置。

3）施工机具使用费

施工机具使用费是指施工作业所发生的施工机械、仪器仪表使用费或其租赁费。

（1）施工机械使用费以施工机械台班耗用量乘以施工机械台班单价表示，施工机械台班单价应由下列七项费用组成：

① 折旧费：指施工机械在规定的使用年限内，陆续收回其原值的费用。

② 大修理费：指施工机械按规定的大修理间隔台班进行必要的大修理，以恢复其正常功能所需的费用。

③ 经常修理费：指施工机械除大修理以外的各级保养和临时故障排除所需的费用。包括为保障机械正常运转所需替换设备与随机配备工具附具的摊销和维护费用，机械运转中日常保养所需润滑与擦拭的材料费用及机械停滞期间的维护和保养费用等。

④ 安拆费及场外运费：安拆费指施工机械（大型机械除外）在现场进行安装与拆卸所需的人工、材料、机械和试运转费用以及机械辅助设施的折旧、搭设、拆除等费用；场外运费指施工机械整体或分体自停放地点运至施工现场或由一施工地点运至另一施工地点的运输、装卸、辅助材料及架线等费用。

⑤ 人工费：指机上司机（司炉）和其他操作人员的人工费。

⑥ 燃料动力费：指施工机械在运转作业中所消耗的各种燃料及水、电等所需费用。

⑦ 税费：指施工机械按照国家规定应缴纳的车船使用税、保险费及年检费等。

（2）仪器仪表使用费是指工程施工所需使用的仪器仪表的摊销及维修费用。

4）企业管理费

企业管理费是指建筑安装企业组织施工生产和经营管理所需的费用。内容包括：

（1）管理人员工资：指按规定支付给管理人员的计时工资、奖金、津贴补贴、加班加点工资及特殊情况下支付的工资等。

（2）办公费：指企业管理办公用的文具、纸张、账表、印刷、邮电、书报、办公软件、现场监控、会议、水电、烧水和集体取暖降温（包括现场临时宿舍取暖降温）等费用。

（3）差旅交通费：指职工因公出差、调动工作的差旅费、住勤补助费，市内交通费和误餐补助费，职工探亲路费，劳动力招募费，职工退休、退职一次性路费，工伤人员就医路费，工地转移费以及管理部门使用的交通工具的油料、燃料等费用。

（4）固定资产使用费：指管理和试验部门及附属生产单位使用的属于固定资产的房屋、设备、仪器等的折旧、大修、维修或租赁费。

（5）工具用具使用费：指企业施工生产和管理使用的不属于固定资产的工具、器具、家具、交通工具和检验、试验、测绘、消防用具等的购置、维修和摊销费。

（6）劳动保险和职工福利费：指由企业支付的职工退职金、按规定支付给离休干部的经费，集体福利费、夏季防暑降温、冬季取暖补贴、上下班交通补贴等。

（7）劳动保护费：指企业按规定发放的劳动保护用品的支出，如工作服、手套、防暑降温饮料以及在有碍身体健康的环境中施工的保健费用等。

（8）检验试验费：指施工企业按照有关标准规定，对建筑以及材料、构件和建筑安装物进行一般鉴定、检查所发生的费用，包括自设试验室进行试验所耗用的材料等费用。不包括新结构、新材料的试验费，对构件做破坏性试验及其他特殊要求检验试验的费用和建设单位委托检测机构进行检测的费用，对此类检测发生的费用，由建设单位在工程建设其他费用中列支。但对施工企业提供的具有合格证明的材料进行检测不合格的，该检测费用由施工企业支付。

（9）工会经费：指企业按《工会法》规定的全部职工工资总额比例计提的工会经费。

（10）职工教育经费：指按职工工资总额的规定比例计提，企业为职工进行专业技术和职业技能培训，专业技术人员继续教育、职工职业技能鉴定、职业资格认定以及根据需要对职工进行各类文化教育所发生的费用。

（11）财产保险费：指施工管理用财产、车辆等的保险费用。

（12）财务费：指企业为施工生产筹集资金或提供预付款担保、履约担保、职工工资支付担保等所发生的各种费用。

（13）税金：指企业按规定缴纳的房产税、车船使用税、土地使用税、印花税等。

（14）其他：包括技术转让费、技术开发费、投标费、业务招待费、绿化费、广告费、公证费、法律顾问费、审计费、咨询费、保险费等。

5）利润

利润是指施工企业完成所承包工程获得的盈利。

6）规费

规费是指按国家法律、法规规定，由省级政府和省级有关权力部门规定必须缴纳或计取的费用。包括：

（1）社会保险费

① 养老保险费：指企业按照规定标准为职工缴纳的基本养老保险费。

② 失业保险费：指企业按照规定标准为职工缴纳的失业保险费。

③ 医疗保险费：指企业按照规定标准为职工缴纳的基本医疗保险费。

④ 生育保险费：指企业按照规定标准为职工缴纳的生育保险费。

⑤ 工伤保险费：指企业按照规定标准为职工缴纳的工伤保险费。

（2）住房公积金

住房公积金是指企业按规定标准为职工缴纳的住房公积金。

7）税金

税金是指国家税法规定的应计入建筑安装工程造价内的增值税。

3. 定额计价模式下建筑安装工程费计算方法

1）人工费

计算方法 1：

$$人工费 = \sum（工日消耗量 \times 日工资单价） \tag{2-1}$$

$$\frac{日工资}{单价} = \frac{生产工人平均月工资（计时、计件）+平均月（奖金+津贴补贴+特殊情况下支付的工资）}{年平均每月法定工作日}$$

$$\tag{2-2}$$

注：计算方法 1 主要适用于施工企业投标报价时自主确定人工费，也是工程造价管理机构编制计价定额确定定额人工单价或发布人工成本信息的参考依据。

计算方法 2：
$$人工费 = \sum（工程工日消耗量 \times 日工资单价） \tag{2-3}$$

日工资单价是指施工企业平均技术熟练程度的生产工人在每个工作日（国家法定工作时间内）按规定从事施工作业应得的日工资总额。

工程造价管理机构确定日工资单价应通过市场调查、根据工程项目的技术要求，参考实物工程量人工单价综合分析确定，最低日工资单价不得低于工程所在地人力资源和社会保障部门所发布的最低工资标准的：普工 1.3 倍、一般技工 2 倍、高级技工 3 倍。

工程计价定额不可只列一个综合工日单价，应根据工程项目技术要求和工种差别适当划分多种日人工单价，确保各分部工程人工费的合理构成。如天津市建筑工程预算基价（2012）中的人工单价按技术含量分为三类：一类工每工日 153 元；二类工每工日 135 元；三类工每工日 113 元。

注：计算方法 2 适用于工程造价管理机构编制计价定额时确定定额人工费，是施工企业投标报价的参考依据。

2）材料费和工程设备费

（1）材料费

$$材料费 = \sum（材料消耗量 \times 材料单价） \tag{2-4}$$

$$材料单价 = [（材料原价+运杂费）\times（1+运输损耗率（\%））] \times [1+采购保管费率（\%）] \tag{2-5}$$

（2）工程设备费

$$工程设备费 = \sum（工程设备量 \times 工程设备单价） \tag{2-6}$$

$$工程设备单价=(设备原价+运杂费)\times[1+采购保管费率(\%)] \tag{2-7}$$

3）施工机具使用费

（1）施工机械使用费

$$施工机械使用费=\sum(施工机械台班消耗量\times机械台班单价) \tag{2-8}$$

$$机械台班单价=台班折旧费+台班大修费+台班经常修理费+台班安拆费及场外运费+$$
$$台班人工费+台班燃料动力费+台班车船税费$$
$$\tag{2-9}$$

注：工程造价管理机构在确定计价定额中的施工机械使用费时，应根据《建筑施工机械台班费用计算规则》结合市场调查编制施工机械台班单价。施工企业可以参考工程造价管理机构发布的台班单价，自主确定施工机械使用费的报价，如租赁施工机械，公式为：

$$施工机械使用费=\sum(施工机械台班消耗量\times机械台班租赁单价) \tag{2-10}$$

（2）仪器仪表使用费

$$仪器仪表使用费=工程使用的仪器仪表摊销费+维修费 \tag{2-11}$$

4）企业管理费费率

（1）以分部分项工程费为计算基础

$$企业管理费费率(\%)=\frac{生产工人年平均管理费}{年有效施工天数\times人工单价}\times人工费占分部分项工程费比例(\%)$$
$$\tag{2-12}$$

（2）以人工费和机械费合计为计算基础

$$企业管理费费率(\%)=\frac{生产工人年平均管理费}{年有效施工天数\times(人工单价+每一工日机械使用费)} \tag{2-13}$$

（3）以人工费为计算基础

$$企业管理费费率(\%)=\frac{生产工人年平均管理费}{年有效施工天数\times人工单价}\times100\% \tag{2-14}$$

注：上述公式适用于施工企业投标报价时自主确定管理费，是工程造价管理机构编制计价定额确定企业管理费的参考依据。

工程造价管理机构在确定计价定额中企业管理费时，应以定额人工费或（定额人工费+定额机械费）作为计算基数，其费率根据历年工程造价积累的资料，辅以调查数据确定，列入分部分项工程和措施项目中。

5）利润

（1）利润由施工企业根据企业自身需求并结合建筑市场实际自主确定，列入报价中。

（2）工程造价管理机构在确定计价定额中利润时，应以定额人工费或（定额人工费+定额机械费）作为计算基数，其费率根据历年工程造价积累的资料，并结合建筑市场实际确定，以单位（单项）工程测算，利润在税前建筑安装工程费的比重可按不低于5%且不高于7%的费率计算。利润应列入分部分项工程和措施项目中。

$$利润=(施工图预算子目计价合计+施工措施费合计+规费)\times利润率 \tag{2-15}$$

6）规费

（1）社会保险费和住房公积金

社会保险费和住房公积金应以定额人工费为计算基础，根据工程所在地省、自治区、直辖市或行业建设主管部门规定费率计算。

$$社会保险费和住房公积金 = \sum（工程定额人工费 \times 社会保险费和住房公积金费率）$$

$$(2-16)$$

其中，社会保险费和住房公积金费率可以每万元发承包价的生产工人人工费和管理人员工资含量与工程所在地规定的缴纳标准综合分析取定。

（2）工程排污费

工程排污费等其他应列而未列入的规费应按工程所在地环境保护等部门规定的标准缴纳，按实计取列入，如天津地区规费是人工费合计为基数乘以规费费率计算：

$$规费 = 人工费合计 \times 规费费率 \qquad (2-17)$$

7）税金

税金计算公式：

$$税金 = 税前造价 \times 综合税率（\%） \qquad (2-18)$$

综合税率：

（1）纳税地点在市区的企业

$$综合税率（\%） = \frac{1}{1-3\%-（3\% \times 7\%）-（3\% \times 3\%）-（3\% \times 2\%）} - 1 \qquad (2-19)$$

（2）纳税地点在县城、镇的企业

$$综合税率（\%） = \frac{1}{1-3\%-（3\% \times 5\%）-（3\% \times 3\%）-（3\% \times 2\%）} - 1 \qquad (2-20)$$

（3）纳税地点不在市区、县城、镇的企业

$$综合税率（\%） = \frac{1}{1-3\%-（3\% \times 1\%）-（3\% \times 3\%）-（3\% \times 2\%）} - 1 \qquad (2-21)$$

（4）实行营业税改增值税的，按一般计税方法计取增值税，增值税税率为11%。

2.1.2 清单计价模式下建筑安装工程费用的组成

1. 工程量清单计价的基本原理与特点

工程量清单计价的基本过程可以描述为：在统一工程量清单计算规则的基础上，制定工程量清单项目设置规则，根据具体工程的施工图纸计算出各个清单项目的工程量，再根据国家、地区或行业的定额资料、工程造价各种信息和指数以及企业定额，计算得到相应的建设项目招标控制价或投标报价。其编制过程可以分为两个阶段：工程量清单的编制和利用工程量清单来编制投标报价两个阶段。

2. 清单计价规范简介 [《建设工程工程量清单计价规范》（GB 50500—2013）]

为了全面推行工程量清单计价政策，2003年2月17日住房和城乡建设部以第119号公告批准发布了国家标准《建设工程工程量清单计价规范》（GB 50500—2003），自2003年7月1日起实施。"2003年版规范"的实施，使我国工程造价从传统的以预算定额为主的计价方式向国际上通行的工程量清单计价模式转变，是我国工程造价管理政策的一项重大措施，在工程建设领域受到了广泛的关注与积极的响应。"2003年版规范"自实施以来，在各地和有关部门的工程建设中得到了有效推行，积累了宝贵的经验，取得了丰硕的成果。但在执行中，也反映出一些不足之处。因此，为了完善工程量清单计价工作，住房和城乡建设部标准定额司从 2006 年开始，组织有关单位和专家对"2003 年版规范"的正文部分进行修订。2008 年 7 月 9 日，历经两年多的起草、论证和多次修改，住房和城乡建设部以第 63 号公告，发布了《建设工程工程量清单计价规范》（GB 50500—2008），从 2008 年 12 月 1 日起实施。由于经济的飞速发展以及市场的需求，2012 年通过了新的规范《建设工程工程量清单计价规范》（GB 50500—2013）。"2013 年版规范"的出台，对巩固工程量清单计价改革的成果，进一步规范工程量清单计价行为具有十分重要的意义。

3. 工程量清单计价模式下的费用组成

根据《建设工程工程量清单计价规范》（GB 50500—2013）的规定，工程量清单计价的费用由分部分项工程费、措施项目费、其他项目费、规费和税金组成，这与住房和城乡建设部及财政部联合颁发《建筑安装工程费用项目组成》中建筑安装工程费用项目组成是一致的。分部分项工程费、措施项目费、其他项目费包含人工费、材料费、施工机具使用费、企业管理费和利润，如图 2-2 所示。

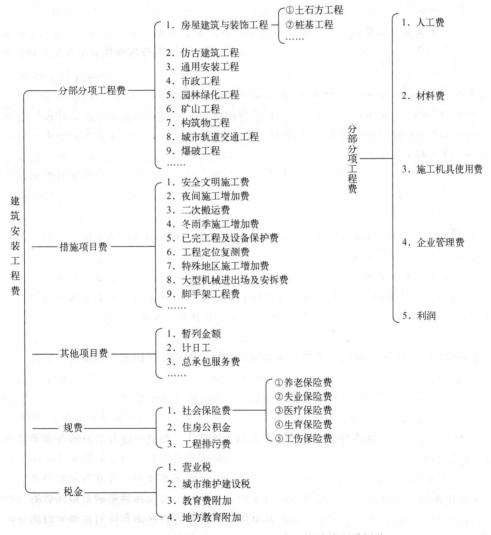

图 2-2　建筑安装工程费用项目组成（按造价形成划分）

1）分部分项工程费

分部分项工程费是指各专业工程的分部分项工程应予列支的各项费用。

（1）专业工程

专业工程指按现行国家计量规范划分的房屋建筑与装饰工程、仿古建筑工程、通用安装工程、市政工程、园林绿化工程、矿山工程、构筑物工程、城市轨道交通工程、爆破工程等各类工程。

（2）分部分项工程

分部分项工程指按现行国家计量规范对各专业工程划分的项目。如房屋建筑与装饰工程划分的土石方工程、地基处理与桩基工程、砌筑工程、钢筋及钢筋混凝土工程等。

各类专业工程的分部分项工程划分见现行国家或行业计量规范。

2）措施项目费

措施项目费是指为完成建设工程施工，发生于该工程施工前和施工过程中的技术、生活、安全、环境保护等方面的费用。内容包括：

（1）安全文明施工费

① 环境保护费：指施工现场为达到环保部门要求所需要的各项费用。

② 文明施工费：指施工现场文明施工所需要的各项费用。

③ 安全施工费：指施工现场安全施工所需要的各项费用。

④ 临时设施费：指施工企业为进行建设工程施工所必须搭设的生活和生产用的临时建筑物、构筑物和其他临时设施费用。包括临时设施的搭设、维修、拆除、清理费或摊销费等。

（2）夜间施工增加费

它是指因夜间施工所发生的夜班补助费、夜间施工降效、夜间施工照明设备摊销及照明用电等费用。

（3）二次搬运费

它是指因施工场地条件限制而发生的材料、构配件、半成品等一次运输不能到达堆放地点，必须进行二次或多次搬运所发生的费用。

（4）冬雨季施工增加费

它是指在冬季或雨季施工需增加的临时设施、防滑、排除雨雪，人工及施工机械效率降低等费用。

（5）已完工程及设备保护费

它是指竣工验收前，对已完工程及设备采取的必要保护措施所发生的费用。

（6）工程定位复测费

它是指工程施工过程中进行全部施工测量放线和复测工作的费用。

（7）特殊地区施工增加费

特殊地区施工增加费是指工程在沙漠或其边缘地区、高海拔、高寒、原始森林等特殊地区施工增加的费用。

（8）大型机械设备进出场及安拆费

大型机械设备进出场及安拆费是指机械整体或分体自停放场地运至施工现场或由一个施工地点运至另一个施工地点，所发生的机械进出场运输及转移费用及机械在施工现场进行安装、拆卸所需的人工费、材料费、机械费、试运转费和安装所需的辅助设施的费用。

（9）脚手架工程费

脚手架工程费是指施工需要的各种脚手架搭、拆、运输费用以及脚手架购置费的摊销（或租赁）费用。

天津地区措施项目内容与国家规范规定的内容有些不同，如表 2-1 所示。

表 2-1　通用措施项目一览表

序　　号	项 目 名 称
1	安全文明施工（环境保护、文明施工、安全施工、临时设施）
2	夜间施工
3	非夜间施工照明
4	二次搬运
5	冬雨季施工
6	大型机械设备进出场及安拆
7	混凝土、钢筋混凝土模板及支架
8	脚手架
9	已完工程及设备保护
10	施工排水、降水
11	竣工验收存档资料编制

表 2-1 中非夜间施工照明费是指为保证工程施工正常进行，在地下室等特殊施工部位施工时所采用的照明设备的安拆、维护、摊销及照明用电等费用。

混凝土、钢筋混凝土模板及支架费是指混凝土施工过程中需要的各种钢模板、木模板、木胶合板模板、支架等的支、拆、运输费用及模板、支架的摊销费用。

施工排水、降水费是指为确保工程在正常条件下施工，采取的一般排水、降水措施所发生的各种费用。

竣工验收存档资料编制费是指按城建档案管理规定，在竣工验收后，应提交的档案资料所发生的编制费用。

3）其他项目费

（1）暂列金额

暂列金额是指建设单位在工程量清单中暂定并包括在工程合同价款中的一笔款项。用于施工合同签订时尚未确定或者不可预见的所需材料、工程设备、服务的采购，施工中可能发生的工程变更、合同约定调整因素出现时的工程价款调整以及发生的索赔、现场签证确认等的费用。

（2）计日工

计日工是指在施工过程中，施工企业完成建设单位提出的施工图纸以外的零星项目或工作所需的费用。

（3）总承包服务费

总承包服务费是指总承包人为配合、协调建设单位进行的专业工程发包，对建设单位自行采购的材料、工程设备等进行保管以及施工现场管理、竣工资料汇总整理等服务所需的费用。

4）规费

规费是指按国家法律、法规规定，由省级政府和省级有关权力部门规定必须缴纳或计取的费用。包括社会保险费（养老保险费、失业保险费、医疗保险费、生育保险费、工伤保险费）、住房公积金、工程排污费。

5）税金

税金是指国家税法规定的应计入建筑安装工程造价内的增值税。

4. 工程量清单计价模式下的费用计算方法

1）分部分项工程费

$$分部分项工程费 = \sum（分部分项工程量 \times 综合单价） \tag{2-22}$$

其中，综合单价包括人工费、材料费、施工机具使用费、企业管理费和利润以及一定范围的风险费用。天津地区执行的计价办法中的综合单价包括人工费、材料和工程设备费、施工机具使用费、企业管理费、规费、利润和相应的风险费用。

2）措施项目费

（1）国家计量规范规定应予计量的措施项目

计算公式为：

$$措施项目费 = \sum（措施项目工程量 \times 综合单价） \tag{2-23}$$

如大型机械设备进出场及安拆、混凝土、钢筋混凝土模板及支架、脚手架、已完工程及设备保护、施工排水、降水等措施项目费均按式（2-23）计算。

（2）国家计量规范规定不宜计量的措施项目

① 安全文明施工费：

$$安全文明施工费 = 计算基数 \times 安全文明施工费费率(\%) \tag{2-24}$$

计算基数应为定额基价（定额分部分项工程费+定额中可以计量的措施项目费）、定额人工费或（定额人工费+定额机械费），其费率由工程造价管理机构根据各专业工程的特点综合确定。

天津地区安全文明施工费是以分部分项工程费中人工费、材料费、机械费合计为计算基数，采用超额累进计算法按表2-2计算，其中人工费占16%。

表2-2 安全文明施工费计算

项目类别	分部分项工程费中人工费、材料费、机械费合计（万元）				
	≤2 000	≤3 000	≤5 000	≤10 000	>10 000
	环境保护、文明施工、安全施工、临时设施				
住宅	4.71%	3.78%	3.31%	2.50%	2.25%
公建	3.44%	2.85%	2.40%	1.80%	1.62%
工业建筑	2.85%	2.28%	1.97%	1.48%	1.32%
其他	2.80%	2.24%	1.94%	1.45%	1.30%

② 夜间施工增加费：

$$夜间施工增加费 = 计算基数 \times 夜间施工增加费费率(\%) \tag{2-25}$$

天津地区夜间施工增加费按下式计算：

$$夜间施工增加费 = \frac{工期定额工期 - 合同工期}{工期定额工期} \times 工日合计 \times 每工日夜间施工增加费$$

$$\tag{2-26}$$

工日合计为分部分项工程费中的工日及可以计量的措施项目费中的工日合计。每工日夜间施工增加费按 41.16 元计算，其中人工费占 94%。

③ 二次搬运措施费：

$$二次搬运措施费 = 计算基数 \times 二次搬运费费率(\%) \tag{2-27}$$

如天津地区二次搬运费是以分部分项工程费中的材料费及可以计量的措施项目费中的材料费合计为计算基数，按表 2-3 计算。

表 2-3　二次搬运措施费计算

序　号	施工现场总面积/新建工程首层建筑面积	二次搬运措施费费率
1	>4.5	0.00%
2	3.5～4.5	1.02%
3	2.5～3.5	1.73%
4	1.5～2.5	2.44%
5	≤1.5	3.15%

④ 冬雨季施工增加费：

$$冬雨季施工增加费 = 计算基数 \times 冬雨季施工增加费费率(\%) \tag{2-28}$$

如天津地区冬雨季施工增加费计算基数为分部分项工程费中的人工费、材料费、机械费及可以计量的措施项目费中的人工费、材料费、机械费合计，费率为 0.97%，其中人工费占 60%。

⑤ 非夜间施工照明费：

$$非夜间施工照明费 = 封闭作业工日之和 \times 80\% \times 18.46 \ 元/工日 \tag{2-29}$$

本项费用中人工费占 86%。

⑥ 建筑垃圾运输费：

$$建筑垃圾运输费 = 建筑垃圾量(t) \times 11.60 \ 元/t \qquad (10 \ km \ 以内) \tag{2-30}$$

建筑垃圾运输里程超过 10 km 时，增加 0.87 元/t·km。

建筑垃圾量可按表 2-4 计量。

表 2-4　新建项目建筑垃圾计量表

项　目	计 算 公 式
砖混结构	建筑面积(m^2) $\times$ 0.05 t/m^2
钢筋混凝土结构	建筑面积(m^2) $\times$ 0.03 t/m^2
钢结构	建筑面积(m^2) $\times$ 0.02 t/m^2
工业厂房	建筑面积(m^2) $\times$ 0.02 t/m^2
装配式建筑	建筑面积(m^2) $\times$ 0.003 t/m^2
环梁拆除等项目	建筑面积(m^2) $\times$ 1.90 t/m^2

⑦ 竣工验收存档资料编制费：

$$竣工验收存档资料编制费 = 计算基数 \times 0.1\% \tag{2-31}$$

计算基数为分部分项工程费中的人工费、材料费、机械费及可以计量的措施项目费中的人工费、材料费、机械费合计。

3）其他项目费

（1）暂列金额由建设单位根据工程特点，按有关计价规定估算，施工过程中由建设单位掌握使用权，扣除合同价款调整后如有余额，归建设单位。

（2）计日工由建设单位和施工企业按施工过程中的签证计价。

（3）总承包服务费由建设单位在招标控制价中根据总包服务范围和有关计价规定编制，施工企业投标时自主报价，施工过程中按签约合同价执行。

4）规费和税金

建设单位和施工企业均应按照省、自治区、直辖市或行业建设主管部门发布标准计算规费和税金，不得作为竞争性费用。

2.1.3 建筑安装工程计价程序

建设工程计价活动一般包括工程量清单、招标控制价、控标线、投标报价的编制，工程合同价款的约定，施工过程中的工程计量、工程价款支付及调整、索赔与现场签证、竣工结算的办理以及工程计价争议处理等活动。建设工程计价包括工程量清单计价和施工图预算计价及相应的工程价款调整和竣工结算等。工程量清单计价是依据现行《建设工程工程量清单计价规范》确定的综合单价法；施工图预算计价是依据各专业预算基价确定的工料单价法。计价程序可根据住房和城乡建设部及财政部联合颁发的《关于印发<建筑安装工程费用项目组成>的通知》（建标〔2013〕44号），按表格形式进行计算，如表2-5、表2-6、表2-7所示。

表 2-5　建设单位工程招标控制价计价程序

工程名称：　　　　　　　　　　标段：

序　号	内　　容	计　算　方　法	金额（元）
1	分部分项工程费	按计价规定计算	
1.1			
1.2			
1.3			
1.4			
1.5			
2	措施项目费	按计价规定计算	
2.1	其中：安全文明施工费	按规定标准计算	
3	其他项目费		
3.1	其中：暂列金额	按计价规定估算	

序 号	内　容	计 算 方 法	金额（元）
3.2	其中：专业工程暂估价	按计价规定估算	
3.3	其中：计日工	按计价规定估算	
3.4	其中：总承包服务费	按计价规定估算	
4	规费	按规定标准计算	
5	税金（扣除不列入计税范围的工程设备金额）	（1+2+3+4）×规定税率	
招标控制价合计＝1+2+3+4+5			

表 2-6　施工企业工程投标报价计价程序

工程名称：　　　　　　　　　　　　　标段：

序 号	内　容	计 算 方 法	金额（元）
1	分部分项工程费	自主报价	
1.1			
1.2			
1.3			
1.4			
1.5			
2	措施项目费	自主报价	
2.1	其中：安全文明施工费	按规定标准计算	
3	其他项目费		
3.1	其中：暂列金额	按招标文件提供金额计列	
3.2	其中：专业工程暂估价	按招标文件提供金额计列	
3.3	其中：计日工	自主报价	
3.4	其中：总承包服务费	自主报价	
4	规费	按规定标准计算	
5	税金（扣除不列入计税范围的工程设备金额）	（1+2+3+4）×规定税率	
投标报价合计＝1+2+3+4+5			

表 2-7　竣工结算计价程序

工程名称：　　　　　　　　　　　　　标段：

序 号	内　容	计 算 方 法	金额（元）
1	分部分项工程费	按合同约定计算	
1.1			

序 号	内 容	计算方法	金额（元）
1.2			
1.3			
1.4			
1.5			
2	措施项目	按合同约定计算	
2.1	其中：安全文明施工费	按规定标准计算	
3	其他项目		
3.1	其中：专业工程结算价	按合同约定计算	
3.2	其中：计日工	按计日工签证计算	
3.3	其中：总承包服务费	按合同约定计算	
3.4	索赔与现场签证	按发承包双方确认数额计算	
4	规费	按规定标准计算	
5	税金(扣除不列入计税范围的工程设备金额)	(1+2+3+4)×规定税率	
竣工结算总价合计＝1+2+3+4+5			

2.2 建筑工程定额

2.2.1 工程定额概述

1. 工程定额的概念

所谓定额，定就是规定；额就是额度或限度。从广义上讲，定额就是规定在产品生产中人力、物力或资金消耗的标准额度和限度，即标准或尺度。

在建筑工程施工过程中，为了完成一定的合格产品，就必须消耗一定数量的人工、材料、机械台班和资金，这些消耗的数量受各种生产因素及生产条件的影响。简单地讲，建筑工程定额就是指在合理地组织劳动力以及合理地使用材料和机械的条件下，完成单位合格产品所必须消耗的资源数量标准。如浇筑 10 m³ AC30 混凝土带形基础，材料需用 10.15 m³ 的 AC30 预拌混凝土；人工需 6.43 工日，机械需小型机具费 4.89 元，它反映出了建筑产品和生产资源消耗之间的数量关系。定额中规定资源消耗的多少反映了定额水平，定额水平是一定时期社会生产力的综合反映。在制定建筑工程定额、确定定额水平时，要正确、及时地反映先进的建筑技术和施工管理水平，以促进新技术的不断推广和提高，促进施工管理的不断完善，以达到合理使用建设资金的目的。

定额是一种规定的额度，是生产某种产品消耗资源的限额规定。在工程建设领域存在多种定额，这些定额分别是确定不同阶段工程造价的重要依据。

2. 工程定额的性质

1）定额的科学性

建筑工程定额的制定是在编制期当时实际生产力水平条件下，遵循客观规律的要求，在实际生产中大量测定、综合、分析研究，广泛搜集资料的基础上制定出来的，用科学的方法确定各项消耗量标准，能正确地反映当前建筑业生产力水平的。

2）定额的法令性

建筑工程定额是由国家或其授权机关组织编制和颁发的一种法令性指标，在执行范围之内，任何单位都必须严格遵守和执行。未经原制定单位批准，不得任意改变其内容和水平，如需进行调整、修改和补充，必须经授权部门批准，必须在内容和形式上同原定额保持一致。因此，定额具有经济法规的性质。

3）定额的群众性

定额的群众性是指定额的制定和执行都要有广泛的群众基础，它的制定通常采用工人、技术人员、专职定额人员三结合的方式，使拟定的定额能够从实际出发，反映建筑安装工人的实际水平，并保持一定的先进性。定额的执行只有依靠广大职工的生产实践活动才能完成。

4）定额的相对稳定性和可变性

定额中所规定的各项消耗量标准，是由一定时期的社会生产力水平所决定的。随着科学技术和管理水平的提高，社会生产力的水平也必然提高。但社会生产力的发展有一个由量变到质变的过程，有一个变动周期。因此，定额的执行也有一个相对稳定的过程，当生产条件变化，技术水平有了较大的提高，原有定额已不能适应生产需要时，授权部门会根据新的情况对定额进行修订和补充。所以，定额不是固定不变的，但也绝不是朝定夕改，它有一个相对稳定的执行期间，地区和部门定额一般为 5 ～ 8 年，国家定额一般为 8 ～ 10 年。

5）定额的针对性

建筑工程定额的针对性很强，一种产品（或工序）一项定额，而且一般不能相互套用。一项定额，它不仅是该产品（或工序）的资源消耗的数量标准，而且还规定了完成该产品（或工序）的工作内容、质量标准和质量要求，它具有较强的针对性，应用时不能随意套用。

3. 工程定额的作用

实行定额的目的是力求用最少的资源消耗，生产出更多合格的建设工程产品，取得更加良好的经济效益。

1）工程建设定额是建设工程计价的依据

在编制设计概算、施工图预算、竣工结算时，无论是划分工程项目、计算工程量，还是计算人工、材料和施工机械台班的消耗量，都可以以建设工程定额作为标准依据，所以定额既是建设工程计划、设计、施工、竣工验收等各项工作取得最佳经济效益的有效工具和杠杆，又是考核和评价上述各阶段工作的经济指标。

2）工程建设定额是建筑施工企业实行科学管理的必要手段

使用定额提供的人工、材料、机械台班消耗标准，可以编制施工进度计划、施工作业计划，下达施工任务，合理组织、调配资源，进行成本核算。在建筑企业中推行经济责任制、招标承包制、贯彻按劳分配的原则等也以定额为依据。

3）定额可以加强对市场行为的规范化管理

定额既是投资决策的依据，又是价格决策的依据。对于投资者来说，可以利用定额权衡自己的财务状况和支付能力，预测资金投入和预期回报，还可以充分利用有关定额的大量信息，有效地提高其项目决策的科学性，优化其投资行为。对于建筑企业来说，由于有关定额在一定程度上制约着工程中人工、物料的消耗，因此会影响到建筑产品的价格水平。企业在投标报价时，只有充分考虑定额的要求，作出正确的价格决策，才能占有市场竞争优势，才能获得更多的工程合同。可见，定额在上述两个方面规范了市场主体的经济行为，对完善我国固定资产投资市场和建筑市场，都能起到重要作用。

我国过去主要采用全国统一定额、行业定额和地区定额，其特点是量价合一。随着社会经济的发展，量价实行了分离，于是在工程量的计算和人工、材料、机械台班的消耗量计算中，可以以全国统一定额为依据，而单价的确定，则随地区不同、时期不同而变化。定额的发展趋势是政府颁发的定额逐渐成为政府宏观调控的工具，也是衡量投标人是否低于成本价报价的标准。企业将根据自身的能力和技术水平编制企业定额，用以投标报价和内部成本控制之用。

4. 工程定额的分类

工程定额的种类很多，根据使用对象和组织施工的具体目的、要求的不同，定额的形式、内容和种类也不同。

1）按生产要素的分类

（1）劳动消耗定额

劳动消耗定额简称劳动定额（或人工定额），是指在正常的生产技术和生产组织条件下，完成单位合格产品所规定的劳动消耗量标准。

（2）材料消耗定额

材料消耗定额指在节约和合理使用材料的条件下，生产单位合格产品所必须消耗的一定品种、规格的材料、半产品、配件、水、电、燃料等的数量标准。

（3）机械台班消耗定额

机械消耗定额是规定了在正常施工条件下，合理地组织生产与合理地利用某种机械完成单位合格产品所必需的机械台班消耗标准或在单位时间内机械完成的产品数量。

劳动定额、材料消耗定额、机械使用台班定额反映了社会平均必需消耗的水平，它是制定各种实用性定额的基础，因此也称为基础定额。

2）按编制程序和用途分类

（1）施工定额

施工定额是以同一性质的施工过程为测定对象，表示某一施工过程中的人工、主要材料和机械消耗量。它以工序定额为基础综合而成，在施工企业中，用来编制班组作业计划，签发工程任务单，限额领料卡以及结算计件工资或超额奖励，材料节约奖等。施工定额是企业内部经济核算的依据，也是编制预算定额的基础。

施工定额中，只有劳动定额部分比较完整，目前还没用一套全国统一的包括人工、材料、机械的完整的施工定额。材料消耗定额和机械使用定额都是直接在预算定额中开始表现完整。

（2）预算定额

预算定额是以工程中的分项工程，即在施工图纸上和工程实体上都可以区分开的产品为测定对象，其内容包括人工、材料和机械台班使用量等三个部分。经过计价后，可编制单位估价表。它是编制施工图预算（设计预算）的依据，也是编制概算定额、概算指标的基础。预算定额在施工企业被广泛用于编制施工准备计划，编制工程材料预算，确定工程造价，考核企业内部各类经济指标等。因此，预算定额是用途最广泛的一种定额。

（3）概算定额

概算定额是预算定额的合并与归纳，用于在初步设计深度条件下，编制设计概算，控制设计项目总造价，评定投资效果和优化设计方案。

（4）概算指标

概算指标是在概算定额的基础上进一步综合扩大，以 100 m^2 建筑面积为单位，构筑物以座为单位，规定所需人工、材料及机械台班消耗数量及资金的定额指标。

（5）投资估算指标

投资估算指标是在编制项目建议书、可行性研究报告和编制设计任务书阶段进行投资估算、计算投资需要量时使用的一种定额。它具有较强的综合性、概括性，往往以独立的单项工程或完整的工程项目为计算对象。它的概略程度与可行性研究阶段相适应。它的主要作用是为项目决策和投资控制提供依据，是一种扩大的技术经济指标。投资估算指标虽然往往根据历史的预、决算资料和价格变动等资料编制，但其编制基础仍离不开预算定额、概算定额。

3）按照投资的费用性质分类

按照投资的费用性质，把建设工程定额分为建筑工程定额、设备安装工程定额、建筑安装工程费用定额、工器具定额与工程建设其他费用定额。

（1）建筑工程定额

建筑工程定额是在正常施工条件下，完成单位合格产品所必须消耗的劳动力、材料、机械台班的数量标准。这种量的规定，反映出完成建设工程中的某项合格产品与各种生产消耗之间特定的数量关系。建筑工程定额是根据国家一定时期的管理体系和管理制度，根据定额的不同用途和适用范围，由国家指定的机构按照一定程序编制的，并按照规定的程序审批和颁发执行。

（2）设备安装工程定额

设备安装工程定额是设备安装工程的施工定额、预算定额、概算定额与概算指标的统称。设备安装工程是对需要安装的设备进行定位、组合、校正、调试等工作的工程。在工业项目中，机械设备安装和电气设备安装占有很重要的地位。在非生产性的建设项目中，由于城市生活和城市设施的日益现代化，设备安装工程也在不断增加，所以设备安装工程定额也是工程建设定额中的重要部分。

（3）建筑安装工程费用定额

建筑安装工程费用定额是建筑安装工程造价的重要计价依据，一般以某个或某几个变量为计算基础，确定专项费用计算标准的经济文件，包括措施费费用定额、间接费定额。

① 措施费费用定额，是指为完成工程项目施工，发生于该工程施工前和施工过程中非工程实体项目的费用。包括环境保护费、文明施工费、安全施工费、临时设施费、夜间施工费、二次搬运费、大型机械设备进出场及安拆费、混凝土、钢筋混凝土模板及支架费、脚手

架费。它是编制施工图预算和概算的依据。

② 间接费定额，是指与建筑安装施工生产的个别产品无关，而为企业生产全部产品所必需，为维持施工企业的经营管理活动所必需发生的各项费用开支标准。由于间接费中许多费用的发生和施工任务的大小没有直接关系，因此，通过间接费定额管理，有效控制间接费的发生是十分必要的。

（4）工、器具购置费用定额

工、器具购置费定额是为新建或扩建项目投产运转首次配置的工具、器具数量标准。工具和器具是指按照有关规定不够固定资产标准而起劳动手段作用的工具、器具和生产用家具，如翻砂用模型、工具箱、计量器、容器、仪器等。

（5）工程建设其他费用定额

工程建设其他费用定额是独立于建筑安装工程、设备和工器具购置之外的其他费用开支的标准。工程建设的其他费用的发生与整个项目的建设密切相关。一般占项目总投资的10%左右。

4）按编制单位和执行范围分类

按编制单位和执行范围可分为：全国统一定额、行业统一定额、地区统一定额、企业定额和补充定额。

（1）全国统一定额

全国统一定额由国家建设行政主管部门，综合全国工程建设中技术和施工组织管理的情况编制，并在全国范围内执行的定额。

（2）行业统一定额

行业统一定额是考虑到各行业部门专业工程技术特点，以及施工生产与管理水平编制的。一般只在本行业和相同专业性质的范围内使用。

（3）地区统一定额

地区统一定额包括省、自治区、直辖市定额。地区统一定额主要是考虑地区特点和全国统一定额水平做适当调整和补充编制的。

（4）企业定额

企业定额是指施工企业考虑本企业具体情况，参照国家、部门或地区定额水平制定的定额。企业定额只在企业内部使用，是企业管理水平的一个标志。

（5）补充定额

补充定额是指随着设计、施工技术的发展，现行定额不能满足需要的情况下，为了补充缺陷所编制的定额。补充定额只能在制定的范围内使用，可以作为以后修订定额的基础。

5. 工时研究与施工过程分解

劳动者和施工机械在生产过程中的消耗量，体现为作业时间的消耗。为了分析研究劳动和机械消耗量，必须对工人或机械作业时间进行研究。研究作业时间的消耗及其性质，是技术测定的基本步骤和内容之一，也是编制工时消耗定额的基础工作。

1）工时研究的概念

作业时间的研究，是指把劳动者或机械在整个生产过程中消耗的作业时间，根据其性质、范围和具体情况，予以科学的划分，归纳类别，分析取舍，明确规定哪些属于定额时间，哪些为非定额时间，并找出原因。以便拟订技术和组织措施，消除产生非定额时间的因素，充分利用作业时间，提高劳动效率。工时研究产生的数据除了作为编制劳动定额和机械台班消耗量定额的依据外，还可用于提高施工管理水平，增强劳动效率。如通过合理配备人员和机械，制定机械利用和生产成果完成标准，可以优化施工方案，检查劳动效率，进行费用控制等。根据劳动定额和机械台班消耗定额编制的要求，作业时间的研究通常分为工人作业时间消耗和机械作业时间消耗两个系统进行。

2）施工过程的分解

建筑过程是在建筑工地范围内所进行的生产过程，其最终目的是要建造、改建、扩建、修复或拆除建筑物、构筑物的全部或部分。例如，砌筑墙体、粉刷墙面、安装门窗和敷设管道等，都是施工过程。

按照不同的劳动分工、操作方法、工艺特点及复杂程度可以将施工过程进行分解，以此来区别和认识其内容和性质，以便采取合适的技术测定方法，研究其必需的作业时间消耗，取得编制的定额和改进施工管理所需的技术资料。施工过程的分解还可以使之在技术上有可能采用不同的现场观测方法，研究和测定工时消耗和材料消耗的特点，从而取得详尽、准确的资料；查明达不到定额或大量超额的具体原因，以便进一步调查和修订定额。根据施工组织的复杂程度，施工过程一般可分解为综合工作过程、工作过程、工序。

（1）综合工作过程

综合工作过程是同时进行的、在施工组织上有机地联系在一起的、最终能获得一种产品的工作过程的总和。其范围可大到整个工程或小到某个构件，例如，混凝土构件现场浇筑的生产过程，是由搅拌、运输、浇注、振捣、养护等一系列工作过程组成的；钢筋混凝土梁、板等构件的生产过程，是由模板工程、钢筋工程和混凝土工程等一系列工作过程组成的；建筑物土建工程，是由土方工程、钢筋混凝土工程、砌筑工程、装饰工程的一系列工作过程组成的。

（2）工作过程

由同一工人或同一小组所完成的，在技术上相互联系的工序的综合，称为"工作过程"。工作过程的特征是劳动者不变，工作地点不变，而仅仅是使用的材料和工具可以改变。工作过程有个人工作过程与小组工作过程、手动工作过程与机械工作过程之分。如浇灌混凝土和在其上抹面是一个工作过程。工作过程是组成施工过程的基本单元。同时，一个工作过程，又可分解为若干个工序。

（3）工序

工序是施工过程中一个基本的施工活动单元，即一个工人或一个工人班组在一个工作地点对同一劳动对象连续进行的生产活动。它的特征是劳动者、劳动对象和劳动手段均不改变。如果其中有一个发生变化，就意味着从一个工序转入另一个工序，一个工序按劳动过程又可以分解为若干个操作和动作。完成一项施工活动一般要经过若干道工序。如现浇混凝土或钢筋混凝土梁、柱，就需要经过支模板、绑扎钢筋、浇注混凝土三个工艺过程，而每一工艺过程又可划分为若干工序。如支模板可分为模板制作、安装、拆除三道工序，当然这些工序前后还有搬运和检验工序。

6. 工作时间分析

工作时间分析包括人工工时分析和机械工时分析：

1）人工工时分析

人工工时分析是指将工人在整个生产过程中消耗的时间，根据性质、范围和具体情况予以科学的划分、归纳。明确哪些属于定额时间，哪些属于非定额时间。图 2-3 为人工工作

33

时间分析图。

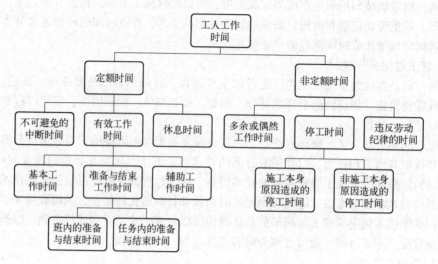

图 2-3　人工工作时间分析图

（1）定额时间

定额时间是指在正常施工条件下，工人为完成一定数量的合格产品或符合要求的工作所必须消耗的工作时间，它包括有效工作时间、不可避免的中断时间、休息时间。

有效工作时间是指与完成产品有直接关系的工作时间消耗，其中包括基本工作时间、准备与结束工作时间、辅助工作时间。

基本工作时间是指施工活动中直接完成基本施工工艺过程的操作所需要消耗的时间，如钢筋成型、砌砖墙、门窗安装等的时间消耗。通过基本工作，使劳动对象直接发生变化，如改变材料外形、改变材料的结构和性质、改变产品的位置、改变产品的外部及表面性质等。

准备与结束工作时间一般分为班内的准备与结束时间和任务内的准备与结束时间两种。

班内的准备与结束工作具有经常性，如领取料具、工作地点布置、检查安全技术措施、调整和保养机械设备，清理工地、交接班等。任务内的准备与结束工作，由工人接受任务的内容决定，如接受任务书、技术交底，熟悉施工图纸等。

辅助工作时间是指与施工过程的技术作业没有直接关系的工序，为了保证基本工作的顺利进行而做的辅助性工作所需要消耗的时间，如机械上油、校正、转移工地，砌砖过程的挂线、收线、检查、搭设临时跳板等消耗的时间。

不可避免的中断时间又称工艺性中断时间，是指生产工人在施工过程中，由于施工技术或组织的原因，以及独有的施工特性而引起的不可避免的或难以避免的中断时间，如抹水泥砂浆地面时抹灰工因等待收水干燥而造成的工作中断，汽车司机在等待装、卸货时消耗的时间等。

休息时间是指生产工人在工作班内必需的休息时间，是工人在工作中，为了恢复体力所必需的短时间休息，以及工人由于生理上的要求所必须消耗的时间（如喝水、上厕所等）。

休息时间的长短与劳动强度、工作条件、工作性质等有关。例如，在高温、高空、重体力、有毒性等条件下工作时，休息时间应多一些。

（2）非定额时间

非定额时间是指在正常施工过程中，工人明显的工时损失，即与完成施工任务无关的时间消耗。非定额时间按损失原因分为多余或偶然工作时间、停工时间、违反劳动纪律的时间。

① 多余或偶然工作时间是指在正常施工条件下不应发生的时间消耗，或由于意外情况引起的工作所消耗的时间，如寻找工具、因质量问题的返工、对已加工好的产品做多余的加工等。

② 停工时间是指非正常原因造成的工作中断所损失的时间。按造成原因不同，停工时间可分为施工本身原因造成的停工时间和非施工本身原因造成的停工时间。施工本身原因造成的停工，是由于施工组织和劳动组织不善施工准备工作做得不好（如材料供应不及时等）而引起的停工。非施工本身原因而引起的停工，包括水电供应临时中断以及由于天气原因所造成的停工损失时间等。

③ 违反劳动纪律的时间是指工人不遵守劳动纪律而造成的时间损失，如上班迟到、早退，擅自离开岗位，工作时间聊天，以及由于个别人违反劳动纪律而使别的工人无法工作等时间损失。

2）机械工时分析

机械工时是指机械在工作班内的时间消耗，按其与产品生产的关系，可分为与产品生产有关的时间（机械定额时间）和与产品生产无关的时间（非机械定额时间），图 2-4 为机械工作时间分析图。

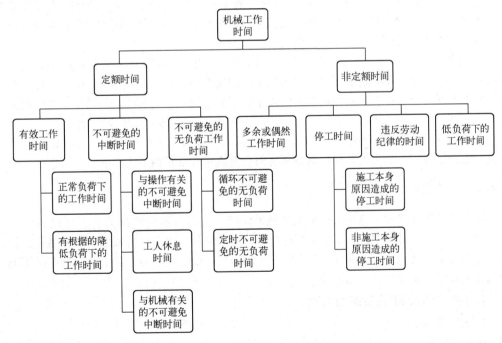

图 2-4　机械工作时间分析图

（1）机械定额时间

① 有效工作时间是指机械直接为完成产品生产而工作的时间，包括正常负荷下和有根据地降低负荷下两种工作时间的消耗。

a. 正常负荷下的工作时间是指机械在与机械说明书规定的负荷相等的正常负荷下进行工作的时间。

b. 有根据地降低负荷下的工作时间是指由于施工管理人员或工人的过失，以及机械陈旧或发生故障等原因，使机械在降低负荷的情况下进行工作的时间。

② 不可避免的中断时间是指由于施工过程的技术和组织特性所造成的机械工作中断时间，包括下列三种：

a. 与操作有关的不可避免中断时间，如喷浆器喷白或从一个工作地点转移到另一个工作地点时，喷浆器工作的中断时间。

b. 工人休息时间，如不能使用机械不可避免的停转机会。且组织轮班又不方便的工人休息所引起的机械工作中断时间。

c. 与机械有关的不可避免中断时间，如机械开动前的检查，给机械加油、加水的时间消耗。

③ 不可避免的无负荷工作时向是指由于施工过程的特性和机械结构的特点所造成的机械无负荷工作时间，如筑路机在工作区末端掉头等。它又可分为循环不可避免的无负荷时间和定时不可避免的无负荷时间。

（2）机械非定额时间

机械非定额时间也称机械损失时间，是指机械在工作班内与完成产品无关的时间损失，按原因分为以下4种：

① 多余或偶然的工作有两种情况：一是可避免的机械无负荷工作，是指工人没有及时供给机械用料引起的空转；二是机械在负荷下所做的多余工作，如混凝土搅拌机搅拌混凝土时超过规定搅拌时间即属于多余工作时间。

② 停工时间是指由于施工组织不善和外部原因所引起的机械停止运转的时间损失，如机械停工待料、保养不好造成损坏，水源、电源的突然中断，因天气影响而引起的停工时间等。停工时间可分为施工本身原因造成的停工时间和非施工本身原因造成的停工时间两种。

③ 违反劳动纪律的时间是指由于工人违反劳动纪律而引起的机械停工时间。

④ 低负荷下的工作时间是指由于工人、技术人员和管理人员的过失，使机械在低负荷下进行工作的时间，如工人装车的数量不足而引起汽车在低负荷下工作等。

2.2.2 施工定额

施工定额是直接用于建设工程施工管理的定额，它是以同一性质的施工过程为标定对象，表示某一施工过程中的人工、主要材料和机械消耗量，以工序定额为基础编制的。若将施工定额配上价格，再考虑部分企业必须发生的费用标准，即成为企业定额。它不仅能用于企业内部管理，还能用于投标报价。

1. 施工定额的概念及编制原则

1）施工定额的概念

施工定额是规定在正常的施工条件下，为完成一定计量单位的某一施工过程或工序所需人工、材料和机械台班消耗的数量标准。施工定额包括劳动定额、材料消耗定额和机械台班使用定额。

为了适应生产组织和管理的需要，施工定额划分很细。它是建设工程定额中分项最细、定额子目最多的一种定额，也是工程建设中的基础性定额。

随着工程量清单计价模式的推广，施工定额更多地体现为企业自身的定额，即由施工企业根据本企业的技术水平和管理水平，编制的完成单位合格产品所必需的人工、材料和施工机械台班的消耗量，以及其他生产经营要素消耗的数量标准，是施工企业生产力水平的体现，反映企业的施工生产与生产消费之间的数量关系，是施工企业进行施工管理和投标报价的基础和依据。

2）施工定额的编制原则

（1）平均先进性原则

所谓平均先进水平，是指在正常条件下，多数施工班组或生产者经过努力可以达到，少数班组或生产者可以接近，个别班组或生产者可以超过的水平。通常，它低于先进水平，略高于平均水平。这种水平使先进的班组和工人感到有一定压力，大多数处于中等水平的班组或工人感到定额水平可望也可及。平均先进水平不迁就少数落后者，而是使他们产生努力工作的责任感，尽快达到定额水平平均先进水平，是一种鼓励先进、勉励中间、鞭策后进的定额水平，贯彻"平均先进性"原则，能促进企业的科学管理和不断提高劳动生产率，达到提高企业经济效益的目的。

（2）简明适用性原则

所谓简明适用是指定额结构合理，定额步距大小适当，文字通俗易懂，计算方法简便，易为群众掌握运用，便于基层使用且具有多方面的适应性，能在较大范围内满足不同情况、不同用途的需要。

（3）自主原则

施工企业有编制和颁发企业施工定额的权限，企业应该根据自身的具体条件，参照国家有关规范、制度，自己编制定额，自行决定定额的水平。

（4）保密原则

施工定额属于企业内部定额。在市场经济条件下，企业定额是企业的商业秘密，只有对外进行保密，才能在市场上具有竞争能力。

2. 人工定额的编制

1）人工定额的概念和表现形式

人工定额（又称劳动定额）是指在一定的技术装备和劳动组织条件下，生产单位合格施工产品或完成一定的施工作业过程所必需的劳动消耗量的额度或标准。

人工定额可用时间定额和产量定额两种形式表示。

（1）时间定额：指在一定的生产技术和生产组织条件下，某工种和某种技术等级的工人小组或个人，完成单位合格产品所必须消耗的工作时间。它是在拟定基本工作时间、辅助工作时间、休息时间、不可避免的中断时间、工作的准备和结束时间的基础上制定的。时间定额的计量单位，通常以消耗的工日来表示，每个工日工作时间按现行制度，一般规定为 8 h。

$$单位产品的时间定额(工日) = \frac{1}{每工日产量} \tag{2-32}$$

（2）产量定额：指在一定的生产技术和生产组织条件下，某工种和某种技术等级的工人小组或个人，在单位时间（工日）内，完成合格产品的数量。产量定额的计算方法规定如下：

$$每工日产量 = \frac{1}{单位产品的时间定额(工日)} \qquad (2-33)$$

从式（2-32）和式（2-33）可以看出，时间定额与产量定额是互为倒数的关系，即：

$$时间定额 = \frac{1}{产量定额} \qquad (2-34)$$

2）人工定额的编制方法

人工定额的编制方法是随着建筑业生产技术水平的不断提高而不断改进的，目前制定人工定额的方法主要有经验估计法、统计分析法、比较类推法、技术测定法等。

（1）经验估计法

经验估计法是由定额编制人员、工序技术人员和工人三方相结合，根据个人或集体的实践经验，经过图纸分析和现场观察，了解施工工艺，分析施工（生产）的生产技术组织条件和操作方法的难易情况，进行座谈讨论，从而制定定额的方法。

运用经验估计法制定定额，应以工序（或单项产品）为对象，将工序分解为操作（或动作），分别计算出操作（或动作）的基本工作时间，然后考虑辅助工作时间、准备时间、结束时间和休息时间，经过综合整理，并对整理结果予以优化处理，即得出该项工序（或产品）的时间定额或产量定额。

这种方法的优点是方法简单，速度快。其缺点是容易受到参加制定人员的主观因素和局限性的影响，使制定的定额出现偏高或偏低的现象。因此，经验估计法只适用于企业内部，作为某些局部项目的补充定额。

（2）统计分析法

统计分析法是把过去施工中同类工程和同类产品的工时消耗的统计资料，与当前生产技术组织条件的变化因素结合起来，进行分析研究，以制定定额的方法。由于统计分析资料反映的是工人过去已经达到的水平，在统计时没有也不可能剔除施工（生产）中不合理的因素，因而这个水平一般偏于保守。为了克服统计资料的这个缺陷，使取定出来的定额水平保持平均先进水平的性质，可采用"二次平均法"计算平均先进值作为确定定额水平的依据。

用统计分析法得出的结果，一般偏向于先进，可能大多数工人都达不到，不能较好地体现平均先进的原则。近年来推行的一种概率测算法，以有多少百分比的工人可达到或超过定额作为确定定额水平的依据。

（3）比较类推法

比较类推法又称典型定额法，是以同类型或相似类型的产品（或工序）的典型定额项目的定额水平为标准，经过分析比较，类推出同一组定额各相邻项目的定额水平的方法。

这种方法的特点是计算简便、工作量小，只要典型定额选择恰当，切合实际，又具有代表性，则类推出的定额一般都比较合理。这种方法适用于同类型规格多、量小的施工（生产）过程。随着施工机械化、标准化、装配化程度的不断提高，这种方法的适用范围还会逐步扩大。为了提高定额水平的精确度，通常采用主要项目作为典型定额来类推。采用这种方法时，要特别注意掌握工序、产品的施工工艺和劳动组织等特征，细致地分析施工过程的各种影响因素，防止将因素变化很大的项目作为典型定额进行比较类推。

（4）技术测定法

技术测定法是根据先进合理的生产（施工）技术、操作方法、合理的劳动组织和正常的生产（施工）条件对施工过程中的具体活动进行实地观察，详细地记录施工中工人和机械的工作时间消耗、完成单位产品的数量及有否影响因素，将记录的结果加以整理，客观地分析各种因素对产品的工作时间消耗的影响，据此进行取舍，以获得各个项目的时间消耗资料，从而制定出劳动定额的方法。

这种方法具有较高的准确性和科学性，是制定新定额和典型定额的主要方法。技术测定法通常采用的方法有测时法、写实记录法、工作抽查法等多种。

3）人工定额消耗量的确定

（1）分析、整理基础资料

① 计时观察资料的整理、分析。对每次计时观察的资料要进行认真分类、整理，以便对整个施工过程的观察资料进行系统的分析研究。

施工过程对工时消耗数值的影响有系统性因素和偶然性因素，整理观察资料时大多采用平均修正法，即在对测时数列进行修正的基础上，求出平均值。修正测时数列，应剔除或修正那些偏高、偏低的可疑数值使其不受偶然性因素的影响。当测时数列不受或很少受产品数量影响时，可采用算术平均值进行修正；如果测时数列受到产品数量的影响，则应采用加权平均值进行修正。

② 日常积累资料的整理、分析。日常积累的资料主要有：现行定额的执行情况及存在问题；企业和现场补充定额资料，如现行定额漏项而编制的补充定额资料，因采用新技术、新结构、新材料和新机械而产生的定额缺项所编制的补充定额资料；已采用的新工艺和新的操作方法的资料。现行的施工技术规范、操作规程、安全规程和质量标准等。

对于日常积累的各类资料要进一步补充完备，并加以系统整理和分析，为制定定额编制方案提供依据。

③ 拟定定额的编制方案。在系统地收集施工过程的人工消耗量等基础资料并进行分析、整理的基础上，就可以拟订定额的编制方案。编制方案的内容包括：提出对拟编定额的定额水平总的设想；拟定定额的分章、分节、分项目录；选择产品和人工、材料、机械的计量单位；设计定额表格的形式。

（2）确定正常的施工条件

拟定施工的正常条件包括：

① 拟定工作地点的组织。工作地点是工人施工活动的场所。拟定工作地点的组织时，要特别注意使工人在操作时不受妨碍；所使用的工具和材料应按使用顺序放置于工人最便于取用的地方，以减少疲劳和提高工作效率。工作地点应保持清洁和秩序井然。

② 拟定工作组成。拟定工作组成就是将工作过程按照劳动分工的可能划分为若干工序，以合理使用技术工人。一般采用两种基本方法拟定工作组成：一种是把工作过程中单个简单的工序划分给技术熟练程度较低的工人去完成，一种是分出若干个技术程度较低的工人，去帮助技术程度较高的工人工作。采用后一种方法即是把个人完成的工作过程，变成小组完成的工作过程。

③ 拟定施工人员编制。拟定施工人员编制即确定小组人数、技术工人的配备，以及劳动的分工和协作。其原则是使每个工人都能充分发挥作用，均衡地担负工作。

（3）确定人工定额消耗量

时间定额和产量定额是人工定额的两种表现形式。拟定出时间定额，也就可以计算出产量定额。时间定额是在拟定基本工作时间、辅助工作时间、不可避免的中断时间、准备与结束的工作时间，以及休息时间的基础上制定的。

基本工作时间在必需消耗的工作时间中占的比重最大。在确定基本工作时间时，必须细致、精确。基本工作时间消耗一般应根据计时观察资料来确定。其做法是，首先确定工作过程每一组成部分的工时消耗，然后再综合出工作过程的工时消耗。如果组成部分的产品计量单位和工作过程的产品计量单位不符，就须先求出不同计量单位的换算系数，并进行产品计量单位的换算，然后再相加求得工作过程的工时消耗。

辅助工作和准备与结束工作时间的确定方法与基本工作时间相同。但是，如果这两项工作时间在整个工作班工作时间消耗中所占比重不超过5%时，则可归纳为一项，并以工作过程的计量单位表示，由此确定出工作过程的工时消耗。如果在计时观察时不能取得足够的资料，也可采用工时规范或经验数据来确定。如果有现行的工时规范，可以直接利用工时规范中规定的辅助和准备与结束工作时间的百分比来计算。

在确定不可避免的中断时间的定额时，必须注意，只有由工艺特点所引起的不可避免中断才可列入工作过程的时间定额。不可避免的中断时间也需要根据测时资料通过整理分析获得，也可以根据经验数据或工时规范，以占工作日的百分比表示此项工时消耗的时间定额。

休息时间应根据工作班作息制度、经验资料、计时观察资料，以及对工作的疲劳程度作全面分析来确定。同时，应考虑尽可能利用不可避免的中断时间作为休息时间。

从事不同工种、不同工作的工人，疲劳程度有很大差别。为了合理确定休息时间，往往要对从事各种工作的工人进行观察、测定，并进行生理和心理方面的调试，以便确定其疲劳程度。国内外往往按工作轻重和工作条件好坏，将各种工作划分为不同的级别。如某地区工时规范将体力劳动分为最沉重、沉重、较重、中等、较轻、轻便六类，并划分出疲劳程度的等级，就可以合理规定休息需要的时间。

确定的基本工作时间、辅助工作时间、准备与结束工作时间、不可避免的中断时间和休息时间之和，就是劳动定额的时间定额

$$时间定额 = 基本工作时间 + 辅助工作时间 + 准备与结束工作时间 + $$
$$不可避免的中断时间 + 休息时间 \qquad (2-35)$$

3. 材料消耗定额的编制

1）材料消耗定额的概念

材料消耗定额是指在先进合理的施工条件下，节约和合理地使用材料时，生产质量合格的单位产品所必须消耗的某种一定规格的建筑材料、成品、半成品、零配件和水、电等资源的数量。它包括材料的净用量和必要的损耗量。

$$材料消耗量 = 材料净用量 + 损耗量 \qquad (2-36)$$

材料净用量指在不计废料和损耗的情况下，直接用于建筑物上的材料；材料的损耗一般按损耗率计算。材料的损耗量与材料总消耗量之比称为材料损耗率，即：

$$材料损耗率 = \frac{材料损耗量}{材料总消耗量} \times 100\% \qquad (2-37)$$

一般为了方便计算，式（2-37）常变换为：

$$材料总消耗量 = \frac{材料净用量}{1-材料损耗率} \tag{2-38}$$

这两种方法的结果差异不大，而后一种方法又较为简便，故而较多采用。

2）材料消耗的性质

工程施工中所消耗的材料，按其消耗的方式可以分成两种：一种是在施工中一次性消耗的、构成工程实体的材料，如砌筑砖墙用的标准砖、浇筑混凝土构件用的混凝土等，一般把这种材料称为直接性材料；另一种是为直接性材料消耗工艺服务且在施工中周转使用的材料，其价值是分批分次地转移到工程实体中去的，这种材料一般不构成工程实体，而是在工程实体形成过程中发挥辅助作用，是措施项目清单中发生消耗的材料。如砌筑砖墙用的脚手架、浇筑混凝土构件用的模板等，一般把这种材料称为周转性材料。

施工中消耗的材料，可分为必需消耗的材料和损失的材料两类。

必需消耗的材料，是指在合理用料的条件下，生产合格产品所需消耗的材料。它包括直接用于建筑和安装工程的材料、不可避免的施工废料、不可避免的材料损耗。

必需消耗的材料属于施工正常消耗，是确定材料消耗定额的基本数据。其中，直接用于建筑和安装工程的材料应编制材料净用量定额。不可避免的施工废料和材料损耗，应编制材料损耗定额。

合理确定材料消耗定额，必须研究和区分材料在施工过程中消耗的性质。

3）材料消耗定额的确定方法

确定材料消耗定额，可以采用以下方法：

（1）技术测定法

技术测定法又称观测法，在"人工定额的编制方法"中已有叙述。以材料消耗为例，该方法是在合理使用材料的条件下，在施工现场按一定程序测定完成合格产品的材料耗用量，通过分析、整理，最后得出各施工过程单位产品的材料消耗定额。该方法的首要任务是观测对象的选择，即要选择典型的工程项目，其施工技术、组织及产品质量均要符合技术规范的要求；材料的品种、型号、质量也应符合设计要求；产品检验合格，操作工人能合理使用材料和保证产品质量。所有这些均是工程造价计价的依据。

在观测前要充分做好准备工作，如应选用标准的衡量工具和运输工具，采取减少材料损耗的措施等。观测的成果是取得施工过程完成单位产品的材料消耗量。观测中要区分不可避免的材料损耗和可以避免的材料损耗，后者不应包括在定额损耗量内。采用技术测定法经过科学的分析研究以后，就可以确定确切的材料损耗标准，并列入定额。

（2）试验法

试验法是在试验室通过专门的仪器设备测定材料消耗量的一种方法、这种方法主要是对材料的结构、化学成分和物理性能作出科学的结论，从而给材料消耗定额的制定提供可靠的技术依据。

（3）统计分析法

统计分析法是在长期累积的各分部分项工程结算资料中统计耗用材料的数量，即根据各分部分项工程拨付材料数量、剩余材料数量及总共完成产品数量计算得出材料消耗量的一种方法。采用这种方法时，必须要保证统计和测算的耗用材料与相应产品一致。因为施工现场中的某些材料，往往难以区分其用在各个不同部位上的准确数量。因此，要仔细地加以区分，才能得到有效的统计数据。

（4）理论计算法

理论计算法是通过对施工图纸及其建筑材料、建筑构件的研究。用理论计算公式计算某种产品所需要的材料净用量，然后再查找损耗率，从而制定材料消耗定额的一种方法。理论计算法主要用于块、板类材料的净用量计算，如计算砖砌体、钢材、玻璃、混凝土预制构件等的净用量，但材料的损耗量仍要在现场通过实测取得。

4. 机械台班使用定额的编制

1）机械台班定额的概念

机械台班定额是指在先进合理的劳动组织和生产组织条件下，由熟悉机械性能、技术熟练的工人或工人小组管理（操纵）机械时，该机械的生产效率。高质量的施工机械定额，是合理组织机械化施工，有效地利用施工机械，进一步提高机械生产效率的必备条件。机械台班定额也有两种表现形式，即机械时间定额和机械产量定额。

（1）机械时间定额

机械时间定额是指在先进合理的劳动组织和生产组织条件下，生产质量合格的单位产品所必须消耗的机械工作时间，机械时间定额的单位是"台班"，即一台机械工作一个工作班（8h）。其计算公式为：

$$机械时间定额(台班) = \frac{1}{机械台班产量} \tag{2-39}$$

（2）机械产量定额

机械产量定额是指在先进合理的劳动组织和生产组织条件下，机械在单位时间内所应完成的合格产品的数量。它的单位是产品的计量单位如 m^3、m^2、m、t 等。其计算公式为：

$$机械台班产量定额 = \frac{1}{机械时间定额} \tag{2-40}$$

2）机械台班使用定额的编制方法

拟定施工机械定额，主要包括以下几部分内容：

（1）拟定机械工作的正常条件

机械工作与人工操作相比，劳动生产率在更大的程度上受到施工条件的影响，所以编制施工定额时更应重视确定出机械工作的正常条件。拟定机械工作的正常条件，主要是拟定工作地点的合理组织和合理的工人编制。

拟定工作地点的合理组织，就是对施工地点机械和材料的放置位置、工人从事操作的场所，作出科学合理的平面布置和空间安排。它要求施工机械和操纵机械的工人在最小范围内移动，但又不阻碍机械运转和工人操作；应使机械的开关和操纵装置尽可能集中地设置在操纵工人的近旁，以节省工作时间和减轻劳动强度；应最大限度发挥机械的效能，减少工人的手工操作。

拟定合理的工人编制，就是根据施工机械的性能和设计能力、工人的专业分工和劳动工效，合理确定操纵机械的工人和直接参加机械化施工过程的工人的编制人数，确定维护机械的工人编制人数及配合机械施工的工人编制，如配合吊装机械工作的工人等。工人的编制往往要通过计时观察、理论计算和经验资料来合理确定。拟定合理的工人编制，要求应保持机械的正常生产率和工人正常的劳动工效。

（2）确定机械纯工作1h的生产效率

确定机械正常的生产率，必须首先确定出机械纯工作1h的正常生产率。

机械纯工作时间，就是指机械的必需消耗时间。机械纯工作1h的生产率，就是在正常施工组织条件下，具有必需的知识和技能的技术工人操纵机械1h的生产率。

根据机械工作特点的不同，机械纯工作1h生产率的确定方法应视循环动作机械和连续动作机械两类，分别计算其生产率。

对于循环动作机械，确定机械纯工作1h正常生产率的计算公式如下：

$$机械一次循环的正常延续时间 = \sum（循环各组成部分正常延续时间）-交叠时间$$

$$（2\text{-}41）$$

$$机械纯工作1h循环次数 = \frac{60 \times 60（s）}{一次循环的正常延续时间} \qquad （2\text{-}42）$$

$$机械纯工作1h正常生产常 = 机械纯工作1h正常循环次数 \times 一次循环生产的产品数量$$

$$（2\text{-}43）$$

对于连续动作机械，确定机械纯工作1h正常生产率要根据机械的类型和结构特征，以及工作过程的特点来进行。计算公式如下：

$$连续动作机械纯工作1h的正常生产率 = \frac{工作时间内生产的产品的数量}{工作时间（8h）} \qquad （2\text{-}44）$$

（3）确定施工机械的正常利用系数

确定施工机械的正常利用系数，是指机械在工作班内对工作时间的利用率，即机械的纯工作时间与工作班的延续时间之比。

$$机械正常利用系数 = \frac{机械在一个工作班内纯工作时间}{一个工作班连续时间（8h）} \qquad （2\text{-}45）$$

（4）计算施工机械台班产量定额

在确定了机械工作正常条件、机械1h纯工作正常生产率和机械正常利用系数之后，即可采用下列公式计算施工机械的产量定额：

$$施工机械台班产量定额 = 机械1h纯工作正常生产率 \times 工作班纯工作时间 \qquad （2\text{-}46）$$

或

$$施工机械台班产量定额 = 机械纯工作1h正常生产率 \times 工作班延续时间 \times 机械正常利用系数$$

$$（2\text{-}47）$$

2.2.3　预算定额

预算定额是一种计价定额，是工程建设中的一项重要的技术经济文件。其各项指标，反映了完成规定计量单位符合设计标准和施工及规范要求的分项工程消耗的活劳动和物化劳动的数量限度。这种限度最终决定单项工程和单位工程的成本和造价。

1. 预算定额的概念、用途与种类

1）预算定额的概念

预算定额是指在正常的施工条件下，为完成一个规定计量单位合格产品的施工任务所需人工、材料和机械台班的数量标准。它是计算建筑安装产品价格的基础。

预算定额是工程建设预算制度中的一项重要的技术经济法规。尽管它的法令性随着市场经济制度的完善而逐渐淡化，但它为建筑工程提供造价计算与核算尺度方面的作用是不可忽视的。

2）预算定额的作用

（1）预算定额是编制施工图预算、确定建筑安装工程造价的基础。施工图设计一经确定，工程预算造价就取决于预算定额水平和人工、材料及机械台班的价格，预算定额起着控制劳动消耗、材料消耗和机械台班使用的作用，进而起到控制建筑产品成品和造价的作用。

（2）预算定额是编制施工组织设计的依据。施工组织设计的重要任务之一，是确定施工中所需人力、物力的供求量，并作出最佳安排。施工单位在缺乏本企业的施工定额的情况下，根据预算定额，亦能够比较精确地计算出施工中各项资源的需求量，为有计划地组织材料采购和预制件加工、劳动力和施工机械的调整，提供了可靠的计算依据。

（3）预算定额是工程结算的依据。工程结算是建设单位和施工单位按照工程进度对已完成的分部分项工程实现货币支付的行为。按进度支付工程款，需要根据预算定额算出已完分项工程的造价。单位工程验收后，再按竣工工程量、预算定额和施工合同规定进行结算，以保证建设单位建设资金的合理使用和施工单位的经济收入。

（4）预算定额是编制概算定额的基础。概算定额是在预算定额基础上综合扩大编制的。利用预算定额作为编制依据，不但可以节省编制工作所需的大量人力、物力和时间，收到事半功倍的效果，还可以使概算定额在水平上与预算定额保持一致，以免造成执行中的不一致。

（5）预算定额是合理编制招标控制价、投标报价的基础。在市场化改革不断深化的过程中，预算定额的指令性作用将日益削弱，但施工单位按照工程个别成本报价的指导性作用仍然存在，因此预算定额作为编制招标控制价的依据和施工企业报价的基础性作用仍将存在，这也是由预算定额本身的科学性和权威性决定的。

3）预算定额的种类

（1）按专业性质分，预算定额有建筑工程定额和安装工程定额两大类。建筑工程定额按专业对象不同分为建筑工程预算定额、市政工程预算定额、铁路工程预算定额、公路工程预算定额、房屋修缮工程预算定额、矿山井巷预算定额等。

安装工程预算定额按专业对象不同分为电气设备安装工程预算定额、机械设备安装工程预算定额、通信设备安装工程预算定额、化学工业设备安装工程预算定额、工业管道安装工程预算定额、工艺金属结构安装工程预算定额、热力设备安装工程预算定额等。

（2）从管理权限和执行范围划分，预算定额可以分为全国统一定额、行业统一定额和地区统一定额等。

（3）预算定额按构成要素分为劳动定额、材料消耗定额和机械台班定额，但是它们各自不具有独立性，必须互相依存并形成一个整体，作为编制预算定额的依据。

2. 预算定额的编制原则、依据和步骤

1）预算定额的编制原则

为了保证预算定额的编制质量，充分发挥预算定额的作用并做到使用简便，在编制定额的工作中应遵循以下原则：

（1）社会平均水平

预算定额是确定和控制建筑安装工程造价的主要依据。因此，它必须遵照价值规律的客观要求，按生产过程中所消耗的社会必要劳动时间确定定额水平，即按照"在现有的社会正常生产条件下，在社会平均的劳动熟练程度和劳动强度下制造某种使用价值所需要的劳动时间"来确定定额水平。预算定额的平均水平，是在正常的施工条件、合理的施工组织和工艺条件、平均劳动熟练程度和劳动强度下，完成单位分项工程基本构造要素所需要的劳动时间。

（2）简明适用、严谨准确

贯彻简明适用、严谨准确的原则，是对执行定额的可操作性（便于掌握）而言的。在编制预算定额时，对于那些主要的、常用的、价值量大的项目，分项工程划分宜细，次要的、不常用的、价值量相对较小的项目则可以划分粗一些。

另外要注意补充那些因采用新技术、新结构、新材料和先进经验而出现的新的定额项目。项目不全，缺漏项多，会使建筑安装工程价格缺少充足的、可靠的依据。但补充的定额一般因受资料较少所限，可靠性差，容易引起争执。同时要注意合理确定预算定额的计量单位，简化工程量的计算，尽可能避免同一种材料采用不同的计算单位，尽量少留活口，以减少换算工作量。

（3）坚持统一性和差别性相结合

所谓统一性，是指从培育全国统一市场、规范计价行为出发，由国家建设主管部门归口管理，依照国家的方针政策和经济发展的要求，统一制定编制定额的方案、原则和办法，颁发相关条例和规章制度。这样，建筑产品才有统一的计价依据，才能对不同地区设计和施工的结果进行有效的考核和监督，避免地区或部门之间缺乏可比性。所谓差别性，是指在统一性基础上，各部门和省、自治区、直辖市工程建设主管部门可以在自己的管辖范围内，根据本部门和地区的具体情况，编制本地区、本部门的预算定额，颁发补充性的条例规定，以及对预算定额实行经常性的管理。

2）预算定额的编制依据

（1）现行劳动定额和施工定额、预算定额是在现行劳动定额和施工定额的基础上编制的。预算定额中人工、材料、机械台班消耗水平需要根据劳动定额或施工定额取定，预算定额计量单位的选择，也要以施工定额为参考，从而保证两者的协调和可比性，减轻预算定额的编制工作量，缩短编制时间。

（2）现行设计规范、施工及验收规范、质量评价标准和安全操作规程。

（3）具有代表性的典范工程的施工图及有关标准图。对这些图纸进行仔细的分析研究，并计算出工程数量，可以作为编制定额时选择施工方法、确定定额含量的依据。

（4）新技术、新结构、新材料和先进的施工方法等。这类资料是调整定额水平和增加新的定额项目所必需的依据。

（5）有关科学实验，技术测定和统计、经验资料，这类资料是确定定额水平的重要依据。

（6）现行的预算定额、材料预算价格及有关文件规定等。过去定额编制过程中积累的基础资料，也是编制预算定额的依据和参考。

3）预算定额的编制步骤

预算定额的编制工作不但工作量大，而且政策性强，组织工作复杂。编制预算定额一般分为三个阶段：

（1）准备阶段

准备阶段的任务是成立编制机构、拟订编制方案、明确定额项目、提出对预算定额编制的要求、收集各种定额相关资料（包括收集现行规定、规范和政策法规资料、定额管理部门积累的资料，专项查定及实验资料，专题座谈会记录等）。

（2）编制预算定额初稿，测试定额水平阶段

在这个阶段，应根据确定的定额项目和基础资料，进行反复分析，制定工程量计算规则，计算定额人工、材料、机械台班耗用量，编制劳动力计算表、材料及机械台班计算表，并附说明；然后汇总编制预算定额项目表，编预算定额初稿。

编出预算定额初稿后，要进行定额复核，要将新编定额与现行定额进行测算，并分析比现行定额提高或降低的原因，写出定额水平测算工作报告。

（3）审查定稿、报批阶段

在这个阶段，应将新编定额初稿及有关编制说明和定额水平测算情况等资料，印发各有关部门审核，或组织有关基本建设单位和施工企业座谈讨论，广泛征求意见并修改、定稿后，送上级主管部门批准、颁发执行。

3. 预算定额编制过程中的主要工作

1）确定预算定额的计量单位

预算定额与施工定额计量单位往往不同，施工定额的计量单位一般按照工序或施工过程确定；而预算定额的计量单位主要是根据分部分项工程和结构构件的形体特征及其变化确定。由于工作内容综合，预算定额的计量单位亦具有综合的性质。工程量计算规则应确切反映定额项目所包含的工作内容。

预算定额的计量单位关系到预算工作的繁简程度和准确性。因此，要正确地确定各分部分项工程的计量单位。一般根据以下建筑结构构件的形状特点来确定：

（1）凡建筑结构构件的断面有一定形状和大小但长度不定时，可按长度以"延长米"为计量单位，如踢脚线、楼梯栏杆、木装饰条等。

（2）凡建筑结构构件的厚度有一定规格，但是长度和厚度不定时，可按面积以"平方米"为计量单位，如地面、楼面和天棚面抹灰等。

（3）凡建筑结构构件的长度，厚（高）度和宽度都变化时，可按体积以"立方米"为计量单位，如土石方、现浇钢筋混凝土梁柱构件等。

（4）钢结构由于重量与价格差异很大，形状又不固定时，采用重量以"吨"为计量单位。

（5）凡建筑结构没有一定规格，而其结构又较复杂时，可按"个、台、座、组"为计量单位，如卫生洁具安装、雨水斗等。

预算定额中各项人工、机械、材料的计量单位选择，相对比较固定，人工、机械按"工日""台班"计量，各种材料的计量单位与产品计量单位基本一致。材料的计量精确度要求高、材料贵重时，多取三位小数，如钢材吨以下取三位小数、木材立方米以下取三位小数，一般材料取两位小数。

2）按典型设计图纸和资料计算工程数量

计算工程数量，是为了通过计算出典型设计图纸所包括的施工过程的工程量，以使在编制预算定额时，尽可能利用施工定额的劳动、机械和材料消耗指标确定预算定额所含工序的消耗量。

3）确定预算定额各项目人工、材料和机械台班消耗指标

确定预算定额人工、材料、机械台班消耗标准时，必须先按施工定额的分项，逐项计算

出消耗指标，然后再按预算定额的项目加以综合。但是，这种综合不是简单的合并和相加，而需要在综合过程中增加两种定额之间的适当的水平差。预算定额的水平首先取决于这些消耗量的合理确定。

人工、材料和机械台班消耗量指标，应根据定额编制的原则和要求，采用理论与实际相结合、编制人员与现场工作人员相结合等方法进行计算和确定，使定额既符合政策要求又与客观情况一致，以便于贯彻执行。

4）编制定额表和拟定有关说明

定额项目表的一般格式：横向排列为各分项工程的项目名称，竖向排列为分项工程的人工、材料和施工机械消耗量指标。有的项目表下部，还有附注以说明设计有特殊要求时怎么进行调整和换算。

表2-8所示为《全国统一建筑工程劳动定额》中砌筑工程中部分砖墙时间定额项目的示例。

表2-8　砖墙时间定额示例　　　　　　　　　　　计量单位：m³

定额编号	AD0012	AD0013	AD0014	AD0015	AD0016	序号
项　　目	单面清水墙					
	1/2砖	3/4砖	1砖	3/2砖	≥2砖	
综合	1.520	1.480	1.230	1.140	1.070	一
砌砖	1.000	0.956	0.684	0.593	0.520	二
运输	0.434	0.437	0.440	0.440	0.440	三
调制砂浆	0.085	0.089	0.101	0.106	0.107	四

工作内容：调、运、铺砂浆、运砖；砌砖包括窗台虎头砖、腰线、门窗套；安装木砖、铁件等。

预算定额的说明包括定额说明、分部工程说明及各分项工程说明。涉及各分部需要说明的共性问题应列入总说明，属某一分部需要说明的事项应列入章节说明。说明要求简明扼要，但是必须分门别类注明，尤其是对特殊的变化，力求使用简便，避免争议。

4. 预算定额中消耗量指标的确定

1）人工消耗量指标的确定

人工的工日数可以有两种确定方法：一种是以劳动定额为基础确定；一种是以现场观测资料为基础计算。预算定额中人工消耗量指标应包括为完成该分项工程定额单位所必需的用工数量，应包括基本用工和其他用工两部分。人工消耗量指标可以以现行的《全国建筑安装工程统一劳动定额》为基础进行计算。

（1）基本用工。基本用工指完成单位合格产品所必需消耗的技术工种用工。例如，为完成墙体砌筑工程中的砌砖、调运砂浆、铺砂浆、运砖等所需要的工日数量。基本用工以技术工种相应劳动定额的工时定额计算，以不同工种列出定额工日，其计算公式为：

$$基本用工 = \sum（某工序工程量 × 时间定额） \tag{2-48}$$

（2）其他用工。其他用工是指辅助基本用工完成生产任务所耗用的人工。按其工作内容的不同可分以下三类：

  ① 超运距用工：指预算定额中规定的材料、半成品的平均水平运距超过劳动定额规定的运输距离的用工。

$$超运距用工=\sum（超运距运输材料数量×时间定额） \qquad (2-49)$$

$$超运距=预算定额取定运距-劳动定额已包括的运距 \qquad (2-50)$$

  ② 辅助用工：指技术工种劳动定额内不包括而在预算定额内又必须考虑的用工，如筛砂、淋灰用工，机械土方配合用工等。

$$辅助用工=\sum（某工序工程算量×时间定额） \qquad (2-51)$$

  ③ 人工幅度差：主要是指预算定额与劳动定额由于定额水平不同而引起的水平差，另外还包括定额中未包括，但在一般施工作业中又不可避免的而且无法计量的用工，例如，各工种间工序搭接、交叉作业时不可避免的停歇工时消耗、施工机械转移、水电线路移动以及班组操作地点转移造成的间歇工时消耗，质量检查影响操作消耗的工时，以及施工作业中不可避免的其他零星用工等，其计算公式为：

$$人工幅度差=（基本用工+辅助用工+超运距用工）×人工幅度差系数 \qquad (2-52)$$

  人工幅度差系数一般为 $10\% \sim 15\%$。在预算定额中，人工幅度差的用量一般列入其他用工量中。

  由上述可知，建筑工程预算定额各分项工程的人工消耗量指标就等于该分项工程的基本用工数量与其他用工数量之和，即：

$$人工消耗量指标=基本用工+其他用工$$

$$其他用工=辅助用工+超运距用工+人工幅度差用工 \qquad (2-53)$$

  另一种以现场观测资料为基础计算人工工日数的方法适用于施工定额缺项的情况。运用时间研究的技术，通过对施工作业过程进行观察测定取得数据，并在此基础上编制施工定额，从而确定相应的人工消耗量标准。在此基础上，再用第一种方法来确定预算定额的人工消耗量标准。

  2）材料消耗量指标的确定

  预算定额中的材料消耗量是指在正常施工条件下，为完成单位合格产品的施工任务所必须消耗的材料、成品、半成品、构配件及周转性材料的数量标准。关于材料消耗量的确定方法与施工定额中材料消耗量的确定方法一样。但有一点必须注意，即预算定额中材料的损耗率与施工定额中材料的损耗率不同，预算定额中材料损耗率的损耗范围比施工定额中材料损耗率的损耗范围更广，它必须考虑整个施工现场范围内材料堆放、运输、制备、制作及施工操作过程中的损耗。

  3）机械消耗量指标的确定

  预算定额中的建筑施工机械消耗量指标，是以"台班"为单位进行计算的，每一台班为 8 h 工作制。预算定额的机械化水平，应以多数施工企业采用的和已推广的先进施工方法为标准，预算定额中的机械台班消耗量按合理的施工方法取定并考虑增加了机械幅度差。

  机械幅度差是指在施工定额（机械台班量）中未曾包括的，而机械在合理的施工组织条件下所必需的停歇时间，在编制预算定额时，应予以考虑。其内容包括：

  （1）施工机械转移工作面及配套机械互相影响损失的时间；

  （2）在正常的施工情况下，机械施工中不可避免的工序间歇；

（3）检查工程质量影响机械操作的时间；

（4）临时水、电线路在施工中移动位置所发生的机械停歇时间；

（5）工程结尾时，工作量不饱满所损失的时间。

机械幅度差系数一般根据测定和统计资料取定。大型机械的幅度差系数规定：土石方机械为 25%，吊装机械为 30%，打桩机械为 33%，其他专用机械如打夯、钢筋加工、木工、水磨石等，幅度差系数为 10%，其他均按统一规定的系数计算。

由于垂直运输用的塔吊、卷扬机是按小组配合使用的，应以小组产量计算机械台班产量，不另增加机械幅度差。

综上所述，预算定额的机械台班消耗量按下式计算：

$$预算定额机械耗用台班 = 施工定额机械耗用台班 \times (1 + 机械幅度差系数) \quad (2\text{-}54)$$

2.2.4 概算定额和概算指标

概算定额是指在正常的生产建设条件下，为完成一定计量单位的扩大分项工程或扩大结构构件的生产任务所需人工、材料和机械台班的消耗数量标准。概算指标则是以整个建筑物或构筑物为对象，以建筑面积、体积或成套设备装置的台或组为计量单位，包括人工、材料和机械台班的消耗量标准和造价指标。

1. 概算定额的编制

概算定额是编制设计概算的依据，而设计概算又是我国目前控制工程建设投资的主要依据。概算定额是在综合施工定额或预算定额的基础上，根据有代表性的工程通用图纸和标准图集等资料进行综合、扩大和合并而成的。概算定额是编制初步设计概算和技术设计修正概算的依据，初步设计概算或技术设计修正概算经批准后是控制建设项目投资的依据。

1）概算定额的编制原则

概算定额应遵循下列原则编制：

（1）与设计、计划相适应的原则。概算定额应尽可能地适应设计、计划、统计和建设资金筹措的要求，方便建筑工程的管理工作。

（2）满足概算能控制工程造价的原则。概算定额要细算粗编。"细算"是指在含量的取定上，一定要正确地选择有代表性且质量高的图纸和可靠的资料，精心计算，全面分析。"粗编"是指综合内容时，应贯彻以主代次的指导思想，以影响水平较大的项目为主，并将影响水平较小的项目综合进去，但应尽量不留活口或少留活口。

（3）适用性原则。"适用"既体现为项目的划分、编排、说明、附注、内容和表现形式等方面清晰醒目，一目了然，又表现为要面对本地区综合考虑到各种情况，使其都能应用。

2）概算定额的主要编制依据

由于概算定额的适用范围不同，其编制依据也略有区别。编制依据一般有以下几种：

（1）国家有关建设方针、政策及规定等；

（2）现行建筑和安装工程预算定额；

（3）现行的设计标准规范；

（4）现行标准设计图纸或有代表性的设计图和其他设计资料；

（5）编制期人工工日单价、材料预算价格、机械台班费用及其他的价格资料。

3）概算定额的编制步骤

概算定额的编制一般分为三个阶段：准备阶段、编制阶段、审查报批阶段。

（1）准备阶段。主要是确定编制机构和人员组成，进行调查研究，了解现行概算定额的执行情况与存在的问题，明确编制的目的和编制范围，在此基础上，制定概算定额的编制方案、细则和概算定额项目划分标准。

（2）编制阶段。收集和整理各种编制依据，对各种资料进行深入细致的测算和分析，编制概算定额初稿；将该初稿的定额总水平与原概算定额及现行预算定额水平相比较，分析两者在水平上的一致性，并进行必要的调整。

（3）审查报批阶段。在征求意见修改之后，形成审批稿，再经批准后即可交付印刷。

4）概算定额的内容

概算定额的内容与预算定额基本相同。表2-9所示是某一地区的概算定额项目表的具体形式。

表 2-9　基础

定额单位：m³

编　号				1-2	
名　称				砖基础	
基价/元				117.49	
其中	人工费/元			20.59	
	材料费/元			96.40	
	机械费/元			0.52	
预算定额编号	工程名称	单价/元	单位	数量	合价/元
3-1	砖基础	103.21	m³	1	103.21
1-16	人工挖地槽	1.73	m³	2.15	3.72
1-59	人工夯填土	1.42	m³	1.22	1.73
1-54	人工运土	2.21	m³	3.05	6.74
8-19	水泥砂浆防潮层	4.45	m³	0.47	2.09
人工	综合工		工日	2.12	
主要材料	砖		块	522	
	水泥		kg	49	
	砂子		m³	0.28	

2. 概算指标的编制

1）概算指标的概念

概算指标是以统计指标的形式，反映工程建设过程中生产单位合格建设产品所需资源消耗量的水平。它比概算定额更为综合和概括。通常是以整个建筑物和构筑物为对象，以建筑面积、体积或成套装置的台或组为计量单位，包括人工、材料和机械台班的消耗量标准和造价指标。

2）概算指标的作用

概算指标和概算定额、预算定额一样，都是与各个设计阶段相适应的多次性计价的产物，它主要用于投资估价、初步设计阶段，特别是当工程设计尚不具体时或计算分部分项工程量有困难、无法查用概算定额，同时又必须提供建筑工程概算的情况下。概算指标的作用主要有：

（1）概算指标可以作为编制投资估算的参考。

（2）概算指标中的主要材料指标可以作为匡算主要材料用量的依据。

（3）概算指标是设计单位进行设计方案比较和投资经济效果分析，以及建设单位选址的依据。

（4）概算指标是编制固定资产投资计划，确定投资额的主要依据。

3）概算指标编制的原则

（1）按平均水平确定概算指标的原则。在我国社会主义市场经济条件下，概算指标作为确定工程造价的依据，应遵照价值规律的客观要求，在其编制时必须按社会必要劳动时间，贯彻平均水平的原则编制。只有这样才能使概算指标合理确定和控制工程造价的作用得到充分发挥。

（2）概算指标的内容和表现形式，要贯彻简明适用的原则。为适应市场经济的客观要求，概算指标的项目划分应根据用途的不同，确定其项目的综合范围，遵循粗而不漏、适用面广的原则，体现综合扩大的性质。概算指标从形式到内容应简明易懂，要便于在采用时根据拟建工程的具体情况进行必要的调整换算，以便能在较大范围内满足不同用途的需要。

（3）概算指标的编制依据，必须具有代表性。编制概算指标所依据的工程设计资料，应是有代表性的，技术上先进、经济上合理的。

4）概算指标的编制依据

以建筑工程为例，建筑工程概算指标的编制依据有：

（1）标准设计图纸和各类工程中具有代表性的设计图纸；

（2）国家颁发的建筑标准、设计规范、施工规范等；

（3）各类工程造价资料；

（4）现行的概算定额和预算定额及补充定额；

（5）人工工资标准、材料预算价格、机械台班预算价格及其他价格资料。

5）概算指标的编制步骤

（1）成立编制小组。拟订工作方案，明确编制原则和方法，确定指标的内容及表现形式，确定基价所依据的人工工日单价、材料预算价格、机械台班单价。

（2）编制概算指标。收集整理编制指标所必需的标准设计、典型设计以及有代表性的工程设计图纸，设计预算等资料，计算出每一结构构件或分部工程的工程数量。

（3）计算工程量指标的基础上，按基价所依据的价格要求计算综合指标，并计算必要的主要材料消耗指标，用于调整价差的万元人工、材料和机械的消耗指标，一般可按不同类型工程划分项目进行计算。

（4）算出每平方米建筑面积或每立方米建筑物体积的单位造价。计算出该计量单位所需要的主要人工、材料和机械实物消耗量指标，次要人工、材料和机械的消耗量，综合为其他人工、其他机械、其他材料，用金额"元"表示。

（5）核对审核、平衡分析、水平测算、审查定稿，并最后定稿报批。随着有使用价值的工程造价资料积累制度和数据库的建立，以及计算机网络技术的充分发展，概算指标的编制工作将得到根本改观。

6）概算指标的表现形式

按具体内容和表现方法的不同，概算指标一般有综合指标和单项指标两种形式。

综合指标是以一种类型的建筑物或构筑物为研究对象，以建筑物或构筑物的体积或面积为计量单位，综合了该类型范围内各种规格的单位工程的造价和消耗量指标而形成的，它反映的不是具体工程的指标，而是一类工程的综合指标，是一种概括性较强的指标，如表 2-10 所示。

表 2-10　办公楼技术经济指标汇总表

层数及结构形式		6 层框架结构	9 层框架结构	12 层框架结构	29 层框架结构
总建筑面积	m²	4 865	5 378	14 800	21 179
总造价	万元	243	309	1 595	2 008
檐高	m	23.4	29	46.9	90.9
工程特征及设备选型		框架结构，钢筋混凝土有梁满堂基础，内外墙面刷涂料，地面做地板涂料，吊扇，50 门共式交换机 1 套，窗式空调器，2 t 电梯 1 台	框架结构，独立柱基础，桩基（0.4 m×0.4 m×26.5 m×365 根），铝合金门窗，外墙刷涂料，地面做地板涂料，2 件卫生洁具，吊扇，1 t 电梯 2 台	框架结构，桩基（0.4 m×0.4 m×7 m×262 根），古铜色铝合金茶色玻璃窗，外墙刷涂料，局部做饰面砖，地砖地面，2 件卫生洁具，窗式空调器，400 门自动话交换机，1 t 电梯 3 台	框架结构，箱基（底板 J＝1200），桩基（0.45 m×0.45 m×38.2 m×251 根），铝合金弹簧门，铝合金窗，外墙刷涂料，局部做饰面砖，地砖地面，3 件卫生洁具，0.5 t 电梯 2 台，1 t 电梯 4 台
每 1 m² 建筑面积总造价/元		500	573	1 078	948
其中：土建		382	453	823	744
设备		112	115	242	191
其他		6	5	13	13
主要材料消耗指标	水泥　kg/m²	234	247	292	351
	钢材　kg/m²	55	57	79	74
	钢模　kg/m²	2.5	3	52	74
	原木　m³/m²	0.015	0.023	0.029	0.018
	混凝土折厚　cm/m²	23	54	48	58

单项指标则是一种以典型的建筑物或构筑物为分析对象的概算指标，仅仅反映某一具体工程的消耗情况，如表 2-11 所示。

表 2-11 某 12 层框架结构办公楼技术经济明细指标

项目名称	办 公 楼					水泥/(kg·m⁻²)		292
檐高/m	46.9	建筑占地面积/m²		2 455	每 m² 主要材料及其他指标	钢材/(kg·m⁻²)		79
层数/层	12	总建筑面积/m²		14 800		钢模/(kg·m⁻²)		5.2
层高/m	3.6	其中：地上面积/m²		14 800		原木/(m³·m⁻²)		0.029
开间/m	7	地下面积/m²				混凝土折厚	地上/(cm·m⁻²)	30
进深/m	6	总造价/万元		1 595			地下/(cm·m⁻²)	9
间	132	单位造价/(元·m⁻²)		1 078			桩基/(cm·m⁻²)	102

工程特征	框架结构，独立基础，桩基（0.4 m×0.4 m×17 m×262 根，0.45 m×0.45 m×30 m×294 根），古铜色铝合金茶色玻璃窗，外墙刷涂料，局部做饰面砖，内墙乳胶漆，地砖地面
设备选型	2 件卫生洁具，局部窗式空调器，400 门自动话交换机，3 台 1t 全自动电梯

项目名称	总值/元	占分部造价/%	占总造价/%	技术经济指标				
				单位	数量	单价1	单价2	单价3
土建	6 090 330	100	70.2	m²	14 800	425	823	1 440
地上部分	4 945 690	81.2		m²	14 800	348	674	1 180
地下部分								
打桩	1 144 640	18.8		m²	14 800	78	144	252
设备	2 469 710	100	27.6	m²	14 800	167	242	424
给排水	209 510	8.5		m²	14 800	14	20	35
照明	284 880	11.5		m²	14 800	19	28	49
电力	38 790	1.6		kW	273	142	206	361
空调	190 160	7.7		m²	14 800	13	19	33
弱电	1 359 360	55.0		m²	14 800	91	132	231
动力	9 940	0.4		m²	14 800	0.63	0.91	2
冷冻设备	53 780	2.2		kcal	18 400	2.9	4.2	7.4
电梯	323 290	13.1		台	3	107 360	155 672	272 426
其他费用	194 750		2.2	m²	14 800	13	12	23
合计	8 954 790		100	m²	14 800	605	1 078	1 887

2.2.5 投资估算指标

工程建设投资估算指标是编制建设项目建议书、可行性研究报告等前期工作阶段投资估算的依据，也可以作为确定固定资产长远规划投资额的参考。投资估算指标为完成项目建设的投资估算提供了依据和手段，它在固定资产的形成过程中起着投资预测、投资控制、投资效益分析的作用，是合理确定项目投资的基础。

估算指标中的主要材料消耗量也是一种扩大材料消耗量指标，可以作为计算建设项目主要材料消耗量的基础。估算指标的正确制订对于提高投资估算的准确度、对建设项目进行合理评估和正确决策具有重要的意义。

1. 投资估算指标的作用与编制原则

1）投资估算指标的作用

投资估算是在建设项目的投资决策阶段，确定拟建项目所需投资数量的费用计算文件。主要作用是：

（1）作为编制投资估算的依据。

（2）对建设项目进行合理评估、正确决策的依据。

（3）编制基本建设计划、申请投资拨款和制定资源使用计划的依据。

（4）考核投资效果的依据。

2）投资估算指标的编制原则

投资估算指标往往根据历史的预、决算资料和价格变动资料编制，编制基础离不开预算定额、概算定额。由于投资估算指标比上述各种计价定额具有更大的综合性和概括性，因此，投资估算指标的编制工作，除了应遵循一般定额的编制原则外，还必须坚持下述原则：

（1）反映现实水平，适当考虑超前

投资估算指标属于项目建设前期进行投资估算的技术经济指标，它不但要反映实施阶段的静态投资，还必须反映项目建设前期和交付使用期内发生的动态投资，以投资估算指标为依据编制的投资估算，包含项目建设的全部投资额。

投资估算指标项目的确定，必须遵循国家的有关建设方针政策，符合国家技术发展方向，使指标的编制既能反映现实的科技成果、正常建设条件下的造价水平，也能适应今后若干年的科技发展水平，以满足以后几年编制建设项目建议书和可行性研究报告投资估算的需要。

（2）特点鲜明，适应性强

投资估算指标的分类、项目划分、项目内容、表现形式等要结合各专业的特点，并且要与项目建议书、可行性研究报告的编制深度相适应。同时，投资估算指标的编制要反映不同行业、不同项目和不同工程的特点，投资估算指标要适应项目前期工作深度的需要，具有更大的综合性。投资估算指标的编制必须密切结合行业特点、项目建设的特定条件，在内容上既要贯彻指导性、准确性和可调性的原则，又要具有一定的深度和广度。

（3）贯彻静态和动态相结合的原则

投资估算指标的编制，要充分考虑到市场经济条件下，由于建设条件、实施时间、建设期限等因素的不同引起的建设期动态因素的变动，即建设期的价格、建设期利息、固定资产投资方向调节税及涉外工程的汇率等动态因素的变动，导致指标的量差、价差、利息差、费用差等"动态"因素对投资估算的影响。对上述动态因素应提出必要的调整办法和调整参数，尽可能减少这些动态因素对投资估算准确性的影响，使指标具有较强的实用性和可操作性。

（4）体现国家对固定资产投资实施间接调控的作用

投资估算指标的编制要贯彻能分能合、有粗有细、细算粗编的原则。投资估算指标应能满足项目建议书和可行性研究各阶段的要求，既能反映建设项目的全部投资及其构成（建筑工程费、安装工程费、设备及工器具购置费、工程建设其他费用），又要有组成建设项目投资的各个单项工程投资（主要生产设施、辅助生产设施、公用设施、生活福利设施等单项工程的投资），做到既能综合使用，又能个别分解使用。占投资比重大的建筑工程及工艺设备，要做到有量、有价，并根据不同结构形式的建筑物列出每百平方米的主要工程量和主要材料量，主要设备也要列有规格、型号数量。同时，要以编制年度为基期计价，有必要地调整换算办法等，便于在因设计方案、选址条件、建设实施阶段的变化而对投资产生影响时作相应的调整，也便于对已有项目实行技术改造、扩建项目时进行投资估算，扩大投资估算指标的覆盖面，使投资估算能够根据建设项目的具体情况合理、准确地编制。

2. 投资估算指标的内容

投资估算指标是确定和控制建设项目全过程各项投资支出的技术经济指标，其范围涉及建设前期、建设实施期和竣工验收交付使用期等各个阶段的费用支出，内容因行业不同而各异。一般可分为建设项目综合指标、单项工程指标和单位工程指标三个层次。

（1）建设项目综合指标

建设项目综合指标指按规定应列入建设项目总投资的从立项筹建开始至竣工验收交付使用为止的全部投资额，包括单项工程投资、工程建设其他费用和预备费等。建设项目综合指标一般以项目的综合生产能力单位投资表示，如"元/t""元/kw"；或以使用功能表示，如对于医院，建设项目综合指标可以采用"元/床"表示。

（2）单项工程指标

单项工程指标指按规定应列入能独立发挥生产能力或使用效益的单项工程内的全部投资额。包括建筑工程费、安装工程费，设备、工器具及生产家具购置费和其他费用。单项工程一般划分为主要生产设施、辅助生产设施、公用工程、环境保护工程、总图运输工程、厂区服务设施、生活福利设施、厂外工程等。

单项工程指标一般以单项工程生产能力单位投资表示，如"元/t"。其他单位，如锅炉房以"元/蒸汽吨"表示，办公室、仓库、宿舍、住宅等房屋则区别不同结构形式以"元/m²"表示。

（3）单位工程指标

单位工程指标指按规定应列入能独立设计、施工的工程项目的费用，即建筑安装工程费用。其费用组成包括人工费、材料费、施工机械使用费、措施费，规费、企业管理费、利润及相关税金等。

单位工程指标一般以如下方式表示：如房屋区别不同结构形式以"元/m²"表示；管道区别不同材质、管径以"元/m"表示等。

3. 投资估算指标的编制方法

投资估算指标的编制工作，涉及建设项目的产品规模、产品方案、工艺流程、设备选型、工程设计和技术经济等各个方而，既要考虑到现阶段的技术状况。又要展望近期技术发展的趋势和设计动向。从而可以指导以后建设项目的实践。投资估算指标的编制，要求成立专业齐全的编制小组，编制人员应具备较高的专业素质。并应制定一个包括编制原则、编制内容、指标相互衔接层次项目划分、表现形式、计量单位、计算、复核、审查程序等内容的编制方案或编制细则，以使编制工作有章可循。投资估算指标的编制一般分为三个阶段进行：

（1）收集整理资料阶段

这一阶段主要是收集整理已建成或正在建设的，符合现行技术政策和技术发展方向的、有可能重复采用的、有代表性的工程设计施工图、标准设计以及相应的竣工决算或施工图预算等资料，这些资料是编制工作的基础。资料收集得越全面，反映出的问题越多，编制工作考虑得越全面，就越有利于提高投资估算指标的实用性和覆盖面。同时，对调查收集到的资料要选择占投资比重大、相互关联多的项目进行认真的分析整理，去粗取精、去伪存真。将整理后的数据资料按项目划分栏目加以归类，按照编制年度的现行定额、费用标准和价格调整成编制年度的造价水平。

（2）平衡调整阶段

由于调查收集的资料来源不同。虽然经过一定的分析整理，但难免会由于设计方案建设条件和建设时间上的差异带来某些影响，使数据失准或漏项，必须对有关资料进行综合平衡调整。

（3）测算审查阶段

测算是将新编的指标和选定工程的概预算，在同一价格条件下进行比较，检验其"最差"的偏离程度是否在允许偏差的范围之内，如偏差过大，则要查找原因，进行修正，以保证指标的确切、实用。同时，测算也是对指标编制质量进行的一次系统检查，应由专人负责，以保持测算口径的统一，在此基础上组织有关专业人员予以全面审查定稿。

由于投资估算指标的计算工作量非常大，在现阶段计算机已经广泛普及的条件下，应尽可能应用计算机进行投资估算指标的编制工作。

2.2.6 定额的应用

定额的应用是指根据分部分项工程项目的内容正确地套用定额项目，确定定额基价，计算其人工、材料、机械的消耗量。定额的应用通常有直接套用、换算和补充三个方面。

1. 定额的直接套用

当施工图中的设计要求与基价表中相应项目的工作内容完全一致时，就能直接套用。能够直接套用的定额是占绝大多数的。

【例2-1】某工程空心砌块外墙面抹灰，工程做法：M5干拌抹灰砂浆打底，7 mm厚；M10干拌抹灰砂浆罩面，13 mm厚。工程量2000 m³，根据给出的定额某市装饰装修工程预算基价（见表2-12）计算该工程的预算价值，并进行工料分析。

表2-12 某市装饰装修工程预算基价

编号	项目		单位	预算基价				
				单价	人工费	材料费	机械费	管理费
				元	元	元	元	元
2-61	砌块、空心砖外墙面	1:1:6 混合砂浆 7 mm 1:1:4 混合砂浆 13 mm	100 m²	2 475.15	1 419.88	771.92	148.88	134.47
2-62		干拌抹灰砂浆 M5 7 mm 干拌抹灰砂浆 M10 13 mm		3 229.77	1 333.56	1 620.57	148.88	126.76
2-63		湿拌抹灰砂浆 M5 7 mm 湿拌抹灰砂浆 M10 13 mm		2 485.19	1 247.25	1 126.50		111.44

人　　工	材　　　料				机　　械
综合工	水泥	砂子	水	材料采管费	灰浆搅拌机 400 L
工日	kg	t	m³	元	台班
77.00	0.42	92.72	7.85		132.81
18.440	638.53	3.604	2.596	15.88	1.121
17.319	44.28	0.164	2.592	33.33	1.121
16.198	44.28	0.164	0.434	23.17	

解： 根据题意，套取 2-62 子目，得预算价值，如表 2-13 所示。

表 2-13　预算价值（含工料分析）计算结果

编号	项目	单位	工程量	单价	合计	其中			
						人工费	材料费	机械费	管理费
2-62	砌块、空心砖外墙面	100 m²	20	3 229.77	64 595.4	26 671.2	32 411.4	2 977.6	2 535.2

人　　工	材　　　料				机　　械
综合工	水泥	砂子	水	材料采管费	灰浆搅拌机 400 L
工日	kg	t	m³	元	台班
346.38	885.6	3.28	51.84	666.6	22.42

直接套用时应注意：

① 初步选择套用项目。熟悉施工图上分项工程的设计要求、施工组织设计上分项工程的施工方法，初步选择套用项目。

② 核对定额表项目。分部工程说明，定额表表上工作内容、表下附注说明，材料品种和规格等内容是否与设计一致。

③ 分项工程或结构构件的工程名称和单位，应与定额表一致。

2. 定额的换算

当施工图上分项工程或结构构件的设计要求与基价表中相应项目的工作内容不完全一致时，就不能直接套用定额。当定额表规定允许换算时，则应按基价表规定的换算方法对相应定额项目的定额和人工、材料、机械消耗量进行调整换算。换算后的定额项目应在定额编号的右下角标注一个"换"字，以示区别。定额表的换算类型有：砌筑砂浆的换算；抹灰砂浆层厚度不同的换算；混凝土强度等级不同时的换算；定额说明的有关系数换算。

【例 2-2】某工程设计为陶粒空心砖内墙抹混合砂浆墙面，要求 1∶1∶6 混合砂浆 10 mm 厚，1∶1∶4 混合砂浆 13 mm 厚，工程量为 3 000 m²，计算其预算价值。

参考资料：

（1）某市装饰装修工程预算基价，如表 2-14 所示。

（2）某市装饰装修工程预算基价说明即一般抹灰砂浆厚度调整表，如表 2-15 所示。

（3）某市装饰装修工程抹灰砂浆配合比，如表 2-16 所示。

表 2-14　某市装饰装修工程预算基价

编号	项目		单位	预算基价					人工
				总价	人工费	材料费	机械费	管理费	综合工
				元	元	元	元	元	工日
									77.00
2-23	陶粒空心砖内墙面	1:1:6混合砂浆 7 mm 1:1:4混合砂浆 13 mm	100 m²	2 343.36	1 276.35	796.48	148.88	121.65	16.576

材　料										机械
水泥	砂子	水	白灰	脚手架周转费	材料采管费	白灰膏	水泥砂浆	混合砂浆1:1:6	混合砂浆1:1:4	灰浆搅拌机400 L
kg	t	m³	kg	元	元	m³				台班
0.42	92.72	7.85	0.33							132.81
649.77	3.683	2.616	352.01	9.85	16.38	(0.502)	(0.104)	(1.048)	(1.426)	1.121

表 2-15　一般抹灰砂浆厚度调整表

项　目	100 m² 抹灰面积每增减 1 mm 厚度增减砂浆消耗量
水泥砂浆	0.12 m³
混合砂浆	0.12 m³
TG 胶水泥砂浆	0.12 m³
干拌砂浆	0.22 t
湿拌砂浆	0.12 m³

表 2-16　抹灰砂浆配合比（单位：m³）

编　号			21	22	23	24	25
材料名称	单位	单价/元	混合砂浆				
			1:1:2	1:1:3	1:1:4	1:1:6	1:2:1
水泥	kg	0.42	386.47	318.16	270.37	207.91	351.01
白灰	kg	0.33	225.44	185.59	157.72	121.28	409.51
石灰膏	m³		(0.322)	(0.265)	(0.225)	(0.173)	(0.585)
砂子	t	91.72	0.953	1.176	1.333	1.538	0.433
水	m³	7.85	0.56	0.50	0.45	0.40	0.46
材料采管费	元		6.92	6.46	6.15	5.73	6.85
材料合价	元		336.39	314.30	298.88	278.82	333.17

解：1. 换算新基价：

（1）根据预算基价得知，陶粒空心砖内墙面项目1:1:6混合砂浆7 mm，1:1:4混合砂浆13 mm，设计图纸要求1:1:6混合砂浆10 mm厚，1:1:4混合砂浆13 mm厚，所以1:1:6混合砂浆应增加3 mm厚。根据《装饰装修工程预算基价》规定，对一般抹灰厚度进行调整换算，增加砂浆用量0.12×3 = 0.36 m³。

（2）查表 2-16 抹灰砂浆配合比，1:1:6 砂浆单价 = 278.82（元/m³）。

（3）新基价 = 原基价 + 增加的消耗量×相应的单价 = 2343.36 + 0.36×278.82 = 2443.74（元）。

（4）新材料费 = 796.48 + 0.36×278.82 = 896.86（元）。

（5）材料消耗量 = 原基价中消耗量 + 增加的材料用量

水泥用量 = 649.77 + 0.36×207.91 = 724.62（kg）

砂子用量 = 3.683 + 0.36×1.538 = 4.237（t）

水用量 = 2.616 + 0.36×0.4 = 2.76（m³）

白灰用量 = 352.01 + 0.36×121.28 = 395.67（kg）

（白灰膏）用量 = 0.502 + 0.36×0.173 = 0.564（m³）

1:1:6 混合砂浆用量 = 1.048 + 0.36 = 1.408（m³）

材料采管费 = 16.38 + 0.36×5.73 = 18.44（元）。

换算结果（新定额）填入表 2-17。

表 2-17　换算后新定额

编号	项目		单位	预算基价					人工
				总价	人工费	材料费	机械费	管理费	综合工
				元	元	元	元	元	工日
									77.00
2-23换	陶粒空心砖内墙面	1:1:6 混合砂浆 10 mm 1:1:4 混合砂浆 13 mm	100 m²	2 443.74	1 276.35	896.86	148.88	121.65	16.576
	材　料								机械
水泥	砂子	水	白灰	脚手架周转费	材料采管费	白灰膏	水泥砂浆	混合砂浆 1:1:6	混合砂浆 1:1:4	灰浆搅拌机 400 L
kg	t	m³	kg	元	元	m³				台班
0.42	92.72	7.85	0.33							132.81
724.62	4.237	2.76	395.67	9.85	18.44	0.564	(0.104)	1.408	(1.426)	1.121

2. 根据换算的新基价将工程量套定额，得到预算基价，如表 2-18 所示。

表 2-18　陶粒空心砖内墙抹混合砂浆墙面预算价值

编号	项　目		单位	工程量	单价	合计	其中：人工费
2-23换	陶粒空心砖内墙面	1:1:6 混合砂浆 10 mm 1:1:4 混合砂浆 13 mm	100 m²	30	2 443.74	73 312.2	38 290.5

2.3　工程量计量概述

2.3.1　工程量概念

1. 工程量概念

工程量是指以自然计量单位或物理计量单位所表示各分项工程或结构构件的实物数量。

自然计量单位是以物体自身的计量单位来表示的工程数量，如装饰灯具安装以"套"为计量单位；卫生器具安装以"组"为计量单位。

物理计量单位是指以物体（分项工程或构件）的物理法定计量单位来表示工程的数量，如建筑砖墙砌筑以"立方米（m³）"为计量单位，楼梯栏杆、扶手以"米（m）"为计量单位。

工程量计算是工程量清单计价和定额计价的主要工作内容，工程量是工程量清单计价和定额计价的重要依据。无论采用工程量清单计价方式还是定额计价方式进行工程计价，都必须进行工程量计算。工程量计算的准确性对工程造价有直接影响。准确的工程量计算，对工程计价、编制计划、财务管理以及成本计划执行情况的分析等都是十分重要的。

2. 工程量计算的主要依据资料

工程量计算的主要依据资料如下：

（1）施工图纸及设计说明、相关图集、设计变更资料、图纸答疑和会审记录等。

（2）经审定的施工组织设计。

（3）招标文件的商务条款、工程施工合同。

（4）工程量计算规则。

2.3.2　工程量计算的一般方法

1. 按规范顺序计算

按照《建设工程工程量清单计价规范》（GB 50500—2013）中清单项目编码顺序，由前到后、逐项对照进行工程量的计算。

其主要优点是通过工程项目与规范项目之间的对照，能清楚地反映出已算和未算项目，防止漏项，并有利于工程量的整理与报价，此法较适合初学者。

2. 按施工顺序计算

根据各建筑工程、装饰装修工程项目的施工工艺特点，按其施工的先后顺序，同时考虑到计算的方便，自下而上，由外向内计算。如一般民用建筑按照土方、基础、墙体、地面、楼面、屋面、门窗安装、外墙抹灰、内墙抹灰、喷涂和油漆等顺序进行计算。

此法打破了规范分章的界限，计算工作流畅，但对使用者的专业技能要求较高，要求具有一定的施工经验，能够掌握组织施工的全部过程，且要求对规范及图样内容非常熟悉，否则容易漏项。

3. 按统筹法计算

按统筹法计算即通过对《建设工程工程量清单计价规范》的项目划分和工程量计算规则进行分析，找出各建筑、装饰装修分项项目之间的内在联系，运用统筹法原理，合理安排计算顺序，使各分项项目的计算结果互相关联，并将后面要重复使用的基数先计算出来，从而达到节约时间、简化计算和以点带面的目的。

运用统筹法计算工程量的基本要点是：

（1）统筹程序、合理安排。

（2）利用基数、连续计算。基数即"三线一面"（外墙中心线 $L_{中}$、内墙净长线 $L_{内}$、外墙外边线 $L_{外}$，底层建筑面积 $S_{底}$ 或 S_1）。

（3）一次算出、多次使用。对于利用不上"三线一面"基数的项目，如定型构配件、基础断面等，可预先算出，装订成册，供计算时使用。

（4）结合实际、灵活运用。可采用分段计算法、分层计算法和补加补减计算法。在实际工作中，往往综合应用上述三种方法。为准确、快速计算工程量，在建筑工程工程量计算中，一般可做以下统筹安排：

门窗构件统计→混凝土及钢筋混凝土工程→砌筑工程→桩与地基基础工程→土（石）方工程→金属结构工程→屋面及防水工程→防腐、隔热、保温工程。

2.3.3　工程量计算的一般顺序

为了避免漏算或重复计算，提高计算的准确程度，节省时间且加快计算进度，计算工程量应按照一定的顺序进行，不论采用哪种顺序计算，都不能有漏项、少算或重复多算的现象发生。具体的计算顺序应根据具体工程和个人习惯来确定。计算同一分项工程的工程量时，一般根据下列顺序进行：

1. 按顺时针方向计算

从施工平面图左上角开始，由左向右、先外后内顺时针环绕一周，再回到起点。该方法适用于计算外墙挖基槽、外墙基础、外墙墙体、楼地面和顶棚等分项工程量。

2. 按先横后竖、先上后下、先左后右的顺序计算

按顺序计算。该方法适用于计算内墙挖基槽、内墙基础、内墙墙体、内墙墙面装饰和各种间壁墙等分项工程量。

3. 按轴线编号顺序计算

按横向轴线从①～⑩编号顺序计算横向构造工程量；按纵向轴线从Ⓐ～Ⓔ编号顺序计算纵向构造工程量。该方法适用于计算内外墙挖基槽、内外墙基础、内外墙墙体和内外墙墙面装饰等分项工程量。

4. 按构配件编号顺序计算

按建筑、结构施工图中各种构配件的编号顺序计算工程量。

2.3.4　工程量计算的步骤

1. 列项

根据拟建工程列出清单项目和各项目相应的工作内容或定额子目。除应按《建设工程工程量清单计价规范》（GB 50500－2013）的要求填写分项工程的名称外，还应注明该分项工程的主要做法及所用材料的品种、规格等内容。

2. 确定计量单位

应按《建设工程工程量清单计价规范》（GB 50500－2013）相应项目的计量单位填写。

3. 填列计算式

按规定的计算规则列出计算式。为便于计算和复核，对计算式中某些数据的来源或计算方法可加括号简要说明，并尽可能分层分段列算式。

4. 结果计算

根据施工图样的要求，确定有关部位数据并代入计算式，对数据检查确定无误后，再进行数值计算并汇总。

2.3.5 工程量计算的注意事项

1. 熟悉图样及规范

工程量计算除必须熟悉施工图样外，还必须熟悉计算规则中每个工程项目所包括的内容和范围。

2. 计算口径要一致，避免重复列项

工程量计算时，根据施工图列出的工程项目（工程项目所包括的内容及范围）必须与《建设工程工程量清单计价规范》（GB 50500—2013）中规定的相应工程项目相一致。

3. 工程量计算规则要一致，避免错算

在计算工程量时，必须严格执行现行《建设工程工程量清单计价规范》（GB 50500—2013）中所规定的工程量计算规则，以免造成工程量计算中的误差，从而影响工程造价的准确性。如：$1\frac{1}{2}$ 砖砖墙的厚度，无论施工图中所标注出的尺寸是 365 mm 还是 370 mm，都应按计算规则所规定的 365 mm 进行计算。

4. 计算尺寸的取定要准确

工程量计算时，应严格按照图样所注尺寸进行计算，不得任意加大或缩小，以免影响工程量计算的准确性。

5. 计量单位一致

工程量的计量单位，必须与《建设工程工程量清单计价规范》（GB 50500－2013）中规定的计量单位相一致，不能随意改变。有时由于所采用的制作方法和施工要求不同，其计算工程量的计量单位是有区别的，应予以注意。

6. 要按照一定的顺序进行计算

为了计算时不遗漏项目，又不产生重复计算，应按照一定的顺序进行计算。如对于具有单独构件编号的设计图样，可按以下顺序计算全部工程量：首先，将独立的部分（如基础）先计算完毕，以减少图样数量；其次，再计算门窗和混凝土构件，用表格的形式汇总其工程量，以便在计算砖墙、装饰等工程项目时运用这些计算结构；最后，按先水平面（如楼地面和屋面）后垂直面（如砌体、装饰）的顺序进行计算。

7. 力求分层分段计算

要结合施工图样尽量做到结构按楼层、内装修按楼层分房间、外装修按立面分施工层计算，或按施工方案的要求分段计算，或按使用材料的不同分别进行计算。这样，在计算工程量时既可以避免漏项，又可为编制工料分析和安排施工进度计划提供数据。

8. 必须注意统筹计算

各个分项工程项目的施工顺序、相互位置及构造尺寸之间存在内在联系，如墙基基槽挖土与基础垫层、砖墙基础与墙基防潮层、门窗与砖墙及抹灰等之间的相互关系。通过了解这种存在的相互关系，寻找简化计算过程的途径，以达到快速、高效的目的。

9. 计算精确度要统一

工程量计算的精确度将直接影响着工程造价的精确度，因此，数量计算要准确。工程量

计算的精确度应按规定：以"吨（t）"为单位，应保留小数点后三位数字；以"立方米（m^3）""平方米（m^2）""米（m）"为单位，应保留小数点后两位数字；以"个""项"为单位，应取整数。

10. 统一格式，计算式力求简单，便于校核

在列计算式时，必须详细列项标出计算式，注明计算结构构件的所处部位和轴线，并保留工程量计算书，以作为复查依据。工程量计算式，应力求简单明了，醒目易懂，并要按一定的次序排列，以便于审核和校对。

11. 必须自我检查复核

工程量计算完毕后，必须进行自我复核，检查其项目、算式、数据及小数点等有无错误和遗漏，以避免预算审查时返工重算。

2.3.6 统筹法在工程量计算中的运用

一个单位工程量的计算，一般要列出几十项甚至百余项分项工程（或建筑构配件）项目。无论是按照规范顺序列项计算工程量，还是按施工顺序列项计算工程量，都难以充分利用项目数据之间的内在联系，而且还容易出现漏算、重算和错算。

统筹法是一种用来研究、分析建筑构配件之间内部固有规律及相互关系的科学方法。统筹法从全局（整体）的角度出发，通过分析事物各部分之间的相互联系，并在此基础上合理地确定计算基数，明确工作重心，统筹安排计算程序，充分利用项目数据之间的内在联系，一数多用，避免重复计算，以提高预算编制的质量和效率。

对工程量计算过程进行分析，可以看出各分项工程的工程量计算具有各自的特点，但它们之间也存在着内在联系。如基槽挖土、墙基垫层、基础砌筑、墙基防潮、地圈梁和墙体砌筑等分项工程，其工程量等于计算长度乘以断面面积。其计算长度，外墙按外墙中心线计算，内墙按内墙净长线计算。又如外墙抹灰、勾缝、勒脚、明沟、散水及封檐板的工程量计算都与外墙外边线、内墙净长线有关。由于许多分项工程（或结构构件）的工程量计算都离不开长度（线）和底层建筑面积，因而就以"线"和"面"作为计算分项工程工程量的计算基数，即以"三线""一面"为计算基数。"三线"是指外墙中心线、内墙净长线和外墙外边线。"一面"是指底层建筑面积。

2.4 建筑面积概述

2.4.1 建筑面积的概念及组成

1. 建筑面积的概念

建筑面积是指房屋建筑各层外围水平投影面积相加后的总面积，也就是建筑物外墙勒脚以上各层水平投影面积的总和。它是根据施工平面图在统一计算规则下计算出来的一项重要经济指标。

2. 建筑面积的组成

建筑面积包括使用面积、辅助面积和结构面积。

（1）使用面积是指建筑物各层平面布置中可直接为生产或生活使用的净面积总和。

（2）辅助面积是指建筑物各层平面布置中为辅助生产和生活所占净面积的总和。使用面积与辅助面积的总和称为有效面积。

（3）结构面积是指建筑物各层平面布置中墙、柱等结构所占面积的总和。

2.4.2 建筑面积的作用

建筑面积是编制基本建设计划、控制建设规模、评价设计方案、控制施工进度及确定技术经济指标的一个重要数据；在编制建筑工程预算时，建筑面积是确定其他分部分项工程量的基础数据。建筑面积的用途主要有以下几个方面：

（1）建筑面积是确定建设规模的重要指标。根据项目批准文件所核准的建筑面积，是初步设计的重要控制指标。按规定，施工图的建筑面积不得超过初步设计的5%，否则需重新审批。

（2）建筑面积是确定各项技术经济指标的基础，如确定每平方米造价、每平方米用工量、材料用量、机械台班用量等都是以建筑面积为依据的。即：

$$工程单位面积造价=工程造价/建筑面积$$
$$人工消耗指标=工程人工工日耗用量/建筑面积$$
$$材料消耗指标=工程材料用量/建筑面积$$
$$机械台班消耗指标=某机械台班用量/建筑面积$$

（3）建筑面积是检查、控制施工进度和竣工任务的重要指标。如已完工面积、竣工面积、在建面积和拟建面积等都是以建筑面积指标来表示的。

（4）建筑面积是确定工程概算指标、规划设计方案的重要数据。

（5）建筑面积是计算有关分项工程量的依据。应用统筹计算方法，根据底层建筑面积，即可很方便地推算出回填体积、楼（地）面面积和天棚面积等。此外，建筑面积还是计算平整场地、脚手架、垂直运输及超高补贴费用等的依据。

（6）房屋竣工以后以建筑面积为依据进行出售、租赁及折旧等房产交易活动。

2.4.3 计算建筑面积的步骤

1. 看图分析

看图分析是计算建筑面积的重要环节，在分析图纸内容时，应注意以下几个方面：

（1）注意高跨多层与低跨单层的分界线及其尺寸，以便分开计算建筑面积。

（2）看清剖面图和平面图中底层与标准层的外墙有无变化，以便确定水平尺寸。

（3）仔细查找建筑物内有无技术层、夹层和回廊，以便确定是否增算建筑面积。

（4）检查外廊、阳台、篷（棚）顶等的结构布置情况，以便确定使用哪条"规则"。

（5）最后查看一下房屋的顶上、地下、前后及左右等有无附属建筑物。

2. 分类列项

根据图纸平面的具体情况，按照单层、多层、走廊、阳台和附属建筑等进行分类列项。在设计图纸中，一般横轴线用①、②、③……表示；纵轴线用Ⓐ、Ⓑ、Ⓒ……表示。凡应计算建筑面积的项目都应以横轴的起止编号和纵轴的起止编号加以标注，以便查找和核对。

3. 取尺寸计算

根据所列项目和标注的轴线编号查取尺寸，按横轴相关尺寸乘以纵轴相关尺寸，得出计算建筑面积的计算式，并计算出结果。计算形式要统一，排列要有规律，以便检查、纠正错误。

2.4.4　计算建筑面积的注意事项

（1）计算建筑面积时，要按墙的外边线取定尺寸，而设计图纸以轴线标注尺寸，因此要特别注意底层和标准层的墙厚尺寸，以便于与轴线尺寸的转换。

（2）在同一外墙上有墙、柱时，要查看墙柱外边线是否一致，不一致时要按墙的外边线取定尺寸计算建筑面积。

（3）当建筑物内留有天井时，应扣除无盖天井的面积。即计算建筑面积时，不要将无盖天井面积一并计算。

（4）层高的取定是以下层楼地面上表面至上层楼面的上表面的高度取定的，不是下层楼地面至上层楼板底面的净高。

2.4.5　建筑面积计算规则

（1）建筑物的建筑面积应按自然层外墙结构外围水平面积之和计算。结构层高在 2.20 m 以上的，应计算全面积；结构层高在 2.20 m 以下的，应计算 1/2 面积，如图 2-5 所示。

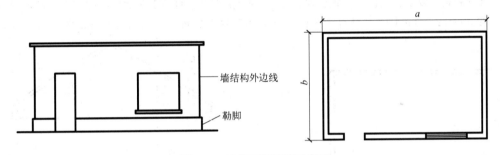

图 2-5　建筑面积计算示意图

（2）建筑物内设有局部楼层时，对于局部楼层的二层及以上楼层，有围护结构的应按其围护结构外围水平面积计算，无围护结构的应按其结构底板水平面积计算。结构层高在 2.20 m 及以上的，应计算全面积；结构层高在 2.20 m 以下的，应计算 1/2 面积，如图 2-6 所示。

【例 2-3】 图 2-6 所示单层建筑物墙厚 240 mm，图 2-6 中尺寸为中心线尺寸，计算其建筑面积。

解： 底层建筑面积 = (6.0+4.0+0.24)×(3.3+2.7+0.24) = 63.90（m^2）

楼隔层建筑面积 = (4.0+0.24)×(3.3+0.24) = 15.01（m^2）

全部建筑面积 = 63.90+15.01 = 78.91（m^2）

（3）形成建筑空间的坡屋顶，结构净高在 2.10 m 及以上的部位应计算全面积；结构净高在 1.20 m 及以上至 2.10 m 以下的部位应计算 1/2 面积；结构净高在 1.20 m 以下的部位不应计算建筑面积。

图 2-7 所示为坡屋顶平面和立面尺寸，其建筑面积计算如下：

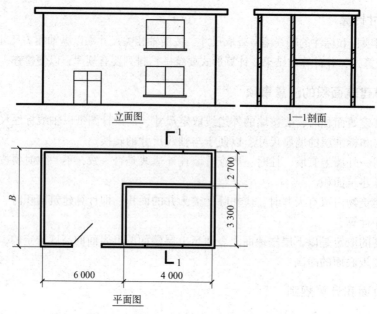

图 2-6 建筑局部带有部分楼层示意图

1.2 m 高度以下，不计算建筑面积；1.2～2.1 m 之间，计算 1/2 面积，即 1.5×5.88×0.5×2 =8.82（m²）；2.1 m 以上，计算全面积，即 4.5×5.88=26.46（m²），合计：35.28 m²。

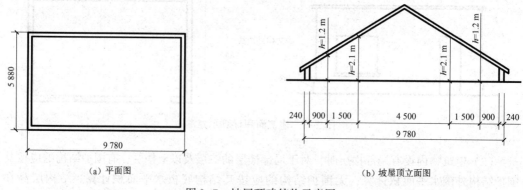

（a）平面图   （b）坡屋顶立面图

图 2-7 坡屋顶建筑物示意图

（4）场馆看台下的建筑空间，结构净高在 2.10 m 及以上的部位应计算全面积；结构净高在 1.20 m 及以上至 2.10 m 以下的部位应计算 1/2 面积；结构净高在 1.20 m 以下的部位不应计算建筑面积。室内单独设置的有围护设施的悬挑看台，应按看台结构底板水平投影面积计算建筑面积。有顶盖无围护结构的场馆看台应按其顶盖水平投影面积的 1/2 计算面积。

（5）地下室、半地下室应按其结构外围水平面积计算。结构层高在 2.20 m 及以上的，应计算全面积；结构层高在 2.20 m 以下的，应计算 1/2 面积，如图 2-8 所示。

（6）出入口外墙外侧坡道有顶盖的部位，应按其外墙结构外围水平面积的 1/2 计算面积。

（7）建筑物架空层及坡地建筑物吊脚架空层，应按其顶板水平投影计算建筑面积。结构层高在 2.20 m 及以上的，应计算全面积；结构层高在 2.20 m 以下的，应计算 1/2 面积，如图 2-9 所示。

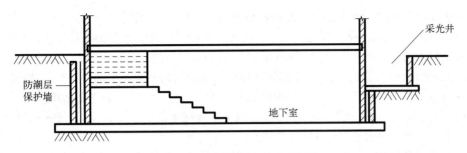

图 2-8　地下室建筑面积示意图

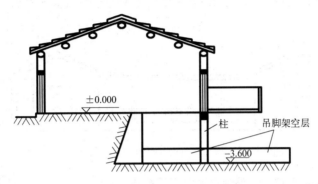

图 2-9　坡地吊脚架空层示意图

（8）建筑物的门厅、大厅应按一层计算建筑面积，门厅、大厅内设置的走廊应按走廊结构底板水平投影面积计算建筑面积。结构层高在 2.20 m 及以上的，应计算全面积；结构层高在 2.20 m 以下的，应计算 1/2 面积，如图 2-10 所示。

（9）建筑物间的架空走廊，有顶盖和围护结构的，应按其围护结构外围水平面积计算全面积；无围护结构、有围护设施的，应按其结构底板水平投影面积计算 1/2 面积，如图 2-11 所示。

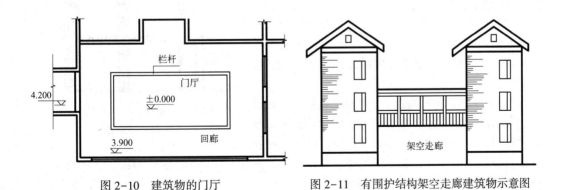

图 2-10　建筑物的门厅　　　　图 2-11　有围护结构架空走廊建筑物示意图

（10）立体书库、立体仓库、立体车库，有围护结构的，应按其围护结构外围水平面积计算建筑面积；无围护结构、有围护设施的，应按其结构底板水平投影面积计算建筑面积。无结构层的应按一层计算，有结构层的应按其结构层面积分别计算。结构层高在 2.20 m 及以上的应计算全面积；结构层高在 2.20 m 以下的应计算 1/2 面积。

（11）有围护结构的舞台灯光控制室，应按其围护结构外围水平面积计算。结构层高在 2.20 m 及以上的，应计算全面积；结构层高在 2.20 m 以下的，应计算 1/2 面积。

（12）附属在建筑物外墙的落地橱窗，应按其围护结构外围水平面积计算。结构层高在 2.20 m 及以上的，应计算全面积；结构层高在 2.20 m 以下的，应计算 1/2 面积。

（13）窗台与室内楼地面高差在 0.45 m 以下且结构净高在 2.10 m 及以上的凸（飘）窗，应按其围护结构外围水平面积计算 1/2 面积。

（14）有围护设施的室外走廊（挑廊），应按其结构底板水平投影面积计算 1/2 面积；有围护设施（或柱）的檐廊，应按其围护设施（或柱）外围水平面积计算 1/2 面积，如图 2-12 所示。

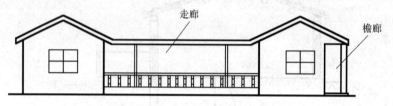

图 2-12 建筑物外有围护结构的走廊示意图

（15）门斗应按其围护结构外围水平面积计算建筑面积。结构层高在 2.20 m 及以上的，应计算全面积；结构层高在 2.20 m 以下的，应计算 1/2 面积，如图 2-13 所示。

（16）门廊应按其顶板水平投影面积的 1/2 计算建筑面积；有柱雨篷应按其结构板水平投影面积的 1/2 计算建筑面积；无柱雨篷的结构外边线至外墙结构外边线的宽度在 2.10 m 及以上的，应按雨篷结构板的水平投影面积的 1/2 计算建筑面积，如图 2-14 所示。

（17）设在建筑物顶部的、有围护结构的楼梯间、水箱间、电梯机房等，结构层高在 2.20 m 及以上的应计算全面积；结构层高在 2.20 m 以下的，应计算 1/2 面积，如图 2-13 所示。

（18）围护结构不垂直于水平面的楼层，应按其底板面的外墙外围水平面积计算。结构净高在 2.10 m 及以上的部位，应计算全面积；结构净高在 1.20 m 及以上至 2.10 m 以下的部位，应计算 1/2 面积；结构净高在 1.20 m 以下的部位，不应计算建筑面积。

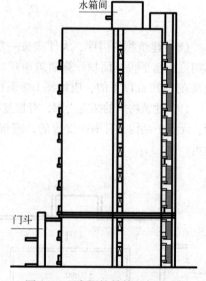

图 2-13 有围护结构的门斗和水箱间示意图

（19）建筑物的室内楼梯、电梯井、提物井、管道井、通风排气竖井、烟道，应并入建筑物的自然层计算建筑面积。有顶盖的采光井应按一层计算面积，结构净高在 2.10 m 及以上的，应计算全面积，结构净高在 2.10 m 以下的，应计算 1/2 面积，如图 2-15 所示。

（20）室外楼梯应并入所依附建筑物自然层，并应按其水平投影面积的 1/2 计算建筑

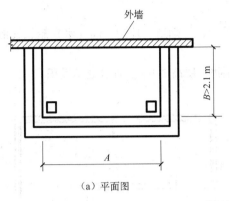
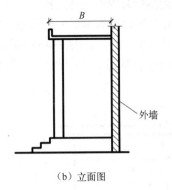

（a）平面图　　　　　　　（b）立面图

图 2-14　雨篷结构示意图

面积。

（21）在主体结构内的阳台，应按其结构外围水平面积计算全面积；在主体结构外的阳台，应按其结构底板水平投影面积计算 1/2 面积。

（22）有顶盖无围护结构的车棚、货棚、站台、加油站、收费站等，应按其顶盖水平投影面积的 1/2 计算建筑面积。

（23）以幕墙作为围护结构的建筑物，应按幕墙外边线计算建筑面积。

（24）建筑物的外墙外保温层，应按其保温材料的水平截面积计算，并计入自然层建筑面积。

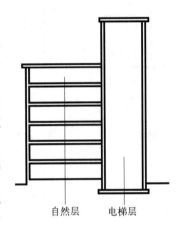

自然层　　电梯层

图 2-15　电梯井示意图

（25）与室内相通的变形缝，应按其自然层合并在建筑物建筑面积内计算。对于高低联跨的建筑物，当高低跨内部连通时，其变形缝应计算在低跨面积内。

（26）对于建筑物内的设备层、管道层、避难层等有结构层的楼层，结构层高在 2.20 m 及以上的，应计算全面积；结构层高在 2.20 m 以下的，应计算 1/2 面积。

（27）下列项目不应计算建筑面积：

① 与建筑物内不相连通的建筑部件；

② 骑楼、过街楼底层的开放公共空间和建筑物通道，如图 2-16 所示；

③ 舞台及后台悬挂幕布和布景的天桥、挑台等；

④ 露台、露天游泳池、花架、屋顶的水箱及装饰性结构构件；

⑤ 建筑物内的操作平台、上料平台、安装箱和罐体的平台；

⑥ 勒脚、附墙柱、垛、台阶、墙面抹灰、装饰面、镶贴块料面层、装饰性幕墙，主体结构外的空调室外机搁板（箱）、构件、配件，挑出宽度在 2.10 m 以下的无柱雨篷和顶盖高度达到或超过两个楼层的无柱雨篷；

⑦ 窗台与室内地面高差在 0.45 m 以下且结构净高在 2.10 m 以下的凸（飘）窗，窗台与室内地面高差在 0.45 m 及以上的凸（飘）窗；

⑧ 室外爬梯、室外专用消防钢楼梯；

⑨ 无围护结构的观光电梯；

⑩ 建筑物以外的地下人防通道，独立的烟囱、烟道、地沟、油（水）罐、气柜、水塔、储油（水）池、储仓、栈桥等构筑物。

【例2-4】如图2-17所示，某单层建筑物，层高2.9m，计算建筑面积。

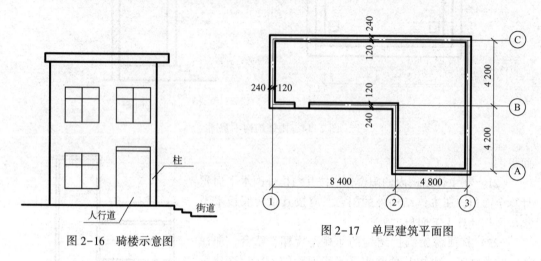

图2-16 骑楼示意图

图2-17 单层建筑平面图

解：
$$S_{毛} = (8.4+4.8+0.24\times2)\times(4.2+4.2+0.24\times2)$$
$$= 13.68\times8.88$$
$$= 121.48 (m^2)$$
$$S_{扣} = 8.4\times4.2$$
$$= 35.28 (m^2)$$
$$S = 121.48-35.28$$
$$= 86.2 (m^2)$$

2.5 土建工程量计算

2.5.1 土（石）方、基础垫层工程

1. 土（石）方、基础垫层工程说明

（1）本单元包括土方工程，石方工程，土方回填，逆作暗挖土方工程，基础垫层，桩头处理等内容。

（2）关于项目的界定：

① 挖土工程，凡槽底宽度在3m以内且符合下列两条件之一者为挖地槽：

a. 槽的长度是槽底宽度3倍以外；

b. 槽底面积在20m² 以内。

不符合上述挖地槽条件的挖土为挖土方。

② 垂直方向处理厚度在±30cm以内的就地挖、填、找平属于平整场地，处理厚度超过30cm的属于挖土或填土工程。

③ 湿土与淤泥（或流砂）的区分：地下静止水位以下的土层为湿土，具有流动状态的土（或砂）为淤泥（或流砂）。

④ 基础垫层与混凝土基础按混凝土的厚度划分，混凝土的厚度在 12 cm 以内者为垫层，执行垫层项目；混凝土厚度在 12 cm 以外者为混凝土基础，执行混凝土基础项目。

⑤ 土壤及岩石类别的鉴别方法如表 2-19 所示。

表 2-19　土壤及岩石类别鉴别表

类别	土壤、岩石名称及特征	鉴别方法		
		极限压碎强度 /N·cm⁻²	用轻钻孔机钻进 1m 耗时 /min	开挖方法及工具
一般土	1. 潮湿的黏性土或黄土 2. 软的盐土和碱土 3. 含有建筑材料碎料或碎石、卵石的堆土和种植土 4. 中等密实的黏性土和黄土 5. 含有碎石、卵石或建筑材料碎料的潮湿的黏性土或黄土			用尖锹并同时用镐开挖
砂砾坚土	1. 坚硬的密实黏性土或黄土 2. 含有碎石、卵石（体积占 10%～30%、质量为 25 kg 以内的石块）中等密实的黏性土或黄土 3. 硬化的重壤土			全部用镐开挖，少许用撬棍开挖
松石	1. 含有质量在 50 kg 以内的巨砾 2. 占体积 10% 以外的冰渍石 3. 矽藻岩、软白垩岩、胶结力弱的砾岩、各种不结实的片岩及石膏	<20	<3.5	部分用手凿工具，部分用爆破方法开挖
次坚石	1. 凝灰岩、浮石、松软多孔和裂缝严重的石灰岩、中等硬变的片岩或泥灰岩 2. 石灰石胶结的带有卵石和沉积岩的砾石、风化的和有大裂缝的黏土质砂岩、坚实的泥板岩或泥灰岩 3. 砾质花岗岩、泥灰质石灰岩、黏土质砂岩、砂质云母片岩或硬石膏	20～80	3.5～8.5	用风镐和爆破方法开挖
普坚石	1. 严重风化的软弱的花岗岩、片麻岩和正长岩、滑石化的蛇纹岩、致密的石灰岩、含有卵石、沉积岩的渣质胶结的砾岩 2. 砂岩、砂质石灰质片岩、菱镁矿、白云石、大理石、石灰胶结的致密砾岩、坚固的石灰岩、砂质片岩、粗花岗岩 3. 具有风化痕迹的安山岩和玄武岩、非常坚固的石灰岩、硅质胶结的含有火成岩之卵石的砾岩、粗石岩	80～160	8.5～22.0	用爆破方法开挖

（3）土方工程：

① 人工土方：

a. 人工平整场地是指无须使用任何机械操作的场地平整工程。

b. 先打桩后采用人工挖土，并挖桩顶以下部分时，挖土深度在 4 m 以内者，全部工程量（包括桩顶以上工程量）按相应基价乘以系数 1.2 计算。挖土深度超过 5 m 以内者，按相应基价项目乘以 1.1。

② 机械土方：

a. 机械挖土深度超过 5 m 时应按经批准的专家论证施工方案计算。

b. 机械挖土项目包括挖土机挖土后基底和边坡遗留厚度在 0.3 m 以内的人工清理和修整，不包括卸土区所需的推土机台班，亦不包括平整道路及清除其他障碍物所需的推土机台班。

c. 小型挖土机是指斗容量≤0.3 m³ 的挖掘机，适用于基础（含垫层）底宽在 1.20 m 以内的沟槽土方工程或底面积 8 m² 以内的基坑土方工程。

d. 先打桩后采用机械挖土，并挖桩顶以下部分时，可按表 2-20 所示系数调增相应费用。

表 2-20　费用系数调整表

挖槽深度	人 工 费	机 械 费
4 m 以内	1	0.35
8 m 以内	0.5	0.18
12 m 以内	0.33	0.12

注：上表计算基数包括桩顶以上的全部工程量。

e. 机械土方施工过程中，当遇有以下现象时，可按表 2-21 所示系数调增相应费用。

表 2-21　费用系数调整表

序号	现　　象	人 工 费	机 械 费	附　注
1	挖土机挖含水率超过 25% 的土方	0.15	0.15	
2	推土机推土层平均厚度小于 30 cm 的土方	0.25	0.25	
3	铲运机铲运平均厚度小于 30 cm 的土方	0.17	0.17	
4	小型挖土机挖槽坑内局部加深的土方	0.25	0.25	
5	挖土机在垫板上作业时	0.25	0.25	铺设垫板所用材料、人工和辅助机械按实际计算

f. 场地原土碾压子目，是按碾压两遍计算的，设计要求碾压遍数不同时，可按比例换算。

（4）土方回填：

① 人工回填土包括 5 m 以内取土，机械回填土包括 150 m 以内取土。

② 挖地槽或挖土方的回填，不分室内、室外，也不分是利用原土还是外购黄土，凡标高在设计室外地坪以下者均执行回填土基价子目，在设计室外地坪以上的室内房心还土执行素土夯实（作用在楼地面下）基价子目，位于承重结构基础以下的填土应执行素土夯实（作用在基础下）基价子目。

③ 回填 2:8 灰土子目适用于建筑物四周的灰土回填夯实项目，材料配比不同允许换算。

（5）逆作暗挖土方工程：适用于先施工地下钢筋混凝土墙、板及其他承重结构，留有出土孔道，然后再进行挖土的施工方法。

（6）基础垫层：混凝土垫层项目中已包括原土打夯。其他垫层基价中未包括原土打夯，应另行计算槽底原土打夯项目。

（7）桩头处理：

① 截钢筋混凝土预制桩子目适用于截桩高度在 50 cm 以外的截桩工程。

② 凿钢筋混凝土预制桩子目适用于凿桩高度在 50 cm 以内的凿桩工程。

③ 截凿混凝土钻孔灌注桩子目按截凿长度 1.5 m 以内且一次性截凿考虑。

2. 工程量计算规则

（1）挖、运土按天然密实体积计算，填土按夯实后体积计算。人工挖土或机械挖土凡是挖至桩顶以下的，土方量应扣除桩头所占体积。

（2）土方工程：

① 人工土方。

a. 平整场地系指厚度在 ±30cm 以内的就地挖、填、找平，其工程量按建筑物的首层建筑面积计算。

b. 挖地槽工程量按设计图示尺寸以体积计算，其中：外墙地槽长度按设计图示外墙槽底中心线长度计算，内墙地槽长度按内墙槽底净长计算；槽宽按设计图示基础垫层底尺寸加工作面的宽度计算；槽深按自然地坪标高至槽底标高计算。当需要放坡时，应将放坡的土方工程量合并于总土方工程量中。

ⓐ 有工作面放坡的情况（见图 2-18）：

$$V=(a+2c+KH)\times H\times L$$

式中　H——挖槽深（m）（图纸）；

　　c——工作面宽（m）（查表）；

　　a——垫层宽（m）（图纸）；

　　K——放坡系数（查表）；

　　L——基槽长度（区别内外墙）。

ⓑ 支挡土板的情况（见图 2-19）：

$$V=(a+2c+0.1\times2)\times H\times L$$

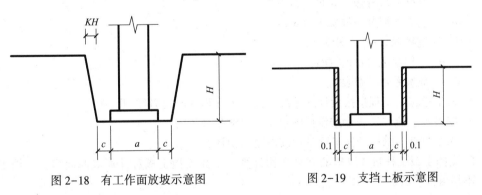

图 2-18　有工作面放坡示意图　　　图 2-19　支挡土板示意图

ⓒ 有工作面、不放坡情况（见图 2-20）：

$$V=(a+2c)\times H\times L$$

ⓓ 无工作面、不放坡情况（见图 2-21）：

$$V=a\times H\times L$$

ⓔ 挖基础土方工程量计算，尺寸如图 2-22 所示：

$$V=(a+2c+KH)(b+2c+KH)H+\frac{1}{3}K^2H^3$$

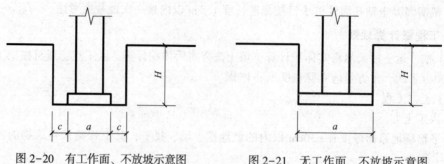

图 2-20　有工作面、不放坡示意图　　　　　图 2-21　无工作面、不放坡示意图

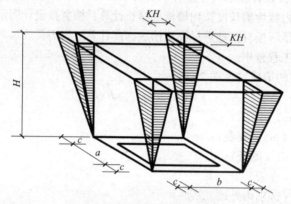

图 2-22　挖基础土方示意图

式中　a——基础垫层外边线长度（m）；

　　　b——基础垫层外边线宽度（m）；

　　　H——挖槽深（m）（图纸）；

　　　c——工作面宽（m）（查表）；

　　　K——放坡系数（查表）。

c. 人工挖冻土工程量按设计图示尺寸按开挖面积乘厚度以体积计算。

d. 挖淤泥、流砂工程量按设计图示尺寸以体积计算。

e. 原土打夯、槽底钎探工程量，以槽底面积计算。

f. 支挡土板工程量，以槽的垂直面积计算，双面支挡土板者计算双面面积，支挡土板后，不得再计算放坡土方工程量。

g. 挖室内管沟，凡带有混凝土垫层或基础、砖砌管沟墙、混凝土沟盖板者，如需反刨槽的挖土工程量，应按设计图示尺寸的混凝土垫层或基础的底面积乘以深度以体积计算。

h. 排水沟挖土工程量按施工组织设计的规定以体积计算，并入挖土工程量内。

i. 管沟土方工程量按设计图示尺寸以体积计算，管沟长度按管道中心线长度计算（不扣除检查井所占长度）；管沟深度有设计时，平均深度以沟垫层底表面标高至交付施工场地标高计算，无设计时，直埋管深度应按管底外表面标高至交付施工场地标高的平均高度计算；管沟底宽度如无规定者可按表 2-22 所示计算。

表 2-22　管沟底宽度表　　　　　　　　　　　　　　单位：m

管径/mm	铸铁管、钢管、石棉水泥管	混凝土管、钢筋混凝土管、预应力钢筋混凝土管	缸瓦管
50～75	0.6	0.8	0.7
100～200	0.7	0.9	0.8
250～350	0.8	1	0.9
400～450	1	1.3	1.1
500～600	1.3	1.5	1.4

注：本表为埋设深度在 1.5 m 以内沟槽宽度。当深度在 2 m 以内，有支撑时，表中数值应增加 0.1 m；当深度在 3 m 以内，有支撑时，表中数值应增加 0.2 m。

② 机械土方。

a. 机械挖土中若人工清槽单独计算，按槽底面积乘以预留厚度（预留厚度按施工组织设计确定）以体积计算。

b. 用推土机填土，推平不压实者，每立方米体积折成虚方 1.20 m³。

c. 机械平整场地、场地原土碾压按图示尺寸以面积计算。

d. 场地填土碾压以体积计算，原地坪为耕植土者，填土总厚度按设计厚度增加 10 cm。

③ 运土、泥、石。

④ 采用机械铲、推、运土方时，其运距按下列方法计算：推土机推土运距按挖方区中心至填方区中心的直线距离计算。铲运机运土运距按挖方区中心至卸土区中心距离加转向距离 45 m 计算。自卸汽车运土运距按挖方区中心至填方区中心之间的最短行驶距离计算，需运至施工现场以外的土石方，其运距需考虑城市部分路线不得行驶货车的因素，以实际运距为准。

（3）石方工程。

① 石方开挖工程量按设计图示尺寸以体积计算。

② 管沟石方工程量按设计图示尺寸以体积计算。管沟长度按管道中心线长度计算（不扣除检查井所占长度）；管沟深度有设计时，平均深度以沟垫层底表面标高至交付施工场地标高计算，无设计时，直埋管深度应按管底外表面标高至交付施工场地标高的平均高度计算；管沟底宽度如无规定者可按管沟底宽度表计算。

（4）土方回填工程量按设计图示尺寸以体积计算，不同部位的计算方法如下：

① 场地回填：回填面积乘以平均回填厚度。

② 室内回填：主墙间净面积乘以回填厚度。

③ 基础回填：挖方体积减去设计室外地坪以下埋设的基础体积（包括基础垫层及其他构筑物）。

④ 挖地槽原土回填的工程量，可按地槽挖土工程量乘以系数 0.6 计算。

⑤ 管沟回填：挖土体积减去垫层和管径大于 500 mm 的管道体积。管径大于 500 mm 时，按表 2-23 所示规定扣除管道所占体积。

表 2-23　各种管道应减土方量表　　　　　　　　　　单位：m³/m

管道直径/mm	501～600	601～800	801～1 000	1 001～1 200	1 201～1 400	1 401～1 600
钢管	0.21	0.44	0.71			
铸铁管	0.24	0.49	0.77			
钢筋混凝土管	0.33	0.6	0.92	1.15	1.35	1.55

（5）逆作暗挖土方工程的工程量按围护结构内侧所包围净面积（扣除混凝土柱所占面积）乘以挖土深度以体积计算。

（6）基础垫层工程量按设计图示尺寸以体积计算，其长度：外墙按中心线长度，内墙按垫层净长计算。

① 带形基础垫层（见图 2-23）：

$$V = 断面面积 \times 长度$$

② 独立基础垫层：

$$V = 长 \times 宽 \times 厚 \times 个数$$

③ 满堂基础垫层：

$$V = 垫层总长 \times 垫层总宽 \times 垫层厚度$$

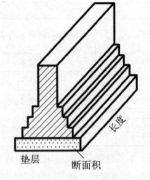

图 2-23 带（条）形基础垫层

（7）桩头处理：

① 截、凿钢筋混凝土预制桩桩头工程量按截、凿桩头的数量以根计算。

② 截凿混凝土钻孔灌注桩按钻孔灌注桩的桩截面面积乘以桩头长度以体积计算。

③ 桩头钢筋整理，按所整理的桩的数量计算。

（8）与土方工程预算有关的系数表：

① 土方虚实体积折算如表 2-24 所示。

表 2-24 土方虚实体积折算表

虚 土	天然密实土	夯 实 土	松 填 土
1	0.77	0.67	0.83
1.3	1.00	0.87	1.08
1.5	1.15	1.00	1.25
1.2	0.92	0.8	1.00

② 放坡系数如表 2-25 所示。

表 2-25 放坡系数表

土 质	起始深度/m	人工挖土	机械挖土	
			在坑内作业	在坑外作业
一般土	1.4	1:0.43	1:0.30	1:0.72
砂砾坚土	2	1:0.25	1:0.10	1:0.33

③ 工作面增加宽度如表 2-26 所示。

表 2-26 工作面增加宽度表

基础工程施工项目	每边增加工作面/cm
毛石基础	15
混凝土基础或基础垫层需要支模板	30
使用卷材或防水砂浆做垂直防潮层	100
带挡土板的挖土	10（另加）

【例2-5】 计算图2-24所示挖地槽工程量。土质为砂砾坚土，工作面按300 mm考虑。

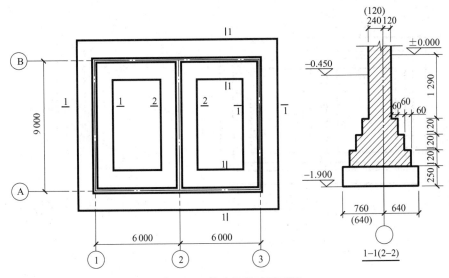

图2-24　某建筑基础平面图

解：（1）槽深：

$$1.9-0.45=1.45（m）$$

（2）槽宽：

1-1　　　　　　　$0.76+0.64+0.3×2=2.0（m）$

2-2　　　　　　　$0.64+0.64+0.3×2=1.88（m）$

（3）槽长：

$$L_{外墙}=[(6.0+6.0+0.06×2)+(9.0+0.06×2)]×2=42.48（m）$$

$$L_{内墙}=9.0-0.64×2-0.3×2=7.12（m）$$

（4）挖地槽工程量：

$$V_{外}=1.45×2.0×42.48=123.19（m^3）$$

$$V_{内}=1.45×1.88×7.12=19.41（m^3）$$

$$V_{挖地槽}=V_{外}+V_{内}=123.19+19.41=142.6（m^3）$$

【例2-6】 某满堂红基础工程，混凝土垫层长30 m，宽20 m，基坑四周设有排水沟，宽度0.5 m，采用机械挖土方，土质为一般土，挖深2.1 m，有工作面，机械坑外作业，无排水，计算该工程挖土方工程量。

解：（1）挖深 $H=2.1\,m>1.4\,m$，放坡查表得：$K=0.72$。

（2）由表2-17查得：$c=0.3\,m$。

（3）挖土方工程量：

$$V=(a+2c+KH)(b+2c+KH)H+\frac{1}{3}K^2H^3$$

$$=(30+2×0.3+0.72×2.1)(20+2×0.3+0.72×2.1)×2.1+\frac{1}{3}×0.72^2×2.1^3$$

$$=1\,492.73（m^3）$$

【例 2-7】计算如图 2-25 所示条形基础垫层工程量。

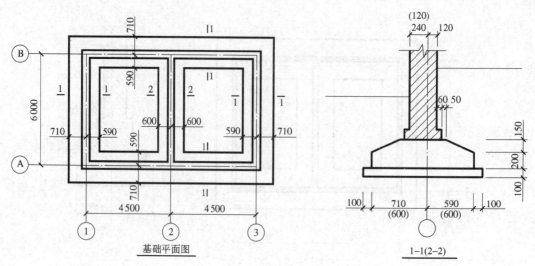

图 2-25　基础施工图

解：　　　　　　　　　　　　垫层工程量＝断面积×长

（1）厚度＝0.1 m。

（2）宽度：

1-1：　　　　　　　　　　　0.71+0.59+0.1×2=1.5（m）

2-2：　　　　　　　　　　　0.6+0.6+0.1×2=1.4（m）

（3）长度：

$$L_{外中}=L_{1-1}=2×[（9.0+0.06×2）+（6.0+0.06×2）]=30.48（m）$$

$$L_{内净}=L_{2-2}=6.0-0.59×2-0.1×2=4.62（m）$$

（4）垫层工程量：

$$V_{外}=0.1×1.5×30.48=4.57（m^3）$$

$$V_{内}=0.1×1.4×4.62=0.65（m^3）$$

$$V_{总}=4.57+0.65=5.22（m^3）$$

2.5.2　桩与地基基础工程

1. 桩与地基基础工程说明

主要包括预制桩、灌注桩、其他桩、地基处理、土钉与锚喷联合支护、挡土板、地下连续墙等内容。

1）预制桩

（1）打预制桩适用于陆地上垂直打桩，如在斜坡上、支架上或室内打桩时，基价中的人工工日、机械费及管理费乘以系数 1.25。

（2）打预制桩是按打垂直桩编制的，如需打斜桩，其斜度小于 1:6 时，基价中的人工工日、机械费及管理费乘以系数 1.25。斜度大于 1:6 时，基价中的人工工日、机械费及管理费乘以系数 1.43。

（3）打预制混凝土桩项目中包括了桩帽的价值。

（4）打预制混凝土桩适用于黏性土及砂性土厚度在下列范围内的工程。

① 砂性土连续厚度在 3 m 以内。

② 砂性土断续累计厚度在 5 m 以内。

③ 砂性土断续累计厚度在桩长 1/3 以内。

砂性土厚度超出上述范围时，基价中的人工工日、机械费及管理费乘以系数 1.4（砂性土是指粗中砂）。

（5）桩就位是按履带式起重机操作考虑的，如桩存放地点至桩位距离过大，需用汽车倒运时，按 2.5.4 混凝土及钢筋混凝土工程中预制混凝土构件运输相应项目执行。

（6）静力压方桩项目综合考虑了机械规格和桩断面因素，实际使用不同时不换算。当采用大于 6 000 kN 压桩机时，可另行补充。

（7）静力压方桩项目综合考虑了直接和对接的电焊接桩工序，如设计要求采用钢板帮焊时，电焊条消耗量和电焊机台班消耗量乘以 2.0，帮焊的钢板另行计算。

（8）静力压桩项目已包括接桩和 3 m 以内送桩工序（以自然地面标高为准）。送桩深度超过 3 m 时，每超过 1 m（0.5 m 以内忽略不计，0.5 m 以外按 1 m 计算），基价中的人工工日、机械费及管理费乘以系数 1.04。

2）灌注桩

（1）旋挖钻机成孔灌注桩项目按湿作业成孔考虑。

（2）灌注桩的材料用量中，均已包括了充盈系数和材料损耗，如表 2-27 所示。

表 2-27　灌注桩充盈系数和材料损耗率表

项 目 名 称	充盈系数	损耗率
沉管桩机成孔关注混凝土桩	1.15	1.5%
回旋（潜水）钻机钻孔灌注混凝土桩	1.20	1.5%
旋挖钻机成孔灌注混凝土桩	1.25	1.5%

（3）钢筋笼子制作按混凝土灌注桩钢筋笼计算。

（4）本单元未包括泥浆池制作基价项目，实际发生按实计算。

（5）灌注桩后压浆注浆管、声测管埋设，材质、规格不同时可以换算，其余不变。

（6）注浆管埋设项目按桩底注浆考虑，如设计采用侧向注浆，基价中的人工工日、机械费及管理费乘以系数 1.2。

3）其他桩

（1）打钢板桩，如需挖槽时，按 2.5.1 土（石）方、基础垫层工程中挖地槽相应基价项目计算。

（2）打钢板桩基价中桩的租赁价值按实计算（包括钢板桩的租赁、运输、截割、调直、防腐以及损耗等）。施工单位使用自有钢板桩的折旧费，每打、拔一次按钢板桩价值的 7% 计取。

（3）打拔槽钢或钢轨，按钢板桩项目其机械费乘以系数 0.77，管理费乘以系数 0.89，其他不变。

（4）若单位工程的钢板桩工程量≤50 t 时，基价中的人工工日、机械费及管理费乘以系数 1.25。

（5）水泥搅拌桩基价中水泥掺入比为10%，实际掺入比不同时可执行水泥掺量每增加1%基价项目。

（6）高压喷喷桩基价中水泥用量若与实际不同，可以调整。

（7）SWM工法搅拌桩水泥掺入量为20%，实际用量不同时可以换算。

4）地基处理

（1）注浆基地所用的浆体材料用量应按照设计用量调整。

（2）注浆项目中注浆管消耗量为摊销量，若为一次性使用可进行调整。

5）土钉与锚喷联合支护

注浆项目中注浆管消耗量为摊销量，若为一次性使用可进行调整。

6）挡土板

挡土板项目分为疏板和密板。疏板是指间隔支挡土板，且板间净空≤150 cm的情况；密板是指满堂支挡土板或板间净空≤30 cm的情况。

7）地下连续墙

地下连续墙包括混凝土导墙，成槽，清底置换，安、拔接头管，水下混凝土灌注等项目，护壁泥浆配合比参考表如表2-28所示。

表 2-28　地下连续墙护壁泥浆配合比参考表　　　　（单位：m³）

钠质膨润土/kg	纤维素/kg	铬铁木质素磺酸钠盐/kg	碳酸钠/kg	水/m³
80	1	1	4	1

注：以上配合比为基价采用配合比，实际配合比不同时可以调整。

8）打桩基价内未包括打桩机械在现场行驶路线的修整铺垫工作，如有发生可按大型机械进出场费及安拆费中有关规定执行。

2. 工程量计算规则

1）现场振动沉管灌注桩

现场振动沉管灌注混凝土桩、砂桩的工程量，按设计图示桩长度与设计规定超灌长度之和乘以套管下端喇叭口外径（混凝土桩尖按桩尖最大外径）断面面积以体积计算。

2）预制桩

（1）打预制混凝土方桩工程量，按设计图示尺寸以桩断面面积乘以全桩长度以体积计算，桩尖的虚体积不扣除。混凝土管桩按桩长度计算，混凝土管桩基价中不包括空心填充所用的工、料。

（2）预制混凝土方桩的送桩工程量，按桩截面面积乘以送桩深度以体积计算。混凝土管桩按送桩深度计算。送桩深度为打桩机机底至桩顶之间的距离（按自然地面至设计桩顶距离另加50 cm计算）。

（3）打钢板桩及打导桩、安拆导向夹木的工程量按设计图示轴线长度计算。

（4）打、拔钢板桩工程量按桩的质量计算。

（5）打试桩工程的人工、机械、材料消耗量按实际发生计算。

（6）轨道式打桩机的90°调面，按次数计算。

（7）预制混凝土接桩的工程量按设计图示规定按接头数量以个计算。

【例2-8】某单位工程现场灌注钢筋混凝土桩（见图2-26），共200根，柴油打桩机沉管灌筑混凝土，混凝土强度等级C25，设计空桩长度为1.0 m，每根钢筋笼质量为15 kg，计算桩基工程量。

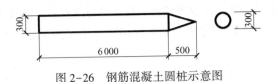

图 2-26 钢筋混凝土圆桩示意图

解：（1）钻孔和泥浆运输体积

$$V_{单根} = \frac{\pi}{4}D^2 \cdot L = \frac{\pi}{4} \times 0.3^2 \times (6.0+0.5+1.0) = 0.53 \, (\text{m}^3)$$

$$V_{总量} = 0.53 \times 200 = 106 \, (\text{m}^3)$$

（2）钢筋笼重量

$$W_1 = 15 \, \text{kg}（单根）\quad 总重 = 15 \times 200 = 3\,000 \, (\text{kg})$$

（3）灌注混凝土体积（设超灌长度为 1.0 m）

$$V_1 = \frac{\pi}{4}D^2 \times L = \frac{\pi}{4} \times 0.3^2 \times (6.0+0.5+1.0) = 0.53 \, (\text{m}^3)$$

$$总量 \, V = V_1 \times 根数 = 0.53 \times 200 = 106 \, (\text{m}^3)$$

【例 2-9】 某单位工程设计采用预制钢筋混凝土方桩（见图 2-27），共 113 根，柴油打桩机打桩，桩顶设计标高为 -1.5 m，室外地坪标高为 -0.6 m，计算工程量。

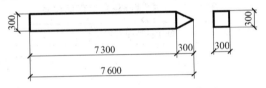

图 2-27 钢筋混凝土方桩示意图

解：（1）钢筋混凝土桩制作工程量（买价）

$$V_1 = 0.3 \times 0.3 \times 7.6 = 0.68 \, (\text{m}^3)$$

$$总量 = V_1 \times 根数 = 0.68 \times 113 = 76.84 \, (\text{m}^3)$$

（2）打预制桩工程量

$$V_1 = 0.3 \times 0.3 \times 7.6 = 0.68 \, (\text{m}^3)$$

$$总量 = V_1 \times 根数 = 0.68 \times 113 = 76.84 \, (\text{m}^3)$$

（3）送桩工程量

$$V_1 = 0.3 \times 0.3 \times (1.5-0.6+0.5) = 0.126 \, (\text{m}^3)$$

$$总量 = V_1 \times 根数 = 0.126 \times 113 = 14.24 \, (\text{m}^3)$$

3）灌注桩

（1）沉管桩成孔按打桩前自然地坪标高至设计桩底标高（不包括预制桩尖）的成孔长度乘以钢管外径截面积以体积计算。

（2）沉管桩灌注混凝土按钢管外径截面积乘以设计桩长（不包括预制桩尖）另加超灌长度以体积计算。超灌长度设计有规定者，按设计要求计算。无规定者，按 0.5 m 计算。

（3）钻孔桩、旋挖桩成孔按打桩前自然地坪标高至设计桩底标高的成孔长度乘以设计桩径截面积以体积计算。

（4）钻孔桩、旋挖桩灌注混凝土按设计桩径截面积乘以设计桩长（包括桩尖）另加超灌长度以体积计算。超灌长度设计有规定者，按设计要求计算，无规定者，按 0.5 m 计算。

（5）钻孔灌注桩设计要求扩底时，其扩底工程量按设计尺寸以体积计算，并入相应工程量内。

（6）泥浆运输按成孔以体积计算。

（7）注浆管、声测管埋设按打桩前的自然地坪标高至设计桩底标高另加 0.5 m 以长度计算。

（8）桩底（侧）后压浆按设计注入水泥用量以质量计算。

4）其他桩

（1）打、拔钢板桩工程量按桩的质量计算。

（2）安拆导向夹具的工程量按设计图示轴线长度计算。

（3）轨道式打桩机的 90°调面，按次数计算。

（4）水泥搅拌桩按设计桩长加 50 cm 乘以设计桩外径截面积，以体积计算。其桩截面积按一个单元为计算单位。

（5）高压旋喷桩按设计桩长加 50 cm 乘以设计桩外径截面积以体积计算。

（6）SMW 工法搅拌桩按设计图示尺寸以桩截面面积乘以桩长以体积计算。其桩截面面积按一个单元为计算单位，单元桩间距和单元桩截面面积按表 2-29 所示计算。

表 2-29　三轴搅拌桩桩截面面积表

桩径 D/mm	单元桩间距 L/mm	单元桩截面面积/m²	图　　示
850	1 200	1.494 9	

（6）插拔型钢按设计图示尺寸以质量计算。

（7）插拔型钢基价中型钢的租赁价值按实计算。

【例 2-10】 计算图 2-28 所示人工挖孔桩体积。

解：（1）桩身部分

$$V_1 = 3.14 \times \left(\frac{1.15}{2}\right)^2 \times 10.9 = 11.32 \ (\text{m}^3)$$

（2）圆台部分

$$V_2 = \frac{1}{3}\pi h(r^2 + R^2 + rR)$$

$$= \frac{1}{3} \times 3.14 \times 1.0 \times \left[\left(\frac{0.8}{2}\right)^2 + \left(\frac{1.2}{2}\right)^2 + \frac{0.8}{2} \times \frac{1.2}{2}\right]$$

$$= 0.8 \ (\text{m}^3)$$

（3）球冠部分

已知：r、h 的尺寸，无 R。

$r = 1.20/2 = 0.6\,(\mathrm{m})$，$h = 0.2\,(\mathrm{m})$

$$R = \frac{r^2 + h^2}{2h} = \frac{\left(\dfrac{1.2}{2}\right)^2 + 0.2^2}{2 \times 0.2} = 1.0\,(\mathrm{m})$$

$$V_3 = \pi h^2\left(R - \frac{h}{3}\right) = 3.14 \times 0.2^2 \times \left(1.0 - \frac{0.2}{3}\right) = 0.12\,(\mathrm{m})$$

挖孔桩体积 = $V_1 + V_2 + V_3$ = 11.32 + 0.80 + 0.12 = 12.24（m³）

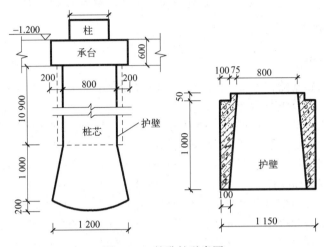

图 2-28　挖孔桩示意图

5）地基处理

（1）强夯地基工程量按实际夯击面积计算，设计要求重复夯击者，应累计计算。在强夯工程施工时，如设计要求有间隔期时，应根据设计要求的间隔期计算机械停滞费。

（2）分层注浆钻孔数量按设计图示以钻孔深度计算。注浆数量按设计图纸注明加固土体的体积计算。

（3）压密注浆钻孔数量按设计图示以钻孔深度计算。注浆数量按下列规定计算。

① 设计图纸明确加固土体体积的，按设计图纸注明的体积计算。

② 设计图纸以布点形式图示土体加固范围的，则按两孔间距的一半作为扩散半径，以布点边线各加扩散半径，形成计算平面计算注浆体积。

③ 如果设计图纸注浆点在钻孔灌注桩之间，按两注浆孔的一半作为每孔的扩散半径，以此圆柱体积计算注浆体积。

6）推动与锚喷联合支护

（1）砂浆土钉、砂浆锚杆的钻孔、灌浆，按设计文件或施工组织设计规定的钻孔深度以长度计算。

（2）喷射混凝土护坡按设计文件或施工组织设计规定尺寸以面积计算。

（3）钢筋、钢管锚杆按设计图示质量计算。

（4）锚头的制作、安装、张拉、锁定按设计图示数量计算。

7）挡土板

挡土板按设计文件或施工组织设计规定的支挡范围以面积计算。

8）地下连续墙

（1）地下连续墙的混凝土导墙按照设计图示尺寸以体积计算，导墙所涉及的挖土、钢筋的工程量应按照相应单元的计算规则计算。

（2）地下连续墙的成槽按照设计图示墙中心线长度乘以厚度再乘以槽深以体积计算。

（3）地下连续墙的清底置换和安、拔接头管按照施工方案规定以数量计算。

（4）水下混凝土灌注，按设计图示地下连续墙的中心线长度乘以高度再乘以厚度以体积计算。超灌高度设计有规定者，按设计要求计算，无规定者，按1倍墙厚计算。

（5）凿地下连续墙超灌混凝土按墙体断面面积乘以超灌高度以体积计算。

2.5.3 砌筑工程

1. 砌筑工程说明

砌筑工程包括砌基础，砌墙，其他砌体，墙面勾缝等内容。

基础与墙（柱）身的划分如下：

（1）基础与墙（柱）身使用同一种材料时，以首层设计室内地坪为界（有地下室者，以地下室室内设计地坪为界），以下为基础，以上为墙（柱）身。

（2）基础与墙（柱）身使用品种不同材料时位于室内地坪高度≤±300mm时，按不同材料为分界线，高度>±300mm时，以室内设计地坪为分界线。

（3）砖砌地沟不分墙基和墙身，按不同材质合并工程量套用相应项目。

（4）围墙以设计室外地坪为界线，以下为基础，以上为墙身。

砌页岩标砖墙基价中综合考虑了除单砖墙以外不同的墙厚、内墙与外墙、清水墙和混水墙的因素，单砖墙应单独计算，执行相应基价子目。

基价中部分砌体的砌筑砂浆强度为综合强度等级，使用时不予换算。

基价中的预拌砂浆是按M7.5强度等级的价格考虑的，如设计要求预拌砂浆强度等级与基价中不同时允许换算。

砌墙基价中不含墙体加固钢筋，砌体内采用钢筋加固者，按设计规定计算其质量，执行2.5.4混凝土及钢筋混凝土工程中墙体加固钢筋基价子目。

砌页岩标砖墙基价中已综合考虑了不带内衬的附墙烟囱，凡带内衬的附墙烟囱，执行2.5.9构筑物工程相应项目。

砌贴页岩标砖墙基价系指墙体外表面的砌贴砖墙。

页岩空心砖墙基价中的空心砖规格为240mm×240mm×115mm，设计规格与基价不同时，允许调整。

砌块墙基价中砌块耗用量中未包括改锯损耗，如有发生，按实际计算。

加气混凝土墙基价中未考虑砌页岩标砖。执行此基价时，如有页岩标砖砌筑，应单独计算并执行砌页岩标砖基价子目。

保温轻质砂加气砌块墙砌筑时如使用铁件或拉结件时，铁件或拉结件另行计算。

页岩标砖零星砌体系指页岩标砖砌小便池槽、明沟、暗沟、隔热板等。

页岩标砖砌地垄墙按页岩标砖地沟基价执行，页岩标砖墩按页岩标砖方形柱基价执行。

2. 砌筑工程计算规则

1）砌基础

页岩标砖基础、毛石基础按设计图示尺寸以体积计算。包括附墙垛基础宽出部分体积，扣除钢筋混凝土地梁（圈梁）、构造柱所占体积，不扣除基础大放脚 T 形接头处的重叠部分及嵌入基础内的钢筋、铁件、管道、基础砂浆防潮层和单个面积 0.3 m² 以内的孔洞所占体积，靠墙暖气沟的挑檐不增加。

$$V_{砖基}＝基础断面积×基础长度＋附加部分体积－扣除部分体积$$

基础断面积＝基础墙计算厚度×基础高度＋大放脚断面面积（0.007 875×放脚个数）

（1）基础墙计算厚度：按表 2-30 计算。

表 2-30　页岩标砖墙厚度表

墙厚/砖	1/4	1/2	3/4	1	$1\dfrac{1}{2}$	2	$2\dfrac{1}{2}$	3
计算厚度/mm	53	115	180	240	365	490	615	740

（2）基础墙高度（H）：按图 2-29 所示尺寸计算。

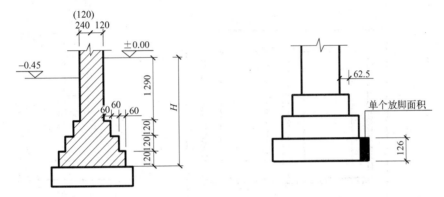

图 2-29　砖基础断面图

（3）放脚增加面积：砌页岩标砖基础大放脚增加断面面积按表 2-31 所示计算。

表 2-31　砌页岩标砖基础大放脚增加断面面积计算表　　　　单位：m²

放脚层数	增加断面面积		放脚层数	增加断面面积	
	等高	不等高		等高	不等高
一	0.015 75	0.015 75	四	0.157 5	0.126
二	0.047 25	0.039 38	五	0.236 25	0.189
三	0.094 5	0.078 75	六	0.330 75	0.259 88

砖基础大放脚分为两种：等高式和不等高式，如图 2-30 所示。

（4）基础长度：外墙按中心线长度，内墙按净长计算。

【例 2-11】 计算图 2-31 所示砖基础工程量。

解：（1）砖基础断面积：

① 基础墙计算厚度：外墙为 0.365 m，内墙为 0.24 m。

② 基础墙计算高度：$H＝1.9－0.25＝1.65$（m）。

③ 放脚面积：0.007 875×12＝0.094 5（m）。

④ 基础断面积：

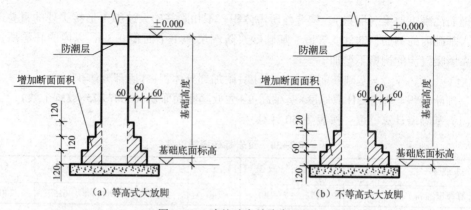

（a）等高式大放脚　　　　　　　（b）不等高式大放脚

图 2-30　砖基础大放脚断面图

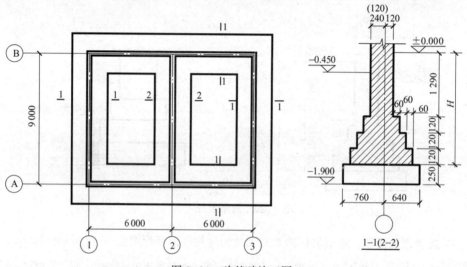

图 2-31　砖基础施工图

$$S_{外} = 0.365 \times 1.65 + 0.094\,5 = 0.696\,75\ (m^2)$$

$$S_{内} = 0.24 \times 1.65 + 0.094\,5 = 0.490\,5\ (m^2)$$

（2）基础长度：

$$L_{外} = \left[\,(6.0 + 6.0 + 0.06 \times 2) + (9.0 + 0.06 \times 2)\,\right] \times 2 = 42.48\ (m)$$

$$L_{内} = 9 - 0.12 \times 2 = 8.76\ (m)$$

（3）基础工程量：

$$V_{外} = 0.696\,75 \times 42.48 = 29.60\ (m^3)$$

$$V_{内} = 0.490\,5 \times 8.76 = 4.30\ (m^3)$$

$$V_{砖基础} = 29.6 + 4.30 = 33.9\ (m^3)$$

2）砌墙

实心页岩标砖墙、空心砖墙、多孔砖墙、各类砌块墙、毛石墙等墙体均按设计图示尺寸以体积计算。扣除门窗洞口、过人洞、空圈、嵌入墙内的钢筋混凝土柱、梁、圈梁、挑梁、过梁及凹进墙内的壁龛、管槽、暖气槽、消火栓箱所占体积。不扣除梁头、外墙板头、檩头、垫木、木楞头、沿缘木、木砖、门窗走头、页岩标砖墙内页岩标砖平碹、页岩标砖拱

86

碹、页岩标砖过梁、加固钢筋、木筋、铁件、钢管及单个面积 0.3 m² 以内的孔洞所占体积。凸出墙面的腰线、挑檐、压顶、窗台线、虎头砖、门窗套的体积亦不增加，凸出墙面的垛并入墙体体积内。附墙烟囱（包括附墙通风道）按其外形体积计算，并入所依附的墙体体积内。

$V_{砌墙}$ = 墙厚×墙高×墙长-扣除部分体积+增加部分体积

= 墙厚×(墙高×墙长-门窗洞口面积)-扣除部分体积+增加部分体积

（1）墙长度

外墙按中心线长度计算，内墙按净长计算。

（2）墙高度

① 外墙：斜（坡）屋面无檐口、天棚者算至屋面板底；有屋架且室内外均有天棚者算至屋架下弦底另加 200 mm；无天棚者算至屋架下弦底另加 300 mm，出檐宽度超过 600 mm 时，按实砌高度计算；有钢筋混凝土楼板隔层者算至板顶；平屋面算至屋面板底，如图 2-32 和图 2-33 所示。

② 女儿墙：从屋面板上表面算至女儿墙顶面（如有混凝土压顶时算至压顶下表面）如图 2-34 所示。

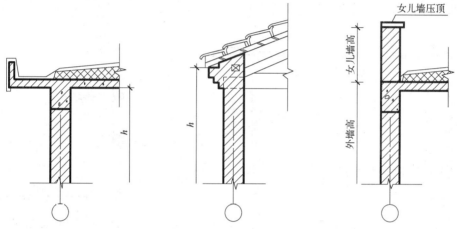

图 2-32 平屋顶的外墙高度　　图 2-33 砖出檐的外墙高度　　图 2-34 女儿墙的计算高度

③ 内墙：位于屋架下弦者，算至屋架下弦底；无屋架者算至天棚底另加 100 mm；有钢筋混凝土楼板隔层者算至楼板顶；有框架梁时算至梁底，如图 2-35 所示。

④ 内、外山墙：按其平均高度计算，如图 2-36 所示。

图 2-35 有吊顶天棚时的墙高度

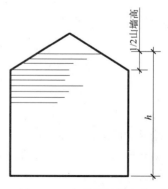

图 2-36 山墙的计算高度

⑤ 围墙：高度从基础顶面起算至压顶上表面（如有混凝土压顶时算至压顶下表面），与墙体为一体的页岩标砖砌围墙柱并入围墙体积内计算。

⑥ 砌地下室墙不分基础和墙身，其工程量合并计算，按砌墙基价执行。

（3）页岩标砖墙厚度按下表计算

页岩标砖墙厚度表如表 2-30 所示。

3）空花墙

空花墙按设计图示尺寸以空花部分外形体积计算，不扣除空洞部分体积。

4）实心页岩标砖柱、页岩标砖零星砌体

实心页岩标砖柱、页岩标砖零星砌体按设计图纸尺寸以体积计算。扣除混凝土及钢筋混凝土梁垫、梁头、板头所占体积。页岩标砖柱不分柱基和柱身，其工程量合并计算，按页岩标砖柱基价执行。

【例 2-12】某单层建筑物如图 2-37 所示，墙身为 M2.5 混合砂浆砌筑页岩标砖，内外墙厚均为 240 mm，墙中圈梁体积 2.76 m³，过梁体积为 1.58 m³，构造柱体积为 2.21 m³，门窗洞口尺寸见门窗表，计算砖墙工程量。

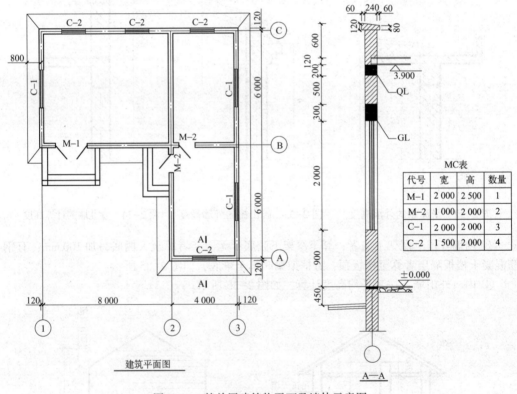

图 2-37　某单层建筑物平面及墙体示意图

代号	宽	高	数量
M-1	2 000	2 500	1
M-2	1 000	2 000	2
C-1	2 000	2 000	3
C-2	1 500	2 000	4

解：墙厚 = 0.24 m

墙高 = 3.9+0.12+0.6-0.12 = 4.5（m）

墙长：

$$L_{外} = （12+12）\times 2 = 48（m）$$

$$L_{内} = （6-0.12\times 2）+（4-0.12\times 2）= 9.52（m）$$

合计长度：　　　　　　　　$L=48+9.52=57.52（\text{m}）$

墙体毛体积：　　　　　　$V_毛=0.24×4.5×57.52=62.12（\text{m}^3）$

扣除：　　$V_{mc}=0.24×(2×2.5+1×2×2+2×2×3+1.5×2×4)=7.92（\text{m}^3）$

　　　　　$V_{QL}=2.76\ \text{m}^3$　　　　　$V_{GL}=1.58\ \text{m}^3$　　　　　$V_{GZ}=2.21\ \text{m}^3$

砌砖墙工程量：　　$V=62.12-7.92-2.76-1.58-2.21=47.65（\text{m}^3）$

5）石柱

石柱按设计图示尺寸以体积计算。

6）页岩标砖半圆碹、毛石护坡、页岩标砖台阶等其他砌体

页岩标砖半圆碹、毛石护坡、页岩标砖台阶等其他砌体均按设计图示尺寸以实体积计算。

7）弧形阳角页岩标砖加工

弧形阳角页岩标砖加工按长度计算。

8）附墙烟囱、通风道水泥管

附墙烟囱、通风道水泥管按设计要求以长度计算。

9）平墁页岩标砖散水

平墁页岩标砖散水按设计图示尺寸以水平投影面积计算。

10）墙面勾缝

墙面勾缝按设计图示尺寸以墙面垂直投影面积计算，应扣除墙面和墙裙抹灰面积，不扣除门窗套和腰线等零星抹灰及门窗洞口所占面积，但垛、门窗洞口侧面和顶面的勾缝面积亦不增加。

11）独立柱、房上烟囱勾缝

独立柱、房上烟囱勾缝，按设计图示外形尺寸以展开面积计算。

2.5.4　混凝土及钢筋混凝土工程

1. 混凝土及钢筋混凝土工程说明

该说明主要包括现浇混凝土、预制混凝土制作、升板工程、钢筋工程、预制混凝土构件拼装、预制混凝土构件运输等内容。

项目的界定如下：

（1）基础垫层与混凝土基础按混凝土的厚度划分：混凝土的厚度在12 cm以内者执行垫层子目；厚度在12 cm以外者执行基础子目。

（2）有梁式带形基础：其梁高与梁宽之比在4:1以内的按有梁式带形基础计算；超过4:1时，其基础底板按无梁式基础计算，以上部分按墙计算。

（3）短肢剪力墙结构中墙与柱的划分：截面长度（L_1或L_2）与厚度（B）之比大于3时，执行混凝土墙基价；小于或等于3时，执行混凝土柱基价（截面长度以该截面最长尺寸为准，包括深入侧面混凝土部分），如图2-38所示。

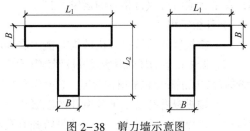

图2-38　剪力墙示意图

（4）剪力墙结构中墙肢长度与厚度之比>4时按墙计算；墙肢截面长度与厚度之比≤4时按柱计算。

（5）剪力墙结构中截面厚度≤300 mm、各肢截面长度与厚度之比的最大值>4但≤8时，该截面按短肢剪力墙计算；各肢截面长度与厚度之比的最大值≤4时，该截面按异型柱计算。

（6）现浇钢筋混凝土板坡度在10°以内，按基价相应子目执行；坡度在10°以外30°以内，相应基价子目中人工工日乘以系数1.1；坡度在30°以外60°以内，相应基价子目中人工工日乘以系数1.2；坡度在60°以外，按现浇混凝土墙相应基价子目执行。

（7）预制楼板及屋面板间板缝，下口宽度在2 cm以内者，灌缝工程已包括在构件安装子目内，但板缝内如有加固钢筋者，另行计算。下口宽度在2 cm至15 cm以内者，执行补缝板子目；宽度在15 cm以外者，执行平板子目。

（8）零星构件，系指每件体积在0.05 m³以内且在本单元中未列项目的构件。

（9）外形尺寸体积在1 m³以内的独立池槽执行小型池槽项目，1 m³以外的独立池槽与建筑物相连的梁、板、墙结构式水池，分别执行梁、板、墙相应项目。

1）现浇混凝土

（1）本单元中各项混凝土预算基价中细石混凝土采用AC20预拌混凝土价格，其他混凝土均采用AC30预拌混凝土价格。如设计要求与基价不同时，采用现场搅拌者按"现场搅拌混凝土基价"所列相应混凝土品种换算；采用预拌混凝土者按预拌混凝土相应强度等级的实际价格列入。

（2）混凝土的养护是按一般养护方法考虑的，如采用蒸汽养护或其他特殊养护方法者，应在措施项目中另行计算，本单元各混凝土基价子目中包括的养护内容不扣除。

（3）施工单位自行制作的混凝土构件，按本基价中相应子目执行。如采用外购商品混凝土构件，按购入价格列入基价。

（4）满堂基础底板适用于无梁式或有梁式满堂基础的底板。如底板下有打桩者，仍执行本基价，其中桩头处理按2.5.1节土（石）方、基础垫层工程中有关规定执行。

（5）桩承台基价中包括剔凿高度在10 cm以内的桩头剔凿用工，剔凿高度超过10 cm时，按2.5.1节土（石）方、基础垫层工程有关规定计算，本单元中包括的剔凿用工不扣除。

（6）毛石混凝土，系按毛石体积占混凝土体积20%计算的，如设计要求不同时，可以换算。

（7）散水、坡道厚度如与设计厚度不同时，材料允许按比例调整。

（8）墙、板中后浇带不分厚度，按相应基价执行。

2）预制混凝土构件制作

（1）预制混凝土构件制作基价中未包括从预制地点或堆放地点至安装地点的运输，发生运输时，执行相应的运输子目。

（2）预制混凝土柱、吊车梁、薄腹梁、屋架是按现场就位预制考虑的，如不能就位预制，发生运输时可执行相应的运输子目。

3）升板工程

（1）楼板提升是按提升机的提升能力在60 t以内计算的，如设计要求不同时允许调整。

（2）升板设备的场外运费及安拆费均按台次计算，场外运费的台次以实际进场台数为准，安拆费的台次以混凝土柱的根数为准，总操作台的运费及安拆费已综合在台次子目内，不另计算。

（3）楼板提升孔及柱子预留孔的混凝土填充，已包括在楼板提升子目内，不另计算。

（4）楼板制作子目中，已包括预留提升孔灌粗砂及提升时清理提升孔的工作内容，不另计算。

4）钢筋工程

（1）计算钢筋工程量时，设计已规定搭接长度时，按规定搭接长度计算；设计未规定搭接长度时，已包括在钢筋的损耗率之内，不另计算搭接长度。

（2）基价中钢筋是以手工绑扎、部分焊接和点焊编制的，设计采用气压焊、螺纹套筒、电渣压力焊、钢筋冷挤压等焊（连）接方法者，可以另行计算，其钢筋制作应按特种接头钢筋相应子目计算。

（3）非预应力钢筋未包括冷加工。如设计规定冷加工者，加工费和加工损耗另行计算。施工单位自行采用冷加工钢筋者，不另计算加工费，钢筋量仍按原设计直径计算。

（4）预应力钢筋的张拉设备等费用已包括在基价中，但未包括预应力钢筋人工时效及预应力钢筋的实验、检验费。

（5）两个构件中间的附加连接筋、构件与砌体连接筋及构件伸出加固筋，均另行计算，按加固筋子目执行。

（6）植筋实际深度可参照植筋胶所测试深度调整，未包括加固完工后的测试费。

5）预制混凝土构件拼装

（1）预制混凝土构件安装子目中已综合了预制构件的灌缝、找平、吊车梁金属屑抹面、阳台板和大楼板安装支撑的内容，实际与基价不同时不予换算。

（2）基价中已考虑了双机或多机同时作业因素，在发生上述情况时，机械费不调整。

（3）组合屋架的小拼已包括在制作子目内，安装子目只包括大拼。

（4）预制构件拆（剔）模、清理用工已包括在模板子目中，不另计算。

（5）混凝土构件安装基价中未包括机车行使路线的修整、铺垫工作，如发生时可在措施项目中另行计算。

（6）起重机械台班费是按 50 t 以内的机械综合考虑的。

（7）基价中构件就位是按起重机倒运考虑的，实际使用汽车倒运者，可按构件运输子目执行。

6）预制混凝土构件运输

（1）构件运输基价是按构件长度在 14 m 以内的混凝土构件考虑的。

（2）构件分类如表 2-32 所示。

表 2-32　构件分类表

类别	项　目
一类	4 m 以内梁、实心楼板
二类	屋面板、工业楼板、屋面填充梁、进深梁、基础梁、吊车梁、楼梯休息板、楼梯段、楼梯梁、阳台板、6 m 以内桩
三类	6 m 以外至 14 m 梁、柱、桩、各类屋架、桁架、托架
四类	天窗架、挡风架、侧板、端壁板、天窗上下挡、门框、窗框及 0.1 m³ 以内的小构件
五类	装配式内、外墙板、大楼板、大墙板、厕所板
六类	隔墙板（高层用）

2. 工程量计算规则

1）现浇混凝土

（1）现浇混凝土基础按设计图示尺寸以体积计算。不扣除构件内钢筋、预埋铁件和伸入承台基础的桩头所占体积。

① 带形基础：外墙基础长度按外墙基础中心线长度计算，内墙基础长度按内墙基础净长计算，截面面积按图示尺寸计算。

带形基础计算，应区分有梁式（$h \leqslant 4b$）和无梁式（$h > 4b$）

带形基础体积计算：

$$V_{外} = 基础断面积 \times 外墙基础中心线$$

$$V_{内} = 基础断面积 \times 内墙基础净长线$$

$$V = V_{外} + V_{内} + V_{搭接}$$

T形接头搭接部分（见图2-39）体积：

$$V_{T形接头搭接} = bhL_{搭} + \frac{2b+B}{6}h_1L_{搭}$$

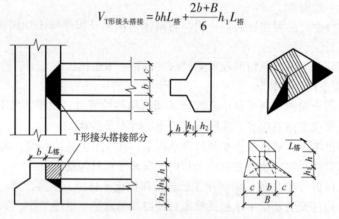

图2-39　带形基础参数示意图

【例2-13】计算如图2-40所示钢筋混凝土带形基础的工程量。

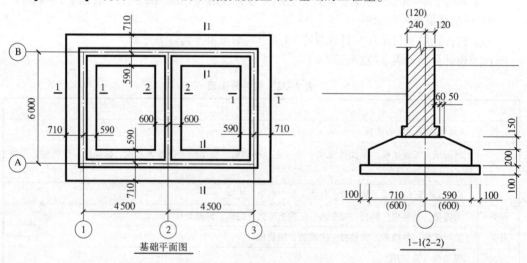

图2-40　钢筋混凝土基础施工图

解： a. 外墙基础 $V_{外}$

断面积 $S_{1-1} = 1.3 \times 0.2 + \dfrac{1}{2} \times (1.3 + 0.58) \times 0.15 = 0.4$（$m^2$）

$$长度 = L_{中心线} = [(9.0+0.06×2)+(6.0+0.06×2)]×2 = 30.48(m)$$

$$V_{外} = 0.4×30.48 = 12.19(m^3)$$

b. 内墙基础 $V_{内}$

$$断面积\ S_{2-2} = 1.2×0.2+\frac{1}{2}(1.2+0.46)×0.15 = 0.36(m^2)$$

$$长度 = 6.0-0.59×2 = 4.82(m)$$

$$V_{内} = 0.36×4.82 = 1.74(m^3)$$

c. T 形接头搭接部分体积 $V_{搭}$

$$V = h_1 L_{搭}×2, b = 0.46(m), B = 1.20(m), h_1 = 0.15(m)$$

$$L_{搭} = 0.59-0.12-0.06-0.05 = 0.36(m)$$

$$V_{搭} = \frac{2×0.46+1.2}{6}×0.15×0.36×2 = 0.04(m^3)$$

$$V = 12.19+1.74+0.04 = 13.97(m^3)$$

② 独立基础：包括各种形式的独立柱基和柱墩，独立基础的高度按图示尺寸计算，柱与柱基以柱基的扩大顶面为分界。

以图 2-41 为例，独立基础体积计算式如下：

$$V_{单个} = V_1+V_2 \qquad V_1 = A·B·h$$

$$V_2 = \frac{h_1}{6}[ab+(a+A)(b+B)+AB]$$

$$V_{总} = V_{单个}×基础个数$$

【例 2-14】计算如图 2-42 所示现浇独立基础工程量（单个）。

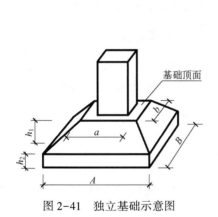

图 2-41 独立基础示意图　　　　图 2-42 独立基础施工图

解：
$$V = V_1+V_2$$

V_1：长 $= 1.6\,m$，宽 $= 1.8\,m$，厚 $= 0.2\,m$，则

$$V_1 = 1.6×1.8×0.2 = 0.58(m^3)$$

V_2：$a = 0.6\,m, A = 1.6\,m, b = 0.8\,m, B = 1.8\,m, h = 0.25\,m$，有

$$V_2 = \frac{0.25}{6}[0.6×0.8+(0.6+1.6)×(0.8+1.8)+1.6×1.8]$$

$$= 0.38(m^3)$$

$$V=0.58+0.38=0.96(\text{m}^3)$$

图 2-43 所示为杯型独立基础示意图，其混凝土体积计算式如下：

$$V_{\text{单个}}=V_1+V_2+V_3-V_4$$

$$V_1=abh_1$$

$$V_2=\frac{h_2}{6}\left[ab+(a+A)(b+B)+AB\right]$$

$$V_3=ABh_3$$

$$V_4=\frac{h_4}{6}\left[c_1d_1+(c_1+c)(d_1+d)+cd\right]$$

$$V_{\text{总}}=V_{\text{单个}}\times\text{基础个数}$$

【例 2-15】 计算如图 2-44 所示杯型基础工程量（单个）。

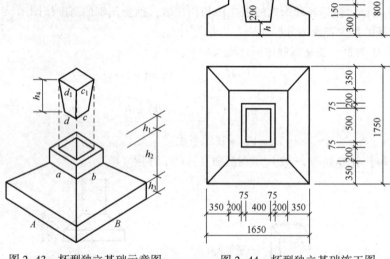

图 2-43　杯型独立基础示意图　　图 2-44　杯型独立基础施工图

解：
$$V_1=a\,b\,h_1=1.65\times1.75\times0.3=0.87(\text{m}^3)$$

$$V_2=\frac{h_2}{6}\left[ab+(a+A)(b+B)+AB\right]$$

$$=\frac{0.15}{6}\left[0.95\times1.05+(0.95+1.65)(1.05+1.75)+1.65\times1.75\right]$$

$$=0.28(\text{m}^3)$$

$$V_3=0.95\times1.05\times0.35=0.35(\text{m}^3)$$

$$V_4=\frac{h_4}{6}\left[c_1d_1+(c_1+c)(d_1+d)+cd\right]$$

$$=\frac{0.6}{6}\left[0.55\times0.65+(0.55+0.4)(0.65+0.5)+0.4\times0.5\right]$$

$$=0.17(\text{m}^3)$$

$$V_{\text{单个}}=0.87+0.28+0.35-0.17=1.33(\text{m}^3)$$

③ 满堂基础：

a. 无梁式满堂基础（板式），可按设计图所示尺寸计算实体积，如图 2-45 所示。

$$V=底板面积×板厚$$

b. 有梁式满堂基础中的梁、柱另按相应的基础梁及柱子目计算，梁只计算突出基础以上的部分，伸入基础底板部分并入满堂基础底板工程量内，如图 2-46 所示。

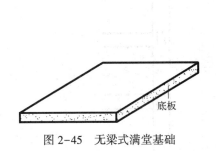

图 2-45　无梁式满堂基础

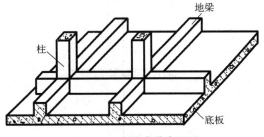

图 2-46　有梁式满堂基础

c. 箱式满堂基础应分别按满堂基础底板、柱、梁、墙、板有关规定计算，如图 2-47 所示。

④ 框架式设备基础：分别按基础、柱、梁、板等相应规定计算，楼层上的钢筋混凝土设备基础按有梁板子目计算。

⑤ 设备基础的钢制螺栓固定架应按铁件计算，木制设备螺栓套，按个数计算。

⑥ 设备基础二次灌浆以体积计算。

（2）现浇混凝土柱按设计图示尺寸以体积计算，构造柱断面尺寸按每面马牙磋增加 3 cm 计算，依附柱上的牛腿和升板的柱帽并入柱身体积计算，不扣除构件内钢筋、预埋铁件所占体积。

① 有梁板的柱高应按柱基上表面（或楼板上表面）至上一层楼板上表面之间的高度计算，如图 2-48 所示。

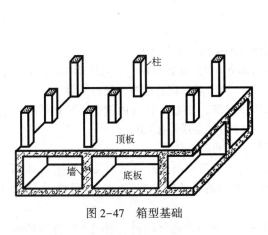

图 2-47　箱型基础

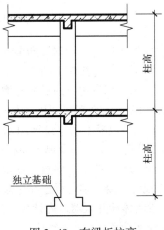

图 2-48　有梁板柱高

② 无梁板的柱高应按柱基上表面（或楼板上表面）至柱帽下表面之间的高度计算，如图 2-49 所示。

③ 框架柱的柱高应按柱基上表面至柱顶高度计算，如图 2-50 所示。

④ 构造柱的柱高按全高计算，嵌接墙体部分并入柱身体积。

$$V=(墙厚×墙厚+0.03×墙厚×马牙碴边数)×柱高$$

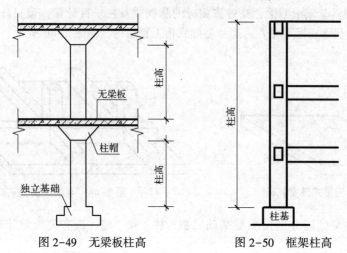

图 2-49　无梁板柱高　　　　　图 2-50　框架柱高

（3）现浇混凝土梁按设计图示尺寸以体积计算。不扣除构件内钢筋、预埋铁件所占体积，伸入墙内的梁头、梁垫并入梁体积内。梁与柱连接时，梁长算至柱侧面；主梁与次梁连接时，次梁长算至主梁侧面，如图 2-51 所示。

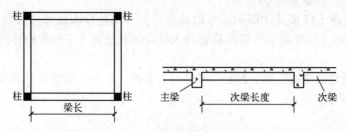

图 2-51　主次梁连接长度取值示意图

① 凡加固墙身的梁均按圈梁计算。

② 圈梁与梁连接时，圈梁体积应扣除伸入圈梁内的梁的体积。

③ 在圈梁部位挑出的混凝土檐，其挑出部分在 12 cm 以内的，并入圈梁体积内计算；挑出部分在 12 cm 以外的，以圈梁外边线为界限，挑出部分执行挑檐、天沟子目。

（4）现浇混凝土墙按设计图示尺寸以体积计算。不扣除构件内钢筋、预埋铁件所占体积，但应扣除门窗洞口及单个面积在 0.3 m² 以外的孔洞所占体积。

① 墙的高度按下一层板上皮至上一层板下皮的高度计算。

② 现浇混凝土墙与梁连在一起时，如混凝土梁不突出墙外且梁下没有门窗（或洞口），混凝土梁的体积并入墙体内计算；如混凝土梁突出墙外或梁下有门窗（或洞口），混凝土墙与梁应分别计算。

③ 现浇混凝土墙与柱连在一起时，当混凝土柱不突出外墙时，混凝土柱并入墙体内计算；当混凝土柱突出外墙时，混凝土墙的长度算至柱子侧面，与墙连接的混凝土柱另行计算。

（5）现浇混凝土板按设计图示尺寸以体积计算。不扣除构件内钢筋、预埋铁件及单个面积在 $0.3\,m^2$ 以内的孔洞所占体积。各类板伸入墙内的板头并入板体积内计算，薄壳板的肋、基梁并入薄壳体积内计算。

① 凡不同类型的楼板交接时，均以墙的中心线为分界。

② 有梁板（包括主、次梁与板）按梁、板体积之和计算。

③ 无梁板按板和柱帽体积之和计算。

④ 压型钢板上现浇混凝土板，按设计图示结构尺寸以水平投影面积计算。

【例 2-16】某钢筋混凝土框架如图 2-52 所示，已知柱顶面标高 9.0 m，柱基顶面标高 -1.0 m，柱断面尺寸 400 mm×400 mm，计算柱及有梁板工程量。

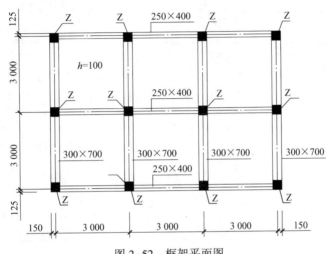

图 2-52　框架平面图

解： 柱断面面积 $S = 0.4 \times 0.4 = 0.16\,(m^2)$

$$柱高度 = 9.0 + 1.0 = 10\,(m)$$
$$V_{柱} = 0.16 \times 10 \times 12\,根 = 19.2\,(m^3)$$

有梁板体积，梁板体积合并计算：

$$板厚 = 100\,mm = 0.1\,m$$
$$板长 = 3.0 + 3.0 + 3.0 + 0.15 \times 2 = 9.3\,(m)$$
$$板宽 = 3.0 + 3.0 + 0.125 \times 2 = 6.25\,(m)$$
$$V_{板} = 0.1 \times (9.3 \times 6.25 - 0.16 \times 12) = 5.62\,(m^3)$$

梁体积：

$$V_{主梁} = 0.3 \times (0.7 - 0.1) \times (6.25 - 0.4 \times 3) \times 4 = 3.64\,(m^3)$$
$$V_{次梁} = 0.25 \times (0.4 - 0.1) \times (9.3 - 0.4 \times 4) \times 3 = 1.73\,(m^3)$$
$$V_{梁} = 3.64 + 1.73 = 5.37\,(m^3)$$
$$V_{有梁板} = 5.62 + 5.37 = 10.99\,(m^3)$$

（6）现浇混凝土楼梯按设计图示尺寸以水平投影面积计算。不扣除宽度小于 500 mm 的楼梯井，伸入墙内部分不计算。

① 楼梯的水平投影面积包括踏步、斜梁、休息平台、平台梁以及楼梯与楼板连接的梁（楼梯与楼板的划分以楼梯梁的外侧面为分界）。

② 当整体楼梯与现浇楼板无楼梯梁连接时，以楼梯的最后一个踏步边缘加 300 mm 为界。

【例 2-17】 如图 2-53 所示，柱截面尺寸为 700 mm×600 mm，外墙墙厚 250 mm，内墙墙厚 200 mm，计算钢筋混凝土楼梯的工程量（三层）。

解： 总长 = 3.3-0.1×2 = 3.1（m）

总宽 = 1.35+0.3-0.25+3.3+0.2 = 4.9（m）

S = 3.1×4.9×2 = 30.38（m²）

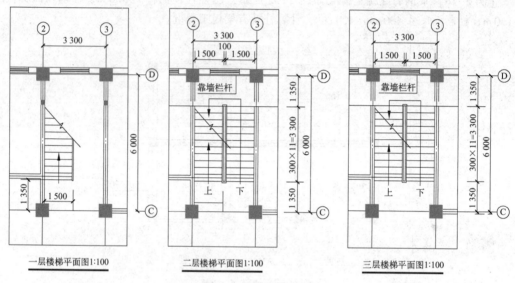

图 2-53 楼梯平面图

（7）雨篷、阳台板按设计图示尺寸以墙外部分体积计算。包括伸出墙外的牛腿和雨篷反挑檐的体积。嵌入墙内的梁应按相应子目另列项目计算。凡墙外有梁的雨篷，执行有梁板基价。

（8）现浇钢筋混凝土栏板按设计图示尺寸以体积计算（包括伸入墙内的部分），楼梯斜长部分的栏板长度，可按其水平投影长度乘以系数 1.15 计算。

（9）现浇混凝土门框、框架现浇节点、小型池槽、零星构件按设计图示尺寸以体积计算。

（10）现浇挑檐、天沟板按设计图示尺寸以体积计算。挑檐、天沟与现浇屋面板连接时，以外墙皮为分界线；与圈梁连接时，以圈梁外皮为分界线。

【例 2-18】 某建筑物屋面檐口如图 2-54 所示，计算该工程屋面板、挑檐板工程量。

解： $V_{屋面板}$ = 9×6×0.1 = 5.4（m³）

$V_{挑檐板}$ = 0.1×0.5×（9+0.25×2+6+0.25×2）×2 = 1.6（m³）

$V_{卷檐}$ = 0.06×0.06×（9+0.47×2+6+0.47×2）×2 = 0.12（m³）

$V_{总}$ = 1.6+0.12 = 1.72（m³）

（11）现浇混凝土扶手、压顶按设计图示尺寸以体积计算。

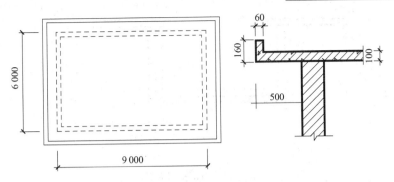

图 2-54　屋顶平面图、檐口详图

【例 2-19】某建筑物女儿墙压顶如图 2-55 所示，计算该混凝土压顶工程量。

解： $V = SL = (0.06+0.08) \times 0.36 \times (1/2) \times [(30-0.12 \times 2)+(15-0.12 \times 2)] \times 2$
$= 2.24 \, (\text{m}^3)$

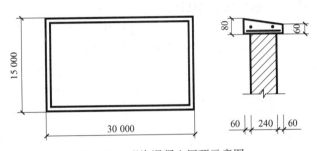

图 2-55　现浇混凝土压顶示意图

（12）各类台阶均设计图示尺寸以水平投影面积计算，如图 2-56 所示。

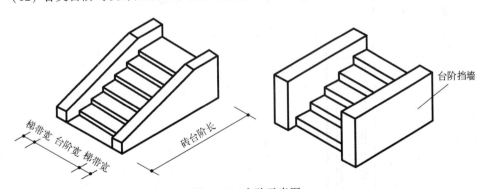

图 2-56　台阶示意图

【例 2-20】计算如图 2-57 所示混凝土台阶工程量。

解： $S = (4+0.3 \times 2) \times (3+0.3 \times 2) = 16.56 \, (\text{m}^2)$

（13）散水按设计图示尺寸以面积计算。其长度按外墙外边线长度计算（不扣减坡道、台阶所占长度，四角延伸部分亦不增加），宽度按设计尺寸。散水面积 S＝长度×宽度。

（14）坡道按设计图示尺寸以水平投影面积乘以平均厚度以体积计算。

（15）后浇带按设计图示尺寸以体积计算。有梁板中后浇带按梁、板分别计算。

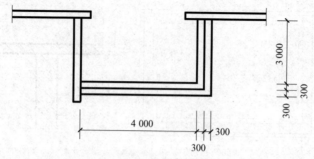

图 2-57　台阶尺寸详图

2）预制混凝土制作

预制漏空花格以外的其他预制混凝土构件均按设计图示尺寸以体积计算。不扣除构件内钢筋、预埋铁件及单个面积小于 300mm×300mm 以内孔洞所占体积，扣除烟道、通风道的孔洞及楼梯空心踏步板孔洞所占体积。

（1）预制混凝土柱上的钢牛腿按铁件计算。

（2）预制混凝土漏空花格按设计图示外围尺寸以面积计算。

【例 2-21】 计算图 2-58 所示预制钢筋混凝土柱的工程量。

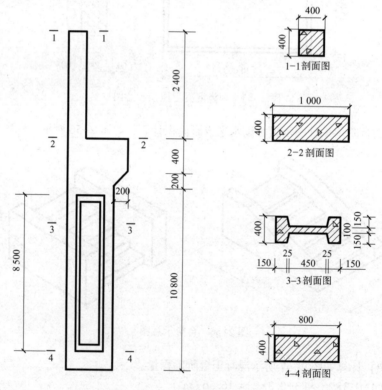

图 2-58　预制柱详图

解： $V_{上柱} = 0.4 \times 0.4 \times 2.4 = 0.384 \ (\text{m}^3)$

$V_{下柱} = 0.8 \times 0.4 \times (10.8 + 0.2 + 0.4) = 3.648 \ (\text{m}^3)$

$$V_{牛腿} = 0.4 \times (0.4 + 0.6) \times 0.2 \times 1/2 = 0.04\,(m^3)$$

$$V_{扣除} = (0.45 + 0.45 + 0.025 \times 2) \times 0.15 \times 1/2 \times 2 \times 8.5 = 1.212\,(m^3)$$

$$V_{柱} = 0.384 + 3.648 + 0.04 - 1.212 = 2.86\,(m^3)$$

3）钢筋工程

（1）普通钢筋、高强钢筋、箍筋均按设计图示钢筋长度乘以单位理论质量计算。

（2）钢筋工程项目消耗量中未含搭接损耗。钢筋的搭接（接头）数量应按设计图示及规范要求计算；设计图示及规范要求未标明的，按以下规定计算：

① D10 以内的长钢筋按每 12 m 计算一个钢筋搭接（接头）。

② D10 以上的长钢筋按每 9 m 计算一个钢筋搭接（接头）。

（3）钢筋搭接长度应按设计图示及规范要求计算。

（4）先张法预应力钢筋按设计图示钢筋长度乘以单位理论质量计算。

（5）后张法预应力钢筋按设计图示钢筋（绞线、丝束）长度乘以单位理论质量计算。

① 低合金钢筋两端均采用螺杆锚具时，钢筋长度按孔道长度减 0.35 m 计算，螺杆另行计算。

② 低合金钢筋一端采用镦头插片、另一端采用螺杆锚具时，钢筋长度按孔道长度计算，螺杆另行计算。

③ 低合金钢筋一端采用镦头插片、另一端采用帮条锚具时，钢筋长度按孔道长度增加 0.15 m 计算；两端均采用帮条锚具时，钢筋长度按孔道长度增加 0.3 m 计算。

④ 低合金钢筋采用后张混凝土自锚时，钢筋长度按孔道长度增加 0.35 m 计算。

⑤ 低合金钢筋（钢铰线）采用 JM、XM、QM 型锚具，孔道长度在 20 m 以内时，钢筋长度按孔道长度增加 1 m 计算；孔道长度在 20 m 以外时，钢筋（钢铰线）长度按孔道长度增加 1.8 m 计算。

⑥ 碳素钢丝采用锥形锚具，孔道长度在 20 m 以内时，钢丝束长度按孔道长度增加 1 m 计算；孔道长在 20 m 以外时，钢丝束长度按孔道长度增加 1.8 m 计算。

⑦ 碳素钢丝束采用镦头锚具，钢丝束长度按孔道长度增加 0.35 m 计算。

（6）螺栓、预埋铁件按设计图示尺寸以质量计算。

（7）钢筋气压焊接头、电渣压力焊接头、冷挤压接头、螺纹套筒接头等钢筋特殊接头按个数计算。

（8）钢筋冷挤压接头项目中未含无缝钢管价值。无缝钢管用量应按设计要求计算，损耗率为 2%。

（9）植筋按设计图示数量计算。

（10）钢筋网片、混凝土灌注桩钢筋笼、地下连续墙钢筋笼按设计图示钢筋长度乘以单位理论质量计算。

2.5.5　木结构工程

1. 木结构工程说明

该说明主要包括屋架、屋面木基层、木构件等 3 节；共 46 条基价子目。

项目中凡综合刷油者，除已注明者外，均为底油一遍，调合漆二遍。如设计做法与基价不同时允许换算。

卯榫结构介绍

基价中的木料断面或厚度均以毛料为准，如设计要求刨光时，板、方材一面刨光加 3 mm；两面刨光加 5 mm。

项目中木材种类均以一、二类木种为准，如采用三、四类木种时，人工费、机械费和管理费均乘以 1.35。木种分类如表 2-33 所示。

表 2-33　木种分类表

木 种 类 别	木 种 名 称
一类	红木、杉木
二类	白松、松杉、杨柳木、椴木、樟子松、云杉
三类	榆木、柏木、樟木、苦栋木、梓木、黄菠萝、青松、水曲柳、黄花松、秋子松、马尾松、槐木、椿木、楠木、美国松
四类	柞木、檀木、色木、红木、荔木、柚木、麻栗木、桦木

屋架项目适用于带气楼和不带气楼的方木屋架及钢木屋架。

方木屋架的铁件，基价中已综合考虑。基价中的木材消耗量按表 2-34 所列断面面积计算的，如与设计不同时，可按比例换算木材用量，基价的其他内容不变。

表 2-34　木材断面面积计算表

工 程 项 目		上下弦断面面积合计/cm²
木屋架不带气楼	跨度 6 m 以内	210
	跨度 8 m 以内	336
	跨度 10 m 以内	392
木屋架带气楼	跨度 6 m 以内	176
	跨度 8 m 以内	260
	跨度 10 m 以内	288

钢木屋架的木材和下弦角钢按表 2-35 所列木材断面面积和角钢规格计算的，如与设计不同时，可按比例换算木材及角钢用量，基价的其他内容不变。

表 2-35　钢木屋架的木材和角钢计算

工 程 项 目		上下弦断面面积合计/cm²	下弦角钢断面
钢木屋架不带气楼	跨度 6 m 以内	168	2L36×4
	跨度 8 m 以内	221	2L45×4
	跨度 10 m 以内	224	2L45×5
钢木屋架带气楼	跨度 6 m 以内	168	2L40×4
	跨度 8 m 以内	224	2L45×5
	跨度 10 m 以内	233	2L50×5

半屋架按相应跨度整屋架基价执行。

木椽子应根据檩木斜间距分别执行相应基价，基价与设计木材用量不同时不得调整。

木楼梯项目适用于楼梯和爬梯。

2. 工程量计算规则

1）木屋架、钢木屋架

木屋架、钢木屋架分不同的跨度按设计图示数量以榀计算。屋架的跨度应以上、下弦中心线两交点之间的距离计算。

2）封檐板、封檐盒

封檐板、封檐盒按设计图示尺寸以檐口外围长度计算。博风板，每个大刀头增加长度50 cm。

3）屋架风撑及挑檐木

4）檩木

檩木按设计规格以体积计算。垫木、托木已包括在基价内，不另计算。简支檩长度设计未规定者，按屋架或山墙中距增加20 cm计算；两端出山墙长度算至博风板；连续檩接头长度按总长度增加5%计算。

5）椽子、屋面板

椽子、屋面板按设计图示尺寸以屋面斜面积计算。不扣除屋面烟囱及斜沟部分所占的面积。天窗挑檐重叠部分按实增加。

6）木楼梯

木楼梯按设计图示尺寸以水平投影面积计算。不扣除宽度小于300 mm的楼梯井，其踢脚板、平台和伸入墙内部分，不另计算。

7）木搁板

木搁板按设计图示尺寸以面积计算。基价内未考虑金属托架，如采用金属托架者，应另行计算。

8）黑板及布告栏

黑板及布告栏，均按设计图示框外围尺寸以垂直投影面积计算。

9）上人孔盖板、通气孔、信报箱

上人孔盖板、通气孔、信报箱安装按设计图示个数计算。

2.5.6　金属结构工程

1. 金属结构构件

金属结构构件包括钢柱、钢吊车梁、钢制动梁、钢桁架、钢网架（焊接型）、钢檩条、钢支撑、钢拉杆、钢平台、钢扶梯、钢支架等，其工作内容包括放样、钢材校正、画线下料、平直、钻孔、刨边、焊接成品、运输及堆放等工序；安装工作内容包括构件加固、吊装、校正、拧紧螺栓、电焊固定、构件翻身、就位及场内运输等。其相关说明及工程量计算规则如下：

（1）金属构件制作是按焊接为主考虑的，对构件局部采用螺栓连接时，已考虑在基价内不再换算，但如遇有铆接为主的构件时，应另编补充基价子目。

（2）构件制作、安装、运输的工程量，均按设计图示钢材尺寸以质量计算。所需的螺栓、电焊条、铆钉等的质量已包括在基价材料消耗量内，不另增加。不扣除孔眼、切肢、切边的质量。计算不规则或多边形钢板质量时均按其外接矩形面积乘以厚度乘以单位理论质量计算。

（3）计算钢柱工程量时，依附于柱上的牛腿及悬臂梁的主材质量，并入钢柱工程量内计算。

（4）计算钢管柱工程量时，钢管柱上的节点板、加强环、内衬管、牛腿等并入钢管柱工程量内计算。

（5）计算墙架工程量时，应包括墙架柱、墙架梁及连接柱杆的主材质量。

（6）平台、操作台、走道休息台的工程量均应包括钢支架在内一并计算。

（7）踏步式、爬式扶梯工程量均应包括其楼梯栏杆、围栏及平台一并计算。

2. 压型钢板墙板

压型钢板墙板是按设计图示尺寸以铺挂面积计算。不扣除单个 0.3 m² 以内的孔洞所占面积，包角、包边、窗台泛水等不另加面积。

【例 2-22】某工程结构为钢屋架，其钢屋架水平支撑如图 2-59 所示，材积如表 2-36 所示，计算该水平支撑工程量。

表 2-36 材 积 表

构件编号	规 格	单 位	理论质量
①	∟63×4	m	3.907 kg/m
②	—100×6	m³	47.10 kg/m²

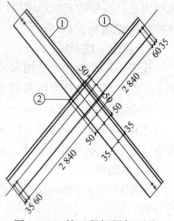

图 2-59 某工程钢屋架下弦水平支撑详图

解： ① ∟63×4

（0.035+0.06+2.84）×2×3.907×2＝45.868（kg）

② —100×6

0.1×0.1×47.10＝0.471（kg）

合计：45.868+0.471＝46.339（kg）

3. 金属结构探伤与除锈

金属结构工程各种构件均包括了一般的除锈工序，《预算基价》中金属结构构件除锈、探伤项目是为图纸有特殊要求时设置。金属结构探伤包括超声波探伤和 X 光透视探伤，除锈为喷砂除锈。工程量计算规则如下：

钢构件喷砂除锈、抛丸除锈按构件质量计算。

4. 金属结构构件运输

金属结构工程各项基价子目均已包括构件场外运费。场外运费的范围指外环线以内的工程，超出外环线的工程按金属结构构件运输基价子目换算运费差价，其距离计算应按施工企业加工厂至工程坐落地点的最短可行距离为准。因构件形体和重量不同，会选择不同的运输车辆，如表 2-37 所示。

表 2-37 金属构件运输分类表

类 别	包 含 内 容
Ⅰ	钢柱、屋架（普通）、托架梁、防风架
Ⅱ	吊车梁、制动梁、型钢檩条、钢支撑、上下挡、钢拉杆、栏杆、盖板、箅子、U 形爬梯、阳台晒衣钩、零星构件、平台操作台、走道休息台、扶梯、钢吊车梯台、烟囱紧固箍
Ⅲ	网架、墙架、挡风架、天窗架、组合檩条、轻型屋架、滚动支架、管道支架、悬挂支架

5. 金属结构构件拼装

许多钢结构是由多种构件组成，在制作工厂将多种构件组装、拼装在一起会不方便到工程所在地的运输，只得将制成的构件运到工程所在地，现场组装或拼装。

金属结构构件拼装子目工作内容包括：搭、拆拼装台，将构件的榀、段拼装成整体，校正，固定。拼装基价子目中未包括拼装平台摊销费。拼装台的搭拆和材料摊销费应列为施工措施项目。

金属结构构件拼装项目的工程量计算规则是按设计图示尺寸以构件的质量计算。

6. 金属结构构件刷防火涂料

刷防火涂料项目中已包括高处作业的人工费及高度在 3.30 m 以内的脚手架费用，如实际施工作业高度大于 3.30 m，可另按脚手架措施费有关规定计算相关费用。

金属结构构件刷防火涂料的工程量计算规则是按构件展开面积计算。钢材的展开面积可按构件总质量乘以表 2-38 中不同厚度主材展开面积的系数计算。

表 2-38　金属结构不同主材厚度展开面积系数表

主材厚度/mm	展开面积/(m² · t⁻¹)	主材厚度/mm	展开面积/(m² · t⁻¹)
1	256.102	11	24.486
2	128.713	12	22.556
3	86.251	13	20.913
4	65.019	14	19.523
5	52.28	15	18.302
6	43.788	16	17.248
7	37.722	17	16.306
8	33.172	18	15.479
9	29.633	19	14.729
10	26.803	20	14.604

【例 2-23】 某工程结构为钢屋架，其钢屋架水平支撑如图 2-60 所示，材积表如表 2-39 所示，计算该水平支撑工程量。

表 2-39　材　积　表

构件编号	规　格	单　位	理论质量
①	∟ 63×4	m	3.907 kg/m
②	— 100×6	m³	47.10 kg/m²

解： ① ∟ 63×4

（0.035+0.06+2.84）×2×3.907×2=45.868（kg）

② — 100×6

0.1×0.1×47.10=0.471（kg）

合计：45.868+0.471=46.339（kg）

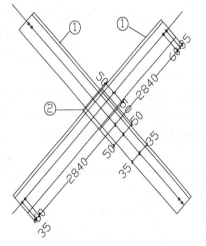

图 2-60　某工程钢屋架下弦
水平支撑详图

2.5.7　屋面及防水工程

1. 屋面及防水工程说明

（1）屋面及防水工程包括找平层，瓦屋面，卷材屋面，涂膜及渗透结晶防水，彩色压型钢板屋面、屋脊、内外天沟，薄钢板、瓦楞铁皮屋面及排水等内容。

（2）水泥瓦、黏土瓦的规格与基价不同时，除瓦的数量可以换算外，其余工、料均不得调整。

（3）卷材屋面不分屋面形式，如平屋面、锯齿形屋面、弧形屋面等，均执行同一子目。刷冷底子油一遍已综合在预算基价内，不另计算。

（4）卷材屋面的接缝、收头、找平层的嵌缝、冷底子油已计入基价内，不另计算。

（5）卷材屋面子目中对弯起部分的圆角增加的混凝土及砂浆，基价用量中已考虑，不另计算。

（6）镀锌薄钢板、瓦楞铁屋面及排水项目中，镀锌瓦楞铁咬口和搭接的工、料，已包括在基价内，不另计算。

（7）厂房的室内排水管，执行设备安装基价。

（8）钢板焊接的雨水口制作，按铁件基价计算，安装用的工、料，已包括在雨水管的预算基价内，不另计算。

（9）屋面混凝土梗，综合在檐头钢筋压毡条子目内，不另计算。

（10）如设计要求刷油与预算基价不同时，允许换算。

（11）找平层的砂浆厚度，允许按比例换算，人工费、机械费和管理费不调整。

（12）屋面伸缩缝做法均参照05J1的做法，当设计要求与基价不同时，可按设计要求进行换算。

（13）屋面木基层按木结构工程中相应子目计算。

2. 屋面及防水工程计算规则

屋面及防水工程工程量计算规则根据材质及部位不同分别计算。

（1）找平层。屋面找平层多为便于铺贴卷材而设置的一种光面水泥砂浆层，工程量按照卷材铺贴面层面积计算，包括泛水上弯起部分和天沟侧面部分的面积。

（2）瓦屋面、型材屋面。瓦屋面、型材屋面（包括挑檐部分）均按设计图示尺寸的水平投影面积乘以屋面坡度系数（见表2-40）以斜面积计算。不扣除房上烟囱、风帽底座、风道、屋面小气窗和斜沟等所占面积。屋面小气窗出檐与屋面重叠部分的面积亦不增加，但天窗出檐部分重叠的面积计入相应的屋面工程量内。瓦屋面的出线、拔水、稍头抹灰、脊瓦加腮等工、料均已综合在基价内，不另计算，图2-61所示为坡屋面计算参数示意图。

表2-40　屋面坡度系数表

坡　　度			延尺系数 $K_C = C/A$	隔延尺系数 $K_D = D/A(A=S)$
B/A	B/2A	角度 θ		
1	1/2	45°00′	1.414 2	1.732 1
0.75		36°52′	1.25	1.600 8
0.7		35°00′	1.220 7	1.578
0.667	1/3	33°41′	1.201 9	1.563 5

坡 度			延尺系数 $K_C = C/A$	隅延尺系数 $K_D = D/A(A=S)$
B/A	$B/2A$	角度 θ		
0.65		33°01′	1.192 7	1.556 4
0.6		30°58′	1.166 2	1.536 2
0.577		30°00′	1.154 7	1.527 5
0.55		28°49′	1.141 3	1.517 4
0.5	1/4	26°34′	1.118	1.5
0.45		24°14′	1.096 6	1.484 1
0.414		22°30′	1.082 4	1.473 6
0.4	1/5	21°48′	1.077	1.469 7
0.35		19°17′	1.059 5	1.456 9
0.3		16°42′	1.044	1.445 7
0.25	1/8	14°02′	1.030 8	1.436 1
0.2	1/10	11°19′	1.019 8	1.428 3
0.167	1/12	9°28′	1.013 8	1.424
0.15		8°32′	1.011 2	1.422 1
0.125	1/16	7°08′	1.007 8	1.419 7
0.1	1/20	5°43′	1.005	1.417 7
0.083	1/24	4°46′	1.003 5	1.416 7
0.067	1/30	3°49′	1.002 2	1.415 8

注：① 两坡水及四坡水屋面的斜面积均为屋面水平投影面积乘以延尺系数 K_C。

② 四坡水屋面斜脊长度 $D = K_D \times A$（当 $S=A$ 时）。

③ 沿山墙泛水长度 $C = K_C \times A$。

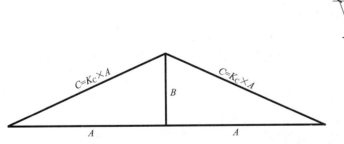

图 2-61 坡屋面计算参数示意图

【例 2-24】某建筑为双坡屋面，如图 2-62 所示。已知外檐宽 8.40 m，长 24.48 m，脊高 1.88 m，计算屋面工程量。

解：$\tan\theta = 1.88/4.2$，$\theta = 24°11′$。

查表得 $C = 1.096\ 6$。

屋面工程量 $S = 8.4 \times 24.48 \times 1.096\ 6 = 225.496\ (\text{m}^2)$

【例 2-25】某四坡水瓦屋面如图 2-63 所示，设计屋面坡度为 0.5，要求计算屋面工程量和屋脊长度。

图 2-62 某建筑双坡屋面示意图

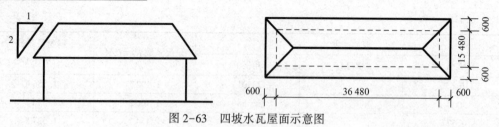

图 2-63　四坡水瓦屋面示意图

解： 查表可知 $K_C=1.1180$，$K_D=1.5$，可得：

屋面工程量 $=(36.48+0.6×2)×(15.48+0.6×2)×1.118=702.67$（$m^2$）

单面斜脊长 $D=A×K_D=1/2×(15.48+0.6×2)×1.5=8.34×1.5=12.51$（m）

斜脊总长 $=4×12.51=50.04$（m）

若 $S=A$，则：

正脊长度 $=36.48+0.6×2-8.34×2=21$（m）

屋脊总长 $=50.04+21=71.04$（m）

（3）卷材屋面：

① 斜屋顶（不包括平屋顶找坡）按设计图示尺寸的水平投影面积乘以屋面延尺系数以斜面积计算。

② 平屋顶按设计图示尺寸以水平投影面积计算，由于屋面泛水引起的尺寸增加已在基价内综合考虑。

③ 计算卷材屋面的工程量时，不扣除房上烟囱、风帽底座、风道、屋面小气窗和斜沟所占面积，其根部弯起部分不另计算。屋面的女儿墙、伸缩缝和天窗等处的弯起部分，并入屋面工程量内。天窗出檐部分重叠的面积应按图示尺寸，以面积计算，并入卷材屋面工程量内。如图纸未注明尺寸时，伸缩缝、女儿墙处的弯起高度可按 250 mm 计算，天窗处弯起高度按 500 mm 计算，计入立面工程量内。

④ 墙的立面防水层，不论内墙、外墙，均按设计图示尺寸以面积计算。

⑤ 基础底板的防水层按设计图示尺寸以面积计算，不扣除桩头所占面积。桩头处外包防水按桩头投影外扩 300 mm 以面积计算，地沟处防水按展开面积计算，均计入平面工程量，执行相应项目。

⑥ 屋面、楼地面及墙面、基础底板等，其防水搭接、拼缝、压边、留槎用量已综合考虑，不另行计算，防水附加层按设计铺贴尺寸以面积计算。

（4）屋面伸缩缝按设计图示尺寸以长度计算。

（5）混凝土板刷沥青一道按设计图示尺寸以面积计算。

（6）檐头钢筋压毡条按设计图示尺寸以长度计算。

（7）涂膜屋面的工程量计算同卷材屋面。

（8）聚合物水泥防水涂料、水泥基渗透结晶防水涂料按喷涂部位的面积计算。

（9）彩色压型钢板屋脊盖板、内天沟、外天沟按设计图示尺寸以长度计算。

（10）屋面排水管按设计图示尺寸以展开长度计算。如设计未标注尺寸，以檐口下皮算至设计室外地坪以上 15 cm 为止，下端与铸铁弯头连接者，算至接头处。

（11）屋面天沟、檐沟按设计图示尺寸以面积计算。薄钢板和卷材天沟按展开面积计算。

（12）屋面排水中薄钢板，UPVC 雨水斗，铸铁落水口，铸铁、UPVC 弯头、短管，铅丝网球按个数计算。

2.5.8　防腐、隔热、保温工程

1. 防腐、隔热、保温工程说明

（1）整体面层、隔离层适用于平面、立面的防腐耐酸工程，包括沟、坑、槽。

（2）块料面层以平面砌为准，砌立面者按平面砌相应项目的人工费、管理费分别乘以系数 1.38，踢脚线人工费、管理费分别乘以系数 1.56，其他不变。

（3）砂浆、胶泥的配合比如设计要求与基价不同时，允许调整，但人工费、砂浆消耗量、机械费及管理费不变。

（4）整体面层的砂浆厚度，允许按比例换算，人工费、机械费、管理费不调整。

（5）各种面层均不包括踢脚线。

（6）防腐卷材接缝、附加层、收头等人工、材料已计入在基价中，不再另行计算。

（7）花岗岩板以六面剁斧的板材为准。如底面为毛面者，水玻璃砂浆每 100 m^2 增加 0.38 m^3，耐酸沥青砂浆每 100 m^2 增加 0.44 m^3。

（8）本单元隔热、保温项目只包括隔热保温材料的铺贴，不包括隔气防潮、保护层或衬墙等。

（9）隔热、保温工程松散稻壳已包括装前的筛选、除尘工序，稻壳中如需增加药物防虫时，材料另行计算，人工不变。

（10）保温层的保温材料配合比与基价不同时，允许换算，但人工费、机械费和管理费不变。

（11）CS 屋面保温板以及外墙外挂 CS 保温板的板厚如设计与基价不同时，允许换算，但人工费、机械费和管理费不变。

2. 防腐、隔热、保温工程计算规则

（1）防腐工程项目区分不同防腐材料种类及其厚度，按设计图示尺寸以实铺面积计算。应扣除凸出地面的构筑物、设备基础等所占面积，砖垛等突出墙面部分按展开面积并入墙面防腐工程量内。

（2）踢脚线按设计图示尺寸以实铺长度乘以高度以面积计算，扣除门洞所占的面积，增加门洞口侧壁面积。

（3）保温隔热层区分不同保温隔热材料，除另有规定者外，均按设计图示尺寸以实铺面积计算。

（4）保温隔热层的厚度按隔热材料（不包括胶结材料）净厚度计算。

（5）楼地面隔热层按设计图示尺寸以围护结构墙体间净面积乘以设计厚度以体积计算，不扣除柱、垛所占体积。

（6）屋面保温层除 CS 屋面保温板以面积计算外，其余均按设计图示尺寸的面积乘以平均厚度以体积计算。不扣除烟囱、风帽及水斗、斜沟所占面积。

① 保温层厚度各处相等时：

$$平均厚度＝设计厚度（铺设厚度）$$

② 保温层兼起找坡作用，最薄处厚度为 h 时，如图 2-64 所示。

双坡屋面：

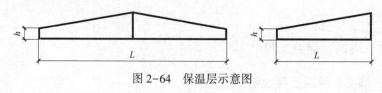

图 2-64　保温层示意图

$$平均厚度 = h + \frac{1}{2}屋面坡度 \times \frac{1}{2}L$$

单坡屋面：

$$平均厚度 = h + 屋面坡度 \times \frac{1}{2}L$$

（7）墙体隔热层，外墙按隔热层中心线、内墙按隔热层净长乘以设计图示的高度及厚度以体积计算。应扣除冷藏门洞口和管道穿墙洞口所占的体积。

（8）外墙外保温按设计图示尺寸以实铺展开面积计算。

（9）柱保温隔热层按设计图示尺寸以实铺展开面积乘以厚度以体积计算。

（10）其他保温隔热：

① 池槽隔热层按设计图示池槽保温隔热层的长、宽及其厚度以体积计算。其中池壁执行墙体隔热保温相应子目，池底执行楼地面隔热保温相应子目。

② 门洞口侧壁周围的隔热部分，按设计图示隔热层尺寸以体积计算，并入墙面的保温隔热工程量内。

③ 柱帽保温隔热层按设计图示尺寸以体积计算，并入天棚保温隔热工程量内。

【例 2-26】某工程的平屋面及檐口做法如图 2-65 所示，室内外高差 300 mm，檐口标高 12.0 m，计算以下的工程量。

（1）水泥砂浆找平层；（2）SBS 防水层；（3）1:6 水泥炉渣找坡层；（4）加气混凝土保温层；（5）屋面排水（雨水管、出水口）。

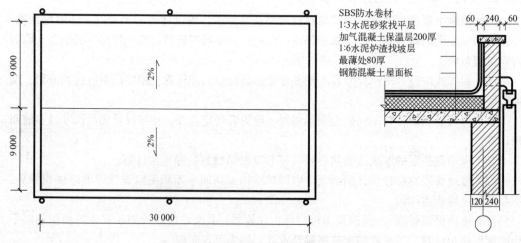

图 2-65　某工程平屋面及檐口做法

解：屋面面积 = 30×18 = 540（m²）

（1）水泥砂浆找平层：

$$S = 540 + 0.25 \times (30 + 18) \times 2 = 564（m^2）$$

（2）SBS 防水层工程量同水泥砂浆找平层工程量：$S = 564 \, \text{m}^2$

（3）1:6 水泥炉渣找坡：

$$平均厚度 = 0.08 + \frac{1}{2} \times 9 \times 2\% = 0.17 \, (\text{m})$$

$$V = 540 \times 0.17 = 91.8 \, (\text{m}^3)$$

（4）加气混凝土保温层：

$$V = 0.2 \times 540 = 108 \, (\text{m}^3)$$

（5）屋面排水：

$$雨水管长度 = 6 \times (12 + 0.3 - 0.15) = 72.9 \, (\text{m})$$

雨水出水口：6 个

2.5.9　构筑物工程

1. 构筑物工程说明

（1）包括储水（油）池、储仓、水塔、烟囱、沉井、通廊等各类构筑物工程。

（2）凡本单元未包括的项目，应按其他单元相应项目计算。

（3）构筑物工程基价中部分砌体的砌筑砂浆强度为综合强度等级，使用时不予换算。

（4）构筑物工程基价中的预拌砂浆是按 M7.5 强度等级价格考虑的，如设计要求预拌砂浆强度等级与基价中不同时允许换算。

（5）构筑物工程中各项混凝土预算基价中混凝土项目中混凝土材料采用 AC30 预拌混凝土。如设计要求与基价不同时，可按设计要求调整。

（6）构筑物工程中混凝土系按自然养护考虑的。如采用蒸汽养护，按施工措施项目单元中有关规定和相应项目执行。

（7）基价中各种现浇钢筋混凝土子目均未含钢筋和预埋铁件，设计图示的钢筋和预埋铁件或施工组织设计规定固定地脚螺栓的铁件，应按钢筋混凝土单元中钢筋工程相应项目及其有关规定执行。

（8）砖烟囱筒身原浆勾缝，已包括在基价内，不另计算。如设计规定加浆勾缝者，可按砌筑工程章节中勾缝项目另行计算。原勾缝的工、料不扣除。

（9）烟囱的钢筋混凝土集灰斗（包括分隔墙、水平隔墙、梁、柱等），应按钢筋混凝土章节中相应子目执行，轻质混凝土填充以及混凝土地面按相应项目计算。

（10）砖烟囱、烟道及砖衬，如采用加工楔形砖时，其数量应按施工组织设计规定计算，套用本基价页岩标砖加工项目。

（11）砖烟囱砌体内采用钢筋加固者按钢筋混凝土单元中墙体加固钢筋项目执行。

（12）烟囱内衬。

① 内衬伸入筒身的连接横砖，已包括在内衬基价内，不另计算。

② 为防止酸性凝液渗入内衬及混凝土筒身间，在内衬上抹水泥排水坡的，其工料已包括在基价内，不另计算。

（13）钢筋混凝土烟囱筒身、储仓壁是按无井架施工方案考虑的。使用时，不再计算脚手架和竖井架，钢滑模施工用的操作平台，其工、料已计入基价。

（14）本单元中未包括的抹灰及油漆项目可按相应单元中有关规定计算，其人工费乘以系数 1.25。管理费乘以系数 1.24。

（15）本单元中各类构筑物的基础挖、填土方按土方工程预算基价中规定执行。工程的排水措施和排水井按实际发生的数量执行施工排水、降水措施项目中有关子目。

2. 构筑物工程计算规则

构筑物包括储水（油）池、储仓、水塔、烟囱、沉井、通廊等，其工程量计算规则如下。

1）储水（油）池

各类储水（油）池均按设计图示尺寸以体积计算。不扣除构件内钢筋、预埋铁件及单个面积 0.3 m² 以内孔洞所占体积。

（1）各类池盖中的人孔、透气管、盖板以及与池盖相连的其他结构的工程量合并在池盖中计算。

（2）无梁池盖柱的柱高，自池底上表面算至池盖的下表面。柱座、柱帽的体积并入柱身体积内计算。

（3）池壁应分别不同厚度计算。上薄下厚者，以平均厚度计算工程量及选用子目。池壁高度由池底上表面算至池盖的下表面。池壁上下处扩大部分的体积合并在池壁体积中。

（4）肋形盖体积包括主、次梁及盖板的体积。

（5）沉淀池水槽，系指池壁上的环形溢水槽及纵横 U 形水槽。但不包括与水槽相连接的矩形梁，矩形梁按混凝土及钢筋混凝土工程中矩形梁子目计算。

（6）钢筋混凝土池底、壁、柱、盖各项目中已综合考虑试水所需工、料，不再重复计算。

（7）砖石池的独立柱可按 2.5.3 节砌筑工程中相应项目计算。如独立柱带有混凝土或钢筋混凝土结构者，其体积可分别并入池底及池盖体积中，不另列项目计算。

2）储仓

按设计图示尺寸以体积计算。不扣除构件内钢筋、预埋铁件及单个面积 0.3 m² 以内孔洞所占体积。

（1）矩形仓不分立壁或斜壁，均按不同厚度以体积计算。壁上圈梁体积并入仓壁体积内。漏斗部分体积单独计算，执行相应基价。矩形仓除以上两部分外，其他部位执行 2.5.4 节混凝土及钢筋混凝土工程中相应基价项目。

（2）仓壁耐磨层，可按 2.5.8 节防腐、隔热、保温工程中相应基价计算。

（3）圆形仓基价适用于高度在 30 m 以下，仓壁厚度不变，上下断面一致，采用钢滑模施工工艺的圆形储仓，如盐仓、粮仓、水泥库等。

圆形仓工程量应按仓基础板、底板、顶板、仓壁等分别以实体积计算。仓顶板的梁与其顶板合并计算，执行顶板子目，板式仓基础，可按 2.5.4 节混凝土及钢筋混凝土工程中满堂基础有关规定和基价执行。

仓基础板与仓底板之间的钢筋混凝土柱，包括上下柱头在内，合并计算工程量，按 2.5.4 节混凝土及钢筋混凝土工程中相应项目执行。

（4）仓壁高度应自基础板顶面算至顶板底面。

3）水塔

按设计图示尺寸以体积计算。不扣除构件内钢筋、预埋铁件及单个面积 0.3 m² 以内孔洞所占体积。

（1）水塔基础

① 水塔基础是按钢筋混凝土基础考虑的。如果采用砖基础、混凝土基础及毛石混凝土

基础时，均按烟囱基础相应基价执行。

②钢筋混凝土基础包括基础底板和筒座，筒座以上为塔身。砖水塔以混凝土与砖砌体交接处为基础分界线，与基础底板相连的梁，并入基础体积内计算。

（2）塔顶及水槽底

①钢筋混凝土塔顶及水槽底的工程量合并计算。塔顶包括顶板和圈梁；水槽底包括底板、挑出的斜壁和圈梁。

②水槽底不分平底、拱底，塔顶不分锥形、球形，均按本基价计算。

③塔顶如铺填保温材料，另列项目计算。

（3）水塔筒身

①筒身与水槽底的分界，以其与水槽底相连的圈梁为界，圈梁底以上为水槽底，以下为筒身。

②钢筋混凝土筒式塔身以实体积计算，扣除门窗洞口所占体积。依附于筒身的过梁、雨篷、挑檐等体积，并入筒身体积内。

③砖筒身不分厚度、直径，均以实体积计算，扣除门窗洞口和混凝土构件所占的体积。砖碹及砖出檐等并入筒身体积内计算，碹胎板的工、料不另计算。

（4）水槽内、外壁

①与塔顶和水槽底（或斜壁）相连接的圈梁之间的直壁为水槽内、外壁。保温水槽外保护壁为外壁，直接承受水侧压力的水槽壁为内壁。非保温水塔的水槽壁按内壁计算。

②水槽内、外壁以实体积计算，依附于外壁的柱、梁等均并入外壁体积中计算。

③砖水槽不分内、外壁和壁厚，以实体积计算。

4）烟囱

按设计图示尺寸以体积计算。不扣除构件内钢筋、预埋铁件及单个面积 0.3 m² 以内孔洞所占体积。

（1）烟囱基础

①砖基础与砖筒身以基础大放脚的扩大顶面为界。砖基础以下的钢筋混凝土或混凝土底板按 2.5.4 节的规定计算。

②钢筋混凝土烟囱基础基价也适用于基础底板及筒座。筒座以上为筒身。

（2）烟囱筒身

①钢筋混凝土烟囱和砖烟囱的筒身，不论方形、圆形均按本基价以实体积计算。

②砖烟囱应扣除钢筋混凝土圈梁、过梁等所占体积。其圈（过）梁应按实体积计算，执行本单元中水塔项目的圈（过）梁子目。

（3）烟囱内衬

①各类烟囱内衬按设计图示尺寸以实体积计算，并扣除孔洞所占体积。

②烟囱筒身与内衬之间凡需要填充材料者，填充材料费另行计算。其体积应扣除各种孔洞所占的体积，但不扣除连接横砖（防沉带）的体积。填料所需的人工已包括在内衬基价内，不另计算。

（4）烟道

①砖烟道按设计图示尺寸以体积计算。

②烟道与炉体的划分，以第一道闸门为准，在炉体内的烟道应列入炉体工程量内。

③非架空的钢筋混凝土烟道，按室外工程中地沟项目计算。

（5）烟囱内表面涂抹隔绝层，按设计图示尺寸以筒身内壁面积计算，并扣除孔洞所占面积。

5）沉井

（1）沉井适用于底面积大于 5 m² 的陆地上明排水用人工或机械挖土下沉的沉井工程。

（2）铺设、抽除承垫木和铁刃脚安装，按设计图示井壁中心线长度计算。

（3）沉井制作按设计图示尺寸以混凝土体积计算。不扣除构件内钢筋、预埋铁件所占体积。

（4）井壁防水按设计图示尺寸以井壁外围面积计算。

（5）沉井下沉按自然地坪至设计底板垫层底的高度乘以沉井外壁最大断面面积以体积计算。

（6）沉井封底按设计图示尺寸以井壁中心线范围以内的面积乘厚度以体积计算。

6）通廊

（1）通廊各构件均按设计图示尺寸以体积计算。不扣除构件内钢筋、预埋铁件所占体积，扣除单个面积 0.3 m² 以外的洞口所占体积。

（2）肋形板包含与板相连的横梁、过梁，以梁、板体积之和计算。

（3）地下钢筋混凝土封闭式通廊按地沟基价相应项目执行。

7）关于各类构筑物需要说明的问题

（1）构筑物工程基价中部分砌体的砌筑砂浆强度为综合强度等级，使用时不予换算。

（2）构筑物工程基价中的预拌砂浆是按 M7.5 强度等级价格考虑的，如设计要求预拌砂浆强度等级与基价中不同时允许换算。

（3）构筑物工程中各项混凝土预算基价中混凝土价格均为 AC30 预拌混凝土价格。如设计要求与基价不同时，采用现场搅拌者按"现场搅拌混凝土基价"所列相应混凝土品种换算；采用预拌混凝土者按预拌混凝土相应强度等级的实际价格列入。

（4）构筑物工程中混凝土系按自然养护考虑的。如采用蒸汽养护，按施工措施项目单元中有关规定和相应项目执行。

（5）构筑物工程中各类构筑物的基础挖、填土方按 2.5.1 节规定执行。工程的排水措施和排水井按实际发生的数量执行施工措施项目中有关子目。

2.5.10 室外工程

1. 室外工程说明

（1）室外工程包括建筑物场地范围内的钢筋混凝土支架、地沟、井池、挡土墙、室外排水管道、道路等。

（2）室外排水管道与市政排水管道的划分：以化粪井外的第一个连接井为界。

（3）凡室外工程预算基价中未包括的项目，应按其他单元相应项目计算。

（4）混凝土项目中，混凝土路面材料价格采用 AC10 预拌混凝土，其他项目混凝土价格均为 AC30 预拌混凝土。如设计要求与基价不同时可按设计要求调整。

（5）室外工程基价中混凝土系按自然养护考虑的。如采用蒸汽养护，按施工措施单元中有关规定和相应项目执行。

（6）支架。

① 支架安装均不计算脚手架费用。

② 支架基础及预制混凝土支架的安装、运输等均按混凝土单元中相应项目执行。

（7）井池基价中已考虑了搭、拆简易脚手架，不另计算脚手架措施费。

（8）室外排水管道。

① 室外排水管道不论人工铺管或机械铺管均执行本基价，其试水所需工、料已包括在内，均不另行增加。

② 室外排水管道与室内排水管道以室外第一个排水检查井为分界点。当室外第一个井距离建筑物外墙皮超过3m时，离墙3m以内为室内管道，3m以外为室外管道。

③ 室外排水管道与市政排水管道的划分：以化粪井外的第一个连接井为界。

④ 室外排水管道的垫层、基础，分别按基础、垫层有关基价计算。但管长在1m以内的缸瓦管、混凝土管的砖枕垫工、料已包含在基价内，不另计算。

（9）道路。

① 道路的土方工程按土方单元中相应项目执行。

② 预制混凝土块路面及路牙安装基价，未包括预制块的制作及场外运输费，应另行计算。

（10）室外工程中各类构筑物的基础挖、填土方按土方工程预算基价节中规定执行。工程的排水措施和排水井按实际发生的数量执行施工排水、降水措施费相应子目。

2. 室外工程工程量计算规则

1）钢筋混凝土支架

钢筋混凝土支架均按设计图示尺寸以实体积计算，包括支架各组成部分，不扣除构件内钢筋、预埋铁件所占体积。如框架形及A字形支架应将柱、梁的体积合并计算。支架带操作平台板的亦合并计算。

2）地沟

（1）地沟部分预算基价适用于现浇混凝土及钢筋混凝土无肋地沟的底、壁、顶等部位，其工程量均按设计图示尺寸以实体积计算，不扣除构件内钢筋、预埋铁件所占体积。不论方形（封闭式）、槽形（开口式）、阶梯形（变截面式）均按本基价计算。但地沟内净空断面面积在0.2m²以内的无筋混凝土地沟，应按混凝土及钢筋混凝土工程中相应项目计算。

（2）沟壁与底的分界，以底板上表面为界。沟壁与顶的分界，以顶板下表面为界。上薄下厚的壁按平均厚度计算。阶梯形的壁，按加权平均厚度计算。八字角部分的体积并入沟壁体积内计算。

（3）肋形顶板或预制顶板，按混凝土及钢筋混凝土工程中相应项目计算。

3）井池

（1）砖砌或钢筋混凝土井（池）壁、底、顶均不分厚度按设计图示尺寸以实体积计算，不扣除构件内钢筋、预埋铁件所占体积。凡与井（池）壁连接的管道和井（池）壁上的孔洞，其内径在20cm以内者不予扣除，超过20cm时，应予扣除。孔洞上部的砖碹已包括在基价内，不另计算。

（2）渗井系指上部浆砌、下部干砌的渗水井。干砌部分不分方形、圆形，计算体积时不扣除渗水孔，执行渗井基价。浆砌部分按浆砌砖井（池）壁子目计算，渗井的深度包括渗井干砌部分的深度在内。

4）各类挡土墙

各类挡土墙，均按设计图示尺寸以体积计算，不扣除构件内钢筋、预埋铁件及单个面积 $0.3\,m^2$ 以内的孔洞所占的体积。

5）室外排水管道的工程量

室外排水管道的工程量，按设计图示尺寸以管道中心线长度计算，其坡度的影响不予考虑，但检查井和连接井所占长度也不扣除。排水管道铺设的基价中已包括异形接头（弯头和三通等），不另计算异形接头管件。

6）道路

（1）道路路面面层、路基的工程量，按设计图示尺寸以实铺面积计算，按其平均厚度分别执行相应基价。不扣除雨水井、伸缩缝所占的面积。混凝土路面的伸缩缝已包括在基价内。加固筋、传力杆、嵌缝木板、路面随打随抹等未包括在基价内，应另行计算。

（2）路牙和路缘石、侧石安装按实铺尺寸以长度计算。

（3）停车场按设计图示尺寸以面积计算，按道路工程相应子目执行。

2.6 装饰工程量计算

2.6.1 楼、地面工程

1. 楼地面工程说明

（1）楼地面工程包括整体面层、块料面层、橡塑面层、其他材料面层、踢脚线、楼梯装饰、扶手、栏杆、栏板装饰、台阶装饰、垫层、防潮层、找平层、变形缝、其他等。

（2）设计要求与基价不同时，砂浆配合比允许调整，但人工费、砂浆消耗量、机械费及管理费不变。设计要求水泥砂浆地面砂浆厚度与基价不同时，砂浆厚度每增减 1 mm，每 $100\,m^2$ 水泥砂浆地面砂浆消耗量增减 $0.102\,m^3$，人工、机械、管理费不调整。

（3）当设计要求的抹灰砂浆品种与预拌砂浆市场供应品种不同时，可参照表2-41选择预拌砂浆强度等级。

表 2-41 预拌砂浆强度等级

种 类	设计要求的抹灰砂浆	预拌砂浆
楼地面砂浆	1:3 水泥砂浆	M15
	1:2 水泥砂浆、1:2.5 水泥砂浆	M20

（4）现浇水磨石基价已包括酸洗打蜡工序。块料面层基价未包括酸洗打蜡，如设计要求酸洗打蜡者，按楼地面工程相应子目执行。

（5）楼地面面层除特殊标明外，均未包括抹踢脚线。设计做踢脚线者，按本单元相应子目执行。

（6）踢脚线高度 300 mm 以外，按单元2相应子目执行。

（7）楼梯、台阶面层未包括防滑条，设计需做防滑条时，按本单元相应子目执行。

（8）楼梯面层除水泥砂浆楼梯面以外均未包括踢脚线及底面抹灰、侧面抹灰和刷浆工、料，楼梯底面的单独抹灰、刷浆，其工程量按天棚工程中相应子目执行，楼梯侧面装饰按墙柱面工程中零星抹灰项目执行。

（9）水泥砂浆楼梯面基价内已包括踢脚线及底面抹灰、侧面抹灰和刷浆工料。

（10）螺旋形楼梯的装饰，按相应项目的人工费、机械费和管理费乘以系数 1.20 计算，材料用量乘以系数 1.10 计算。整体面层，栏杆扶手按材料用量乘以系数 1.05 计算。

（11）零星项目面层适用于楼梯侧面、小便池、蹲台、池槽以及面积在 1 m² 以内少量分散的楼地面装饰项目。

（12）大理石、花岗岩楼地面拼花按成品考虑。

（13）块料点缀项目适用于单个镶拼面积小于 0.015 m² 的点缀项目。

（14）扶手、栏杆、栏板适用于楼梯、走廊、回廊及其他装饰性栏杆、栏板，其材料用量及材料规格设计与预算基价取定不同时，允许换算。扶手未包括弯头制作安装，弯头另按相应子目计算。

（15）随打随抹楼地面适用于设计无厚度要求的随打随抹面层，基价中所列水泥砂浆，系作为混凝土表面嵌补平整使用，不增加制成量厚度。如设计有厚度要求时，应按水泥砂浆楼地面基价执行，其中 1:2.5 水泥砂浆的用量可根据设计厚度按比例调整。

（16）变形缝项目适用于楼地面、墙面及天棚等部位。

2. 楼地面工程量计算规则

1）整体面层

（1）整体面层按设计图示尺寸以主墙间净空面积计算。应扣除凸出地面的构筑物、设备基础等所占面积。不扣除柱、垛、间壁墙及单个面积 0.3 m² 以内的孔洞所占的面积。门洞、空圈、暖气包槽、壁龛的开口部分不增加面积。

（2）楼地面嵌金属分隔条按设计图示尺寸以长度计算。

2）块料面层

（1）块料面层、橡塑面层及其他材料面层按设计图示尺寸以实铺面积计算，应扣除地面上各种建筑配件所占面层的面积，门洞、空圈、暖气包槽、壁龛的开口部分并入相应的面层工程量内计算。

（2）石材拼花按最大外围尺寸以矩形面积计算。有拼花的石材地面按设计图示尺寸以面积计算，应扣除拼花面积。

（3）点缀按设计图示个数计算。计算块料面层工程量时，不扣除点缀所占面积。

【例 2-27】某建筑物标准层卫生间，如图 2-66 所示，其楼面做法如下：钢筋混凝土楼板，素水泥浆结合层一道 20 mm 厚 1:3 水泥砂浆找平层，冷底子油一道，一毡二油防水层四周卷起 200 mm 高、30 mm 厚细石混凝土面层。试计算其楼面各构造层的工程量。

解：（1）水泥砂浆找平层工程量 = (3.3-0.24)×(6-0.24)
$$= 17.63 （m²）$$

（2）一毡二油防水层工程 = 17.63+0.2×(3.06+5.76)×2
$$= 21.16 （m²）$$

（3）细石混凝土面层工程量等于室内净面积，为 17.63 m²。

3）踢脚线

（1）水泥砂浆踢脚线按设计图示长度计算，不扣除门洞及空

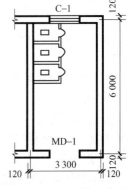

图 2-66　卫生间示意图

圈长度，但门洞、空圈和垛的侧壁长度亦不增加。

（2）石材踢脚线、块料踢脚线、现浇水磨石踢脚线、塑料板踢脚线、木质踢脚线、金属踢脚线、防静电踢脚线按设计图示长度乘以高度以面积计算，扣除门洞、空圈所占面积，增加门洞、空圈和垛的侧壁面积。其中成品踢脚线按设计图示长度计算，扣除门洞、空圈长度，增加门洞、空圈和垛的侧壁长度。

（3）楼梯靠墙踢脚线（含锯齿形部分）按设计图示面积计算。

4）楼梯装饰

（1）楼梯面层按设计图示尺寸以水平投影面积（包括踏步、休息平台及500 mm以内的楼梯井）计算。楼梯与楼地面相连时，算至梯口梁内侧边沿；无梯口梁者，算至最上一层踏步边沿加300 mm。

（2）楼梯地毯压棍按设计图示数量以套计算，压板按设计图示长度计算。

5）扶手、栏杆、栏板装饰

（1）扶手、栏杆、栏板适用于楼梯、走廊、回廊及其他装饰性栏杆、栏板，其材料用量及材料规格设计与预算基价取定不同时，允许换算。扶手未包括弯头制作安装，弯头另按相应子目计算。

（2）扶手、栏杆、栏板装饰按设计图示尺寸以扶手中心线长度（包括弯头长度）计算，楼梯斜长部分的长度按其水平长度乘以系数1.15计算。

（3）扶手弯头按设计图示个数计算。

6）台阶装饰

台阶装饰按设计图示尺寸以台阶（包括最上层踏步边沿加300 mm）水平投影面积计算，不包括翼墙、花池等面积。

【例2-28】 某学院教学楼入口台阶如图2-67所示，花岗石贴面，试计算其台阶工程量。

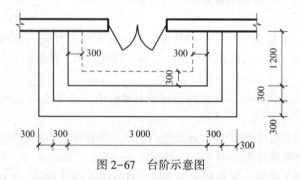

图2-67 台阶示意图

解： 台阶花岗石面层工程量=(3+0.3×4)×(1.2+0.3×2)-(3.0-0.3×2)×(1.2-0.3)

$$=4.2×1.8-2.4×0.9=5.4（m^2）$$

平台部分工程量=(3-0.3×2)×(1.2-0.3)=2.16（m²）

7）垫层

地面垫层按设计图示尺寸以主墙间净空面积乘以垫层厚度以体积计算。应扣除凸出地面的构筑物、设备基础等所占体积，不扣除柱、垛、间壁墙及单个面积0.3 m²以内孔洞所占体积。

8）防潮层

（1）地面防潮层按设计图示尺寸以主墙间净空面积计算。应扣除凸出地面的构筑物、设备基础等所占面积，不扣除柱、垛、间壁墙及单个面积0.3 m²以内的孔洞所占的面积。门洞、空圈、暖气包槽、壁龛的开口部分不增加面积。

（2）墙面防潮层按设计图示尺寸以面积计算，不扣除单个面积 0.3 m² 以内的孔洞所占的面积。

（3）墙面防潮层高度在 300 mm 以内者，其面积并入地面防潮层工程量内。高度在 300 mm 以外者，按墙面防潮层基价执行。

9）找平层

地面找平层按设计图示尺寸以主墙面净空面积计算。应扣除凸出地面的构筑物、设备基础等所占面积。不扣除柱、垛、间壁墙及单个面积 0.3 m² 以内的孔洞所占的面积。门洞、空圈、暖气包槽、壁龛的开口部分不增加面积。

10）变形缝

变形缝按设计图示尺寸以长度计算。

11）其他

（1）石材底面刷养护液包括侧面涂刷，工程量按设计图示尺寸以石材底面面积计算。

（2）石材表面刷保护液按设计图示尺寸以石材表面积计算。

（3）石材勾缝按石材设计图示尺寸以面积计算。

（4）楼梯、台阶踏步防滑条按设计图示踏步两端距离减 300 mm 以长度计算。

（5）楼地面、楼梯、台阶面酸洗打蜡按设计图示尺寸以水平投影面积计算。

2.6.2　墙、柱面工程

1. 墙、柱面工程说明

（1）墙、柱面工程包括墙面抹灰，柱梁面抹灰，零星抹灰，墙面镶贴块料，柱面镶贴块料，零星镶贴块料，墙、柱面装饰等内容。

（2）砂浆配合比如与设计要求不同时，允许调整，但人工费、砂浆消耗量、机械费及管理费不变。

（3）当主料品种与设计要求不同时，可按设计要求对主要材料进行补充、换算，但人工费、机械费及管理费不变。

（4）如设计要求在水泥砂浆中掺防水粉时，可按设计比例增加防水粉，其他工料不变。

（5）墙、柱面抹护角线的工、料已包括在相应基价内，不另行计算。

（6）设计要求抹灰厚度与预算基价不同时，砂浆消耗量按表 2-42 计算，人工费、机械费及管理费不变。

表 2-42　一般抹灰砂浆厚度调整表

项　　目	100 m² 抹灰面积每增减 1 mm 厚度增减砂浆消耗量
水泥砂浆	0.12 m³
混合砂浆	0.12 m³
TG 胶水泥砂浆	0.12 m³
干拌砂浆	0.22 t
湿拌砂浆	0.12 m³

（7）当设计要求的抹灰砂浆品种与预拌砂浆市场供应品种不同时，按表 2-43 选择预拌砂浆强度等级。

表 2-43　预拌砂浆强度等级

种　　类	设计要求的抹灰砂浆	预拌砂浆
抹灰砂浆	1:1:6 混合砂浆	M5
	1:1:4 混合砂浆	M10
	1:3 水泥砂浆	M15
	1:2、1:2.5 水泥砂浆、1:1:2 混合砂浆	M20

（8）内墙面抹灰未包括抹水泥砂浆窗台板，如设计要求另行计算，按墙柱面工程相应子目执行。

（9）室外腰线、栏杆、扶手、门窗套、窗台线、压顶等一般抹灰项目按墙柱面工程外檐装饰线子目执行。

（10）墙柱面工程中抹水泥砂浆及混合砂浆，均系中级抹灰水平。当设计要求抹灰不压光时，其人工费和管理费均乘以系数 0.87。

（11）圆弧形、锯齿形等不规则墙面抹灰、镶贴块料，按相应项目人工费和管理费乘以系数 1.15，材料费乘以系数 1.05。

（12）离缝镶贴面砖子目，面砖及灰缝材料消耗量分别按缝宽 5 mm、10 mm 和 20 mm 考虑，如灰缝宽不同或灰缝宽超过 20 mm 者，其块料及灰缝材料用量允许调整，但人工费、机械费及管理费不变。

（13）墙柱面工程基价的木材种类除注明者外，均以一、二类木种为准，如采用三、四类木种者，其人工费、机械费及管理费乘以系数 1.30。

（14）零星装饰抹灰和零星镶贴块料适用于挑檐、天沟、腰线、窗台线、门窗套、压顶、扶手、雨篷周边等。

（15）墙裙高度在 1 500 mm 以外者，按墙柱面工程墙面相应子目执行。

（16）面层、隔墙（间壁）、隔断基价内，除注明者外均未包括压条、收边、装饰线（板），如设计要求时，按其他工程相应子目执行。

（17）墙、柱面装饰基价内木基层均未包括刷防火涂料，如设计要求者，另按相应子目计算。

（18）墙、柱面装饰基价内木龙骨基层是按双向计算的，如设计为单向时，人工费、材料费、机械费及管理费均乘以系数 0.55。

（19）隔墙（间壁）、隔断（护壁）、幕墙等基价中龙骨间距、规格如与设计不同时，材料用量允许调整，但人工费、机械费及管理费不变。

（20）玻璃幕墙设计有相同材料平开、推拉窗者，应执行幕墙基价，窗型材、窗五金相应增加，其他不变。

（21）玻璃幕墙中的玻璃按成品玻璃面板考虑，幕墙中的避雷装置、防火隔离层基价已综合在内，但幕墙的封边、封顶的费用另行计算。

（22）基价项目中涉及的油漆品种、刷漆遍数按油漆、涂料、裱糊工程相应子目执行。

2. 墙、柱面工程计算规则

1）墙面抹灰

（1）内墙面抹灰按设计图示尺寸以面积计算

① 内墙面抹灰面积，扣除门、窗洞口和空圈所占的面积，不扣除踢脚线、挂镜线、单

个面积 0.3 m² 以内的孔洞和墙与构件交接处的面积。洞口侧壁和顶面面积不增加，但垛的侧面抹灰应与内墙面抹灰工程量合并计算。

内墙面抹灰的长度以主墙间的净长计算，其高度确定如下：

a. 抹灰高度不扣除踢脚线高度。

b. 有墙裙者，其高度按墙裙顶点至天棚底面另增加 10 cm 计算。

c. 有吊顶者，其高度按楼地面至天棚下皮另加 10 cm 计算。

② 墙中的梁、柱等的抹灰，按墙面抹灰子目计算，其突出墙面的梁、柱抹灰工程量按展开面积计算，并入墙面抹灰工程量内。

③ 内墙裙抹灰面积以长度乘以高度计算。扣除门窗洞口和空圈所占面积，并增加门窗洞口和空圈的侧壁面积，垛的侧壁面积并入墙裙面积内计算。

【例 2-29】如图 2-68、图 2-69 所示，C1：1 500×1 800，M1：1 000×2 000，M2：900×2 000，求内墙抹混合砂浆工程量（做法：1:1:6 混合砂浆打底，1:1:4 混合砂浆抹灰面层）。

解：①-② 轴间：抹灰高度＝3.6（m）

抹灰长度＝(3-0.12×2+4-0.12×2)×2＝13.04（m）

抹灰毛面积＝3.6×13.04＝46.94（m²）

扣除门窗面积＝1.5×1.8×2+0.9×2＝7.2（m²）

抹灰面积＝46.94-7.2＝39.74（m²）

②-④ 轴间：抹灰高度＝3.0+0.1＝3.1（m）

抹灰长度＝(6-0.12×2+4-0.12×2+0.25×2)×2＝20.04（m）

抹灰毛面积＝3.1×20.04＝62.12（m²）

扣除门窗面积＝1.5×1.8×3+0.9×2+1.0×2＝11.9（m²）

抹灰面积＝62.12-11.9＝50.22（m²）

汇总抹灰面积＝39.74+50.22＝89.96（m²）

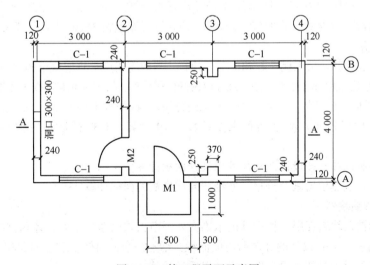

图 2-68　某工程平面示意图

（2）外墙面抹灰按设计图示尺寸以面积计算

① 外墙面抹灰，扣除门、窗洞口和空圈所占的面积，不扣除单个面积 0.3 m² 以内的孔

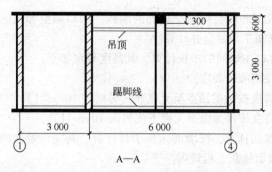

图 2-69　某工程剖面示意图

洞面积，门窗洞口及空圈的侧壁（不带线者）和顶面面积、垛的侧面抹灰均并入相应的墙面抹灰面积中计算。

②外墙窗间墙抹灰，以展开面积计算，按外墙抹灰相应子目执行。

③外墙裙抹灰，按展开面积计算，扣除门口和空圈所占面积，门口、空圈的侧壁面积并入相应墙裙面积内计算。

2）柱梁面抹灰

（1）柱面抹灰按设计图示结构断面周长乘以抹灰高度计算。但柱脚、柱帽抹线角者，另按装饰线子目计算。

（2）单梁抹灰按设计图示结构断面尺寸以展开面积计算。

3）零星抹灰

（1）零星一般抹灰：

①零星项目抹灰按设计图示尺寸以展开面积计算。

②挑檐、天沟抹灰按设计图示尺寸以展开面积计算。

③外檐装饰线抹灰按设计图示尺寸以展开面积计算。外窗台抹灰长度如设计图纸无规定时，可按窗洞口宽度两边共加 20 cm 计算，窗台展开宽度按 36 cm 计算，墙厚 49 cm 者，宽度按 48 cm 计算。

④阳台、雨篷抹灰按天棚工程相应子目执行。当雨篷四周垂直混凝土檐总高度超过 40 cm 者，整个垂直混凝土檐部分按设计图示尺寸以展开面积计算，按本单元装饰线子目执行。

⑤阳台栏板、栏杆的双面抹灰按设计图示栏板、栏杆水平中心长度乘以高度（由阳台面起至栏板、栏杆顶面）的单面积乘以系数 2.10 计算，有栏杆压顶者按乘以系数 2.50 计算。

（2）零星装饰抹灰按设计图示尺寸以展开面积计算。

（3）装饰抹灰厚度增减及分格、嵌缝按装饰抹灰的面积计算。

4）墙面镶贴块料

（1）墙面镶贴块料面层，按设计图示饰面外围净长乘以净高以面积计算，应扣除门、窗洞口和单个面积 0.3 m² 以外的孔洞所占的面积，增加门窗洞口侧壁和顶面面积。

（2）干挂石材钢骨架按设计图示尺寸以质量计算。

5）柱面镶贴块料

（1）柱面镶贴块料面层，按设计图示饰面外围周长乘以高度以面积计算。

（2）挂贴大理石、花岗岩柱墩、柱帽按设计图示镶贴表面最大外径的周长计算。

（3）除基价已列有柱墩、柱帽的项目外，其他项目的柱墩、柱帽按设计图示尺寸以展开面积计算，并入相应柱面积内，柱墩、柱帽加工按个数计算。

6）零星镶贴块料

（1）零星镶贴块料按设计图示尺寸以展开面积计算。

（2）柱面粘贴大理石、花岗岩按零星项目执行。

7）墙、柱面装饰

（1）龙骨基层、夹板、卷材基层按设计图示尺寸以面积计算，扣除门、窗洞口和单个面积 0.3 m² 以外的孔洞所占的面积。

（2）墙饰面按设计图示饰面外围净长乘以净高以面积计算，扣除门、窗洞口和单个面积 0.3 m² 以外的孔洞所占的面积，增加门窗洞口侧壁和顶面面积。

（3）柱饰面按设计图示饰面外围周长乘以高度以面积计算。除基价已列有柱墩、柱帽的项目外，其他项目的柱墩、柱帽按设计图示尺寸以展开面积计算，并入相应柱面积内。柱墩、柱帽加工按个数计算。

（4）隔断。

① 隔断按设计图示框外围净长乘以净高以面积计算，扣除门、窗洞口和单个面积 0.3 m² 以外的孔洞所占的面积。

② 全玻隔断的不锈钢边框按设计图示尺寸以边框展开面积计算。

③ 全玻隔断如有加强肋，按设计图示尺寸以展开面积计算。

【例 2-30】如图 2-70 所示，隔断龙骨截面为 40 mm×35 mm，间距为 500 mm×1 000 mm 玻璃木隔断，木压条嵌花玻璃，门洞口尺寸为 900 mm×2 000 mm，安装艺术门扇，计算隔断工程量。

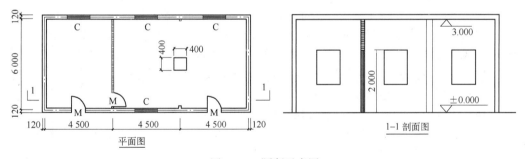

图 2-70　隔断示意图

解：木间壁、隔断工程量=图示长度×高度-门窗面积

$$=（6.00-0.24）×3.0-0.9×2=15.48（m^2）$$

（5）幕墙。

① 幕墙按设计图示框外围尺寸以面积计算。

② 全玻幕墙如有加强肋，按设计图示尺寸以展开面积计算。

2.6.3　天棚工程

1. 天棚工程说明

（1）天棚工程包括天棚抹灰，平面、跌级天棚，艺术造型天棚，其他面层（龙骨和面层）等内容。

（2）天棚工程基价子目中砂浆配合比与设计要求不同时，允许调整，但人工费、砂浆消耗量、机械费及管理费不变。

（3）天棚工程子目中当主料品种与设计要求不同时，可按设计要求对主要材料进行补充、换算，但人工费、机械费及管理费不变。

（4）如设计要求在水泥砂浆中掺防水粉时，可按设计比例增加防水粉，其他工、料不变。

（5）天棚抹小圆角因素已考虑在基价内，不另行计算。

（6）设计要求抹灰厚度与预算基价中不同时，砂浆消耗量按"墙、柱面工程"说明中的"一般抹灰砂浆厚度调整表"计算，人工费、机械费及管理费不变。

（7）阳台、雨篷抹灰子目内已包括底面抹灰及刷浆，不另行计算。

（8）天棚工程预算基价中抹水泥砂浆及混合砂浆，均系中级抹灰水平。当设计要求抹灰不压光时，其人工费和管理费均乘以系数 0.93。

（9）天棚面层在同一标高者为平面天棚，天棚面层不在同一标高者为跌级天棚，跌级天棚其面层人工工日乘以系数 1.10，管理费乘以系数 1.05。

（10）平面天棚和跌级天棚指一般直线形天棚，不包括灯光槽的制作安装，灯光槽制作安装按本单元相应子目执行。艺术造型天棚项目中包括灯光槽的制作安装。

（11）龙骨如与实际采用不同时允许换算。其中木质龙骨损耗率 6%，轻钢龙骨损耗率 6%，铝合金龙骨损耗率 7%。

（12）轻钢龙骨和铝合金龙骨不上人型吊筋长度为 0.6 m，上人型吊筋长度为 1.4 m，吊筋长度与基价不同时可按设计要求调整，但人工费、机械费及管理费不变。

（13）轻钢龙骨、铝合金龙骨基价中为双层结构（即中、小龙骨紧贴大龙骨底面吊挂），如使用单层结构（大、中龙骨底面在同一水平面上），平面天棚的轻钢龙骨、铝合金龙骨人工工日乘以系数 0.83，管理费乘以系数 0.91；跌级天棚的轻钢龙骨人工工日乘以系数 0.87，管理费乘以系数 0.93；铝合金龙骨人工工日乘以系数 0.84，管理费乘以系数 0.91。

（14）龙骨架、基层、面层的防火处理按 2.6.5 油漆、涂料、裱糊工程中相应子目执行。

（15）天棚压条、装饰线条按 2.6.6 其他工程中相应项目执行。

（16）天棚检查孔的工、料已包括在基价项目内，不另计算。

（17）灯光孔、风口开孔以方形为准，如为圆形者，人工工日乘以系数 1.3，管理费乘以系数 1.16。

2. 天棚工程计算规则

1）天棚抹灰

（1）天棚抹灰按设计图示尺寸以主墙间净空面积计算，不扣除柱、垛、附墙烟囱、间壁墙、检查洞和管道所占的面积。带有钢筋混凝土梁的天棚，梁的两侧抹灰面积应并入天棚抹灰工程量内计算。

（2）楼梯底面抹灰（包括踏步、休息平台及 500 mm 以内的楼梯井）按设计图示尺寸以水平投影面积计算，执行天棚抹灰相应项目，板式楼梯乘以系数 1.15，锯齿形楼梯乘以系数 1.37。

（3）檐口天棚的抹灰面积并入相同的天棚抹灰工程量内计算。

（4）有坡度及拱顶的天棚抹灰按设计图示尺寸以展开面积计算。拱顶面积计算方法：按水平投影面积乘以表 2-44 延长系数。

表 2-44　拱顶延长系数表

拱高:跨度	1:2	1:2.5	1:3	1:3.5	1:4	1:4.5	1:5
延长系数	1.571	1.383	1.274	1.205	1.159	1.127	1.103
拱高:跨度	1:5.5	1:6	1:6.5	1:7	1:8	1:9	1:10
延长系数	1.086	1.073	1.062	1.054	1.041	1.033	1.026

注：此表即弓形弧长系数表。拱高即矢高，跨度即弦长。弧长等于弦长乘以系数。

2）天棚装饰

（1）各种吊顶天棚龙骨按设计图示尺寸以主墙间净空面积计算，不扣除间壁墙、检查口、附墙烟囱、柱、垛、管道以及单个面积 0.3 m² 以内的孔洞所占的面积，但天棚中的折线、迭落、圆弧形、高低灯槽等面积也不增加。

（2）天棚基层按设计图示尺寸以展开面积计算。

（3）天棚装饰面层按设计图示尺寸以主墙间实铺面积计算，不扣除间壁墙、检查口、附墙烟囱、附墙垛和管道所占面积，扣除单个面积 0.3 m² 以外的孔洞、独立柱、灯槽及与天棚相连的窗帘盒所占的面积。天棚中的折线、迭落、圆弧形、拱形、高低灯槽及其他艺术形式天棚面层均按展开面积计算。

（4）龙骨、基层、面层合并列项的子目按设计图示尺寸以主墙间净空面积计算，不扣除间壁墙、检查口、附墙烟囱、柱、垛、管道和单个面积 0.3 m² 以内的孔洞所占面积，但天棚中的折线、迭落、圆弧形、高低灯槽等面积也不增加。

（5）网架天棚按设计图示尺寸以水平投影面积计算。

3）其他

（1）保温层按设计图示尺寸以实铺面积计算。

（2）天棚灯槽按设计图示尺寸以框外围面积计算。

（3）送（回）风口安装按设计图示数量计算。

（4）灯光孔、风口开孔按设计图示数量计算。

（5）格栅灯带按设计图示长度计算。

（6）嵌缝按设计图示长度计算。

【例 2-31】如图 2-71 所示，某单层砖混结构建筑物，开间 3.0 m，进深 6.0 m，现浇混凝土屋面板，板厚 100 mm，天棚抹灰工程做法：1:1:4 混合砂浆 7.5 mm，1:1:6 混合砂浆 8 mm，素水泥浆 2 mm。试计算天棚抹灰工程量。

解： 主墙间净面积 = $(9.0-0.12×2)×(6.0-0.12×2)=50.46$（m²）

增加梁侧面面积 = $(0.6-0.1)×(6.0-0.12×2)×4=11.52$（m²）

顶棚抹灰工程量 = $50.46+11.52=61.98$（m²）

【例 2-32】某客厅顶棚如图 2-72 所示，设计采用纸面石膏板吊顶顶棚，具体工程做法：纸面石膏板规格为 1 200 mm×800 mm×6 mm；U 形轻钢龙骨；钢筋吊杆；钢筋混凝土楼板。试计算顶棚吊顶工程量。

解： 顶棚吊顶龙骨工程量 = $(0.8×2+5.0)×(0.8×2+4.4)=39.6$（m²）

顶棚吊顶面层工程量 = $39.6+0.15×(5+4.4)×2=42.42$（m²）

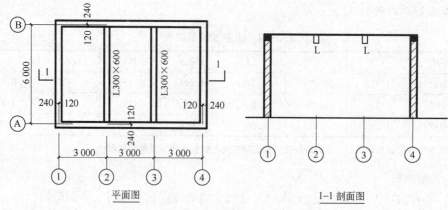

图 2-71　天棚抹灰示意图

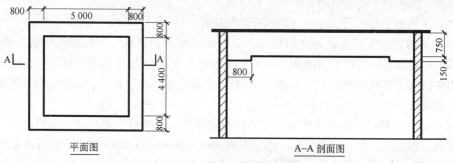

图 2-72　某客厅吊顶示意图

2.6.4　门窗工程

1. 门窗工程说明

（1）门窗工程包括木门，金属门，其他门，金属窗，门窗附属配件等内容。

（2）凡由现场以外的加工厂制作的门窗应另增加场外运费，按相应子目执行。

（3）铝合金门窗制作兼安装项目，指施工企业现场制作或施工企业附属加工厂制作并安装。

（4）铝合金地弹门制作型材（框料）消耗量，按 101.66 mm×44.5 mm、厚 1.5 mm 方管确定，单扇平开门、双扇平开窗按 38 系列确定，推拉窗按 90 系列确定。如实际采用的型材断面尺寸及厚度与基价规定规格不符合时，按设计图示尺寸乘以线密度加 6% 的施工损耗率计算型材消耗量。

（5）成品门窗安装项目中，门窗附件按包含在成品门窗单价内考虑：铝合金门窗制作、安装和冷藏门项目未含五金配件，五金配件按相应子目执行。

（6）塑钢门窗安装项目是按单玻考虑的，如实际采用双玻者，人工费和管理费乘以 1.15 系数。

（7）门窗工程预算基价中凡包括玻璃安装的项目，基价中的玻璃品种及厚度如与设计要求不同时允许换算。

（8）门窗工程预算基价中窗帘盒展开宽度为 430 mm，设计要求不同时允许换算。

（9）门窗工程预算基价项目中凡综合刷油者，除已注明者外，均为底油一遍，调和漆二遍。如设计做法与基价不同时允许换算。

（10）木种分类如表 2-45 所示。

表 2-45   木 种 分 类

木种类别	木种名称
一类	红松、杉木
二类	白松、杉松、杨柳木、椴木、樟子松、云杉
三类	榆木、柏木、樟木、苦栋木、梓木、黄菠萝、青松、水曲柳、黄花松、秋子松、马尾松、槐木、椿木、楠木、美国松
四类	柞木、檀木、色木、红木、荔木、柚木、麻栗木、桦木

（11）基价中的木料断面或厚度均以毛料为准，如设计要求刨光时，板、方材一面刨光加 3 mm；两面刨光加 5 mm。

（12）项目中木材种类均以一、二类木种为准，如采用三、四类木种时，分别乘以下列系数：木门窗制作的人工费、机械费和管理费均乘以 1.3；木门窗安装的人工费、机械费和管理费均乘以 1.16；其他项目的人工费、机械费和管理费均乘以 1.35。

（13）细木工程的木材烘干费（包括烘干损耗在内），已综合考虑在木料单价中。

2. 门窗工程计算规则

1）木门

（1）成品木门扇安装按设计图示扇面积计算。

（2）成品木门框安装按设计图示框的中心线长度计算。

（3）木质防火门按设计图示尺寸以框外围面积计算。

2）金属门

（1）铝合金门、塑钢门、断桥隔热铝合金门、彩板组角钢门按设计图示洞口尺寸以面积计算。

（2）卷闸门安装按其安装高度乘以门的实际宽度以面积计算，安装高度包括卷闸箱高度。电工装置安装按设计图示数量以套计算。小门安装按设计图示数量以扇计算，小门面积不扣除。

（3）彩钢板门安装按设计图示洞口面积计算，附框按框中心线长度计算。

（4）钢质防火门、厂库房钢门按设计图示尺寸以框外围面积计算。

（5）防火卷帘门按设计图示尺寸以楼（地）面算至端板顶点高度乘以宽度以面积计算。

（6）防盗装饰门安装按设计图示尺寸以框外围面积计算。

（7）全板钢门、半截百叶钢门、全百叶钢门、密闭钢门、铁栅门按设计图示尺寸以质量计算。

（8）钢射线防护门、棋子门、钢管铁丝网门、普通钢门按设计图示尺寸以框外围面积计算。

3）其他门

（1）电子感应自动门、转门、不锈钢电动伸缩门按设计图示数量以樘计算。

（2）不锈钢包门框按设计图示尺寸以展开面积计算。

（3）冷藏门按设计图示以质量计算。

（4）冷藏门门樘框架及筒子板以筒子板面积计算。

（5）保温隔声门、变电室门按设计图示尺寸以框外围面积计算。

4）金属窗

（1）除钢百叶窗、成品钢窗、防盗窗按框外围面积计算外，其余金属窗均按设计图示洞口尺寸以面积计算。

（2）木材面包镀锌钢板按下表中展开系数以展开面积计算，如表 2-46 所示。

表 2-46　木材面包镀锌钢板计算规则

项　目　名　称		展　开　系　数	计　算　基　数
门窗框		0.311	框延长米
门窗扇	单面	1.44	框外围面积
	双面	2.19	框外围面积

5）门窗附属配件

（1）门窗套按设计图示尺寸以展开面积计算。

（2）门窗贴脸按设计图示尺寸以长度计算。

（3）门窗筒子板按设计图示尺寸以展开面积计算。

（4）窗帘盒按设计图示尺寸以长度计算。

（5）窗台板按设计图示尺寸以面积计算。图纸未注明尺寸的，窗台板长度可按附框的外围宽度两边共加 100 mm 计算，窗台板突出墙面的宽度按墙面外加 50 mm 计算。

（6）窗帘轨道按设计图示尺寸以长度计算。

2.6.5　油漆、涂料、裱糊工程

1. 油漆、涂料、裱糊工程说明

（1）油漆、涂料、裱糊工程包括木材面油漆，金属面油漆，抹灰面油漆，涂料、裱糊等内容。

（2）本基价中刷涂、刷油系采用手工操作，喷塑、喷涂、喷油系采用机械操作，如采用操作方法不同时均按基价子目执行。

（3）油漆工、料中已综合浅、中、深等各种颜色在内，不论采用何种颜色均按本基价执行。

（4）本基价已综合考虑了在同一平面上的分色及门窗内外分色。如需做美术图案者另行计算。

（5）基价中的单层木门刷油是按双面刷油考虑的，如采用单面刷油，其基价含量乘以系数 0.49。

（6）喷塑（一塑三油）：底油、装饰漆、面漆，其规格划分如下：

① 大压花：喷点压平，点面积在 1.2 cm² 以外。

② 中压花：喷点压平，点面积在 1.0 cm² 以外 1.2 cm² 以内。

③ 喷中点、幼点：喷点面积在 1.0 cm² 以内。

（7）油漆、涂料、裱糊工程基价子目中当主料品种与设计要求不同时，可按设计要求对主要材料进行补充、换算，但人工费、机械费及管理费不变。

2. 油漆、涂料、裱糊工程计算规则

1）木材面油漆

（1）木材面油漆工程量分别按表 2-47～表 2-50 相应的计算规则计算。

（2）木材面油漆、烫硬蜡按设计图示尺寸以面积计算。门洞、空圈、暖气包槽、壁龛的开口部分并入相应的工程量内。

（3）基价中的隔墙、护壁、柱、天棚木龙骨及木地板中木龙骨带毛地板，刷防火涂料工程量计算规则如下：

① 隔墙、护壁木龙骨按设计图示尺寸以其面层正立面投影面积计算。

② 柱木龙骨按设计图示尺寸以其面层外围面积计算。

③ 天棚木龙骨按设计图示尺寸以其水平投影面积计算。

④ 木地板中木龙骨及木龙骨带毛地板按地板面积计算。

（4）隔墙、护壁、柱、天棚面层及木地板刷防火涂料，按本单元其他木材面刷防火涂料相应子目执行。

（5）木楼梯（不包括底面）油漆，按设计图示尺寸以水平投影面积乘以系数 2.30 计算，按木地板相应子目执行。

2）金属面油漆

金属构件油漆工程量按设计图示尺寸以构件质量计算。

3）抹灰面油漆、涂料、裱糊

（1）木材面油漆（见表 2-47～表 2-50）

表 2-47　执行单层木门基价工程量系数表

项 目 名 称	系　　数	工程量计算方法
单层木门	1.00	按设计图示尺寸以单面洞口面积计算
单层半玻门	0.85	
单层全玻门	0.75	
半截百叶门	1.50	
全百叶门	1.70	
纱门窗	0.80	
装饰门窗	0.90	扇外围面积

表 2-48　执行单层木窗基价工程量系数表

项 目 名 称	系　　数	工程量计算方法
单层玻璃窗	1.00	按设计图示尺寸以单面洞口面积计算
双层（一玻一纱）木窗	1.36	
双层框扇（单裁口）木窗	2.00	
双层框三层（二玻一纱）木窗	2.60	
单层组合窗	0.83	
双层组合窗	1.13	
木百叶窗	1.50	

表 2-49　执行木扶手（不带托板）基价工程量系数表

项 目 名 称		系　数	工程量计算方法
木扶手（不带托板）		1.00	按设计图示长度计算
木扶手（带托板）		2.60	
窗帘盒		2.04	
封檐板、顺水板		1.74	
挂衣板、黑板框、单独木线条	宽度在 100 mm 以外	0.52	
	宽度在 100 mm 以内	0.35	

表 2-50　执行其他木材面基价工程量系数表

项 目 名 称	系　数	工程量计算方法
木板、纤维板、胶合板天棚	1.00	按设计图示尺寸以面积计算 按设计图示尺寸以单面外围面积计算 按设计图示尺寸以油漆部分展开面积计算
木护墙、木墙裙	1.00	
窗台板、筒子板、盖板、门窗套、踢脚线	1.00	
清水板条天棚、檐口	1.07	
木方格吊顶天棚	1.20	
吸声板墙面、天棚面	0.87	
暖气罩	1.28	
木间壁、木隔断	1.90	按设计图示尺寸以单面外围面积计算
玻璃间壁露明墙筋	1.65	
木栅栏、木栏杆（带扶手）	1.82	
衣柜、壁柜	1.00	按设计图示尺寸以油漆部分展开面积计算
零星木装修	1.10	
梁柱饰面	1.00	

（2）抹灰面油漆、涂料、裱糊

① 楼地面、天棚、墙、柱、梁面的油漆、涂料、裱糊按展开面积计算。

② 楼梯底面刷油漆、涂料按设计图示尺寸以水平投影面积计算，执行天棚涂料相应项目，板式楼梯乘以系数 1.15，锯齿形楼梯乘以系数 1.37。

③ 混凝土花格窗、栏杆花饰、石膏饰物刷油漆按单面外围面积计算。

④ 墙腰线、檐口线、门窗套、窗台板等刷油漆按展开面积计算。

2.6.6　其他工程

1. 其他工程说明

其他工程包括招牌、灯箱，美术字安装，压条、装饰线，暖气罩，镜面玻璃，旗杆等内容。

当主材品种与设计要求不同时，可按设计要求对主要材料进行补充、换算，但人工费、机械费及管理费不变。

铁件已包括刷防锈漆一遍，如设计需涂刷油漆、防火涂料，按 2.6.5 节相应子目执行。

1) 招牌基层

(1) 平面招牌是指安装在门前墙面上者；箱体招牌、竖式标箱是指六面体固定在墙面上者；沿雨篷、檐口、阳台走向立式招牌，按平面招牌复杂项目执行。

(2) 一般招牌和矩形招牌是指正立面平整无凸面者；复杂招牌和异形招牌是指正立面有凹凸造型者。

(3) 招牌的灯饰均未包括在基价内。

(4) 招牌面层执行天棚面层项目，其人工费乘以系数 0.80，管理费乘以系数 0.80，其他不变。

2) 美术字安装

(1) 美术字安装均以成品安装固定为准。

(2) 美术字安装不分字体均执行本基价。

3) 压条、装饰线条

(1) 木装饰线、石膏装饰线基价均以成品安装为准，如采用现场制作，每 10 m 增加 0.25 工日，管理费增加 1.72 元，其他不变。

(2) 石材装饰线条基价均以成品安装为准。石材装饰线条磨边、磨圆角均包括在成品的单价中，不再另计。

(3) 石材磨边、磨斜边、磨半圆边及台面开孔子目均为现场磨制。

(4) 装饰线条基价以墙面上安装直线条为准，如墙面上安装圆弧线条或天棚安装直线形、圆弧形线条或安装其他图案者，按以下规定计算：

① 天棚面安装直线装饰线条者，人工费乘以系数 1.34，管理费乘以系数 1.34，其他不变。

② 天棚面安装圆弧装饰线条者，人工费乘以系数 1.60，管理费乘以系数 1.60，材料费乘以系数 1.10，其他不变。

③ 墙面安装圆弧装饰线条者，人工费乘以系数 1.20，管理费乘以系数 1.20，材料费乘以系数 1.10，其他不变。

④ 装饰线条做艺术图案者，人工费乘以系数 1.80，管理费乘以系数 1.80，材料费乘以系数 1.10，其他不变。

4) 挂板式暖气罩

挂板式暖气罩指钩挂在暖气片上者；平墙式是指凹入墙内者；明式是指凸出墙面者；半凹半凸式按明式基价子目执行。

2. 其他工程计算规则

1) 招牌、灯箱

(1) 招牌基层。

① 平面招牌基层按设计图示尺寸以正立面边框外围面积计算，复杂型的凹凸造型部分不增加面积。

② 沿雨篷、檐口或阳台走向的立式招牌基层，按平面招牌复杂型执行时，按边框外围展开面积计算。

③ 箱体招牌和竖式标箱的基层，按设计图示尺寸以边框外围体积计算。突出箱外的灯饰、店徽及其他艺术装潢等均另行计算。

④ 广告牌钢骨架按设计图示尺寸以质量计算。

（2）灯箱的面层按设计图示尺寸以面层的展开面积计算。

2）美术字安装

美术字安装按字的最大外围矩形面积划分，分别以设计图示个数计算。

3）压条、装饰线

压条、装饰线条均按设计图示长度计算。

4）石材、瓷砖加工

（1）石材、瓷砖倒角按块料设计倒角长度计算。

（2）石材磨边按成型圆边长度计算。

（3）石材开槽按块料成型开槽长度计算。

（4）石材、瓷砖开孔按成型孔洞数量计算。

5）暖气罩

暖气罩（包括脚的高度在内）按设计图示尺寸以边框外围垂直投影面积计算。

6）镜面玻璃

镜面玻璃安装、盥洗室木镜箱按设计图示尺寸以正立面面积计算。塑料镜箱按设计图示数量计算。

7）旗杆

（1）不锈钢旗杆按设计图示长度计算。

（2）旗杆基础

① 人工挖地槽、原土回填的工程量，按照土方工程中人工挖地槽相关规定执行。

② 现浇混凝土零星构件按设计图示尺寸以体积计算。

③ 砌砖台阶按设计图示尺寸以体积计算。

8）其他

（1）毛巾环、肥皂盒、金属帘子杆、浴缸拉手、毛巾杆安装按设计图示数量计算。

（2）大理石洗漱台按设计图示尺寸以台面水平投影面积计算（不扣除孔洞面积）。

复习思考题

1. 简答题

（1）简述定额模式下建筑安装工程的费用组成。

（2）简述清单计价模式下建筑安装工程的费用组成。

（3）综合税率怎样取值？

（4）什么是建筑面积？什么是使用面积？什么是结构面积？什么是辅助面积？

（5）砖基础分为哪几类？

（6）钢筋混凝土基础有哪些种类？

（7）柱子计算高度怎样取值？

（8）什么是延尺系数？

2. 计算题

（1）计算下列单层建筑物（见图2-73）的建筑面积及基础工程量。

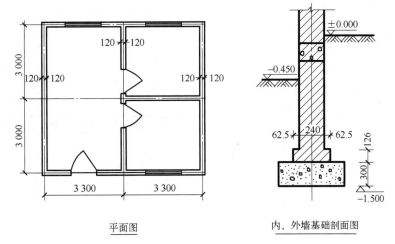

平面图   内、外墙基础剖面图

图 2-73   某房屋平面及基础剖面图

（2）计算如图 2-74 墙面抹灰工程量。

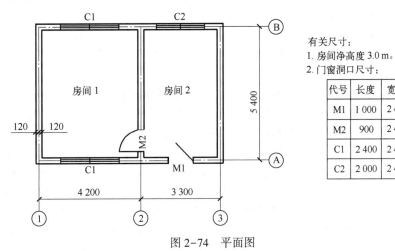

有关尺寸：
1. 房间净高度 3.0 m。
2. 门窗洞口尺寸：

代号	长度	宽度
M1	1 000	2 400
M2	900	2 400
C1	2 400	2 400
C2	2 000	2 400

图 2-74   平面图

（3）在教师指导下，按照工程量计算规则独立完成附图中各分部分项工程工程量计算，将计算过程和计算结果填写在表格中。

3. 思考题

什么是公摊面积，小组讨论买时房本的建筑面积与所学建筑面积概念是否相同？为什么？

●单元3
建筑工程施工图预算

学习目标

(1) 知识目标
◆ 了解施工图预算的内容、作用、编制原则。
◆ 理解施工图预算编制步骤。
◆ 掌握施工图预算的编制方法。
(2) 技能目标
◆ 能独立完成施工图预算文件的编制。
(3) 素质目标
◆ 在专项实训中，强调"绝知此事要躬行"，实践出真知的重要性；面对困难，有耐心、恒心和不怕困难的决心。

某县青少年活动中心建设项目是一个集科技、美术、体育、舞蹈、体验为一体的青少年教育活动基地，主要功能区有展览室、科普室、实验室、图书室、舞蹈室、报告厅、室内外运动场（室）以及消防、市政、绿化等配套设施，项目总占地面积 6 700 m²，总建筑面积 4 260 m²，主楼层高 6 层，副楼层高 3 层，建筑体最高 25.2 m，总体结构为框架结构，项目概算总投资 1 570 万元。主体工程采用定额计价招标，附属配套工程采用工程量清单计价的方式。该项目业主为某县团委，配合协作单位为某县教育体育局，整个项目由于组织到位、造价控制管理措施得当有力，项目按计划顺利组织实施，建筑质量优良、功能布局合理优化的好成果，得到了各级各部门及社会好评，同时，项目最终通过审计的竣工结算价款为 1 421.24 万元，通过各阶段的有效控制减少、优化投资 148.76 万元。在该案例中你受到什么启发？

3.1 施工图预算及其编制

建筑工程造价的编制，在前面的章节中已经作了比较详细的介绍，按照国家的现行规定分为"定额计价"和"工程量清单计价"两种计价报价模式。"定额计价"主要是根据施工图纸、预算定额、计费标准、施工组织设计等进行计算与编制的，并作为建筑工程项目计价与报价的依据。"工程量清单计价"主要是根据业主（建设单位）提供的招标文件（含施工图纸）、工程量清单、施工方案、材料价格市场信息等进行计算与编制的，也作为建筑工程项目计价与报价的依据。现就施工图预算及其编制实例（即定额计价编制实例）介绍如下。

3.1.1　施工图预算的内容与作用

1. 施工图预算的内容

施工图预算是指业主或承包商（建筑施工企业）在施工图设计完成后，根据设计图纸、现行预算定额（或计价定额）、费用定额、施工组织设计，以及地区人工、材料、施工机械台班等预算价格而编制和确定的建筑安装工程造价的经济技术文件。

施工图预算是在完成工程量计算的基础上，按照设计图纸的要求和预算定额规定的分项工程内容，正确套用和换算预算单价，计算工程直接费，并根据各项取费标准计算间接费、利润、税金和其他费用，最后汇总计算出单位工程预算造价。一份完整的工程项目施工图预算书应由下列内容组成：

（1）施工图预算封面

施工图预算封面包括工程项目名称、建筑面积、预算造价、建设单位、编制单位、法定代表人、编制人及执业证号、审核人及执业证号与编制时间。

（2）编制说明

编制说明主要是说明所编预算在预算表中无法表达，而又需要使审核单位（或人员）必须了解的相关内容。其内容一般包括：编制依据（施工图、工程设计变更图的名称及编号，招标项目招标文件的编号及发包方提供的其他资料）；编制预算时所选用的人工、材料、施工机械台班价格的来源（价格采集的年、月）和种类、规格型号、单价等；各项措施费编制依据；对采用暂估价的项目应说明暂估原因和结算时的调整内容和方法；未定事项及其他需要说明的情况等。

（3）施工图预算总价汇总表

此表是本工程各专业含税总价的汇总。

（4）施工图预算计价汇总表

施工图预算计价汇总表包括施工图预算计价合计及其人工费、施工措施费及其人工费、规费、利润、税金项目的计算公式、金额及汇总的含税总价。

（5）施工图预算计价表

施工图预算计价表是施工图预算计价总表的一部分，是分部分项工程子目明细，是工程施工图预算书的重要组成部分。包括专业工程名称、序号、基价编号、分部分项工程项目名称、计量单位、工程量、单价、合价及合价中的人工费。

（6）施工措施项目计价表

施工措施项目计价表由施工措施项目预算计价表（一）、施工措施项目预算计价表（二）组成。施工措施项目预算计价表（一）主要用于编制不需计算工程量的施工组织措施项目，以"项"为单位列项，根据《预算基价》规定的计算基数按系数计取，如冬雨季施工增加费、夜间施工增加费等。施工措施项目预算计价表（二）主要用于编制可以根据工程量计算规则计算工程量，并能依据预算基价子目计算价值的施工技术措施项目，分别列出项目编号、项目名称、计量单位、工程量、单价、金额并进行汇总，如混凝土模板及支架措施费、垂直运输费等。

（7）预算选用工料机价格表

预算选用工料机价格表是计算分部分项工程所需人工、材料、机械台班的单位价格表。内容包括项目类别、编号、项目名称、规格型号、单位、单价。

（8）专业工程暂估价表

专业工程暂估价是为了避免遗漏在招标阶段尚未确定分包单位的专业工程而设定的，将其预估一个价格并且列入总价。此项费用肯定要发生，只是因为标准不明或者需要专业承包人完成，暂时无法确定具体价格。暂估价为全费用含税价格，结算时按实际发生确定。

（9）暂列金额项目表

暂列金额是招标人在招标文件中暂定并包括在合同价款中的一笔款项，用于施工合同签订时尚未确定或者不可预见的所需材料、设备、服务的采购，施工中可能发生的变更、合同约定调整因素出现时的工程价款的调整以及发生的索赔、现场签证确认等费用。在实际履约过程中，此项费用有可能发生，也有可能不发生。投标人即便在被确认为中标人时也无权支配"暂列金额"，只有当上述内容发生了，中标人在工程结算中才能按照招标文件规定内容或合同中约定条款计算上述内容的价值。"暂列金额"的真实含意是招标人为应付施工过程中各种不可预见事件发生的预备金。

2. 施工图预算的作用

施工图预算在整个工程建设中具有十分重要的作用，现归纳如下：

（1）施工图预算是计算和确定单位工程造价的依据。

（2）施工图预算是控制单位工程造价和控制施工图设计不突破设计概算的重要依据。

（3）在建设工程投标中，施工图预算是业主编制工程标底的依据，也是承包商投标报价的基础。

（4）施工图预算是编制或调整固定资产投资计划的依据，也是业主办理工程决算的基础。

施工图预算中的工程量，是依据施工图纸和现场的实际情况计算出来的，工程建设中所需活劳动与物化劳动的消耗量是按照预算定额用量分析计算的，它反映了一定生产力水平下的社会平均消耗量。因此，计算出的工程量和活劳动及物化劳动消耗量，可作为建筑施工编制劳动力计划、材料需用量计划、施工备料、施工统计、工程结算的依据。施工图预算中的直接费是建筑施工企业生产消耗的费用标准，这些标准又是建筑施工企业进行经济核算的基础。

3.1.2 施工图预算的编制

1. 施工图预算的编制原则

施工图预算是承包商与业主结算工程价款的主要依据，是一项工作量大，政策性、技术性和时效性很强而又十分复杂细致的工作。编制预算时必须遵循以下原则：

（1）必须认真贯彻国家现行有关预算编制的各项政策及具体规定。

（2）必须认真负责、实事求是地计算工程造价，做到既不高估、多算、重算，又不漏项、少算。

（3）必须深入了解、掌握施工现场情况，做到工程量计算准确，定额套用合理。

2. 施工图预算的编制依据

（1）建设工程设计文件及相关资料。施工图纸是计算工程量和进行预算列项的主要依据。预算部门与人员，必须具有经业主、设计单位和承包商共同会审的全套施工图纸、设计说明书和上级更改通知单以及经三方签章的图纸会审记录和有关标准图。

（2）施工现场情况、工程特点及施工组织设计或施工方案。编制预算时，需要了解和掌握影响工程造价的各种因素，如土壤类别、地下水位标高、是否需要排水措施、土方开挖方式，是否需要留工作面，是否需要放坡或支挡土板，余土或缺土的处置地基是否需要处理。预制构件是采取工厂预制还是现场预制，预制构件的运输方式和运输距离，构件吊装的施工方法，采用何种吊装机械等。上述问题在施工组织设计或施工方案中一般都有明确的规定与要求，因此，经批准的施工组织设计或施工方案，是编制预算必不可少的依据。

（3）当地建设工程计价办法、各专业预算基价或企业定额。预算基价是编制施工图预算时确定各分项工程单价，计算工程直接费，确定人工、材料和机械台班等消耗量的主要依据。预算基价中所规定的工程量计算规则、计量单位、分项工程内容及有关说明，都是编制施工图预算时计算工程量的依据。地区材料预算价格（包括材料市场价格信息）是计算材料费用、进行定额换算与补充不可缺少的依据。

（4）与建设工程项目有关的标准、规范、技术资料。工程量计算和补充定额的编制，要用到一些系数、数据、计算公式和其他有关资料，如钢筋及型钢的单位理论质量、原木材积、屋架杆件长度系数、砖基础大放脚折加高度、各种形体体积计算公式、各种材料的容重等。这些资料和计算手册，都是编制预算时不可缺少的计算依据。

（5）招标文件及其补充通知、招标人对招标文件的答询纪要。

（6）当地工程造价管理机构发布的造价信息或市场价格。

（7）其他相关资料。

3. 施工图预算的编制步骤

编制施工图预算是一项复杂、细致的工作，应按一定的工作顺序进行编制。一般情况下，单位工程施工图预算的编制步骤如下：

（1）熟悉施工图

施工图是编制施工图预算的重要依据，若对施工图理解不全面或有偏差，将会导致计算的错误或遗漏。预算人员读施工图，一般遵循先整体后局部，先建筑后结构的顺序。对施工图进行整理，核对齐全之后，一般先阅读建筑总平面图，再阅读单位工程建筑平面图、立面图、剖面图，对建筑物的造型、尺寸等有所了解。阅读建筑图后，再读结构施工图，包括结构平面图、结构详图等。阅读施工图过程中遇到疑问，应及时记录下来，以便在参加设计交底时提出。对于新材料、新工艺，需了解材料价格、施工方法、要求并进行记录，为编制补充预算基价项目做准备工作。

在全面、详细了解施工图后，预算人员应参加建设单位组织的设计交底、图纸会审，以了解设计意图、施工工艺要求以及材料来源等。这是使预算工作符合实际、准确地反映工程造价的前提。

（2）了解施工组织设计和施工现场情况

某些工程量的计算和基价子目的选用与施工方法、现场情况有关，预算人员应了解单位工程的施工组织设计和施工现场情况，如自然地坪标高、地下水位线、基础土方挖出后是否需要运土、运土的方式、施工中的垂直运输方式等。

（3）计算工程量

工程量是施工图预算的原始数据，此项工作工作量很大，计算应细致、准确，计算结果将直接影响工程造价准确程度。

在熟悉施工图和了解施工组织设计及施工现场情况基础上，下一步工作是根据单位工程施工图、施工组织设计以及《预算基价》列出需要计算的工程量项目，此项工作简称"列项"。按照列出的项目，以施工图所注尺寸为依据，按照《预算基价》中规定的工程量计算规则，逐项进行计算。

施工图预算计价中的工程量，应依据施工图和有关资料按各专业预算基价中的工程量计算规则计算。

（4）汇总和归纳工程量

工程量计算完毕，预算人员应对所计算的工程量进行汇总和归纳。工程量汇总是将分部分项子目名称相同的工程量汇总在一起，如将各层的砌砖墙工程量汇总在一起、将相同强度等级的各层混凝土构件工程量汇总在一起，以方便套用相应预算基价。工程项目的归纳是指将同一部位或同一预算基价章节的内容归纳在一起，目的是便于自我检查和核对。如将基础的挖土、运土、混凝土垫层、混凝土基础、砖基础汇集为基础部分；将砌砖墙、砌单砖墙、砌混凝土空心砌块、砌零星砌体等归纳到砌筑工程。将计算结果汇总和归纳后要填写到工程预算表中，这项工作通常称为"过项"，目的是为套用相应预算基价做好准备。

（5）确定分部分项子目的单价及合价

确定分部分项子目单价俗称为"套定额"，是指根据施工图纸的要求套用预算基价中分部分项子目总价。在"套定额"过程中，如设计图纸项目名称和预算基价项目名称完全一致可直接套用，如不一致时按照以下方法处理：

① 不允许换算或不需要换算的，可直接套用预算基价的项目，如某地区《建筑工程预算基价》（以下简称"预算基价"）中砌筑工程说明中规定："本章基价中部分砌体的砌筑砂浆强度为综合强度等级，使用时不予换算。"

② 允许换算的项目可先换算后再套用，如墙体抹灰厚度、方木屋架的木材设计断面与基价不同、各种伸缩缝的做法与基价不同等。

③ 遇到《预算基价》中没有的项目时，预算人员应编制补充预算基价，通常称为编制"生项"。此项工作需要预算人员调查研究，了解项目中所用的材料价格、施工方法、预计用工数量和机械台班数量，以编制出符合实际情况、能反映真实造价的预算基价。

编制补充预算基价，首先应计算出单位工程量所消耗的人工工日数量、各种材料消耗数量及各种机械的使用台班数量；然后配以人工、材料、机械的单价；最后计算材料采管费及企业管理费。计算管理费时可参考《预算基价》附录七中的补充预算基价表。

人工、材料和施工机械台班的消耗量应按照各专业预算基价的规定计算，其价格应按编制期价格确定。各子目编制期单价可参照造价信息上发布的计价指数自主确定。

（6）计算子目计价合计及各项费用

用各分部分项子目工程量乘以套用的预算基价得出分部分项子目合价，将所有合价加在一起，即是预算子目计价合计，然后再按照"建筑工程施工图预算计算程序表"计取规费、利润和税金，并汇总出单位工程预算造价。

（7）施工图预算工料分析

工料分析是施工企业的财务部门进行单位工程的经济活动分析、生产部门编排生产计划、材料供应计划、机械使用计划、劳动力使用计划的依据，对施工企业的经营管理、降低工程成本和提高经济效益都具有重要作用。

对于单位工程，不仅要求做出施工图预算书，还需做出施工图预算工料分析。做法是以工程量乘以预算基价表中的单位人工和各种材料的消耗量，然后汇总得出。

（8）审核及编制说明

审核是对编制完的施工图预算进行核查校对，如有差错及时更正。

编制说明是在对单位工程施工图预算审核无误后编制的。

最后，把封面、编制说明、施工图预算总价汇总表、施工图预算计价汇总表、施工图预算计价表、施工措施项目计价表、材料分析表等按顺序编排并装订成册，请有关单位和领导审阅、签字，并加盖单位公章。至此，一般土建工程施工图预算编制工作完成。

3.2 施工图预算编制实例

某建筑工程总承包公司承揽某新建办公楼工程施工任务，建设单位要求按照天津市2016年《建设工程计价办法》、2016年《天津市建筑工程预算基价》、2016年《天津市装饰装修工程预算基价》及建设单位批复的施工方案编制施工图预算。

1. 编制依据

设计说明、施工图纸及相关说明。

详见书后建筑工程计算与计价课程配套图纸。

2. 编制步骤及组成内容

（1）划分分项工程，计算工程量（略）。

（2）套定额，按照施工图预算格式计算分部分项工程直接费。

具体内容见施工图预算书中表1（1）建筑工程施工图预算计价表、表1（2）建筑工程措施项目（一）预算计价表、表1（3）建筑工程措施项目（二）预算计价表、表2（1）装饰装修工程施工图预算计价表、表2（2）装饰装修工程措施项目（一）预算计价表、表2（3）装饰装修工程措施项目（二）预算计价表。

（3）根据取费程序计算其他费用，并汇总单位工程造价。

具体内容见施工图预算书中表1建筑工程施工图预算计价汇总表、表2装饰装修工程施工图预算计价汇总表。

（4）完成总价汇总表。

具体内容见施工图预算书中施工图预算总价汇总表。

（5）编写预算编制说明。

具体内容见施工图预算书中编制说明。

（6）填写施工图预算书封面，装订成册。

具体内容见施工图预算书封面。

施 工 图 预 算 书

工程项目名称： 新建办公楼工程

建筑面积： 2 398. 65 m^2

预算造价： （大写）陆佰捌拾壹万玖仟贰佰陆拾柒元整
 （小写）6,819,267 元

建 设 单 位：(全称、盖章) _____

编 制 单 位：(全称、盖章) _____

法 定 代 表 人：(签字或盖章) _____

编   制：(签字、加盖资格章) _____

审   核：(签字、加盖注册造价工程师执业章) _____

编制日期：2018 年 4 月 1 日

编 制 说 明

工程项目名称：新建办公楼工程

一、施工图预算编制依据：办公楼工程施工图，招标项目招标文件及发包人提供的其他资料。

二、编制预算时所选用的人工、材料、施工机械台班价格的来源：2016 年天津市建筑工程预算基价、2016 年天津市装饰装修工程预算基价。

三、本工程排水、降水措施费按 2 座集水井考虑，基础工程工期按 30 天考虑。

四、本工程报价范围：本次招标的办公楼工程施工图范围内的建筑工程和装饰装修工程。

编制：　　　　复核：　　　　审核：　　　　　　　　　　　第 1 页　共 1 页

施工图预算总价汇总表

工程项目名称：新建办公楼工程

金额单位：元

表号	专业工程名称	施工图预算计价合计	措施项目预算计价（一）合计	措施项目预算计价（二）合计	含税总计
1	新建办公楼工程-建筑工程	1 982 398	93 219	796 171	3 803 894
2	新建办公楼工程-装饰装修工程	2 126 409	68 106	135 972	3 015 373
A 各专业工程预算计价汇总		4 108 807	161 325	932 143	6 819 267
B 总承包服务费（含税）					0
C 专业工程暂估价合计					0
D 暂列金额项目合计					0
预算总价〔A+B+C+D〕：陆佰捌拾壹万玖仟贰佰陆拾柒元整					6 819 267

编制：　　　复核：　　　审核：　　　　　　　　第 1 页　共 1 页

安全文明施工措施费汇总表

工程项目名称：新建办公楼工程 　　　　　　　　　　　　　　　　　　　金额单位：元

序号	专业工程名称	计 算 说 明	金　额
1	新建办公楼工程–建筑工程	（人工费＋材料费＋机械费）×3.44%×0.975 0×1.001 2	64 460
2	新建办公楼工程–装饰装修工程	人工费×8.69%×0.969 5×1.001 2	44 349
	本表合计		108 809

编制： 　　　复核： 　　　审核： 　　　　　　　　　　　　　　第 1 页　共 1 页

表1

施工图预算计价汇总表

专业工程名称：新建办公楼工程-建筑工程　　　　　　　　　　　　　金额单位：元

序　号	费用项目名称	计　算　公　式	金　额
1	部分项工程项目预算计价合计	$\sum$（工程量×编制期预算基价）	1 982 398
2	其中：人工费	$\sum$（工程量×编制期预算基价中人工费）	535 550
3	措施项目预算计价（一）合计	$\sum$施工措施项目（一）计价	93 219
4	其中：人工费	$\sum$施工措施项目（一）计价中人工费	25 978
5	措施项目预算计价（二）合计	$\sum$施工措施项目（二）计价	796 171
6	其中：人工费	$\sum$施工措施项目（二）计价中人工费	194 734
7	规费	（[2]+[4]+[6]）×1.00×0.4421	334 343
8	利润	（[1]+[3]+[5]+[7]）×1.0478×*0.075	251 954
9	其中：施工装备费	（[1]+[3]+[5]+[7]）×1.0478×0.02	67 188
10	税金	（[1]+[3]+[5]+[7]+[8]）×0.10	345 809
含税总计（结转至施工图预算总价汇总表）[1]+[3]+[5]+[7]+[8]+[10]			3 803 894

编制：　　　　复核：　　　　审核：　　　　　　　　　　　　　第1页　共1页

144

表1（1）

施工图预算计价表

专业工程名称：新建办公楼工程-建筑工程 金额单位：元

序号	编号	项目名称	单位	工程量	单价	合价	其中：人工费
					\multicolumn{3}{c}{金 额}
\multicolumn{8}{c}{土（石）方、基础垫层工程}
1	1-26	机械平整场地	m²	799.55	0.59	472	151.91
2	1-19	挖土机挖、自卸汽车运砂砾坚土（运距在1 km以内）	m³	1 057.42	18.60	19 668	2 389.77
3	1-8	槽底钎探	m²	919.5	6.69	6 156	5 103.23
4	1-71	混凝土基础垫层（厚度在10 cm以内）	m³	87.71	490.66	43 036	11 004.97
5	4-7	现浇混凝土满堂基础底板	m³	427.47	450.91	192 752	25 502.86
6	4-24	现浇混凝土基础梁、地圈梁、基础加筋带	m³	47.09	508.75	23 957	5 161.53
7	1-49	机械回填土	m³	467.37	24.28	11 348	6 370.25
8	1-35	装载机装土自卸汽车运土（运距1 km）	m³	590.05	15.25	8 998	0.00
\multicolumn{8}{c}{砌筑工程}
9	3-2	砌页岩标砖基础（干拌砌筑砂浆）	m³	51.65	568.19	29 347	7 249.08
10	3-86	砌保温轻质砂加气砌块墙（600×250×250，墙厚25 cm）	m³	187.48	618.10	115 882	34 383.83
11	3-61	砌砼空心砌块墙（390×190×190，墙厚19 cm，干拌砌筑砂浆）	m³	309.09	464.88	143 691	32 099.00
\multicolumn{8}{c}{主体工程}
12	4-20	现浇混凝土矩形柱	m³	199.28	563.92	112 378	31 954.55
13	4-21	现浇混凝土构造柱	m³	1.56	701.27	1 094	438.58
14	4-25	现浇混凝土矩形梁（单梁、连续梁）	m³	176.47	482.28	85 108	15 234.66
15	4-29	现浇混凝土过梁	m³	1.76	682.16	1 201	450.86
16	4-39	现浇混凝土平板	m³	264.6	484.29	128 142	22 154.96
\multicolumn{6}{c}{本页合计（结转至本表合计）}	923 230	199 650.04

编制： 复核： 审核： 第1页 共3页

表1（1）

施工图预算计价表

专业工程名称：新建办公楼工程–建筑工程　　　　　　　　　　　　金额单位：元

序号	编号	项目名称	单位	工程量	金额		
					单价	合价	其中：人工费
17	4-49	现浇混凝土直形整体楼梯	m²	60.76	186.27	11 318	4 682.77
18	4-54	现浇混凝土雨篷	m³	0.95	630.41	599	201.82
19	4-61	现浇混凝土压顶	m³	4.63	645.80	2 990	984.66
20	4-64	现浇混凝土台阶	m²	13.23	78.63	1 040	238.93
21	4-68	60 mm 现浇混凝土散水（随打随抹面层）	m²	133.15	43.39	5 777	2 433.98
22	4-69	散水沥青砂浆嵌缝	m	133.15	24.29	3 234	2 705.61
23	1-62	3:7灰土基础垫层	m³	19.97	264.01	5 272	1 736.99
24	1-7	原土打夯	m²	133.15	1.88	250	198.39
25	4-126	现浇混凝土普通圆钢筋（D10 以内）	t	1.84	3 838.50	7 063	2 349.50
26	4-127	现浇混凝土普通圆钢筋（D10 以外）	t	5.165	3 546.12	18 316	4 838.42
27	4-128	现浇混凝土普通螺纹钢筋（D20 以内）	t	14.41	3 653.46	52 646	13 857.09
28	4-129	现浇混凝土普通螺纹钢筋（D20 以外）	t	97.926	3 237.19	317 005	59 090.51
29	4-141	普通箍筋（D10 以内）	t	62.501	3 943.81	246 492	113 213.69
30	4-160	电渣压力焊焊接钢筋接头	个	96	16.74	1 607	998.40
31	4-162	冷挤压接钢筋接头（DN38 以内）	个	2 848	9.62	27 409	22 840.96
32	4-175	墙体加固钢筋	t	2.775	3 027.55	8 401	1 536.52
屋面及防水工程							
33	7-2	水泥砂浆找平层（在填充材料上，厚2 cm，干拌地面砂浆）	m²	794.8	24.88	19 772	5 269.52
34	7-5	水泥砂浆找平层（在混凝土或硬基层上，厚2 cm，干拌地面砂浆）	m²	794.8	21.45	17 051	5 333.11
本页合计（结转至本表合计）						746 242	242 510.87

编制：　　　　　复核：　　　　　审核：　　　　　　　　　　第2页　共3页

表 1（1）

施工图预算计价表

专业工程名称：新建办公楼工程-建筑工程   金额单位：元

序号	编号	项目名称	单位	工程量	金额 单价	合价	其中：人工费
35	7-23	改性沥青卷材防水（热熔法一层，平面）	m²	794.8	53.83	42 787	2 201.60
36	8-169	屋面现浇 1:10 水泥珍珠岩保温隔热	m³	83.83	346.15	29 017	9 880.20
37	8-175	屋面聚苯乙烯泡沫塑料板保温隔热	m³	152.41	555.35	84 640	8 387.12
38	1-296	有筋细石混凝土硬基层上找平层（厚度 40 mm）	m²	762.06	29.57	22 536	8 108.32
39	7-91	UPVC 雨水管（直径 110 mm 以内）	m	46.8	44.49	2 082	206.86
40	7-100	UPVC 雨水斗	个	4	114.35	457	141.92
41	7-107	UPVC 弯头	个	4	58.74	235	59.20
		外墙面保温工程					
42	8-195	外墙外贴聚苯板保温层	m²	1 295.34	59.08	76 524	35 129.62
43	8-197	外墙外保温层，标准网格布抹面层（厚 3~5 mm）	m²	1 295.34	42.19	54 648	29 274.68
	本页合计（结转至本表合计）					312 926	93 389.52
	本表合计（结转至施工图预算计价汇总表）					1 982 398	535 550.43

编制：   复核：   审核：   第 3 页 共 3 页

表 1（2）

措施项目预算计价表（一）

专业工程名称：新建办公楼工程-建筑工程　　　　　　　　　　　　金额单位：元

序号	项目名称	计算说明	金额	其中：人工费
1	安全文明施工	自动计算模式	64 460	10 313.66
2	夜间施工	夜间施工工日×41.16元×0.991 2×1.000 5	0	0
3	非夜间施工照明	封闭作业工日×80%×18.46元×0.980 0×1.001 0	0	0
4	二次搬运	材料费合计×n.nn%×1.038 6×1.009 0	0	0
5	冬雨季施工	人工费、材料费、机械费合计×0.97%×1.014 7×0.995 0	26 107	15 664.4
6	地上、地下设施、建筑物的临时保护设施	自行组合补充	0	0
7	已完工程及设备保护	自行组合补充	0	0
8	竣工验收存档资料编制	人工费、材料费、机械费合计×0.10%×0.989 4×1.005 6	2 652	0
9	建筑垃圾运输	建筑垃圾量×（11.60元+0.87元×0千米）×0.898 6×1.004 9	0	0
10	危险性较大的分部分项工程措施	按施工方案计算	0	0
	本表合计（结转至施工图预算计价汇总表）		93 219	25 978.06

编制：　　　　复核：　　　　审核：　　　　　　　　　第 1 页　共 1 页

表1（3）

措施项目预算计价表（二）

专业工程名称：新建办公楼工程-建筑工程 　　　　　　　　　　　　　　　金额单位：元

序号	编号	项目名称	单位	工程量	单价	合价	其中：人工费
					金额		
		施工排水、降水措施费					
1	11-2	钢筋笼子排水井，集水井（井深在4m以内）	座	2	2 355.77	4 712	2 046.72
2	11-5	抽水机抽水（DN100潜水泵）	天	30	68.46	2 054	864.00
		脚手架措施费					
3	12-9	搭拆多层建筑综合脚手架（框架结构，檐高20m以内）	m²	2 398.65	27.74	66 527	44 111.17
		混凝土、钢筋混凝土模板及支架措施费					
4	13-1	支拆现浇混凝土垫层模板	m²	13.7	60.28	826	347.43
5	13-9	支拆现浇混凝土满堂基础底板模板	m²	42.07	49.20	2 070	952.89
6	13-16	支拆现浇混凝土矩形柱模板	m²	1 158.65	71.85	83 243	32 963.59
7	13-17	支拆现浇混凝土构造柱模板	m²	7.68	53.33	410	152.45
8	13-20	支拆现浇混凝土基础梁、地圈梁、基础加筋带模板	m²	201.15	59.71	12 012	4 320.70
9	13-21	支拆现浇混凝土矩形单梁、连续梁模板	m²	1 265.98	62.54	79 170	32 725.58
10	13-27	支拆现浇混凝土过梁模板	m²	31.64	79.47	2 515	1 245.67
11	13-38	支拆现浇混凝土平板模板	m²	1 970.76	62.03	122 251	48 697.48
12	13-46	支拆现浇混凝土直形楼梯模板	m²	112.87	153.84	17 363	9 821.95
13	13-51	支拆现浇混凝土雨篷模板	m²	10.84	108.61	1 177	601.95
14	13-58	支拆现浇混凝土扶手压顶模板	m²	39.74	56.21	2 234	1 314.60
15	13-61	支拆现浇混凝土台阶模板	m²	4.19	75.36	316	85.43
		本页合计（结转至本表合计）				396 880	180 251.61

编制： 　　　复核： 　　　审核： 　　　　　　　　　　　　　　第1页　共2页

表1（3）

措施项目预算计价表（二）

专业工程名称：新建办公楼工程-建筑工程 金额单位：元

序号	编号	项目名称	单位	工程量	金额		
					单价	合价	其中：人工费
		混凝土蒸汽养护费及泵送费					
16	14-3	混凝土泵送费（象泵）	m³	12 539.4	26.34	330 338	5 642.73
		垂直运输费					
17	15-2	框架结构建筑物垂直运输（檐高20 m以内）	m²	2 398.65	17.38	41 689	0.00
		大型机械进出场及安拆费					
18	16-3	施工电梯固定式基础	座	1	6 031.82	6 032	1 607.99
19	16-12	施工电梯安拆费（75 m以内）	台次	1	11 325.04	11 325	6 102.00
20	16-36	施工电梯场外包干运费（75 m以内）	台次	1	9 906.77	9 907	1 130.00
		本页合计（结转至本表合计）				399 291	14 482.72
		本表合计（结转至施工图预算计价汇总表）				796 171	194 734.33

编制： 复核： 审核： 第2页 共2页

表 2

施工图预算计价汇总表

专业工程名称：新建办公楼工程-装饰装修工程　　　　　　　　　　金额单位：元

序号	费用项目名称	计算公式	金　额
1	施工图预算计价合计	$\sum$（工程量×编制期预算基价）	2 126 409
2	其中：人工费	$\sum$（工程量×编制期预算基价中人工费）	525 775
3	措施项目预算计价（一）合计	$\sum$ 施工措施项目（一）计价	68 106
4	其中：人工费	$\sum$ 施工措施项目（一）计价中人工费	20 035
5	措施项目预算计价（二）合计	$\sum$ 施工措施项目（二）计价	135 972
6	其中：人工费	$\sum$ 施工措施项目（二）计价中人工费	56 390
7	规费	（[2]+[4]+[6]）×1.00×0.442 1	266 233
8	利润	（[2]+[4]+[6]）×0.24	144 528
9	税金	（[1]+[3]+[5]+[7]+[8]）×0.10	274 125
	含税总计（结转至施工图预算总价汇总表）[1]+[3]+[5]+[7]+[8]+[9]		3 015 373

编制：　　　复核：　　　审核：　　　　　　　第 1 页　共 1 页

表 2（1）

施工图预算计价表

专业工程名称：新建办公楼工程－装饰装修工程　　　　　　　　　　金额单位：元

序号	编号	项目名称	单位	工程量	金额		
					单价	合价	其中：人工费
		楼、地面工程					
1	1-19	镶铺单色大理石楼地面（周长3 200 mm 以内）	m²	1 872.07	348.35	652 138	57 809.52
2	1-42	镶铺陶瓷地砖楼地面（周长1 200 mm 以内）	m²	216.9	111.18	24 114	7 684.77
3	1-295	无筋细石混凝土硬基层上找平层（厚度30 mm）	m²	201.67	18.81	3 793	1 373.37
4	1-290	屋面、地面在混凝土或硬基层上抹1:3 水泥砂浆找平层（厚20 mm）	m²	201.67	14.27	2 879	1 413.71
5	1-284	平面刷聚氨酯防水涂膜二遍（厚1 mm）	m²	238.56	63.07	15 047	7 342.88
6	1-286	平面刷聚氨酯防水涂膜（每增减0.1 mm）	m²	1 192.8	5.09	6 067	3 232.49
7	1-267	现浇无筋混凝土垫层（厚度100 mm 以内）	m³	70.63	500.72	35 366	9 010.98
8	1-257	垫层素土夯实（包括 150 m 运土）	m³	195.24	178.19	34 790	9 662.43
9	1-122	水泥砂浆镶铺大理石直线形踢脚线	m²	147.22	369.40	54 383	8 086.79
10	1-134	镶铺陶瓷地砖踢脚线	m²	7.78	124.57	969	412.88
11	1-154	镶铺陶瓷地砖楼梯面层	m²	60.76	178.45	10 843	4 482.87
12	1-179	直线形不锈钢管栏杆（竖条式）制作安装	m	34.16	540.60	18 467	2 062.92
13	1-207	D60 直形不锈钢扶手制作安装	m	34.16	49.69	1 697	440.66
14	1-325	楼梯、台阶踏步嵌铜防滑条（4×6）	m	115.2	41.83	4 819	828.29
15	1-26	镶铺单色花岗岩楼地面（周长3 200 mm 以内）	m²	5.4	354.25	1 913	169.40
16	1-245	水泥砂浆镶铺花岗岩台阶面	m²	7.83	650.92	5 097	543.72
17	1-259	3:7 灰土垫层夯实	m³	3.97	263.72	1 047	338.72
本页合计（结转至本表合计）						873 429	114 896.4

编制：　　　　　复核：　　　　　审核：　　　　　　　　　　第 1 页　共 3 页

表 2（1）

施工图预算计价表

专业工程名称：新建办公楼工程-装饰装修工程　　　　　　　　　　　　金额单位：元

序号	编号	项目名称	单位	工程量	金　额		
					单价	合价	其中：人工费
		墙、柱面工程					
18	2-21	砌块墙内墙面涂 TG 胶浆底抹 TG 砂浆干拌砂浆（7 mm+13 mm+5 mm）	m²	4 537.42	43.47	197 263	105 858.01
19	5-200	室内墙面刷乳胶漆二遍	m²	3 912.3	15.79	61 787	39 827.21
20	5-281	墙面满刮腻子二遍	m²	3 912.3	9.71	37 983	30 085.59
21	2-200	厕所墙面水泥砂浆粘贴瓷板 200 mm×300 mm	m²	727.26	121.45	88 325	38 210.24
22	2-62	砌块、空心砖外墙面抹干拌砂浆面（7 mm+13 mm）	m²	1 295.39	37.60	48 712	25 778.26
23	2-174	外墙裙粘贴花岗岩	m²	173.38	459.66	79 696	12 275.30
24	5-249	抹灰面外墙刷 AC-97 弹性涂料	m²	1 121.09	31.39	35 194	5 560.61
25	2-140	女儿墙压顶抹灰（2 mm+13 mm+10 mm）	m²	85.95	131.38	11 292	9 367.69
26	2-64	女儿墙内测抹灰	m²	62.94	38.18	2 403	1 481.61
27	3-18	雨篷抹水泥砂浆底混合砂浆面（5 mm+20 mm+10 mm）	m²	10.38	178.79	1 856	1 511.02
28	5-201	雨棚刷乳胶漆二遍	m²	10.38	18.57	193	132.03
29	2-138	楼梯侧面抹灰（12 mm+8 mm）	m²	5.02	45.59	229	169.27
30	5-200	楼梯侧面刷乳胶漆二遍	m²	5.02	15.79	79	51.10
		天棚工程					
31	3-1	混凝土天棚抹素水泥浆底混合砂浆面（2 mm+8 mm+7.5 mm）	m²	62.36	28.55	1 780	1 183.59
32	5-201	室内天棚面刷乳胶漆二遍	m²	62.36	18.57	1 158	793.22
33	5-282	天棚面满刮腻子二遍	m²	62.36	11.81	736	599.28
34	3-17	楼梯底面抹素水泥浆底混合砂浆面（2 mm+9 mm+9 mm）	m²	69.87	57.85	4 042	3 116.90
35	5-201	楼梯底面刷乳胶漆二遍	m²	69.87	18.57	1 298	888.75
本页合计（结转至本表合计）						574 026	276 889.68

编制：　　　　复核：　　　　审核：　　　　　　　　　　第 2 页　共 3 页

表 2（1）

施工图预算计价表

专业工程名称：新建办公楼工程-装饰装修工程   金额单位：元

序号	编号	项目名称	单位	工程量	金额		
					单价	合价	其中：人工费
36	3-39	装配式 U 形轻钢天棚龙骨（不上人型、平面、规格 300 mm×300 mm）	m²	1 424.27	87.67	124 860	40 620.18
37	3-137	铝合金条板天棚（闭缝）	m²	1 424.27	100.94	143 768	28 257.52
38	3-43	装配式 U 形轻钢天棚龙骨（不上人型、平面、规格 600 mm×600 mm）	m²	621.66	71.28	44 314	14 646.31
39	3-127	矿棉吸声板天棚	m²	621.66	54.42	33 833	11 562.88
		门窗工程					
40	4-6	木质防火门安装	m²	127.68	593.62	75 794	14 882.38
41	4-36	断桥隔热铝合金平开门制作安装	m²	13.05	1 056.99	13 794	2 589.64
42	4-175	断桥隔热铝合金推拉窗（成品）安装	m²	326.07	720.04	234 785	19 812.01
43	4-233	大理石窗台板制作安装（厚度 25 mm）	m²	19.47	400.91	7 806	1 617.57
	本页合计（结转至本表合计）					678 954	133 988.49
	本页合计（结转至施工图预算计价汇总表）					2 126 409	525 774.57

编制：   复核：   审核：   第 3 页   共 3 页

表 2 (2)

措施项目预算计价表 (一)

专业工程名称：新建办公楼工程-装饰装修工程　　　　　　　　　　金额单位：元

序号	项 目 名 称	计 算 说 明	金额	其中：人工费
1	安全文明施工	人工费×8.69%×0.969 5×1.001 2	44 349	7 095.91
2	夜间施工	夜间施工工日×41.16 元×0.991 2×1.000 5	0	0
3	非夜间施工照明	封闭作业工日×80%×18.46 元×0.980 0×1.001 0	0	0
4	冬雨季施工	人工费、材料费、机械费合计×0.97%×1.014 7×0.995 0	21 566	12 939.39
5	地上、地下设施、建筑物的临时保护设施	自行组合补充	0	0
6	室内空气污染测试	按检测部门收费标准计算	0	0
7	竣工验收存档资料编制	人工费、材料费、机械费合计×0.10%×0.9894×1.005 6	2 191	0
	本表合计（结转至施工图预算计价汇总表）		68 106	20 035.3

编制：　　　复核：　　　审核：　　　　　　　　　第1页　共1页

表2（3）

措施项目预算计价表（二）

专业工程名称：新建办公楼工程-装饰装修工程　　　　　　　　　　　金额单位：元

序号	编号	项目名称	单位	工程量	金额		
					单价	合价	其中：人工费
脚手架措施费							
1	7-2	装饰装修双排外脚手架（15m以内）	m²	1 560.22	13.365 8	20 854	13 433.49
2	7-20	安全网（立挂式）	m²	1 560.22	4.381 1	6 835	358.85
3	7-13	吊篮脚手架	m²	1 560.22	4.503 1	7 026	2 808.4
4	7-10	内墙面粉饰脚手架（3.6m～6m）	m²	5 190.49	4.950 5	25 696	13 806.7
5	7-16	活动脚手架	m²	2 108.35	11.946 2	25 187	14 906.03
垂直运输费							
6	8-1	多层建筑物垂直运输（檐高20m以内，垂直运输高度20m以内）	工日	4 444.58	5.32	23 645	0
已完工程及设备保护							
7	10-1	楼地面成品保护	m²	2 088.97	5.994 9	12 523	2 360.54
8	10-2	楼梯、台阶成品保护	m²	73.99	4.871 7	360	139.84
9	10-4	内墙面成品保护	m²	4 537.42	3.051 5	13 846	8 575.72
本表合计（结转至施工图预算计价汇总表）						64 821	29 895.42

编制：　　　　复核：　　　　审核：　　　　　　　　　　第1页　共1页

复习思考题

1. 什么是施工图预算？施工图预算有哪些作用？

2. 编制施工图预算有哪些主要依据？

3. 施工图预算的编制步骤有哪些？

4. 一份完整的施工图预算书应包括哪些内容和表格？

5. 在教师带领下手工完成书后建筑工程计量与计价课程配套图纸中各分部分项工程的工程量计算、套价、取费，编制施工图预算文件。

建筑工程工程量清单计价

学习目标

（1）知识目标

◆ 了解工程量清单及计价的内容、作用、编制原则。

◆ 能理解工程量清单、招标控制价、投标报价的内容、作用、编制原则及编制步骤。

◆ 掌握工程量清单、招标控制价、投标报价文件的编制方法。

（2）技能目标

◆ 能独立完成工程量清单、招标控制价、投标报价文件的编制。

（3）素质目标

◆ 培养学生作为造价从业人应有强烈的责任心，具有成本意识、全局观，具备诚实守信、廉洁从业、公平公正的基本的职业操守，对工程质量负责。

某集团原党委书记、董事长刘某在工程款拨付等方面收受贿赂问题。刘某在担任某集团党委书记、董事长期间，利用职务便利，为某集团有限公司在工程款拨付等方面提供帮助，向某集团有限公司的项目承包人汪某（另案处理）索取巨额贿赂共计 210 万元。刘某还有其他违纪违法问题，2020 年 9 月，刘某受到开除党籍、开除公职处分，其涉嫌犯罪问题已移送司法机关依法处理。你对工程建设领域腐败问题有什么看法？

4.1 工程量清单编制

4.1.1 《建设工程工程量清单计价规范》简介

《建设工程工程量清单计价规范》（GB 50500—2013）是根据《中华人民共和国建筑法》《中华人民共和国合同法》《中华人民共和国招标投标法》等法律法规制定的，用以规范建设工程计价行为、统一建设工程计价文件的编制原则和计价方法的法律文件，简称《计价规范》。《建设工程工程量清单计价规范》是统一工程量清单编制，规范工程量清单计价的国家标准，是调整建设工程工程量清单计价活动中发包人与承包人各种关系的规范文件，于2013 年 7 月 1 日起实施。

1. 实行工程量清单计价的作用

（1）实行工程量清单计价，是工程造价管理深化改革的产物，有利于工程量清单计价的全面推行。在计划经济体制下，我国发承包计价、定价以工程预算定额作为主要依据。1992年，为了适应市场经济对建设市场改革的要求，提出了"控制量、指导价、竞争费"的改革措施。其中对工程预算定额改革的主要思路和原则是将工程预算定额中的人工、材料、机械的消耗量和相应的单价分离，人、材、机的消耗量是国家根据有关规范、标准以及社会的平均水平来确定的。"控制量"目的就是保证工程质量，"指导价"就是要使工程造价逐步走向市场形成价格。但随着建设市场化进程的发展，这种做法仍然难以改变工程预算定额中国家指令性的状况，难以满足招标投标和评标的择优要求。因为，控制量反映的是社会平均消耗水平，特别是现行预算定额未区分施工实物性消耗和施工措施性消耗，在定额消耗量中包含了施工措施项目的消耗量。我国长期以来，施工措施费用大都考虑的是正常的施工条件和合理的施工组织，反映出来的是社会平均消耗量，然后以一定的摊销量或一定比例，按定额规定统一的计算方法计算后并入工程实体项目，这种方法不能准确地反映各个企业的实际消耗量，不能全面地体现企业技术装备水平、管理水平和劳动生产率，不利于施工企业发挥优势，也就不能充分体现市场公平竞争。工程量清单计价提供了一种由市场形成价格的新模式，改变了以工程预算定额为计价依据的计价模式。

（2）实行工程量清单计价，有利于规范工程建设参与各方的计价行为。工程造价是工程建设的核心内容，也是建设市场运行的核心内容，建设市场上存在许多不规范行为，大多与工程造价有关。工程预算定额定价在公开、公平、公正竞争方面，缺乏合理完善的机制。实现建设市场的良性发展，除了法律法规和行政监管以外，发挥市场机制的"竞争"和"价格"作用是治本之策。工程量清单计价是市场形成工程造价的主要形式，它把报价权交给了企业。工程量清单计价有利于发挥企业自主报价的能力，实现政府从定价、指导价到市场定价的转变；有利于规范业主在招标中的行为，有效改变招标单位在招标中盲目压价的行为，从而真正体现公开、公平、公正的原则，反映市场经济规律，保障了投资、建设、施工各方的利益。

（3）实行工程量清单计价，更加有利于营造公开、公平、公正的市场竞争环境。采用工程量清单计价模式招标投标，由于工程量清单是招标文件的组成部分，工程量的正确性和完整性由招标人负责，投标方没有计算工程量的义务和修改工程量的权利，招标单位必须编制出准确的工程量清单，并承担相应的风险，从而促进招标单位提高管理水平。由于工程量清单是公开的，可以避免所有投标人按照同一设计图纸计算工程量的重复劳动，节省大量时间和社会资源，同时也可避免工程招标中的弄虚作假、暗箱操作等不规范行为；采用工程量清单报价，施工企业必须对单位工程成本、利润进行分析，统筹考虑、精心选择施工方案，并根据企业定额合理确定人工、材料、施工机械等要素的投入与配置，优化组合，合理控制现场人、材、机费用和施工技术措施费，从而确定本企业具有竞争力的投标价。

工程量清单计价的实行，有利于规范建设市场计价行为，规范建设市场秩序，促进建设市场有序竞争；有利于控制建设项目投资，合理利用资源；有利于促进技术进步，提高劳动生产率。

（4）实行工程量清单计价，是政府加强宏观管理转变工作职能的有效途径。按照政府部门真正履行起"经济调节、市场监管、社会管理和公共服务"职能的要求，政府对工程造价管理的模式要相应改变，将推行政府宏观调控、企业自主报价、市场竞争形成价格、社会全面监督的工程造价管理思路。实行工程量清单计价，将会有利于我国工程造价管理政府职能的转变，由过去政府控制的指令性定额转变为制定适应市场经济规律需要的工程量清单计价方法，由过去行政直接干预转变为对工程造价依法监管，有效地强化政府对工程造价的宏观调控。

（5）实行工程量清单计价，是适应我国加入世界贸易组织（WTO），快速实现与国际通行惯例接轨的重要手段。随着我国改革开放的进一步加快，中国经济日益融入全球市场，特别是我国加入世界贸易组织（WTO）后，建设市场将进一步对外开放。国外的企业以及投资的项目越来越多地进入国内市场，我国企业走出国门在海外投资和经营的项目也在增加。为了适应这种对外开放建设市场的形势，就必须与国际通行的计价方法相适应，为建设市场主体创造一个与国际惯例接轨的市场竞争环境。工程量清单计价是国际通行的计价做法，在我国实行工程量清单计价，有利于提高国内建设各方主体参与国际化竞争的能力，有利于提高工程建设的管理水平，规范国内建筑市场，形成市场有序竞争的新机制。

（6）实行工程量清单计价，是进一步推动我国工程造价改革迈上新台阶的里程碑。《建设工程工程量清单计价规范》（GB 50500—2013）的出台，标志着我国工程价款管理迈入全过程精细化管理的新时代，工程价款管理将向集约型管理、科学化管理、全过程管理、重在前期管理的方向转变和发展。

2.《建设工程工程量清单计价规范》内容组成

《建设工程工程量清单计价规范》（GB 50500—2013）主要包括：总则、术语、一般规定、工程量清单编制、招标控制价、投标报价、合同价款约定、工程计量、合同价款调整、合同价款期中支付、竣工结算与支付、合同解除的价款结算与支付、合同价款争议的解决、工程造价鉴定、工程计价资料与档案、工程计价表格、附录等内容，共计16章，58节，330条文，其中强制性条文15条。

1）总则

总则共7条，主要是从整体上叙述了有关本项规范起草与实施的几个基本问题。主要内容为规范制定的目的、依据、适用范围、基本原则以及执行本规范与执行其他标准之间的关系等基本事项。

（1）制定工程量清单计价规范的目的就是为了规范工程造价计价行为，统一建设工程计价文件。

（2）《计价规范》的适用范围是"用于建设工程发承包及实施阶段的计价活动"。

规范所指的建设工程包括：房屋建筑与装饰工程、仿古建筑工程、通用安装工程、市政工程、园林绿化工程、矿山工程、构筑物工程、城市轨道交通工程、爆破工程。

规范所指的建设工程发承包及实施阶段计价活动包括：招标工程量清单、招标控制价、投标报价的编制，工程合同价款的约定，竣工决算的办理以及施工过程中的工程计量、合同价款支付、施工索赔与现场签证、合同价款调整和合同价款争议的解决等活动。

（3）建设工程发承包及实施阶段计价时，不论采用什么计价方式，工程造价由分部分项工程费、措施项目费、其他项目费和规费、税金5部分组成。

（4）按照《注册造价工程师管理办法》（建设部第150号令）的规定，注册造价工程师应在本人承担的工程造价成果文件上签字并加盖执业专用章；按照《全国建设工程造价人员管理暂行办法》（中价协【2006】013号）规定，造价员应在本人承担的工程造价业务文件上签字并加盖专用章。规范规定了造价人员及其所在单位应对工程造价成果文件质量负责。

（5）建设工程计价活动的结果既是工程建设投资的价值表现，同时又是工程建设交易活动的价值表现。因此，建设工程造价计价活动不仅要客观反映工程建设的投资，还应体现工程建设交易活动的公正、公平性。这是建设工程计价活动的基本要求。

（6）在工程计价活动中，除应遵守专业性条款外，还应遵守国家现行计量标准以及其他有关标准的规定。

2）术语

术语共 52 条，它是对规范特有的术语给予定义或说明含义，以避免在实施规范过程中由于不同理解造成的争议。例如："招标工程量清单"是指招标人依据国家标准、招标文件、设计文件以及施工现场实际情况编制的，随招标文件发布供投标报价的工程量清单，包括对其的说明和表格。"已标价工程量清单"是指构成合同文件组成部分的投标文件中已标明价格，经算术性错误修正（如有）且承包人已确认的工程量清单，包括对其的说明和表格。"工程造价鉴定"是指工程造价咨询人接受人民法院、仲裁机关委托，对施工合同纠纷案件中的工程造价争议进行的鉴别和评定，亦称工程造价司法鉴定。

3）一般规定

一般规定共 4 节 19 条。其主要对计价方式、适用范围、发承包双方提供材料和工程设备的采购、双方计价风险承担做了一般性规定。

4）工程量清单编制

工程量清单编制部分共 6 节 19 条。它规定了招标工程量清单的编制人及其资格、招标工程量清单的组成内容、编制依据和各组成内容的编制要求。

5）招标控制价

招标控制价部分共 3 节 21 条。它规定了招标控制价的编制人及其资格、招标控制价的编制与复核的依据和各组成内容的编制要求，以及对招标控制价进行投诉与处理的相关规定。

6）投标报价

投标报价部分共 2 节 13 条。它规定了投标报价的编制人及其资格、投标报价的编制与复核的依据和各组成内容的编制要求。

7）合同价款约定

合同价款约定部分共 2 节 5 条。它规定了合同价款约定的内容。

8）工程计量

工程计量部分共 3 节 15 条。其主要规定了工程计量的原则、程序和责任，以及在单价合同和总价合同形式下工程计量的具体规定。

9）合同价款调整

合同价款调整部分共 15 节 59 条。其主要规定了 14 种情况下各种合同价款调整的方法和规定。

10）合同价款期中支付

合同价款期中支付部分共 3 节 24 条。其主要根据《建设工程价款结算暂行办法》（财建【2004】369 号）等的规定制定，主要规定了预付款、进度款、安全文明施工费的支付以及违约的责任。

11）竣工结算与支付

竣工结算与支付部分共 6 节 35 条。其主要规定了办理竣工结算的时间，竣工结算编制和复核依据及规定，结算款支付、质量保证金、缺陷责任期终止后的最终结清等的相关内容。

12）合同解除的价款结算与支付

合同解除的价款结算与支付部分共 1 节 4 条。它主要规定了合同解除后价款结算与支付的相关内容。

13）合同价款争议的解决

合同价款争议的解决部分共 5 节 19 条。它主要规定了合同价款争议的 5 种解决方式和相关内容。

14）工程造价鉴定

工程造价鉴定部分共 3 节 19 条。它主要规定了从事工程造价司法鉴定的咨询人及其资格，以及工程造价鉴定工作的程序及其相关内容。

15）工程计价资料与档案

工程计价资料与档案部分共 2 节 13 条。它主要规定了工程计价资料的内容及其确认条件，以及计价档案的整理、归档、移交、保管的相关内容。

16）工程计价表格

工程计价表格部分共 1 节 6 条。其分别给出了 5 种封面、5 种扉页、30 种表格，并介绍了各表格在使用上的一些规定。

17）《计价规范》的强制性条文

（1）使用国有资金投资的建设工程发承包，必须采用工程量清单计价。

（2）工程量清单应采用综合单价计价。

（3）措施项目中的安全文明施工费必须按照国家或省级、行业建设主管部门的规定计算，不得作为竞争性费用。

（4）规费和税金必须按国家或省级、行业建设主管部门的规定计算，不得作为竞争性费用。

（5）建设工程发承包，必须在招标文件、合同中明确计价中的风险内容及其范围，不得采用无限风险、所有风险或类似语句规定计价风险内容及其范围。

（6）招标工程量清单必须作为招标文件的组成部分，其准确性和完整性由招标人负责。

（7）分部分项工程量清单必须载明项目编码、项目名称、项目特征、计量单位和工程量。

（8）分部分项工程量清单必须根据相关工程现行国家计量规范规定的项目编码、项目名称、项目特征、计量单位和工程量计算规则进行编制。

（9）措施项目清单必须根据相关工程现行国家计量规范的规定编制。

（10）国有资金投资的建设工程招标，招标人必须编制招标控制价。

（11）投标报价不得低于工程成本。

（12）投标人必须按照招标工程量清单填报价格。项目编码、项目名称、项目特征、计量单位、工程量必须与招标工程量清单一致。

（13）工程量必须按照相关工程现行国家计量规范规定的工程量计算规则计算。

（14）工程量必须以承包人完成合同工程应予计量的工程量确定。

（15）工程完工后，发承包双方必须在合同约定时间内办理竣工结算。

4.1.2　工程量清单编制概述

1. 工程量清单的概念

工程量清单是载明建设工程分部分项工程项目、措施项目、其他项目的名称和相应数量以及规费、税金项目等内容的明细清单。是招标人依据国家标准、招标文件、设计文件以及施工现场实际情况编制的，随招标文件发布供投标报价时使用。主要内容包括：分部分项工程项目、措施项目、规费项目及其他项目的名称和相应数量等。

2. 工程量清单编制的一般规定

（1）招标工程量清单的编制应由具有编制能力的招标人或受其委托、具有相应资质的工程造价咨询人编制。所谓"工程造价咨询人"是指取得工程造价咨询资质等级证书，接受委托从事建设工程造价咨询活动的当事人以及取得该当事人资格的合法继承人。

（2）招标工程量清单必须作为招标文件的组成部分，其准确性和完整性由招标人负责。

（3）招标工程量清单是工程量清单计价的基础，应作为编制招标控制价、投标报价、计算或调整工程量、索赔的依据之一。

3. 工程量清单的编制依据

（1）现行国家标准《房屋建筑与装饰工程工程量计算规范》（GB 50854—2013）和《建设工程工程量清单计价规范》（GB 50500—2013）。

（2）国家或省级、行业建设主管部门颁发的计价依据和办法，如各地区颁布的专业计价指引等。

（3）建设工程设计文件及相关资料。

（4）与建设工程项目有关的标准、规范、技术资料。

（5）拟定的招标文件及其补充通知、招标人对招标文件的答询纪要。

（6）施工现场情况、地勘水文资料、工程特点及常规施工方案。

（7）其他相关资料。

4. 工程量清单的构成

招标工程量清单应以单位（项）工程为单位编制，应由分部分项工程项目清单、措施项目清单、其他项目清单、规费和税金项目清单组成。

天津地区工程量清单是由分部分项工程项目清单、措施项目清单、其他项目清单等组成。

5. 工程量清单的编制方法

1）分部分项工程工程量清单的编制

分部分项工程量清单应按照各专业计价指引的规定，列出构成工程实体的全部项目和工程量。每个分部分项工程项目均应包括在正常的施工条件下，按照常规的施工工序、施工步骤、操作方法、设计要求和施工验收规范完成工程实体项目的全部过程。

（1）分部分项工程工程量清单的内容

分部分项工程量清单的内容应明确项目编码、项目名称、项目特征、计量单位和工程量，如表 4-1 所示。

表 4-1　分部分项工程量清单

序　号	项目编码	项目名称	项目特征	计量单位	工　程　量

（2）分部分项工程工程量清单的编制

分部分项工程量清单应根据各专业计价指引规定的项目编码、项目名称、项目特征、计量单位和工程量计算规则进行编制。

① 项目编码：分部分项工程量清单的项目编码应采用十二位阿拉伯数字表示。一至九位应按各专业计价指引的项目编码规定设置，十至十二位应根据拟建工程的工程量清单项目名称和项目特征设置，同一招标工程的项目编码不得有重码。

例如：010402001001

其中：第一、二位为专业工程代码：01—房屋建筑与装饰工程；02—仿古建筑工程；03—通用安装工程；04—市政工程；05—园林绿化工程；06—矿山工程；07—构筑物工程；08—城市轨道交通工程；09—爆破工程，以后进入国际的专业工程代码以此类推；

第三、四位为附录分类顺序码：附录 A 为 01，附录 B 为 02······

第五、六位为分部工程顺序码，如 010402 为房屋建筑与装饰工程专业（01）附录 D 砌筑工程（04）第 2 分部砌块砌体（02）。

第七、八、九位为分项工程项目名称顺序码，如 010402001 为房屋建筑与装饰工程专业附录 D 砌筑工程第 2 分部砌块砌体中第 001 分项砌块墙。

第十至十二位为清单项目名称顺序码。由编制人根据拟建工程的工程量清单项目名称设置并自 001 起顺序编制。

当同一标段（或合同段）的一份工程量清单中含有多个单位工程且工程量清单是以单位工程为编制对象时，在编制工程量清单时应特别注意对项目编码十至十二位的设置不得有重码的规定。例如一个标段（或合同段）的工程量清单中含有三个单位工程，每一单位工程中都有项目特征相同的实心砖墙砌体，在工程量清单中又需反映三个不同单位工程的实心砖墙砌体工程量时，则第一个单位工程的实心砖墙的项目编码应为 010401003001，第二个单位工程的实心砖墙的项目编码应为 010401003002，第三个单位工程的实心砖墙的项目编码应为 010401003003，并分别列出各单位工程实心砖墙的工程量。

② 项目名称：分部分项工程量清单的项目名称应按照各专业计价指引的项目名称和拟建工程的实际确定。

③ 项目特征：分部分项工程量清单的项目特征应按照各专业计价指引中规定的项目特征，结合拟建工程项目实际予以描述。若采用的标准图集或施工图纸能够全部或部分满足项目特征描述要求的，项目特征可描述为详见××图集、××图号等。不能满足项目特征描述要求的部分，须用文字描述。

目前，工程纠纷中价格纠纷多于质量纠纷，价格纠纷中工程量清单编制质量不高所致占多数，而质量不高主要体现在工程项目特征描述不清，如在混凝土构件特征描述中要将强度等级描述清楚，以便投标人编制报价时能准确计价。

④ 计量单位：分部分项工程量清单的计量单位应按照各专业计价指引中规定的计量单位确定。各专业计价指引中有两个或两个以上计量单位的应选择其中一个。

⑤ 工程量：分部分项工程量清单的工程量应按照各专业计价指引中规定的工程量计算规则计算（计算规则详见下一节），工程量计算结果的有效数字位数应遵守下列规定：以 m^3、m^2、m、kg 为单位的，应保留小数点后两位数字，第三位四舍五入；以 t 为单位的，应保留小数点后三位数字，第四位四舍五入；以"个""组""套""块""樘""项""宗"等为单位的，应取整数。

2）措施项目清单的编制

措施项目是指为完成工程项目施工，发生于该工程施工准备和施工过程中的技术、生活、安全、环境保护等方面的项目。措施项目清单是指招标人根据拟建工程的具体情况，列出不构成工程实体但与本工程有关的各类施工措施项目。表 4-2 中所列措施项目是天津地区的通用措施项目，该表未包括的应参照各专业计价指引的措施项目列项，各专业计价指引未包括的措施项目可做补充。

表 4-2　通用措施项目一览表

序　号	项 目 名 称
1	安全文明施工（含环境保护、文明施工、安全施工、临时设施）
2	夜间施工
3	非夜间施工照明
4	二次搬运
5	冬雨季施工
6	大型机械设备进出场及安拆
7	混凝土、钢筋混凝土模板及支架
8	脚手架
9	已完工程及设备保护
10	施工排水、降水
11	竣工验收存档资料编制

措施项目中能够计算工程量的项目清单可采用分部分项工程量清单的方式编制，列出项目编码、项目名称、项目特征、计量单位；不能计算工程量的项目清单，以"项"为计量单位列项。

3）其他项目清单

其他项目清单按照下列内容列项：暂列金额、暂估价（包括材料暂估价、工程设备暂估单价、专业工程暂估价）、计日工、总承包服务费。

暂列金额是指招标人在工程量清单中暂定并包括在合同价款中的一笔款项。用于工程合同签订时尚未确定或不可预见的所需材料、工程设备、服务的采购，施工中可能发生的工程变更、合同约定调整因素出现时的工程价款调整以及发生的索赔、现场签证确认等的费用。暂列金额项目表应根据工程设计深度或招标人有关要求列项估算。

暂估价是指招标人在工程量清单中提供的用于支付必然发生但暂时不能确定价格的材料、工程设备的单价以及专业工程的金额。专业工程暂估价表应根据工程专业分包情况列项估算。材料暂估价表应根据招标人有关要求列项估算。

计日工是指在施工过程中，承包人完成发包人提出的工程合同范围以外的零星项目或工作，按合同中约定的单价计价的一种方式。计日工表中的工种、材料、施工机械应根据工程特点和相关规定列项。

总承包服务费是指总承包人为配合协调发包人进行的专业工程发包，对发包人自行采购的材料、工程设备等进行保管以及施工现场管理、竣工资料汇总整理等服务所需的费用。

天津地区其他项目清单包括专业工程暂估价表、暂列金额项目表、计日工表和材料（设备）暂估价表。

4）规费项目清单

规费是指根据国家法律、法规规定，由省级政府或省级有关权力部门规定施工企业必须缴纳的，应计入建筑安装工程造价的费用。

规费项目清单应按照下列内容列项：社会保障费（包括养老保险费、失业保险费、医疗保险费、工伤保险费、生育保险费）、住房公积金、工程排污费。

编制规费项目清单，出现未列项目，编制人根据省级政府和省级有关权力部门的规定进行补充，如工程定额测定费，危险作业意外伤害保险等。

5）税金项目清单

税金是指国家税法规定的应计入建筑安装工程造价内的营业税、城市维护建设税、教育费附加和地方教育附加。

税金项目清单应包括下列内容：营业税、城市维护建设税、教育费附加、地方教育附加。

编制税金项目清单，出现未列项目，编制人应根据税务部门的规定列项。

天津地区对规费和税金有统一规定，故无须编制规费和税金项目清单。

6. 工程量清单编制的格式及内容

1）工程量清单的编制格式

工程量清单应采用统一格式编制（具体格式参见 4.3 节中相应表格）。以天津地区为例，工程量清单应包括以下内容。

（1）工程量清单封面。

（2）工程量清单编制说明。

（3）专业工程暂估价表。

（4）暂列金额项目表。

（5）计日工表。

（6）分部分项工程量清单。

（7）措施项目清单。

（8）材料暂估价表。

封面、编制说明、专业工程暂估价表、暂列金额项目表、计日工表有关内容按照工程项目填写。分部分项工程量清单、措施项目清单、材料暂估价表按照专业工程填写，表号由编制人按照专业工程的排列次序以阿拉伯数字顺序填写。

2）工程量清单编制说明的编写

编制说明应包括以下内容：

（1）工程量清单编制依据；

（2）工程概况（建设规模、工程特征、计划开竣工日期、施工场地情况、自然地理条件、现场环境以及交通、通信、供水、供电等）；

（3）工程发包范围和分包范围；

（4）工程质量、材料设备、施工等特殊要求；

（5）安全文明施工（环境保护、文明施工、安全施工、临时设施）的要求；

（6）总承包人需要提供的专业分包服务内容和要求以及应计算总承包服务费的专业工程合同价款总计；

（7）其他需要说明的问题。

7. 工程量清单编制工作应注意的问题

工程量清单是招标文件的重要组成部分，是投标单位进行投标和公平竞争的基础。因此工程量清单必须科学合理，内容明确，客观公正。编制工程量清单要注意以下几点：

1）编制依据

必须全面了解工程有关资料，了解业主意图、技术规范、实地勘察现场情况，了解实际施工条件（工程现场的场地、用房、交通等环境条件、水文、地质、气象的具体条件），为计算工程量打好基础，尽量减少日后工程变更。

2) 项目划分

要求项目之间界限清楚，项目作业内容、工艺和质量标准清楚，既便于计量，也便于报价；项目划分尽量要细，避免不平衡报价。

3) 清单说明言简意赅

包括工作内容的补充说明、施工工艺特殊要求说明、主要材料规格型号及质量要求说明、现场施工条件、自然条件说明等。尤其是现场施工条件、自然条件说明，应准确表述，便于投标人与自己所了解的情况加以对照。配套表格应设计合理、实用直观、具有操作性，既要使投标操作起来不烦琐，又要有利于评标操作方便、快捷。

4) 由于清单编制是发包人或发包人委托的具备相应资质的工程造价咨询企业，应注意所处位置容易出现的偏差。

(1) 发包人自行编制工程量清单应注意以下几点：

① 发包人内部组织结构是否完善，有无从事工程造价的专门处室，编制工程量清单的工作人员的能力和水平是否达到或基本达到要求的水准，如感觉有些差距，不如委托专业咨询公司处理，避免出现前期省了咨询公司的委托费用，后期工程结算时由于工程量清单编制粗糙、漏洞百出而造成工程追加费用、索赔费用，该部分费用几倍甚至几十倍于前期的节省费用。

② 发包人应客观、实事求是地了解建筑施工企业的生产能力和管理水平；掌握建筑市场各项影响工程造价因素的变化情况。追求企业利益最大化是正常的，也是能被人们理解的，但背离客观实际，一味地压价，最终结局可能会让不尊重科学的人蒙受更大的损失。

③ 选择工程造价咨询公司，也应在对其能力和水平以及后期服务全面、系统地了解后再定局，切勿唯价格至上。

(2) 接受发包人委托的工程造价咨询企业编制工程量清单时，应公正、客观、尊重科学，尽量避免因委托人是衣食父母而造成不顾及原则甚至法律法规，视委托人为圣明而对工程量清单计算规则于不顾，最终清单编制的粗制滥造，使发包人和中标人均受到损失。

4.1.3　房屋建筑与装饰工程工程量计算规范

（该部分实例见4.3节中工程量清单和工程量清单投标报价。）

A　土石方工程

A.1　土方工程（编码010101）

(1) 平整场地（010101001）【m^2】

项目特征：土壤类别；弃土运距；取土运距。

工程量计算规则：按设计图示尺寸以建筑物首层建筑面积计算。

工作内容：土方挖填；场地找平；运输。

(2) 挖一般土方（010101002）【m^3】

项目特征：土壤类别；挖土深度；弃土运距。

工程量计算规则：按设计图示尺寸以体积计算。

工作内容：排地表水；土方开挖；围护（挡土板）及拆除；基底钎探；运输。

（3）挖沟槽土方（010101003）【m³】

项目特征：土壤类别；挖土深度；弃土运距。

工程量计算规则：按设计图示尺寸以基础垫层底面积乘以挖土深度计算。

工作内容：排地表水；土方开挖；围护（挡土板）及拆除；基底钎探；运输。

（4）挖基坑土方（010101004）【m³】

项目特征：土壤类别；挖土深度；弃土运距。

工程量计算规则：按设计图示尺寸以基础垫层底面积乘以挖土深度计算。

工作内容：排地表水；土方开挖；围护（挡土板）及拆除；基底钎探；运输。

（5）冻土开挖（010101005）【m³】

项目特征：冻土厚度；弃土运距。

工程量计算规则：按设计图示尺寸开挖面积乘以厚度以体积计算。

工作内容：爆破；开挖；清理；运输。

（6）挖淤泥、流砂（010101006）【m³】

项目特征：挖掘深度；弃淤泥、流砂运距。

工程量计算规则：按设计图示位置、界限以体积计算。

工作内容：开挖；运输。

（7）管沟土方（010101007）【m、m³】

项目特征：土壤类别；管外径；挖沟深度；回填要求。

工程量计算规则：以米计量的，按设计图示管道中心线长度计算。以立方米计量的，按设计图示管底垫层面积乘以挖土深度计算，无管底垫层的，按管外径的水平投影面积乘以挖土深度计算，不扣除各类井的长度，井的土方并入。

工作内容：排地表水；土方开挖；围护（挡土板）及拆除；基底钎探；运输。

【例4-1】某工程独立柱基础底边尺寸3m×3m，基础下设有垫层，平面尺寸较基础宽出100mm，垫层底面标高为-1.8m，土壤类别为二类。室外地坪标高-0.3m，弃土点距挖土中心200m，试编制该基础土方工程量清单。

解：基础土方挖深：　　　　　$1.8-0.3=1.5(m)$

挖土工程量：　　　　　　　$3.2×3.2×1.5=15.36(m³)$

编制土方工程量清单如表4-3所示。

表4-3　土方工程量清单

序　号	项目编码	项目名称	项目特征	单　位	工　程　量
1	010101003001	挖基础土方	1. 土壤类别：二类土 2. 挖土深度：1.5m 3. 弃土距离：200m	m³	15.36

A.2　石方工程（编码010102）

（1）挖一般石方（010102001）【m³】

项目特征：岩石类别；开凿深度；弃渣运距。

工程量计算规则：按设计图示尺寸以体积计算。

工作内容：排地表水；凿石；运输。

（2）挖沟槽石方（010102002）【m³】

项目特征：岩石类别；开凿深度；弃渣运距。

工程量计算规则：按设计图示尺寸沟槽底面积乘以挖石深度以体积计算。

工作内容：排地表水；凿石；运输。

(3) 挖基坑石方（010102003）【m³】

项目特征：岩石类别；开凿深度；弃渣运距。

工程量计算规则：按设计图示尺寸基坑底面积乘以挖石深度以体积计算。

工作内容：排地表水；凿石；运输。

(4) 挖管沟石方（010102004）【m、m³】

项目特征：岩石类别；管外径；挖沟深度。

工程量计算规则：以米计量，按设计图示以管道中心线长度计算；以立方米计算，按设计图示截面积乘以长度计算。

工作内容：排地表水；凿石；回填；运输。

A.3　回填（编码 010103）

(1) 回填方（010103001）【m³】

项目特征：密实度要求；填方材料品种；填方粒径要求；填方来源、运距。

工程量计算规则：按设计图示尺寸以体积计算。场地回填：回填面积乘平均回填厚度；室内回填：主墙间面积乘回填厚度，不扣除间隔墙；基础回填：按挖方清单项目工程量减去自然地坪以下埋设的基础体积（包括基础垫层及其他构筑物）。

工作内容：运输；回填；压实。

(2) 余方弃置（010103002）【m³】

项目特征：废弃料品种；运距。

工程量计算规则：按挖方清单项目工程量减利用回填方体积（正数）计算。

工作内容：余方点装料运输至弃置点。

B　地基处理与边坡支护工程

B.1　地基处理（编码 010201）

(1) 换填垫层（010201001）【m³】

项目特征：材料种类及配比；压实系数；掺加剂品种。

工程量计算规则：按设计图示尺寸以体积计算。

工作内容：分层铺填；碾压、振密或夯实；材料运输。

(2) 铺设土工合成材料（010201002）【m²】

项目特征：部位；品种；规格。

工程量计算规则：按设计图示尺寸以面积计算。

工作内容：挖填锚固沟；铺设；固定；运输。

(3) 预压地基（010201003）【m²】

项目特征：排水竖井种类、断面尺寸、排列方式、间距、深度；预压方法；预压荷载、时间；砂垫层厚度。

工程量计算规则：按设计图示处理范围以面积计算。

工作内容：设置排水竖井、盲沟、滤水管；铺设砂垫层、密封膜；堆载、卸载或抽气设备安拆、抽真空；材料运输。

（4）强夯地基（010201004）【m²】

项目特征：夯击能量；夯击遍数；夯击点布置形式、间距；地耐力要求；夯填材料种类。

工程量计算规则：按设计图示处理范围以面积计算。

工作内容：铺设夯填材料；强夯；夯填材料运输。

（5）振冲密实（不填料）（010201005）【m²】

项目特征：地层情况；振密深度；孔距。

工程量计算规则：按设计图示处理范围以面积计算。

工作内容：振冲加密；泥浆运输。

（6）振冲桩（填料）（010201006）【m、m³】

项目特征：地层情况；空桩长度、桩长；桩径；填充材料种类。

工程量计算规则：以米计量，按设计图示尺寸以桩长计算；以立方米计量，按设计桩截面乘以桩长以体积计算。

工作内容：振冲成孔、填料、振实；材料运输；泥浆运输。

（7）砂石桩（010201007）【m、m³】

项目特征：地层情况；空桩长度、桩长；桩径；成孔方法；材料种类、级配。

工程量计算规则：以米计量，按设计图示尺寸以桩长（包括桩尖）计算；以立方米计量，按设计桩截面乘以桩长（包括桩尖）以体积计算。

工作内容：成孔；填充、振实；材料运输。

（8）水泥粉煤灰碎石桩（010201008）【m】

项目特征：地层情况；空桩长度、桩长；桩径；成孔方法；混合料强度等级。

工程量计算规则：按设计图示尺寸以桩长（包括桩尖）计算。

工作内容：成孔；混合料制作、灌注、养护；材料运输。

（9）深层搅拌桩（010201009）【m】

项目特征：地层情况；空桩长度、桩长；桩截面尺寸；水泥强度等级、掺量。

工程量计算规则：按设计图示尺寸以桩长计算。

工作内容：预搅下钻、水泥浆制作、喷浆搅拌提升成桩；材料运输。

（10）粉喷桩（010201010）【m】

项目特征：地层情况；空桩长度、桩长；桩径；粉体种类、掺量；水泥强度等级、石灰粉要求。

工程量计算规则：按设计图示尺寸以桩长计算。

工作内容：预搅下钻、粉喷搅拌提升成桩；材料运输。

（11）夯实水泥桩（010201011）【m】

项目特征：地层情况；空桩长度、桩长；桩径；成孔方法；水泥强度等级；混合料配比。

工程量计算规则：按设计图示尺寸以桩长（包括桩尖）计算。

工作内容：成孔、夯底；水泥土拌合、填料、夯实；材料运输。

（12）高压喷射注浆桩（010201012）【m】

项目特征：地层情况；空桩长度、桩长；桩截面；注浆类型、方法；水泥强度等级。

工程量计算规则：按设计图示尺寸以桩长计算。

工作内容：成孔；水泥浆制作、高压喷射注浆；材料运输。

(13) 石灰桩（010201013）【m】

项目特征：地层情况；空桩长度、桩长；桩径；成孔方法；掺合料种类、配合比。

工程量计算规则：按设计图示尺寸以桩长（包括桩尖）计算。

工作内容：成孔；混合料制作、运输、夯填。

(14) 灰土（土）挤密桩（010201014）【m】

项目特征：地层情况；空桩长度、桩长；桩径；成孔方法；灰土级配。

工程量计算规则：按设计图示尺寸以桩长（包括桩尖）计算。

工作内容：成孔；灰土拌和、运输、夯填。

(15) 柱锤冲扩桩（010201015）【m】

项目特征：地层情况；空桩长度、桩长；桩径；成孔方法；桩体材料种类、配合比。

工程量计算规则：按设计图示尺寸以桩长计算。

工作内容：安、拔套管；冲孔、填料、夯实；桩体材料制作、运输。

(16) 注浆地基（010201016）【m、m³】

项目特征：地层情况；空钻深度、注浆深度；注浆间距；浆液种类及配比；注浆方法；水泥强度等级。

工程量计算规则：以米计量，按设计图示尺寸以钻孔深度计算；以立方米计量，按设计图示尺寸以加固体积计算。

工作内容：成孔；注浆导管制作、安装；浆液制作、压浆；材料运输。

(17) 褥垫层（010201017）【m²、m³】

项目特征：厚度；材料品种及比例。

工程量计算规则：以平方米计量，按设计图示尺寸以铺设面积计算；以立方米计量，按设计图示尺寸以体积计算。

工作内容：材料拌合、运输、铺设、压实。

B.2　基坑与边坡支护（编码010202）

(1) 地下连续墙（010202001）【m³】

项目特征：地层情况；导墙类型、截面；墙体厚度；成槽深度；混凝土种类、强度等级；接头形式。

工程量计算规则：按设计图示墙中心线长乘以厚度再乘以槽深以体积计算。

工作内容：导墙挖填、制作、安装、拆除；挖土成槽、固壁、清底置换；混凝土制作、运输、灌注、养护；接头处理；土方、废泥浆外运；打桩场地硬化及泥浆池、泥浆沟。

(2) 咬合灌注桩（010202002）【m、根】

项目特征：地层情况；桩长；桩径；混凝土种类、强度等级；部位。

工程量计算规则：以米计量，按设计图示尺寸以桩长计算；以根计量；按设计图示数量计算。

工作内容：成孔、固壁；混凝土制作、运输、灌注、养护；套管压拔；土方、废泥浆外运；打桩场地硬化及泥浆池、泥浆沟。

(3) 圆木桩（010202003）【m、根】

项目特征：地层情况；桩长；材质；尾径；桩倾斜度。

工程量计算规则：以米计量，按设计图示尺寸以桩长（包括桩尖）计算；以根计量，按设计图示数量计算。

工作内容：工作平台搭拆；桩机移位；桩靴安装；沉桩。

（4）预制钢筋混凝土板桩（010202004）【m、根】

项目特征：地层情况；送桩深度、桩长；桩截面；沉桩方法；连接方式；混凝土强度等级。

工程量计算规则：以米计量，按设计图示尺寸以桩长（包括桩尖）计算；以根计量，按设计图示数量计算。

工作内容：工作平台搭拆；桩机移位；沉桩；板桩连接。

（5）型钢桩（010202005）【t、根】

项目特征：地层情况或部位；送桩深度、桩长；规格型号；桩倾斜度；防护材料种类；是否拔出。

工程量计算规则：以吨计量，按设计图示尺寸以质量计算；以根计量，按设计图示数量计算。

工作内容：工作平台搭拆；桩机移位；打（拔）桩；接桩；刷防护材料。

（6）钢板桩（010202006）【t、m^2】

项目特征：地层情况；桩长；板桩厚度。

工程量计算规则：以吨计量，按设计图示尺寸以质量计算；以平方米计量，按设计图示墙中心线乘以桩长以面积计算。

工作内容：工作平台搭拆；桩机移位；打拔钢板桩。

（7）锚杆（锚索）（010202007）【m、根】

项目特征：地层情况；锚杆（索）型、部位；钻孔深度；钻孔直径；杆体材料品种、规格、数量；预应力；浆液种类、强度等级。

工程量计算规则：以米计量，按设计图示尺寸以钻孔深度计算；以根计量，按设计图示数量计算。

工作内容：钻孔、浆液制作、运输、压浆；锚杆（锚索）制作、安装；张拉锚固；锚杆（锚索）施工平台搭设、拆除。

（8）土钉（010202008）【m、根】

项目特征：地层情况；钻孔深度；钻孔直径；置入方法；杆体材料品种、规格、数量；浆液种类、强度等级。

工程量计算规则：以米计量，按设计图示尺寸以钻孔深度计算；以根计量，按设计图示数量计算。

工作内容：钻孔、浆液制作、运输、压浆；土钉制作、安装；土钉施工平台搭设、拆除。

（9）喷射混凝土、水泥砂浆（010202009）【m^2】

项目特征：部位；厚度；材料种类；混凝土（砂浆）类别、强度等级。

工程量计算规则：按设计图示尺寸以面积计算。

工作内容：修整边坡；混凝土（砂浆）制作、运输、喷射、养护；钻排水孔、安装排水管；喷射施工平台搭设、拆除。

（10）钢筋混凝土支撑（010202010）【m^3】

项目特征：部位；混凝土种类、强度等级。

工程量计算规则：按设计图示尺寸以体积计算。

工作内容：模板（支架或支撑）制作、安装、拆除、堆放、运输及清理模内杂物、刷隔离剂等；混凝土制作、运输、浇筑、振捣、养护。

（11）钢支撑（010202011）【t】

项目特征：部位；钢材品种、规格；探伤要求。

工程量计算规则：按设计图示尺寸以质量计算。不扣除孔眼质量，焊条、铆钉、螺栓等不另增加质量。

工作内容：支撑、铁件制作（摊销、租赁）；支撑、铁件安装；探伤；刷漆；拆除；运输。

C　桩基工程

C.1　打桩 （编码 010301）

（1）预制钢筋混凝土方桩（010301001）【m、m³、根】

项目特征：地层情况；送桩深度、桩长；桩截面；桩倾斜度；沉桩方法；接桩方式；混凝土强度等级。

工程量计算规则：以米计量，按设计图示尺寸以桩长（包括桩尖）计算；以立方米计量，按设计图示截面积乘以桩长（包括桩尖）以实体积计算；以根计量，按设计图示数量计算。

工作内容：工作平台搭拆；桩机竖拆、移位；沉桩；接桩；送桩。

（2）预制钢筋混凝土管桩（010301002）【m、m³、根】

项目特征：地层情况；送桩深度、桩长；桩外径、壁厚；桩倾斜度；沉桩方法；桩尖类型；混凝土强度等级；填充材料种类；防护材料种类。

工程量计算规则：以米计量，按设计图示尺寸以桩长（包括桩尖）计算；以立方米计量，按设计图示截面积乘以桩长（包括桩尖）以实体积计算；以根计量，按设计图示数量计算。

工作内容：工作平台搭拆；桩机竖拆、移位；沉桩；接桩；送桩；桩尖制作安装；填充材料、刷防护材料。

（3）钢管桩（010301003）【t、根】

项目特征：地层情况；送桩深度、桩长；材质；管径、壁厚；桩倾斜度；沉桩方法；填充材料种类；防护材料种类。

工程量计算规则：以吨计量，按设计图示尺寸以质量计算；以根计量，按设计图示数量计算。

工作内容：工作平台搭拆；桩机竖拆、移位；沉桩；接桩；送桩；切割钢管、精割盖帽；管内取土；填充材料、刷防护材料。

（4）截（凿）桩头（010301004）【m³、根】

项目特征：桩类型；桩头截面、高度；混凝土强度等级；有无钢筋。

工程量计算规则：以立方米计量，按设计桩截面乘以桩头长度以体积计算；以根计量，按设计图示数量计算。

工作内容：截（切割）桩头；凿平；废料外运。

C.2 灌注桩（编码 010302）

（1）泥浆护壁成孔灌注桩（010302001）【m、m³、根】

项目特征：地层情况；空桩长度、桩长；桩径；成孔方法；护筒类型、长度；混凝土种类、强度等级。

工程量计算规则：以米计量，按设计图示尺寸以桩长（包括桩尖）计算；以立方米计量，按不同截面在桩上范围内以体积计算；以根计量，按设计图示数量计算。

工作内容：护筒埋设；成孔、固壁；混凝土制作、运输、灌注、养护；土方、废泥浆外运；打桩场地硬化及泥浆池、泥浆沟。

（2）沉管灌注桩（010302002）【m、m³、根】

项目特征：地层情况；空桩长度、桩长；复打长度；桩径；沉管方法；桩尖类型；混凝土种类、强度等级。

工程量计算规则：以米计量，按设计图示尺寸以桩长（包括桩尖）计算；以立方米计量，按不同截面在桩上范围内以体积计算；以根计量，按设计图示数量计算。

工作内容：打（沉）拔钢管；桩尖制作、安装；混凝土制作、运输、灌注、养护。

（3）干作业成孔灌注桩（010302003）【m、m³、根】

项目特征：地层情况；空桩长度、桩长；桩径；扩孔直径、高度；成孔方法；混凝土种类、强度等级。

工程量计算规则：以米计量，按设计图示尺寸以桩长（包括桩尖）计算；以立方米计量，按不同截面在桩上范围内以体积计算；以根计量，按设计图示数量计算。

工作内容：成孔、扩孔；混凝土制作、运输、灌注、振捣、养护。

（4）挖孔桩土（石）方（010302004）【m³】

项目特征：地层情况；挖孔深度；弃土（石）运距。

工程量计算规则：按设计图示尺寸（含护壁）截面积乘以挖孔深度以立方米计算。

工作内容：排地表水；挖土、凿石；基底钎探；运输。

（5）人工挖孔灌注桩（010302005）【m³、根】

项目特征：桩芯长度；桩芯直径、扩底直径、扩底高度；护壁厚度、高度；护壁混凝土种类、强度等级；桩芯混凝土种类、强度等级。

工程量计算规则：以立方米计量，按桩芯混凝土体积计算；以根计量，按设计图示数量计算。

工作内容：护壁制作；混凝土制作、运输、灌注、振捣、养护。

（6）钻孔压浆桩（010302006）【m、根】

项目特征：地层情况；空钻长度、桩长；钻孔直径；水泥强度等级

工程量计算规则：以米计量，按设计图示尺寸以桩长计算；以根计量，按设计图示数量计算。

工作内容：钻孔、下注浆管、投放骨料、浆液制作、运输、压浆。

（7）灌注桩后压浆（010302007）【孔】

项目特征：注浆导管材料、规格；注浆导管长度；单孔注浆量；水泥强度等级。

工程量计算规则：按设计图示以注浆孔数计算。

工作内容：注浆导管制作、安装；浆液制作、运输、压浆。

D　砌筑工程

D.1　砖砌体（编码010401）

（1）砖基础（010401001）【m³】

项目特征：砖品种、规格、强度等级；基础类型；砂浆强度等级；防潮层材料种类。

工程量计算规则：按设计图示尺寸以体积计算。包括附墙垛基础宽出部分体积，扣除地梁（圈梁）、构造柱所占体积，不扣除基础大放脚T型接头处的重叠部分及嵌入基础内的钢筋、铁件、管道、基础砂浆防潮层和单个面积≤0.3 m²的孔洞所占体积，靠墙暖气沟的挑檐不增加。

基础长度：外墙按外墙中心线，内墙按内墙净长线计算。

工作内容：砂浆制作、运输；砌砖；防潮层铺设；材料运输。

【例4-2】某工程室内地坪为±0.00 m，防潮层为-0.06 m，防潮层以下用M10水泥砂浆砌标准砖基础，防潮层以上为多孔砖墙身。砖基础工程量为15.64 m³。编制砖基础的工程量清单（见表4-4）。

表4-4　砖基础工程量清单

序号	项目编码	项目名称	项目特征	单位	工程量
1	010301001001	砖基础	1. 砖基础砂浆强度等级：M10 2. 砖品种、规格、强度等级：MU10 3. 标准砖 240 mm×115 mm×53 mm 直形	m³	15.64

（2）砖砌挖孔桩护壁（010401002）【m³】

项目特征：砖品种、规格、强度等级；砂浆强度等级。

工程量计算规则：按设计图示尺寸以体积计算。

工作内容：砂浆制作、运输；砌砖；材料运输。

（3）实心砖墙（010401003）【m³】

项目特征：砖品种、规格、强度等级；墙体类型；砂浆强度等级、配合比。

工程量计算规则：按设计图示尺寸以体积计算。扣除门窗、洞口、嵌入墙内的钢筋混凝土柱、梁、圈梁、挑梁、过梁及凹进墙内的壁龛、管槽、暖气槽、消火栓箱所占体积，不扣除梁头、板头、檩头、垫木、木楞头、沿缘木、木砖、门窗走头、砖墙内加固钢筋、木筋、铁件、钢管及单个面积≤0.3 m²的孔洞所占的体积。凸出墙面的腰线、挑檐、压预、窗台线、虎头砖、门窗套的体积亦不增加。凸出墙面的砖垛并入墙体体积内计算。

① 墙长度：外墙按中心线、内墙按净长计算。

② 墙高度：

a. 外墙：斜（坡）屋面无檐口天棚者算至屋面板底；有屋架且室内外均有天棚者算至屋架下弦底另加200 mm；无天棚者算至屋架下弦底另加300 mm，出檐宽度超过600 mm时，按实砌高度计算；平屋顶算至钢筋混凝土板底。

b. 内墙：位于屋架下弦者，算至屋架下弦底；无屋架者算至天棚底另加100 mm；有钢筋混凝土楼板隔层者算至楼板顶；有框架梁时算至梁底。

c. 女儿墙：从屋面板上表面算至女儿墙顶面（如有混凝土压顶时算至压顶下表面）。

d. 内、外山墙：按其平均高度计算。

③ 框架间墙：不分内外墙按墙体净尺寸以体积计算。

④ 围墙：高度算至压顶上表面（如有混凝土压顶时算至压顶下表面），围墙柱并入围墙体积内。

工作内容：砂浆制作、运输；砌砖；刮缝；砖压顶砌筑；材料运输。

（4）多孔砖墙（010401004）【m³】

项目特征、工程量计算规则、工作内容同（3）实心砖墙。

（5）空心砖墙（010401005）【m³】

项目特征、工程量计算规则、工作内容同（3）实心砖墙。

（6）空斗墙（010401006）【m³】

项目特征：砖品种、规格、强度等级；墙体类型；砂浆强度等级、配合比。

工程量计算规则：按设计图示尺寸以空斗墙外形体积计算。墙角、内外墙交接处、门窗洞口立边、窗台砖、屋檐处的实砌部分体积并入空斗墙体积内。

工作内容：砂浆制作、运输；砌砖；装填充料；刮缝；材料运输。

（7）空花墙（010401007）【m³】

项目特征：砖品种、规格、强度等级；墙体类型；砂浆强度等级、配合比。

工程量计算规则：按设计图示尺寸以空花部分外形体积计算，不扣除空洞部分体积。

工作内容：砂浆制作、运输；砌砖；装填充料；刮缝；材料运输。

（8）填充墙（010401008）【m³】

项目特征：砖品种、规格、强度等级；墙体类型；填充材料种类及厚度；砂浆强度等级、配合比。

工程量计算规则：按设计图示尺寸以填充墙外形体积计算。

工作内容：砂浆制作、运输；砌砖；装填充料；刮缝；材料运输。

（9）实心砖柱（010401009）【m³】

项目特征：砖品种、规格、强度等级；柱类型；砂浆强度等级、配合比。

工程量计算规则：按设计图示尺寸以体积计算。扣除混凝土及钢筋混凝土梁垫、梁头、板头所占体积。

工作内容：砂浆制作、运输；砌砖；刮缝；材料运输。

（10）多孔砖柱（010401010）【m³】

项目特征、工程量计算规则、工作内容：同（9）实心砖柱。

（11）砖检查井（010401011）【座】

项目特征：井截面、深度；砖品种、规格、强度等级；垫层材料种类、厚度；底板厚度；井盖安装；混凝土强度等级；砂浆强度等级；防潮层材料种类。

工程量计算规则：按设计图示数量计算。

工作内容：砂浆制作、运输；铺设垫层；底板混凝土制作、运输、浇筑、振捣、养护；砌砖；刮缝；井池底、壁抹灰；抹防潮层；材料运输。

（12）零星砌砖（010401012）【m³、m²、m、个】

项目特征：零星砌砖名称、部位；砖品种、规格、强度等级；砂浆强度等级、配合比。

工程量计算规则：以立方米计量，按设计图示尺寸截面积乘以长度计算；以平方米计量，按设计图示尺寸水平投影面积计算；以米计量，按设计图示尺寸长度计算；以个计量，按设计图示数量计算。

工作内容：砂浆制作、运输；砌砖；刮缝；材料运输。

（13）砖散水、地坪（010401013）【m²】

项目特征：砖品种、规格、强度等级；垫层材料种类、厚度；散水、地坪厚度；面层种类、厚度；砂浆强度等级。

工程量计算规则：按设计图示尺寸以面积计算。

工作内容：土方挖、运、填；地基找平、夯实；铺设垫层；砌砖散水、地坪；抹砂浆面层。

（14）砖地沟、明沟（010401014）【m】

项目特征：砖品种、规格、强度等级；沟截面尺寸；垫层材料种类、厚度；混凝土强度等级；砂浆强度等级。

工程量计算规则：以米计量，按设计图示以中心线长度计算。

工作内容：土方挖、运、填；铺设垫层；底板混凝土制作、运输、浇筑、振捣、养护；砌砖；刮缝、抹灰；材料运输。

D.2　砌块砌体（编码 010402）

（1）砌块墙（010402001）【m³】

项目特征：砌块品种、规格、强度等级；墙体类型；砂浆强度等级。

工程量计算规则：按设计图示尺寸以体积计算。其余规则同实心砖墙。

工作内容：砂浆制作、运输；砌砖、砌块；勾缝；材料运输。

（2）砌块柱（010402002）【m³】

项目特征：砌块品种、规格、强度等级；墙体类型；砂浆强度等级。

工程量计算规则：按设计图示尺寸以体积计算。扣除混凝土及钢筋混凝土梁垫、梁头、板头所占体积。

工作内容：砂浆制作、运输；砌砖、砌块；勾缝；材料运输。

【例 4-3】某单层建筑物的墙身采用 M5.0 混合砂浆砌筑，加气混凝土砌块规格为 585 mm×240 mm×240 mm，墙厚 240 mm，工程量为 27.24 m³。女儿墙采用 M5.0 混合砂浆砌筑，煤矸石空心砖，规格为 240 mm×115 mm×115 mm，工程量为 4.19 m³。编制空心砖和砌块墙体工程量清单（见表 4-5）。

表 4-5　空心砖和砌块墙体工程量清单

序　号	项目编码	项目名称	项目特征	单　位	工程量
1	010304001001	加气混凝土砌块墙	1. 砖品种、规格：加气混凝土砌块 585 mm×240 mm×240 mm 2. 墙体类型：加气混凝土砌块墙 3. 墙体厚度：240 mm 4. 砂浆强度等级：M5.0 混合砂浆砌筑	m³	27.24
2	010304001002	煤矸石空心砖墙	1. 砖品种、规格：煤矸石空心砖 240 mm×115 mm×115 mm 2. 墙体类型：加气混凝土砌块墙 3. 墙体厚度：240 mm 4. 砂浆强度等级：M5.0 混合砂浆砌筑	m³	4.19

D.3 石砌体（编码 010403）

（1）石基础（010403001）【m³】

项目特征：石料种类、规格；基础类型；砂浆强度等级。

工程量计算规则：按设计图示尺寸以体积计算。包括附墙垛基础宽出部分体积，不扣除基础砂浆防潮层及单个面积≤0.3m²的孔洞所占的体积。靠墙暖气沟的挑檐不增加体积。基础长度：外墙按中心线，内墙按净长计算。

工作内容：砂浆制作、运输；吊装；砌石；防潮层铺设；材料运输。

（2）石勒脚（010403002）【m³】

项目特征：石料种类、规格；石表面加工要求；勾缝要求；砂浆强度等级、配合比。

工程量计算规则：按设计图示尺寸以体积计算，扣除单个面积>0.3m²的孔洞所占的体积。

工作内容：砂浆制作、运输；吊装；砌石；石表面加工；勾缝；材料运输。

（3）石墙（010403003）【m³】

项目特征：石料种类、规格；石表面加工要求；勾缝要求；砂浆强度等级、配合比。

工程量计算规则：按设计图示尺寸以体积计算，其余规则同实心砖墙。

工作内容：砂浆制作、运输；吊装；砌石；石表面加工；勾缝；材料运输。

（4）石挡土墙（010403004）【m³】

项目特征：石料种类、规格；石表面加工要求；勾缝要求；砂浆强度等级、配合比。

工程量计算规则：按设计图示尺寸以体积计算。

工作内容：砂浆制作、运输；吊装；砌石；变形缝、泄水孔、压顶抹灰；滤水层；勾缝；材料运输。

（5）石柱（010403005）【m³】

项目特征：石料种类、规格；石表面加工要求；勾缝要求；砂浆强度等级、配合比。

工程量计算规则：按设计图示尺寸以体积计算。

工作内容：砂浆制作、运输；吊装；砌石；石表面加工；勾缝；材料运输。

（6）石栏杆（010403006）【m】

项目特征：石料种类、规格；石表面加工要求；勾缝要求；砂浆强度等级、配合比。

工程量计算规则：按设计图示以长度计算。

工作内容：砂浆制作、运输；吊装；砌石；石表面加工；勾缝；材料运输。

（7）石护坡（010403007）【m³】

项目特征：垫层材料种类、厚度；石料种类、规格；护坡厚度、高度；石表面加工要求；勾缝要求；砂浆强度等级、配合比。

工程量计算规则：按设计图示尺寸以体积计算。

工作内容：砂浆制作、运输；吊装；砌石；石表面加工；勾缝；材料运输。

（8）石台阶（010403008）【m³】

项目特征：垫层材料种类、厚度；石料种类、规格；护坡厚度、高度；石表面加工要求；勾缝要求；砂浆强度等级、配合比。

工程量计算规则：按设计图示尺寸以体积计算。

工作内容：铺设垫层；石料加工；砂浆制作、运输；砌石；石表面加工；勾缝；材料运输。

（9）石坡道（010403009）【m²】

项目特征：垫层材料种类、厚度；石料种类、规格；护坡厚度、高度；石表面加工要求；勾缝要求；砂浆强度等级、配合比。

工程量计算规则：按设计图示以水平投影面积计算。

工作内容：铺设垫层；石料加工；砂浆制作、运输；砌石；石表面加工；勾缝；材料运输。

（10）石地沟、明沟（010403010）【m】

项目特征：沟截面尺寸；土壤类别、运距；垫层材料种类、厚度；石料种类、规格；石表面加工要求；勾缝要求；砂浆强度等级、配合比。

工程量计算规则：按设计图示以中心线长度计算。

工作内容：土方挖、运；砂浆制作、运输；铺设垫层；砌石；石表面加工；勾缝；回填；材料运输。

D.4　垫层（编码 010404）

垫层（010404001）【m³】

项目特征：垫层材料种类、配合比、厚度。

工程量计算规则：按设计图示尺寸以立方米计算。

工作内容：垫层材料的拌制；垫层铺设；材料运输。

E　混凝土及钢筋混凝土工程

E.1　现浇混凝土基础（编码 010501）

（1）垫层（010501001）【m³】

项目特征：混凝土种类；混凝土强度等级。

工程量计算规则：按设计图示尺寸以体积计算。不扣除伸入承台基础的桩头所占体积。

工作内容：模板及支撑制作、安装、拆除、堆放、运输及清理模内杂物、刷隔离剂等；混凝土制作、运输、浇筑、振捣、养护。

（2）带型基础（010501002）【m³】

项目特征、工程量计算规则、工作内容：同（1）垫层

（3）独立基础（010501003）【m³】

项目特征、工程量计算规则、工作内容：同（1）垫层

（4）满堂基础（010501004）【m³】

项目特征、工程量计算规则、工作内容：同（1）垫层

（5）桩承台基础（010501005）【m³】

项目特征、工程量计算规则、工作内容：同（1）垫层

（6）设备基础（010501006）【m³】

项目特征、工作内容：同垫层（010501001）。

【例 4-4】某有梁式满堂基础工程量为：153.78 m³，机械原土夯实，铺设混凝土垫层，混凝土强度等级 C15，有梁式满堂基础，混凝土强度等级为 C30，编制有梁式满堂基础的工程量清单（见表 4-6）。

表 4-6　梁式满堂基础的工程量清单

序号	项目编码	项目名称	项目特征	单位	工程量
1	010401003001	有梁式满堂基础	1. 基础形式：有梁式满堂基 2. 混凝土强度等级：C30 3. 混凝土拌合料要求：预拌混凝土	m³	153.78

E.2　现浇混凝土柱（编码 010502）

（1）矩形柱（010502001）【m³】

项目特征：混凝土种类；混凝土强度等级。

工程量计算规则：按设计图示尺寸以体积计算。

柱高：

① 有梁板的柱高，应自柱基上表面（或楼板上表面）至上一层楼板上表面之间的高度计算。

② 无梁板的柱高，应自柱基上表面（或楼板上表面）至柱帽下表面之间的高度计算。

③ 框架柱的柱高：应自柱基上表面至柱顶高度计算。

④ 构造柱按全高计算，嵌接墙体部分（马牙槎）并入柱身体积。

⑤ 依附柱上的牛腿和升板的柱帽，并入柱身体积计算。

工作内容：模板及支架（撑）制作、安装、拆除、堆放、运输及清理模内杂物、刷隔离剂等；混凝土制作、运输、浇筑、振捣、养护。

（2）构造柱（010502002）【m³】

项目特征：混凝土种类；混凝土强度等级。

工程量计算规则、工作内容：同矩形柱（010502001）。

（3）异形柱（010502003）【m³】

项目特征：柱形状、混凝土种类；混凝土强度等级。

工程量计算规则、工作内容：同矩形柱（010502001）。

【例 4-5】某框架柱工程量为：98.84 m³，截面尺寸：500 mm×600 mm，混凝土强度等级 C35，编制框架柱工程量清单（见表 4-7）。

表 4-7　框架柱工程量清单

序号	项目编码	项目名称	项目特征	单位	工程量
1	010402001001	矩形柱	1. 截面尺寸：500 mm×600 mm 2. 混凝土强度等级：C35 3. 混凝土拌合料要求：预拌混凝土	m³	98.84

E.3　现浇混凝土梁（编码 010503）

（1）基础梁（01050301）【m³】

项目特征：混凝土种类；混凝土强度等级。

工程量计算规则：按设计图示尺寸以体积计算。伸入墙内的梁头、梁垫并入梁体积内。

梁长：

① 梁与柱连接时，梁长算至柱侧面。

② 主梁与次梁连接时，次梁长算至主梁侧面。

工作内容：模板及支架（撑）制作、安装、拆除、堆放、运输及清理模内杂物、刷隔离剂等；混凝土制作、运输、浇筑、振捣、养护。

（2）矩形梁（010503002）【m³】

项目特征、工程量计算规则、工作内容：同（1）基础梁。

（3）异形梁（010503003）【m³】

项目特征、工程量计算规则、工作内容：同（1）基础梁。

（4）圈梁（010503004）【m³】

项目特征、工程量计算规则、工作内容：同（1）基础梁。

（5）过梁（010503005）【m³】

项目特征、工程量计算规则、工作内容：同（1）基础梁。

（6）弧形、拱形梁（010503006）【m³】

项目特征、工程量计算规则、工作内容：同基础梁（010503001）。

E.4 现浇混凝土墙（编码010504）

项目特征：混凝土种类；混凝土强度等级。

工程量计算规则：按设计图示尺寸以体积计算。扣除门窗洞口及单个面积>0.3 m² 的孔洞所占体积，墙垛及突出墙面部分并入墙体体积计算内。

工作内容：模板及支架（撑）制作、安装、拆除、堆放、运输及清理模内杂物、刷隔离剂等；混凝土制作、运输、浇筑、振捣、养护。

【例4-6】某钢筋混凝土墙工程量为：73.24 m³，墙厚为200 mm，混凝土强度等级C35，编制钢筋混凝土墙的工程量清单（见表4-8）。

表4-8 钢筋混凝土墙的工程量清单

序号	项目编码	项目名称	项目特征	单 位	工程量
1	010402001001	钢筋混凝土墙	1. 墙厚：200 mm 2. 混凝土强度等级：C35 3. 混凝土拌合料要求：预拌混凝土	m³	73.24

E.5 现浇混凝土板（编码010505）

（1）有梁板（010505001）【m³】

项目特征：混凝土种类；混凝土强度等级。

工程量计算规则：按设计图示尺寸以体积计算，不扣除单个面积≤0.3 m² 的柱、垛以及孔洞所占体积；压形钢板混凝土楼板扣除构件内压形钢板所占体积；有梁板（包括主、次梁与板）按梁、板体积之和计算，无梁板按板和柱帽体积之和计算，各类板伸入墙内的板头并入板体积内，薄壳板的肋、基梁并入薄壳体积内计算。

工作内容：模板及支架（撑）制作、安装、拆除、堆放、运输及清理模内杂物、刷隔离剂等；混凝土制作、运输、浇筑、振捣、养护。

（2）无梁板（010505002）【m³】

项目特征、工程量计算规则、工作内容：同（1）有梁板。

（3）平板（010505003）【m³】

项目特征、工程量计算规则、工作内容：同（1）有梁板。

（4）拱板（010505004）【m³】

项目特征、工程量计算规则、工作内容：同（1）有梁板。

（5）薄壳板（010505005）【m³】

项目特征、工程量计算规则、工作内容：同（1）有梁板。

（6）栏板（010505006）【m³】

项目特征、工程量计算规则、工作内容：同（1）有梁板。

（7）天沟（檐沟）、挑檐板（010505007）【m³】

项目特征、工作内容：同有梁板（010505001）。

工程量计算规则：按设计图示尺寸以体积计算。

（8）雨篷、悬挑板、阳台板（010505008）【m³】

项目特征、工作内容：同有梁板（010505001）。

工程量计算规则：按设计图示尺寸以墙外部分体积计算。包括伸出墙外的牛腿和雨篷反挑檐的体积。

（9）空心板（010505009）【m³】

项目特征、工作内容：同有梁板（010505001）。

工程量计算规则：按设计图示尺寸以体积计算。空心板（GBF 高强薄壁蜂巢芯板等）应扣除空心部分体积。

（10）其他板（010505010）【m³】

项目特征、工作内容：同有梁板（010505001）。

工程量计算规则：按设计图示尺寸以体积计算。

E.6 现浇混凝土楼梯（编码 010506）

（1）直形楼梯（010506001）【m²、m³】

项目特征：混凝土种类；混凝土强度等级。

工程量计算规则：以平方米计量，按设计图示尺寸以水平投影面积计算。不扣除宽度≤500 mm 的楼梯井，伸入墙内部分不计算；以立方米计量，按设计图示尺寸以体积计算。

工作内容：模板及支架（撑）制作、安装、拆除、堆放、运输及清理模内杂物、刷隔离剂等；混凝土制作、运输、浇筑、振捣、养护。

（2）弧形楼梯（010506002）【m²、m³】

项目特征、工程量计算规则、工作内容：同直形楼梯（010506001）。

E.7 现浇混凝土其他构件（编码 010507）

（1）散水、坡道（010507001）【m²】

项目特征：垫层材料种类、厚度；面层厚度；混凝土种类；混凝土强度等级；变形缝填塞材料种类。

工程量计算规则：按设计图示尺寸以水平投影面积计算。不扣除面积≤0.3 m² 的孔洞所占面积。

工作内容：地基夯实；铺设垫层；模板及支撑制作、安装、拆除、堆放、运输及清理模内杂物、刷隔离剂等；混凝土制作、运输、浇筑、振捣、养护；变形缝填塞。

（2）室外地坪（010507002）【m²】

项目特征：地坪厚度；混凝土强度等级。

工程量计算规则、工作内容：同散水、坡道（010507001）。

（3）电缆沟、地沟（010507003）【m】

项目特征：土壤类别；沟截面净空尺寸；垫层材料种类、厚度；混凝土种类；混凝土强度等级；防护材料种类。

工程量计算规则：按设计图示以中心线长度计算。

工作内容：挖填、运土石方；铺设垫层；模板及支撑制作、安装、拆除、堆放、运输及清理模内杂物、刷隔离剂等；混凝土制作、运输、浇筑、振捣、养护；刷防护材料。

（4）台阶（010507004）【m²、m³】

项目特征：踏步高、宽；混凝土种类；混凝土强度等级。

工程量计算规则：以平方米计量，按设计图示尺寸水平投影面积计算；以立方米计量，按设计图示尺寸以体积计算。

工作内容：模板及支撑制作、安装、拆除、堆放、运输及清理模内杂物、刷隔离剂等；混凝土制作、运输、浇筑、振捣、养护。

（5）扶手、压顶（010507005）【m、m³】

项目特征：断面尺寸；混凝土种类；混凝土强度等级。

工程量计算规则：以米计量，按设计图示的中心线延长米计算；以立方米计量，按设计图示尺寸以体积计算。

工作内容：模板及支架（撑）制作、安装、拆除、堆放、运输及清理模内杂物、刷隔离剂等；混凝土制作、运输、浇筑、振捣、养护。

（6）化粪池、检查井（010507006）【m³、座】

项目特征：部位；混凝土强度等级；防水、抗渗要求。

工程量计算规则：按设计图示尺寸以体积计算；以座计量，按设计图示数量计算。

工作内容：模板及支架（撑）制作、安装、拆除、堆放、运输及清理模内杂物、刷隔离剂等；混凝土制作、运输、浇筑、振捣、养护。

（7）其他构件（010507007）【m³】

项目特征：构件的类型；构件规格；部位；混凝土种类；混凝土强度等级。

工程量计算规则：按设计图示尺寸以体积计算；以座计量，按设计图示数量计算。

工作内容：模板及支架（撑）制作、安装、拆除、堆放、运输及清理模内杂物、刷隔离剂等；混凝土制作、运输、浇筑、振捣、养护。

E.8　后浇带（编码 010508）

后浇带（010508001）【m³】

项目特征：混凝土种类；混凝土强度等级。

工程量计算规则：按设计图示尺寸以体积计算。

工作内容：模板及支架（撑）制作、安装、拆除、堆放、运输及清理模内杂物、刷隔离剂等；混凝土制作、运输、浇筑、振捣、养护及混凝土交接面钢筋等的清理。

E.9　预制混凝土柱（编码 010509）

（1）矩形柱（010509001）【m³、根】

项目特征：图代号；单件体积；安装高度；混凝土强度等级；砂浆（细石混凝土）强度等级、配合比。

工程量计算规则：以立方米计量，按设计图示尺寸以体积计算；以根计量，按设计图示尺寸以数量计算。

工作内容：模板制作、安装、拆除、堆放、运输及清理模内杂物、刷隔离剂等；混凝土制作、运输、浇筑、振捣、养护；构件运输、安装；砂浆制作、运输、接头灌缝、养护。

（2）异形柱（010509002）【m^3、根】

项目特征、工程量计算规则、工作内容：同矩形柱（010509001）。

E.10　预制混凝土梁（编码010510）

项目特征：图代号；单件体积；安装高度；混凝土强度等级；砂浆（细石混凝土）强度等级、配合比。

工程量计算规则：以立方米计量，按设计图示尺寸以体积计算；以根计量，按设计图示尺寸以数量计算。

工作内容：模板制作、安装、拆除、堆放、运输及清理模内杂物、刷隔离剂等；混凝土制作、运输、浇筑、振捣、养护；构件运输、安装；砂浆制作、运输、接头灌缝、养护。

E.11　预制混凝土屋架（编码010511）【m^3、榀】

项目特征：图代号；单件体积；安装高度；混凝土强度等级；砂浆（细石混凝土）强度等级、配合比。

工程量计算规则：以立方米计量，按设计图示尺寸以体积计算；以榀计量，按设计图示尺寸以数量计算。

工作内容：模板制作、安装、拆除、堆放、运输及清理模内杂物、刷隔离剂等；混凝土制作、运输、浇筑、振捣、养护；构件运输、安装；砂浆制作、运输、接头灌缝、养护。

E.12　预制混凝土板（编码010512）【m^3】

项目特征：图代号；单件体积；安装高度；混凝土强度等级；砂浆（细石混凝土）强度等级、配合比。

工程量计算规则：以立方米计量，按设计图示尺寸以体积计算，不扣除单个面积≤300 mm×300 mm的孔洞所占体积，扣除空心板空洞体积；以块计量，按设计图示尺寸以数量计算。

工作内容：模板制作、安装、拆除、堆放、运输及清理模内杂物、刷隔离剂等；混凝土制作、运输、浇筑、振捣、养护；构件运输、安装；砂浆制作、运输、接头灌缝、养护。

沟盖板、井盖板、井圈（010512008）【m^3、块（套）】

项目特征：单件体积；安装高度；混凝土强度等级；砂浆强度等级、配合比。

工程量计算规则：以立方米计量，按设计图示尺寸以体积计算；以块计量，按设计图示尺寸以数量计算。

工作内容：模板制作、安装、拆除、堆放、运输及清理模内杂物、刷隔离剂等；混凝土制作、运输、浇筑、振捣、养护；构件运输、安装；砂浆制作、运输、接头灌缝、养护。

E.13　预制混凝土楼梯（编码010513）

楼梯（010513001）【m^3、段】

项目特征：楼梯类型；单件体积；混凝土强度等级；砂浆（细石混凝土）强度等级。

工程量计算规则：以立方米计量，按设计图示尺寸以体积计算，扣除空心踏步板空洞体积；以段计量，按设计图示尺寸以数量计算。

工作内容：模板制作、安装、拆除、堆放、运输及清理模内杂物、刷隔离剂等；混凝土制作、运输、浇筑、振捣、养护；构件运输、安装；砂浆制作、运输；接头灌缝、养护。

E.14　其他预制构件（编码010514）

（1）垃圾道、通风道、烟道（010514001）【m³、m²、根（块、套）】

项目特征：单件体积；混凝土强度等级；砂浆强度等级。

工程量计算规则：以立方米计量，按设计图示尺寸以体积计算，不扣除单个面积≤300 mm×300 mm的孔洞所占体积，扣除烟道、垃圾道、通风道的孔洞所占体积；以平方米计量，按设计图示尺寸以面积计算。不扣除单个面积≤300 mm×300 mm的孔洞所占面积；以根计量，按设计图示尺寸以数量计算。

工作内容：模板制作、安装、拆除、堆放、运输及清理模内杂物、刷隔离剂等；混凝土制作、运输、浇筑、振捣、养护；构件运输、安装；砂浆制作、运输；接头灌缝、养护。

（2）其他构件（010514002）【m³、m²、根（块、套）】

项目特征：单件体积；构件的类型；混凝土强度等级；砂浆强度等级。

工程量计算规则、工作内容：同垃圾道、通风道、烟道（010514001）。

E.15　钢筋工程（编码010515）

（1）现浇构件钢筋（010515001）【t】

项目特征：钢筋种类、规格。

工程量计算规则：按设计图示钢筋（网）长度（面积）乘单位理论质量计算。

工作内容：钢筋制作、运输；钢筋安装；焊接（绑扎）。

（2）预制构件钢筋（010515002）【t】

项目特征、工程量计算规则、工作内容：同现浇构件钢筋（010515001）。

（3）钢筋网片（010515003）【t】

项目特征、工程量计算规则：同现浇构件钢筋（010515001）。

工作内容：钢筋网制作、运输；钢筋网安装；焊接（绑扎）。

（4）钢筋笼（010515004）【t】

项目特征、工程量计算规则：同现浇构件钢筋（010515001）。

工作内容：钢筋笼制作、运输；钢筋笼安装；焊接（绑扎）。

（5）先张法预应力钢筋（010515005）【t】

项目特征：钢筋种类、规格；锚具种类。

工程量计算规则：按设计图示钢筋长度乘单位理论质量计算。

工作内容：钢筋制作、运输；钢筋张拉。

（6）后张法预应力钢筋（010515006）【t】

项目特征：钢筋种类、规格；钢丝种类、规格；钢绞线种类、规格；锚具种类；砂浆强度等级。

工程量计算规则：按设计图示钢筋（丝束、绞线）长度乘单位理论质量计算。

① 低合金钢筋两端均采用螺杆锚具时，钢筋长度按孔道长度减0.35 m计算，螺杆另行计算。

② 低合金钢筋一端采用镦头插片，另一端采用螺杆锚具时，钢筋长度按孔道长度计算，螺杆另行计算。

③ 低合金钢筋一端采用镦头插片，另一端采用帮条锚具时，钢筋增加0.12 m计算；两

端均采用帮条锚具时，钢筋长度按孔道长度增加0.3m计算。

④ 低合金钢筋采用后张混凝土自锚时，钢筋长度按孔道长度增加0.35m计算。

⑤ 低合金钢筋（钢绞线）采用JM、XM、QM型锚具，孔道长度≤20m时，钢筋长度增加1m计算，孔道长度>20m时，钢筋长度增加1.8m计算。

⑥ 碳素钢丝采用锥形锚具，孔道长度≤20m时，钢丝束长度按孔道长度增加1m计算，孔道长度>20m时，钢丝束长度按孔道长度增加1.8m计算。

⑦ 碳素钢丝采用镦头锚具时，钢丝束长度按孔道长度增加0.25m计算。

工作内容：钢筋、钢丝、钢绞线制作、运输；钢筋、钢丝、钢绞线安装；预埋管孔道铺设；锚具安装；砂浆制作、运输；孔道压浆、养护。

（7）预应力钢丝（010515007）【t】

项目特征、工程量计算规则、工作内容：同后张法预应力钢筋（010515006）。

（8）预应力钢绞线（010515008）【t】

项目特征、工程量计算规则、工作内容：同后张法预应力钢筋（010515006）。

（9）支撑钢筋（铁马）（010515009）【t】

项目特征：钢筋种类；规格。

工程量计算规则：按钢筋长度乘单位理论质量计算。

工作内容：钢筋制作、焊接、安装。

（10）声测管（010515010）【t】

项目特征：材质；规格型号。

工程量计算规则：按设计图示尺寸以质量计算。

工作内容：检测管截断、封头；套管制作、焊接；定位、固定。

E.16 螺栓、铁件（编码010516）

（1）螺栓（010516001）【t】

项目特征：螺栓种类；规格。

工程量计算规则：按设计图示尺寸以质量计算。

工作内容：螺栓、铁件制作、运输；螺栓、铁件安装。

（2）预埋铁件（010516002）【t】

项目特征：钢材种类；规格；铁件尺寸。

工程量计算规则：按设计图示尺寸以质量计算。

工作内容：螺栓、铁件制作、运输；螺栓、铁件安装。

（3）机械连接（010516003）【个】

项目特征：连接方式；螺纹套筒种类；规格。

工程量计算规则：按数量计算。

工作内容：钢筋套丝；套筒连接。

F 金属结构工程

F.1 钢网架（编码010601）【t】

钢网架（010601001）【t】

项目特征：钢材品种、规格；网架节点形式、连接方式；网架跨度、安装高度；探伤要求；防火要求。

工程量计算规则：按设计图示尺寸以质量计算。不扣除孔眼的质量，焊条、铆钉等不另增加质量。

工作内容：拼装；安装；探伤；补刷油漆。

F.2 钢屋架、钢托架、钢桁架、钢架桥（编码 010602）

(1) 钢屋架（010602001）【榀、t】

项目特征：钢材品种、规格；单榀质量；屋架跨度、安装高度；螺栓种类；探伤要求；防火要求。

工程量计算规则：以榀计量，按设计图示数量计算；以吨计量，按设计图示尺寸以质量计算。不扣除孔眼的质量，焊条、铆钉、螺栓等不另增加质量。

工作内容：拼装；安装；探伤；补刷油漆。

(2) 钢托架（010602002）【t】

项目特征：钢材品种、规格；单榀质量；安装高度；螺栓种类；探伤要求；防火要求。

工程量计算规则：按设计图示尺寸以质量计算。不扣除孔眼的质量，焊条、铆钉、螺栓等不另增加质量。

工作内容：拼装；安装；探伤；补刷油漆。

(3) 钢桁架（010602003）【t】

项目特征、工程量计算规则、工作内容：同钢托架（010602002）。

(4) 钢架桥（010602004）【t】

项目特征：桥类型；钢材品种、规格；单榀质量；安装高度；螺栓种类；探伤要求。

工程量计算规则、工作内容：同钢托架（010602002）。

F.3 钢柱（编码 010603）

(1) 实腹钢柱（010603001）【t】

项目特征：柱类型；钢材品种、规格；单根柱质量；螺栓种类；探伤要求；防火要求。

工程量计算规则：按设计图示尺寸以质量计算。不扣除孔眼的质量，焊条、铆钉、螺栓等不另增加质量，依附在钢柱上的牛腿及悬臂梁等并入钢柱工程量内。

工作内容：拼装；安装；探伤；补刷油漆。

(2) 空腹钢柱（010603002）【t】

项目特征、工程量计算规则、工作内容：同实腹钢柱（010603001）。

(3) 钢管柱（010603003）【t】

项目特征：钢材品种、规格；单根柱质量；螺栓种类；探伤要求；防火要求。

工程量计算规则：按设计图示尺寸以质量计算。不扣除孔眼的质量，焊条、铆钉、螺栓等不另增加质量，钢管柱上的节点板、加强环、内衬管、牛腿等并入钢管柱工程量内。

工作内容：拼装；安装；探伤；补刷油漆。

F.4 钢梁（编码 010604）

(1) 钢梁（010604001）【t】

项目特征：梁类型；钢材品种、规格；单根质量；螺栓种类；安装高度；探伤要求；防火要求。

工程量计算规则：按设计图示尺寸以质量计算。不扣除孔眼的质量，焊条、铆钉、螺栓等不另增加质量，制动梁、制动板、制动桁架、车挡并入钢吊车梁工程量内。

工作内容：拼装；安装；探伤；补刷油漆。

（2）钢吊车梁（010604002）【t】

项目特征：钢材品种、规格；单根质量；螺栓种类；安装高度；探伤要求；防火要求。

工程量计算规则、工作内容：同钢梁（010604001）。

F.5 钢板楼板、墙板（编码010605）

（1）钢板楼板（010605001）【m²】

项目特征：钢材品种、规格；钢板厚度；螺栓种类；防火要求。

工程量计算规则：按设计图示尺寸以铺设水平投影面积计算。不扣除单个面积≤0.3 m²柱、垛及孔洞所占面积。

工作内容：拼装；安装；探伤；补刷油漆。

（2）钢板墙板（010605002）【m²】

项目特征：钢材品种、规格；钢板厚度、复合板厚度；复合板夹芯材料种类、层数、型号、规格；防火要求。

工程量计算规则：按设计图示尺寸以铺挂展开面积计算。不扣除单个面积≤0.3 m²的梁、孔洞所占面积，包角、包边、窗台泛水等不另加面积。

工作内容：拼装；安装；探伤；补刷油漆。

F.6 钢构件（编码010606）

（1）钢支撑、钢拉条（010606001）【t】

项目特征：钢材品种、规格；构件类型；安装高度；螺栓种类；探伤要求；防火要求。

工程量计算规则：按设计图示尺寸以质量计算，不扣除孔眼的质量，焊条、铆钉、螺栓等不另增加质量。

工作内容：拼装；安装；探伤；补刷油漆。

（2）钢檩条（010606002）【t】

项目特征：钢材品种、规格；构件类型；单根质量；安装高度；螺栓种类；探伤要求；防火要求。

工程量计算规则、工作内容：同钢支撑、钢拉条（010606001）。

（3）钢天窗架（010606003）【t】

项目特征：钢材品种、规格；单榀质量；安装高度；螺栓种类；探伤要求；防火要求。

工程量计算规则、工作内容：同钢支撑、钢拉条（010606001）。

（4）钢挡风架（010606004）【t】

项目特征：钢材品种、规格；单榀质量；螺栓种类；探伤要求；防火要求。

工程量计算规则、工作内容：同钢支撑、钢拉条（010606001）。

（5）钢墙架（010606005）【t】

项目特征：钢材品种、规格；单榀质量；螺栓种类；探伤要求；防火要求。

工程量计算规则、工作内容：同钢支撑、钢拉条（010606001）。

（6）钢平台（010606006）【t】

项目特征：钢材品种、规格；螺栓种类；防火要求。

工程量计算规则、工作内容：同钢支撑、钢拉条（010606001）。

（7）钢走道（010606007）【t】

项目特征、工程量计算规则、工作内容：同钢平台（010606006）。

（8）钢梯（010606008）【t】

项目特征：钢材品种、规格；钢梯形式；螺栓种类；防火要求。

工程量计算规则、工作内容：同钢支撑、钢拉条（010606001）。

（9）钢护栏（010606009）【t】

项目特征：钢材品种、规格；防火要求。

工程量计算规则、工作内容：同钢支撑、钢拉条（010606001）。

（10）钢漏斗（010606010）【t】

项目特征：钢材品种、规格；漏斗、天沟形式；安装高度；探伤要求。

工程量计算规则：按设计图示尺寸以质量计算，不扣除孔眼的质量，焊条、铆钉、螺栓等不另增加质量，依附漏斗或天沟的型钢并入漏斗或天沟工程量内。

工作内容：拼装；安装；探伤；补刷油漆。

（11）钢板天沟（010606011）【t】

项目特征、工程量计算规则、工作内容：同钢漏斗（010606010）。

（12）钢支架（010606012）【t】

项目特征：钢材品种、规格；安装高度；防火要求。

工程量计算规则：按设计图示尺寸以质量计算，不扣除孔眼的质量，焊条、铆钉、螺栓等不另增加质量。

工作内容：拼装；安装；探伤；补刷油漆。

（13）零星钢构件（010606013）【t】

项目特征：构件名称；钢材品种、规格。

工程量计算规则、工作内容：同钢支架（010606012）。

F. 7　金属制品（编码010607）

（1）成品空调金属百叶护栏（010607001）【m²】

项目特征：材料品种、规格；边框材质。

工程量计算规则：按设计图示尺寸以框外围展开面积计算。

工作内容：安装；校正；预埋铁件及安螺栓。

（2）成品栅栏（010607002）【m²】

项目特征：材料品种、规格；边框及立柱型钢品种、规格。

工程量计算规则：按设计图示尺寸以框外围展开面积计算。

工作内容：安装；校正；预埋铁件；安螺栓及金属立柱。

（3）成品雨篷（010607003）【m、m²】

项目特征：材料品种、规格；雨篷宽度；晾衣杆品种、规格。

工程量计算规则：以米计量，按设计图示接触边以米计算；以平方米计量，按设计图示尺寸以展开面积计算。

工作内容：安装；校正；预埋铁件及安螺栓。

（4）金属网栏（010607004）【m²】

项目特征：材料品种、规格；边框及立柱型钢品种、规格。

工程量计算规则：按设计图示尺寸以框外围展开面积计算。

工作内容：安装；校正；安螺栓及金属立柱。

（5）砌块墙钢丝网加固（010607005）【m²】

项目特征：材料品种、规格；加固方式。

工程量计算规则：按设计图示尺寸以面积计算。

工作内容：铺贴；铆固。

（6）后浇带金属网（010607006）【m²】

项目特征、工程量计算规则、工作内容：同砌块墙钢丝网加固（010607005）。

G 木结构工程

G.1 木屋架（编码010701）

（1）木屋架（010701001）【榀、m³】

项目特征：跨度；材料品种、规格；刨光要求；拉杆及夹板种类；防护材料种类。

工程量计算规则：以榀计量，按设计图示数量计算；以立方米计量，按设计图示的规格尺寸以体积计算。

工作内容：制作；运输；安装；刷防护材料。

（2）钢木屋架（010701002）【榀】

项目特征：跨度；木材品种、规格；刨光要求；钢材品种、规格；防护材料种类。

工程量计算规则：以榀计量，按设计图示数量计算。

工作内容：制作；运输；安装；刷防护材料。

G.2 木构件（编码010702）

（1）木柱（010702001）【m³】

项目特征：构件规格尺寸；木材种类；刨光要求；防护材料种类。

工程量计算规则：按设计图示尺寸以体积计算。

工作内容：制作；运输；安装；刷防护材料。

（2）木梁（010702002）【m³】

项目特征、工程量计算规则、工作内容：同木柱（010702001）。

（3）木檩（010702003）【m³、m】

项目特征：构件规格尺寸；木材种类；刨光要求；防护材料种类。

工程量计算规则：以立方米计量，按设计图示尺寸以体积计算；以米计量，按设计图示尺寸以长度计算。

工作内容：制作；运输；安装；刷防护材料。

（4）木楼梯（010702004）【m²】

项目特征：楼梯形式；木材种类；刨光要求；防护材料种类。

工程量计算规则：按设计图示尺寸以水平投影面积计算。不扣除宽度≤300 mm的楼梯井，伸入墙内部分不计算。

工作内容：制作；运输；安装；刷防护材料。

（5）其他木构件（010702005）【m³、m】

项目特征：构件名称；构件规格尺寸；木材种类；刨光要求；防护材料种类。

工程量计算规则：以立方米计量，按设计图示尺寸以体积计算；以米计量，按设计图示尺寸以长度计算。

工作内容：制作；运输；安装；刷防护材料。

G.3　屋架木基层（编码 010703）

屋架木基层（010703001）【m²】

项目特征：椽子断面尺寸及椽距；望板材料种类、厚度；防护材料种类。

工程量计算规则：按设计图示尺寸以斜面积计算。不扣除房上烟囱、风帽底座、风道、小气窗、斜沟等所占面积。小气窗的出檐部分不增加面积。

工作内容：椽子制作、安装；望板制作、安装；顺水条和挂瓦条制作、安装；刷防护材料。

H　门窗工程

H.1　木门（编码 010801）

（1）木质门（010801001）【樘、m²】

项目特征：门代号及洞口尺寸；镶嵌玻璃品种、厚度。

工程量计算规则：以樘计量，按设计图示数量计算；以平方米计量，按设计图示洞口尺寸以面积计算。

工作内容：门安装；玻璃安装；五金安装。

（2）木质门带套（010801002）【樘、m²】

项目特征、工程量计算规则、工作内容：同木质门（010801001）。

（3）木质连窗门（010801003）【樘、m²】

项目特征、工程量计算规则、工作内容：同木质门（010801001）。

（4）木质防火门（010801004）【樘、m²】

项目特征、工程量计算规则、工作内容：同木质门（010801001）。

（5）木门框（010801005）【樘、m】

项目特征：门代号及洞口尺寸；框截面尺寸；防护材料种类。

工程量计算规则：以樘计量，按设计图示数量计算；以米计量，按设计图示框的中心线以延长米计算。

工作内容：木门框制作、安装；运输；刷防护材料。

（6）门锁安装（010801006）【个（套）】

项目特征：锁品种；锁规格。

工程量计算规则：按设计图示数量计算。

工作内容：安装。

H.2　金属门（编码 010802）

（1）金属（塑钢）门（010802001）【樘、m²】

项目特征：门代号及洞口尺寸；门框或门扇外围尺寸；门框、门扇材质；玻璃品种、厚度。

工程量计算规则：以樘计量，按设计图示数量计算；以平方米计量，按设计图示洞口尺寸以面积计算。

工作内容：门安装；五金安装；玻璃安装。

（2）彩板门（010802002）【樘、m²】

项目特征：门代号及洞口尺寸；门框或门扇外围尺寸。

工程量计算规则、工作内容：同金属（塑钢）门（010801001）。

（3）钢制防火门（010802003）【樘、m²】

项目特征：门代号及洞口尺寸；门框或门扇外围尺寸；门框、扇材质。

工程量计算规则、工作内容：同金属（塑钢）门（010801001）。

（4）钢制防盗门（010802004）【樘、m²】

项目特征、工程量计算规则：同钢制防火门（010802003）。

工作内容：门安装；五金安装。

H.3 金属卷帘门（编码010803）

（1）金属卷帘（闸）门（010803001）【樘、m²】

项目特征：门代号及洞口尺寸；门材质；启动装置品种、规格。

工程量计算规则：以樘计量，按设计图示数量计算；以平方米计量，按设计图示洞口尺寸以面积计算。

工作内容：门运输、安装；启动装置、活动小门、五金安装。

（2）防火卷帘（闸）门（010803001）【樘、m²】

项目特征、工程量计算规则、工作内容：同金属卷帘（闸）门（010803001）。

H.4 厂库房大门、特种门（编码010804）

（1）木板大门（010804001）【樘、m²】

项目特征：门代号及洞口尺寸；门框或门扇外围尺寸；门框、门扇材质；五金种类、规格；防护材料种类。

工程量计算规则：以樘计量，按设计图示数量计算；以平方米计量，按设计图示洞口尺寸以面积计算。

工作内容：门（骨）架制作、运输；门、五金配件安装；刷防护材料。

（2）钢木大门（010804002）【樘、m²】

项目特征、工程量计算规则、工作内容：同木板大门（010804001）。

（3）全钢板大门（010804003）【樘、m²】

项目特征、工程量计算规则、工作内容：同木板大门（010804001）。

（4）防护铁丝门（010804004）【樘、m²】

项目特征、工作内容：同木板大门（010804001）。

工程量计算规则：以樘计量，按设计图示数量计算；以平方米计量，按设计图示门框或门扇以面积计算。

（5）金属格栅门（010804005）【樘、m²】

项目特征：门代号及洞口尺寸；门框或门扇外围尺寸；门框、扇材质；启动装置的品种、规格。

工程量计算规则：以樘计量，按设计图示数量计算；以平方米计量，按设计图示洞口尺寸以面积计算。

工作内容：门安装；启动装置、五金配件安装。

（6）钢质花饰大门（010804006）【樘、m²】

项目特征：门代号及洞口尺寸；门框或门扇外围尺寸；门框、门扇材质。

工程量计算规则：以樘计量，按设计图示数量计算；以平方米计量，按设计图示门框或扇以面积计算。

工作内容：门安装；五金配件安装。

（7）特种门（010804007）【樘、m²】

项目特征、工作内容：同钢质花饰大门（010804006）

工程量计算规则：以樘计量，按设计图示数量计算；以平方米计量，按设计图示洞口尺寸以面积计算。

H.5　其他门（编码 010805）

（1）电子感应门（010805001）【樘、m²】

项目特征：门代号及洞口尺寸；门框或门扇外围尺寸；门框、门扇材质；玻璃品种、厚度；启动装置的品种、规格；电子配件品种、规格。

工程量计算规则：以樘计量，按设计图示数量计算；以平方米计量，按设计图示洞口尺寸以面积计算。

工作内容：门安装；启动装置、五金、电子配件安装。

（2）旋转门（010805002）【樘、m²】

项目特征、工程量计算规则、工作内容：同电子感应门（010805001）。

（3）电子对讲门（010805003）【樘、m²】

项目特征：门代号及洞口尺寸；门框或门扇外围尺寸；门材质；玻璃品种、厚度；启动装置的品种、规格；电子配件品种、规格。

工程量计算规则、工作内容：同电子感应门（010805001）。

（4）电子伸缩门（010805004）【樘、m²】

项目特征、工程量计算规则、工作内容：同电子对讲门（010805003）。

（5）全玻自由门（010805005）【樘、m²】

项目特征：门代号及洞口尺寸；门框或门扇外围尺寸；门框材质；玻璃品种、厚度。

工程量计算规则：同电子感应门（010805001）。

工作内容：门安装；五金安装。

（6）镜面不锈钢饰面门（010805006）【樘、m²】

项目特征：门代号及洞口尺寸；门框或门扇外围尺寸；门框、门扇材质；玻璃品种、厚度。

工程量计算规则、工作内容：同全玻自由门（010805005）。

（7）复合材料门门（010805007）【樘、m²】

项目特征、工程量计算规则、工作内容：同镜面不锈钢饰面门（010805006）。

H.6　木窗（编码 010806）

（1）木质窗（010806001）【樘、m²】

项目特征：窗代号及洞口尺寸；玻璃品种、厚度。

工程量计算规则：以樘计量，按设计图示数量计算；以平方米计量，按设计图示洞口尺寸以面积计算。

工作内容：窗安装；五金、玻璃安装。

（2）木飘（凸）窗（010806002）【樘、m²】

项目特征：窗代号及洞口尺寸；玻璃品种、厚度。

工程量计算规则：以樘计量，按设计图示数量计算；以平方米计量，按设计图示尺寸以框外围展开面积计算。

工作内容：窗安装；五金、玻璃安装。

（3）木橱窗（010806003）【樘、m²】

项目特征：窗代号；框截面及外围展开面积；玻璃品种、厚度；防护材料种类。

工程量计算规则：以樘计量，按设计图示数量计算；以平方米计量，按设计图示尺寸以框外围展开面积计算。

工作内容：窗制作、运输、安装；五金、玻璃安装；刷防护材料。

（4）木纱窗（010806004）【樘、m²】

项目特征：窗代号及框的外围尺寸；窗纱材料品种、规格。

工程量计算规则：以樘计量，按设计图示数量计算；以平方米计量，按框的外围尺寸以面积计算。

工作内容：窗安装；五金安装。

H.7 金属窗（编码 010807）

（1）金属（塑钢、断桥）窗（010807001）【樘、m²】

项目特征：窗代号及洞口尺寸；框、扇材质；玻璃品种、厚度。

工程量计算规则：以樘计量，按设计图示数量计算；以平方米计量，按设计图示洞口尺寸以面积计算。

工作内容：窗安装；五金、玻璃安装。

（2）金属防火窗（010807002）【樘、m²】

项目特征、工程量计算规则、工作内容：同金属（塑钢、断桥）窗（010807001）。

（3）金属百叶窗（010807003）【樘、m²】

项目特征：窗代号及洞口尺寸；框、扇材质；玻璃品种、厚度。

工程量计算规则：以樘计量，按设计图示数量计算；以平方米计量，按设计图示洞口尺寸以面积计算。

工作内容：窗安装；五金安装。

（4）金属纱窗（010807004）【樘、m²】

项目特征：窗代号及框的外围尺寸；框材质；窗纱材料品种、规格。

工程量计算规则：以樘计量，按设计图示数量计算；以平方米计量，按框的外围尺寸以面积计算。

工作内容：窗安装；五金安装。

（5）金属格栅窗（010807005）【樘、m²】

项目特征：窗代号及洞口尺寸；框外围尺寸；框、扇材质。

工程量计算规则：以樘计量，按设计图示数量计算；以平方米计量，按设计图示洞口尺寸以面积计算。

工作内容：窗安装；五金安装。

（6）金属（塑钢、断桥）窗（010807006）【樘、m²】

项目特征：窗代号；框外围展开面积；框、扇材质；玻璃品种、厚度；防护材料种类。

工程量计算规则：以樘计量，按设计图示数量计算；以平方米计量，按设计图示尺寸以框外围展开面积计算。

工作内容：窗制作、运输、安装；五金、玻璃安装；刷防护材料。

（7）金属（塑钢、断桥）飘（凸）窗（010807007）【樘、m²】

项目特征：窗代号；框外围展开面积；框、扇材质；玻璃品种、厚度。

工程量计算规则：以樘计量，按设计图示数量计算；以平方米计量，按设计图示尺寸以框外围展开面积计算。

工作内容：窗安装；五金、玻璃安装。

（8）彩板窗（010807008）【樘、m²】

项目特征：窗代号及洞口尺寸；框外围尺寸；框、扇材质；玻璃品种、厚度。

工程量计算规则：以樘计量，按设计图示数量计算；以平方米计量，按设计图示洞口尺寸或框外围以面积计算。

工作内容：窗安装；五金、玻璃安装。

（9）复合材料窗（010807009）【樘、m²】

项目特征、工程量计算规则、工作内容：同彩板窗（010807008）。

H.8　门窗套（编码010808）

（1）木门窗套（010808001）【樘、m²、m】

项目特征：窗代号及洞口尺寸；门窗套展开宽度；基层材料种类；面层材料品种、规格；线条品种、规格；防护材料种类。

工程量计算规则：以樘计量，按设计图示数量计算；以平方米计量，按设计图示尺寸以展开面积计算；以米计量，按设计图示中心以延长米计算。

工作内容：清理基层；立筋制作、安装；基层板安装；面层铺贴；线条安装；刷防护材料。

（2）木筒子板（010808002）【樘、m²、m】

项目特征：筒子板宽度；基层材料种类；面层材料品种、规格；线条品种、规格；防护材料种类。

工程量计算规则、工作内容：同木门窗套（010808001）。

（3）饰面夹板筒子板（010808003）【樘、m²、m】

项目特征、工程量计算规则、工作内容：同木筒子板（010808002）。

（4）金属门窗套（010808004）【樘、m²、m】

项目特征：窗代号及洞口尺寸；门窗套展开宽度；基层材料种类；面层材料品种、规格；防护材料种类。

工程量计算规则：以樘计量，按设计图示数量计算；以平方米计量，按设计图示尺寸以展开面积计算；以米计量，按设计图示中心以延长米计算。

工作内容：清理基层；立筋制作、安装；基层板安装；面层铺贴；刷防护材料。

（5）石材门窗套（010808005）【樘、m²、m】

项目特征：窗代号及洞口尺寸；门窗套展开宽度；黏结层厚度、砂浆配合比；面层材料品种、规格；线条品种、规格。

工程量计算规则：以樘计量，按设计图示数量计算；以平方米计量，按设计图示尺寸以展开面积计算；以米计量，按设计图示中心以延长米计算。

工作内容：清理基层；立筋制作、安装；基层抹灰；面层铺贴；线条安装。

（6）门窗木贴脸（010808006）【樘、m】

项目特征：门窗代号及洞口尺寸；贴脸板宽度；防护材料种类。

工程量计算规则：以樘计量，按设计图示数量计算；以米计量，按设计图示尺寸以延长米计算。

工作内容：安装。

（7）成品木门窗套（010808007）【樘、m²、m】

项目特征：门窗代号及洞口尺寸；门窗套展开宽度；门窗套材料品种、规格。

工程量计算规则：以樘计量，按设计图示数量计算；以平方米计量，按设计图示尺寸以展开面积计算；以米计量，按设计图示中心以延长米计算。

工作内容：清理基层；立筋制作、安装；板安装。

H.9　窗台板（编码010809）

（1）木窗台板（010809001）【m²】

项目特征：基层材料种类；窗台面板材质、规格、颜色；防护材料种类。

工程量计算规则：按设计图示尺寸以展开面积计算。

工作内容：基层清理；基层制作、安装；窗台板制作、安装；刷防护材料。

（2）铝塑窗台板（010809002）【m²】

项目特征、工程量计算规则、工作内容：同木窗台板（010809001）。

（3）金属窗台板（010809003）【m²】

项目特征、工程量计算规则、工作内容：同木窗台板（010809001）。

（4）石材窗台板（010809004）【m²】

项目特征：黏结层厚度、砂浆配合比；窗台板材质、规格、颜色。

工程量计算规则：按设计图示尺寸以展开面积计算。

工作内容：基层清理；抹找平层；窗台板制作、安装。

H.10　窗帘、窗帘盒、轨（编码010810）

（1）窗帘（010810001）【m、m²】

项目特征：窗帘材质；窗帘高度、宽度；窗帘层数；带幔要求。

工程量计算规则：以米计量，按设计图示尺寸以成活后长度计算；以平方米计量，按图示尺寸以成活后面积计算。

工作内容：制作、运输；安装。

（2）木窗帘盒（010810002）【m】

项目特征：窗帘盒材质、规格；防护材料种类。

工程量计算规则：按设计图示尺寸以长度计算。

工作内容：制作、运输、安装；刷防护材料。

（3）饰面夹板、塑料窗帘盒（010810003）【m】

项目特征、工程量计算规则、工作内容：同木窗帘盒（010810002）。

（4）铝合金窗帘盒（010810004）【m】

项目特征、工程量计算规则、工作内容：同木窗帘盒（010810002）。

（5）窗帘轨（010810005）【m】

项目特征：窗帘轨材质、规格；轨的数量；防护材料种类。

工程量计算规则、工作内容：同木窗帘盒（010810002）。

J　屋面及防水工程

J.1　瓦、型材及其他屋面（编码010901）

（1）瓦屋面（010901001）【m^2】

项目特征：瓦品种、规格；黏结层砂浆的配合比。

工程量计算规则：按设计图示尺寸以斜面积计算。不扣除房上烟囱、风帽底座、风道、小气窗、斜沟等所占面积。小气窗的出檐部分不增加面积。

工作内容：砂浆制作、运输、摊铺、养护；安瓦、作瓦脊。

（2）型材屋面（010901002）【m^2】

项目特征：型材品种、规格；金属檩条材料品种、规格；接缝、嵌缝材料种类。

工程量计算规则：按设计图示尺寸以斜面积计算。不扣除房上烟囱、风帽底座、风道、小气窗、斜沟等所占面积。小气窗的出檐部分不增加面积。

工作内容：檩条制作、运输、安装；屋面型材安装；接缝、嵌缝。

（3）阳光板屋面（010901003）【m^2】

项目特征：阳光板品种、规格；骨架材料品种、规格；接缝、嵌缝材料种类；油漆品种、刷漆遍数。

工程量计算规则：按设计图示尺寸以斜面积计算。不扣除屋面面积≤0.3 m^2 孔洞所占面积。

工作内容：骨架制作、运输、安装、刷防护材料、油漆；阳光板安装；接缝、嵌缝。

（4）玻璃钢屋面（010901004）【m^2】

项目特征：玻璃钢品种、规格；骨架材料品种、规格；玻璃钢固定方式；接缝、嵌缝材料种类；油漆品种、刷漆遍数。

工程量计算规则：按设计图示尺寸以斜面积计算。不扣除屋面面积≤0.3 m^2 孔洞所占面积。

工作内容：骨架制作、运输、安装、刷防护材料、油漆；玻璃钢制作、安装；接缝、嵌缝。

（5）膜结构屋面（010901005）【m^2】

项目特征：膜布品种、规格；支柱（网架）钢材品种、规格；钢丝绳品种、规格；锚固基座做法；油漆品种、刷漆遍数。

工程量计算规则：按设计图示尺寸以需要覆盖的水平投影面积计算。

工作内容：膜布热压胶接；支柱（网架）制作、安装；膜布安装；穿钢丝绳、锚头锚固；锚固基座、挖土、回填；刷防护材料，油漆。

J.2　屋面防水及其他（编码010902）

（1）屋面卷材防水（010902001）【m^2】

项目特征：卷材品种、规格、厚度；防水层数；防水层做法。

工程量计算规则：按设计图示尺寸以面积计算。斜屋顶（不包括平屋顶找坡）按斜面积计算，平屋顶按水平投影面积计算；不扣除房上烟囱、风帽底座、风道、屋面小气窗和斜沟所占面积；屋面的女儿墙、伸缩缝和天窗等处的弯起部分，并入屋面工程量内。

工作内容：基层处理；刷底油；铺油毡卷材、接缝。

（2）屋面涂膜防水（010902001）【m²】

项目特征：防水膜品种；涂膜厚度、遍数；增强材料种类。

工程量计算规则：同屋面卷材防水（010902001）。

工作内容：基层处理；刷基层处理剂；铺布、喷涂防水层。

（3）屋面刚性层（010902003）【m²】

项目特征：刚性层厚度；混凝土种类；混凝土强度等级；嵌缝材料种类；钢筋规格、型号。

工程量计算规则：按设计图示尺寸以面积计算。不扣除房上烟囱、风帽底座、风道等所占面积。

工作内容：基层处理；混凝土制作、运输、铺筑、养护；钢筋制安。

（4）屋面排水管（010902004）【m】

项目特征：排水管品种、规格；雨水斗、山墙出水口品种、规格；接缝、嵌缝材料种类；油漆品种、刷漆遍数。

工程量计算规则：按设计图示尺寸以长度计算。如设计未标注尺寸，以檐口至设计室外散水上表面垂直距离计算。

工作内容：排水管及配件安装、固定；雨水斗、山墙出水口、雨水箅子安装；接缝、嵌缝；刷漆。

（5）屋面排（透）气管（010902005）【m】

项目特征：排（透）气管品种、规格；接缝、嵌缝材料种类；油漆品种、刷漆遍数。

工程量计算规则：按设计图示尺寸以长度计算。

工作内容：排（透）气管及配件安装、固定；铁件制作、安装；接缝、嵌缝；刷漆。

（6）屋面（廊、阳台）泄（吐）水管（010902006）【根（个）】

项目特征：吐水管品种、规格；接缝、嵌缝材料种类；吐水管长度；油漆品种、刷漆遍数。

工程量计算规则：按设计图示数量计算。

工作内容：水管及配件安装、固定；接缝、嵌缝；刷漆。

（7）屋面天沟、檐沟（010902007）【m²】

项目特征：材料品种、规格；接缝、嵌缝材料种类。

工程量计算规则：按设计图示尺寸以展开面积计算。

工作内容：天沟材料铺设；天沟配件安装；接缝、嵌缝；刷防护材料。

（8）屋面变形缝（010902008）【m】

项目特征：嵌缝材料种类；止水带材料种类；盖缝材料；防护材料种类。

工程量计算规则：按设计图示以长度计算。

工作内容：清缝；填塞防水材料；止水带安装；盖缝制作、安装；刷防护材料。

【例4-7】某屋面工程，工程量为296.37 m²，卷起工程量为：34.23 m²。

工程做法为：保护层：涂料或粒料；防水层：高聚物改性沥青防水卷材；找平层：1∶3水泥砂浆，砂浆中掺聚丙烯或锦纶-6纤维0.75～0.90 kg/m³；保温层：60厚挤塑聚苯乙烯泡沫塑料板；找坡层：1∶8水泥膨胀珍珠岩找2%坡。编制屋面工程量清单如表4-9所示。

表 4-9 屋面工程量清单

序 号	项目编码	项目名称	项目特征	单 位	工 程 量
1	010702003001	屋面	1. 保护层：涂料或粒料 2. 防水层：高聚物改性沥青防水卷材，卷起量为，34.23 m² 3. 找平层：1:3 水泥砂浆，砂浆中掺聚丙烯或锦纶-6 纤维 0.75～0.90 kg/m³ 4. 保温层：60 厚挤塑聚苯乙烯泡沫塑料板 5. 找坡层：1:8 水泥膨胀珍珠岩找 2%坡	m²	296.37

J.3 墙面防水、防潮（编码 010903）

（1）墙面卷材防水（010903001）【m²】

项目特征：卷材品种、规格、厚度；防水层数；防水层做法。

工程量计算规则：按设计图示尺寸以面积计算。

工作内容：基层处理；刷黏结剂；铺防水卷材；接缝、嵌缝。

（2）墙面涂膜防水（010903002）【m²】

项目特征：防水膜品种；涂膜厚度、遍数；增强材料种类。

工程量计算规则：按设计图示尺寸以面积计算。

工作内容：基层处理；刷基层处理剂；铺布、喷涂防水层。

（3）墙面砂浆防水（防潮）（010903003）【m²】

项目特征：防水层做法；砂浆厚度、配合比；钢丝网规格。

工程量计算规则：按设计图示尺寸以面积计算。

工作内容：基层处理；挂钢丝网片；设置分格缝；砂浆制作、运输、摊铺、养护。

（4）墙面变形缝（010903004）【m】

项目特征：嵌缝材料种类；止水带材料种类；盖缝材料；防护材料种类。

工程量计算规则：按设计图示以长度计算。

工作内容：清缝；填塞防水材料；止水带安装；盖缝制作、安装；刷防护材料。

J.4 楼（地）面防水、防潮（编码 010904）

（1）楼（地）面卷材防水（010904001）【m²】

项目特征：卷材品种、规格、厚度；防水层数；防水层做法；反边高度。

工程量计算规则：按设计图示尺寸以面积计算。楼（地）面防水，按主墙间净空面积计算，扣除凸出地面的构筑物、设备基础等所占面积，不扣除间壁墙及单个面积≤0.3 m²的柱、垛、烟囱和孔洞所占面积；楼（地）面防水反边高度≤300 mm 时算作地面防水，反边高度>300 mm 时按墙面防水计算。

工作内容：基层处理；刷黏结剂；铺防水卷材；接缝、嵌缝。

（2）楼（地）面涂膜防水（010904002）【m²】

项目特征：防水膜品种；涂膜厚度、遍数；增强材料种类；反边高度。

工程量计算规则：同楼（地）面卷材防水（010904001）。

工作内容：基层处理；刷基层处理剂；铺布、喷涂防水层。

（3）楼（地）面砂浆防水（防潮）（010904003）【m²】

项目特征：防水层做法；砂浆厚度、配合比；反边高度。

工程量计算规则：同楼（地）面卷材防水（010904001）。

工作内容：基层处理；砂浆制作、运输、摊铺、养护。

（4）楼（地）变形缝（010904004）【m】

项目特征：嵌缝材料种类；止水带材料种类；盖缝材料；防护材料种类。

工程量计算规则：按设计图示以长度计算。

工作内容：清缝；填塞防水材料；止水带安装；盖缝制作、安装；刷防护材料。

K　保温、隔热、防腐工程

K.1　保温、隔热（编码011001）

（1）保温隔热屋面（011001001）【m²】

项目特征：保温隔热材料品种、规格、厚度；隔气层材料品种、厚度；黏结材料种类、做法；防护材料种类、做法。

工程量计算规则：按设计图示尺寸以面积计算。扣除面积>0.3 m²孔洞及占位面积。

工作内容：基层清理；刷黏结材料；铺粘保温层；铺、刷（喷）防护材料。

（2）保温隔热天棚（011001002）【m²】

项目特征：保温隔热面层材料品种、规格、性能；保温隔热材料品种、规格及厚度；黏结材料种类及做法；防护材料种类及做法。

工程量计算规则：按设计图示尺寸以面积计算。扣除面积>0.3 m²柱、垛、孔洞所占面积，与天棚相连的梁按展开面积计算并入天棚工程量内。

工作内容：基层清理；刷黏结材料；铺粘保温层；铺、刷（喷）防护材料。

（3）保温隔热墙面（011001003）【m²】

项目特征：保温隔热部位；保温隔热方式；踢脚线、勒脚线保温做法；龙骨材料品种、规格；保温隔热面层材料品种、规格、性能；保温隔热材料品种、规格及厚度；增强网及抗裂防水砂浆种类；黏结材料种类及做法；防护材料种类及做法。

工程量计算规则：按设计图示尺寸以面积计算。扣除门窗洞口以及面积>0.3 m²的梁、孔洞所占面积；门窗洞口侧壁以及与墙相连的柱，并入保温墙体工程量内。

工作内容：基层清理；刷界面剂；安装龙骨；填贴保温材料；保温板安装；粘贴面层；铺设增强格网、抹抗裂、防水砂浆面层；嵌缝；铺、刷（喷）防护材料。

（4）保温柱、梁（011001004）【m²】

项目特征、工作内容：同保温隔热墙面（011001003）。

工程量计算规则：按设计图示尺寸以面积计算。柱按设计图示柱断面保温层中心线展开长度乘保温层高度以面积计算，扣除面积>0.3 m²的梁所占面积；梁按设计图示梁断面保温层中心线展开长度乘保温层长度以面积计算。

（5）保温隔热楼地面（011001005）【m²】

项目特征：保温隔热部位；保温隔热面材料品种、规格、厚度；隔气层材料品种、厚度；黏结材料种类、做法；防护材料种类、做法。

工程量计算规则：按设计图示尺寸以面积计算。扣除面积>0.3 m²的柱、垛、孔洞等所占面积。门洞、空圈、暖气包槽、壁龛的开口部分不增加面积。

工作内容：基层清理；刷黏结材料；铺粘保温层；铺、刷（喷）防护材料。

（6）其他保温隔热（011001006）【m²】

项目特征：保温隔热部位；保温隔热方式；隔气层材料品种、厚度；保温隔热面层材料品种、规格、性能；保温隔热材料品种、规格及厚度；黏结材料种类及做法；增强网及抗裂防水砂浆种类；防护材料种类及做法。

工程量计算规则：按设计图示尺寸以展开面积计算。扣除面积>0.3 m² 孔洞及占位面积。

工作内容：基层清理；刷界面剂；安装龙骨；填贴保温材料；保温板安装；粘贴面层；铺设增强格网、抹抗裂、防水砂浆面层；嵌缝；铺、刷（喷）防护材料。

K.2　防腐面层（编码 011002）

（1）防腐混凝土面层（011002001）【m²】

项目特征：防腐部位；面层厚度；混凝土种类；胶泥种类、配合比。

工程量计算规则：按设计图示尺寸以面积计算。平面防腐：扣除凸出地面的构筑物、设备基础等以及面积>0.3 m² 的孔洞、柱、垛等所占面积。门洞、空圈、暖气包槽、壁龛的开口部分不增加面积。立面防腐：扣除门、窗、洞口以及面积>0.3 m² 的孔洞、梁所占面积，门、窗、洞口侧壁、垛突出部分按展开面积并入墙面积内。

工作内容：基层清理；基层刷稀胶泥；混凝土制作、运输、摊铺、养护。

（2）防腐砂浆面层（011002002）【m²】

项目特征：防腐部位；面层厚度；砂浆、胶泥种类、配合比。

工程量计算规则：同防腐混凝土面层（011002001）。

工作内容：基层清理；基层刷稀胶泥；砂浆制作、运输、摊铺、养护。

（3）防腐胶泥面层（011002003）【m²】

项目特征：防腐部位；面层厚度；胶泥种类、配合比。

工程量计算规则：同防腐混凝土面层（011002001）。

工作内容：基层清理；胶泥调制、摊铺。

（4）玻璃钢防腐面层（011002004）【m²】

项目特征：防腐部位；玻璃钢种类；贴布材料的种类、层数；面层材料品种。

工程量计算规则：同防腐混凝土面层（011002001）。

工作内容：基层清理；刷底漆、刮腻子；胶浆配制、涂刷；粘布、涂刷面层。

（5）聚氯乙烯板面层（011002005）【m²】

项目特征：防腐部位；面层材料品种、厚度；黏结材料种类。

工程量计算规则：同防腐混凝土面层（011002001）。

工作内容：基层清理；配料、涂胶；聚氯乙烯板铺设。

（6）块料防腐面层（011002006）【m²】

项目特征：防腐部位；块料品种、规格；黏结材料种类；勾缝材料种类。

工程量计算规则：同防腐混凝土面层（011002001）。

工作内容：基层清理；铺贴块料；胶泥调制、勾缝。

（7）池、槽块料防腐面层（011002007）【m²】

项目特征：防腐池、槽名称、代号；块料品种、规格；黏结材料种类；勾缝材料种类。

工程量计算规则：按设计图示尺寸以展开面积计算。

工作内容：基层清理；铺贴块料；胶泥调制、勾缝。

K.3 其他防腐（编码 011003）

（1）隔离层（011003001）【m²】

项目特征：隔离层部位；隔离层材料品种；隔离层做法；粘贴材料种类。

工程量计算规则：同防腐混凝土面层（011002001）。

工作内容：基层清理、刷油、煮沥青；胶泥调制；隔离层铺设。

（2）砌筑沥青浸渍砖（011003002）【m³】

项目特征：砌筑部位；浸渍砖规格；胶泥种类；浸渍砖砌法。

工程量计算规则：按设计图示尺寸以体积计算。

工作内容：基层清理；胶泥调制；浸渍砖铺砌。

（3）防腐涂料（011003003）【m²】

项目特征：涂刷部位；基层材料类型；刮腻子的种类、遍数；涂料品种、刷涂遍数。

工程量计算规则：同防腐混凝土面层（011002001）。

工作内容：基层清理；刮腻子；刷涂料。

L 楼地面装饰工程

L.1 整体面层及找平层（编码 011101）

（1）水泥砂浆楼地面（011101001）【m²】

项目特征：找平层厚度、砂浆配合比；素水泥浆遍数；面层厚度、砂浆配合比；面层做法要求。

工程量计算规则：按设计图示尺寸以面积计算。扣除凸出地面构筑物、设备基础、室内铁道、地沟等所占面积，不扣除间壁墙及≤0.3 m²的柱、垛、附墙烟囱及孔洞所占面积。门洞、空圈、暖气包槽、壁龛的开口部分不增加面积。

工作内容：基层清理；抹找平层；抹面层；材料运输。

（2）现浇水磨石楼地面（011101002）【m²】

项目特征：找平层厚度、砂浆配合比；面层厚度、水泥石子浆配合比；嵌条材料种类、规格；石子种类、规格、颜色；颜料种类、颜色；图案要求；磨光、酸洗、打蜡要求。

工程量计算规则：同水泥砂浆楼地面（011101001）。

工作内容：基层清理；抹找平层；面层铺设；嵌缝条安装；磨光、酸洗打蜡；材料运输。

（3）细石混凝土楼地面（011101003）【m²】

项目特征：找平层厚度、砂浆配合比；面层厚度、混凝土强度等级。

工程量计算规则：同水泥砂浆楼地面（011101001）。

工作内容：基层清理；抹找平层；面层铺设；材料运输。

（4）菱苦土楼地面（011101004）【m²】

项目特征：找平层厚度、砂浆配合比；面层厚度；打蜡要求。

工程量计算规则：同水泥砂浆楼地面（011101001）。

工作内容：基层清理；抹找平层；面层铺设；打蜡；材料运输。

（5）自流坪楼地面（011101005）【m²】

项目特征：找平层砂浆配合比、厚度；界面剂材料种类；中层漆材料种类、厚度；面漆材料种类、厚度；面层材料种类。

工程量计算规则：同水泥砂浆楼地面（011101001）。

工作内容：基层清理；抹找平层；涂界面剂；涂刷中层漆；打磨、吸尘；镘自流平面漆（浆）；拌合自流平浆料；铺面层。

（6）平面砂浆找平层（011101006）【m²】

项目特征：找平层厚度、砂浆配合比。

工程量计算规则：按设计图示尺寸以面积计算。

工作内容：基层清理；抹找平层；材料运输。

【例4-8】某楼面工程，工程量为 666.93 m²，卷起工程量为：53.18m²。工程做法为：30厚 C20 细石混凝土随打随抹光；1.2厚聚氨酯防水涂料面上粘黄砂，四周沿墙上翻100高；刷基层处理剂一遍；20厚1:2水泥砂浆找平，四周抹小八字角。编制楼面工程量清单如表4-10所示。

表 4-10　楼面工程量清单

序　号	项目编码	项目名称	项目特征	单　位	工 程 量
1	020101003001	细石混凝土防水楼面	1. 30厚 C20 细石混凝土随打随抹光 2. 1.2厚聚氨酯防水涂料面上粘黄砂，四周沿墙上翻100高，卷起量为53.18 m² 3. 刷基层处理剂一遍 4. 20厚1:2水泥砂浆找平，四周抹小八字角	m²	666.93

L.2　块料面层（编码 011102）

（1）石材楼地面（011102001）【m²】

项目特征：找平层厚度、砂浆配合比；结合层厚度、砂浆配合比；面层材料品种、规格、颜色；嵌缝材料种类；防护层材料种类；酸洗、打蜡要求。

工程量计算规则：按设计图示尺寸以面积计算。门洞、空圈、暖气包槽、壁龛的开口部分并入相应的工程量内。

工作内容：基层清理；抹找平层；面层铺设、磨边；嵌缝；刷防护材料；酸洗、打蜡；材料运输。

（2）碎石材楼地面（011102002）【m²】

项目特征、工程量计算规则、工作内容：同石材楼地面（011102001）。

（3）块料楼地面（011102003）【m²】

项目特征、工程量计算规则、工作内容：同石材楼地面（011102001）。

L.3　橡塑面层（编码 011103）

（1）橡胶板楼地面（011103001）【m²】

项目特征：黏结层厚度、材料种类；面层材料品种、规格、颜色；压线条种类。

工程量计算规则：按设计图示尺寸以面积计算。门洞、空圈、暖气包槽、壁龛的开口部分并入相应的工程量内。

工作内容：基层清理；面层铺贴；压线条装订；材料运输。

（2）橡胶板卷材楼地面（011103002）【m²】

项目特征、工程量计算规则、工作内容：同橡胶板楼地面（011103001）。

（3）塑料板楼地面（011103003）【m²】

项目特征、工程量计算规则、工作内容：同橡胶板楼地面（011103001）。

（4）塑料卷材楼地面（011103004）【m²】

项目特征、工程量计算规则、工作内容：同橡胶板楼地面（011103001）。

L.4 其他材料面层（编码 011104）

（1）地毯楼地面（011104001）【m²】

项目特征：面层材料品种、规格、颜色；防护材料种类；黏结材料种类；压线条种类。

工程量计算规则：按设计图示尺寸以面积计算。门洞、空圈、暖气包槽、壁龛的开口部分并入相应的工程量内。

工作内容：基层清理；铺贴面层；刷防护材料；装订压条；材料运输。

（2）竹、木（复合）地板（011104002）【m²】

项目特征：龙骨材料种类、规格、铺设间距；基层材料种类、规格；面层材料品种、规格、颜色；防护材料种类。

工程量计算规则：同地毯楼地面（011104001）。

工作内容：基层清理；龙骨铺设；基层铺设；面层铺贴；刷防护材料；材料运输。

（3）金属复合地板（011104003）【m²】

项目特征、工程量计算规则、工作内容：同竹、木（复合）地板（011104002）

（4）防静电活动地板（011104004）【m²】

项目特征：支架高度、材料种类；面层材料品种、规格、颜色；防护材料种类。

工程量计算规则：同地毯楼地面（011104001）。

工作内容：基层清理；固定支架安装；活动面层安装；刷防护材料；材料运输。

L.5 踢脚线（编码 011105）

（1）水泥砂浆踢脚线（011105001）【m²、m】

项目特征：踢脚线高度；底层厚度、砂浆配合比；面层厚度、砂浆配合比。

工程量计算规则：以平方米计量，按设计图示长度乘高度以面积计算；以米计量，按延长米计算。

工作内容：基层清理；底层和面层抹灰；材料运输。

（2）石材踢脚线（011105002）【m²、m】

项目特征：踢脚线高度；黏结层厚度、材料种类；面层材料品种、规格、颜色；防护材料种类。

工程量计算规则：同水泥砂浆踢脚线（011105001）。

工作内容：基层清理；底层抹灰；面层铺贴、磨边；擦缝；磨光、酸洗、打蜡；刷防护材料；材料运输。

（3）块料踢脚线（011105003）【m²、m】

项目特征、工程量计算规则、工作内容：同石材踢脚线（011105002）。

（4）塑料板踢脚线（011105004）【m²、m】

项目特征：踢脚线高度；黏结层厚度、材料种类；面层材料品种、规格、颜色。

工程量计算规则：同水泥砂浆踢脚线（011105001）。

工作内容：基层清理；基层铺贴；面层铺贴；材料运输。

（5）木质踢脚线（011105005）【m²、m】

项目特征：踢脚线高度；基层材料种类、规格；面层材料品种、规格、颜色。

工程量计算规则、工作内容：同塑料板踢脚线（011105004）。

（6）金属踢脚线（011105006）【m²、m】

项目特征、工程量计算规则、工作内容：同塑料板踢脚线（011105004）。

（7）防静电踢脚线（011105007）【m²、m】

项目特征、工程量计算规则、工作内容：同塑料板踢脚线（011105004）。

L.6   楼梯面层（编码 011106）

（1）石材楼梯面层（011106001）【m²】

项目特征：找平层厚度、砂浆配合比；黏结层厚度、材料种类；面层材料品种、规格、颜色；防滑材料种类、规格；勾缝材料种类；防护材料种类；酸洗、打蜡要求。

工程量计算规则：按设计图示尺寸以楼梯（包括踏步、休息平台及≤500 mm 的楼梯井）水平投影面积计算。楼梯与楼地面相连时，算至梯口梁内侧边沿；无梯口梁者，算至最上一层踏步边沿加 300 mm。

工作内容：基层清理；抹找平层；面层铺贴、磨边；贴嵌防滑条；勾缝；刷防护材料；酸洗、打蜡；材料运输。

（2）块料楼梯面层（011106002）【m²】

项目特征、工程量计算规则、工作内容：同石材楼梯面层（011106001）。

（3）碎拼块料面层（011106003）【m²】

项目特征、工程量计算规则、工作内容：同石材楼梯面层（011106001）。

（4）水泥砂浆楼梯面层（011106004）【m²】

项目特征：找平层厚度、砂浆配合比；面层厚度、砂浆配合比；防滑条材料种类、规格。

工程量计算规则：同石材楼梯面层（011106001）。

工作内容：基层清理；抹找平层；抹面层；抹防滑条；材料运输。

（5）现浇水磨石楼梯面层（011106005）【m²】

项目特征：找平层厚度、砂浆配合比；面层厚度、水泥石子浆配合比；防滑条材料种类、规格；石子种类、规格、颜色；颜料种类、颜色；磨光、酸洗打蜡要求。

工程量计算规则：同石材楼梯面层（011106001）。

工作内容：基层清理；抹找平层；抹面层；贴嵌防滑条；磨光、酸洗、打蜡；材料运输。

（6）地毯楼梯面层（011106006）【m²】

项目特征：基层种类；面层材料品种、规格、颜色；防护材料种类；黏结材料种类；固定配件材料种类、规格。

工程量计算规则：同石材楼梯面层（011106001）。

工作内容：基层清理；铺贴面层；固定配件安装；刷防护材料；材料运输。

（7）木板楼梯面层（011106007）【m²】

项目特征：基层材料种类、规格；面层材料品种、规格、颜色；黏结材料种类；防护材料种类。

工程量计算规则：同石材楼梯面层（011106001）。

工作内容：基层清理；基层铺贴；面层铺贴；刷防护材料；材料运输。

（8）橡胶板楼梯面层（011106008）【m^2】

项目特征：黏结层厚度、材料种类；面层材料品种、规格、颜色；压线条种类。

工程量计算规则：同石材楼梯面层（011106001）。

工作内容：基层清理；面层铺贴；压缝条装订；材料运输。

（9）塑料板楼梯面层（011106009）【m^2】

项目特征、工程量计算规则、工作内容：同橡胶板楼梯面层（011106008）。

L.7 台阶装饰（编码011107）

（1）石材台阶面（011107001）【m^2】

项目特征：找平层厚度、砂浆配合比；黏结材料种类；面层材料品种、规格、颜色；勾缝材料种类；防滑条材料种类、规格；防护材料种类。

工程量计算规则：按设计图示尺寸以台阶（包括最上层踏步边沿加300 mm）水平投影面积计算。

工作内容：基层清理；抹找平层；面层铺贴；贴嵌防滑条；勾缝；刷防护材料；材料运输。

（2）块料台阶面（011107002）【m^2】

项目特征、工程量计算规则、工作内容：同石材台阶面（011107001）。

（3）拼碎块料台阶面（011107003）【m^2】

项目特征、工程量计算规则、工作内容：同石材台阶面（011107001）。

（4）水泥砂浆台阶面（011107004）【m^2】

项目特征：找平层厚度、砂浆配合比；面层厚度、砂浆配合比；防滑条材料种类。

工程量计算规则：同石材台阶面（011107001）。

工作内容：基层清理；抹找平层；抹面层；抹防滑条；材料运输。

（5）现浇水磨石台阶面（011107005）【m^2】

项目特征：找平层厚度、砂浆配合比；面层厚度、水泥石子浆配合比；防滑条材料种类、规格；石子种类、规格、颜色；颜料种类、颜色；磨光、酸洗打蜡要求。

工程量计算规则：同石材台阶面（011107001）。

工作内容：清理基层；抹找平层；抹面层；贴嵌防滑条；打磨、酸洗、打蜡；材料运输。

（6）剁假石台阶面（011107006）【m^2】

项目特征：找平层厚度、砂浆配合比；面层厚度、砂浆配合比；剁假石要求。

工程量计算规则：同石材台阶面（011107001）。

工作内容：清理基层；抹找平层；抹面层；剁假石；材料运输。

L.8 零星装饰项目（编码011108）

（1）石材零星项目（011108001）【m^2】

项目特征：工程部位；找平层厚度、砂浆配合比；贴结合层厚度、材料种类；面层材料品种、规格、颜色；勾缝材料种类；防护材料种类；酸洗、打蜡要求。

工程量计算规则：按设计图示尺寸以面积计算。

工作内容：清理基层；抹找平层；面层铺贴、磨边；勾缝；刷防护材料；酸洗、打蜡；材料运输。

（2）拼碎石材零星项目（011108002）【m²】

项目特征、工程量计算规则、工作内容：同石材零星项目（011108001）。

（3）块料零星项目（011108003）【m²】

项目特征、工程量计算规则、工作内容：同石材零星项目（011108001）。

（4）水泥砂浆零星项目（011108004）【m²】

项目特征：工程部位；找平层厚度、砂浆配合比；面层厚度、砂浆厚度。

工程量计算规则：按设计图示尺寸以面积计算。

工作内容：清理基层；抹找平层；抹面层材料运输。

M 墙、柱面装饰与隔断、幕墙工程

M.1 墙面抹灰（编码011201）

（1）墙面一般抹灰（011201001）【m²】

项目特征：墙体类型；底层厚度、砂浆配合比；面层厚度、砂浆配合比；装饰面材料种类；分格缝宽度、材料种类。

工程量计算规则：按设计图示尺寸以面积计算。扣除墙裙、门窗洞口及单个>0.3 m²的孔洞面积，不扣除踢脚线、挂镜线和墙与构件交接处的面积，门窗洞口和孔洞的侧壁及顶面不增加面积。附墙柱、梁、垛、烟囱侧壁并入相应的墙面面积内。

① 外墙抹灰面积按外墙垂直投影面积计算。

② 外墙裙抹灰面积按其长度乘以高度计算。

③ 内墙抹灰面积按主墙间的净长乘以高度计算。无墙裙的，高度按室内楼地面至天棚底面计算；有墙裙的，高度按墙裙顶至天棚底面计算；有吊顶天棚抹灰，高度算至天棚底。

④ 内墙裙抹灰面按内墙净长乘以高度计算。

工作内容：基层清理；砂浆制作、运输；底层抹灰；抹面层；抹装饰面；勾分格缝。

（2）墙面装饰抹灰（011201002）【m²】

项目特征、工程量计算规则、工作内容：同墙面一般抹灰（011201001）。

（3）墙面勾缝（011201003）【m²】

项目特征：勾缝类型；勾缝材料种类。

工程量计算规则：同墙面一般抹灰（011201001）。

工作内容：基层清理；砂浆制作、运输；勾缝。

（4）立面砂浆找平层（011201004）【m²】

项目特征：基层类型；找平层砂浆厚度、配合比。

工程量计算规则：同墙面一般抹灰（011201001）。

工作内容：基层清理；砂浆制作、运输；抹灰找平。

【例4-9】某内墙工程，工程量为5 980.73 m²，工程做法为：刷建筑胶素水泥浆一遍，配合比为建筑胶：水=1:4；15厚1:1:6水泥石灰砂浆，分两次抹灰；5厚1:0.5:3水泥石灰砂浆。编制内墙面工程量清单如表4-11所示。

表 4-11　内墙面工程量清单

序　号	项目编码	项目名称	项 目 特 征	单　位	工　程　量
1	020201001001	混合砂浆内墙面	1. 刷建筑胶素水泥浆一遍，配合比为建筑胶：水 = 1：4 2. 15 厚 1：1：6 水泥石灰砂浆，分两次抹灰 3. 5 厚 1：0.5：3 水泥石灰砂浆	m²	5 980.73

M.2　柱（梁）面抹灰（编码 011202）

（1）柱、梁面一般抹灰（011202001）【m²】

项目特征：柱（梁）体类型、底层厚度、砂浆配合比；面层厚度、砂浆配合比；装饰面材料种类；分格缝宽度、材料种类。

工程量计算规则：柱面抹灰，按设计图示柱断面周长乘高度以面积计算；梁面抹灰，按设计图示梁断面周长乘长度以面积计算。

工作内容：基层清理；砂浆制作、运输；底层抹灰；抹面层；勾分格缝。

（2）柱、梁面装饰抹灰（011202002）【m²】

项目特征、工程量计算规则、工作内容：同柱、梁面一般抹灰（011202001）。

（3）柱、梁面砂浆找平（011202003）【m²】

项目特征：柱（梁）体类型；找平的砂浆厚度、配合比。

工程量计算规则：同柱、梁面一般抹灰（011202001）。

工作内容：基层清理；砂浆制作、运输；抹灰找平。

（4）柱面勾缝（011202004）【m²】

项目特征：勾缝类型；勾缝材料种类。

工程量计算规则：按设计图示柱断面周长乘高度以面积计算。

工作内容：基层清理；砂浆制作、运输；勾缝。

M.3　零星抹灰（编码 011203）

（1）零星项目一般抹灰（011203001）【m²】

项目特征：基层类型、部位；底层厚度、砂浆配合比；面层厚度、砂浆配合比；装饰面材料种类；分格缝宽度、材料种类。

工程量计算规则：按设计图示尺寸以面积计算。

工作内容：基层清理；砂浆制作、运输；底层抹灰；抹面层；抹装饰面；勾分格缝。

（2）零星项目装饰抹灰（011203002）【m²】

项目特征、工程量计算规则、工作内容：同零星项目一般抹灰（011202001）。

（3）零星项目砂浆找平（011203003）【m²】

项目特征：基层类型、部位；找平的砂浆厚度、配合比。

工程量计算规则：同零星项目一般抹灰（011203001）。

工作内容：基层清理；砂浆制作、运输；抹灰找平。

M.4　墙面块料面层（编码 011204）

（1）石材墙面（011204001）【m²】

项目特征：墙体类型；安装方式；面层材料品种、规格、颜色；缝宽、嵌缝材料种类；防护材料种类；磨光、酸洗、打蜡要求。

工程量计算规则：按镶贴表面积计算。

工作内容：基层清理；砂浆制作、运输；黏结层铺贴；面层安装；嵌缝；刷防护材料；磨光、酸洗、打蜡。

（2）拼碎石材墙面（011204002）【m²】

项目特征、工程量计算规则、工作内容：同石材墙面（011204001）。

（3）块料墙面（011204003）【m²】

项目特征、工程量计算规则、工作内容：同石材墙面（011204001）。

（4）干挂石材钢骨架（011204004）【t】

项目特征：骨架种类、规格；防锈漆品种遍数。

工程量计算规则：按设计图示以质量计算。

工作内容：骨架制作、运输、安装；刷漆。

M.5　柱（梁）面镶贴块料（编码 011205）

（1）石材柱面（011205001）【m²】

项目特征：柱截面类型、尺寸；安装方式；面层材料品种、规格、颜色；缝宽、嵌缝材料种类；防护材料种类；磨光、酸洗、打蜡要求。

工程量计算规则：按镶贴表面积计算，

工作内容：基层清理；砂浆制作、运输；黏结层铺贴；面层安装；嵌缝；刷防护材料；磨光、酸洗、打蜡。

（2）块料柱面（011205002）【m²】

项目特征、工程量计算规则、工作内容：同石材柱面（011205001）。

（3）拼碎块柱面（011205003）【m²】

项目特征、工程量计算规则、工作内容：同石材柱面（011205001）。

（4）石材梁面（011205004）【m²】

项目特征：安装方式；面层材料品种、规格、颜色；缝宽、嵌缝材料种类；防护材料种类；磨光、酸洗、打蜡要求。

工程量计算规则、工作内容：同石材柱面（011205001）。

（5）块料梁面（011205005）【m²】

项目特征、工程量计算规则、工作内容：同石材梁面（011205004）。

M.6　镶贴零星块料（编码 011206）

（1）石材零星项目（011206001）【m²】

项目特征：基层类型、部位；安装方式；面层材料品种、规格、颜色；缝宽、嵌缝材料种类；防护材料种类；磨光、酸洗、打蜡要求。

工程量计算规则：按镶贴表面积计算。

工作内容：基层清理；砂浆制作、运输；面层安装；嵌缝；刷防护材料；磨光、酸洗、打蜡。

（2）块料零星项目（011206002）【m²】

项目特征、工程量计算规则、工作内容：同石材零星项目（011206001）。

（3）拼碎块零星项目（011206003）【m²】

项目特征、工程量计算规则、工作内容：同石材零星项目（011206001）。

M. 7　墙饰面（编码 011207）

（1）墙面装饰板（011207001）【m²】

项目特征：龙骨材料种类、规格、中距；隔离层材料种类、规格；基层材料种类、规格；面层材料品种、规格、颜色；压条材料种类、规格。

工程量计算规则：按设计图示墙净长乘净高以面积计算。扣除门窗洞口及单个>0.3 m²的孔洞所占面积。

工作内容：基层清理；龙骨制作、运输、安装；钉隔离层；基层铺钉；面层铺贴。

（2）墙面装饰浮雕（011207002）【m²】

项目特征：基层类型；浮雕材料种类；浮雕样式。

工程量计算规则：按设计图示尺寸以面积计算。

工作内容：基层清理；材料制作、运输；安装成型。

M. 8　柱（梁）饰面（编码 011208）

（1）柱（梁）面装饰（011208001）【m²】

项目特征：龙骨材料种类、规格、中距；隔离层材料种类；基层材料种类、规格；面层材料品种、规格、颜色；压条材料种类、规格。

工程量计算规则：按设计图示饰面外围尺寸以面积计算。柱帽、柱墩并入相应柱饰面工程量内。

工作内容：基层清理；龙骨制作、运输、安装；钉隔离层；基层铺钉；面层铺贴。

（2）成品装饰柱（011208002）【根、m】

项目特征：柱截面、高度尺寸；柱材质。

工程量计算规则：以根计量，按设计数量计算；以米计量，按设计长度计算。

工作内容：柱运输、固定、安装。

M. 9　幕墙工程（编码 011209）

（1）带骨架幕墙（011209001）【m²】

项目特征：骨架材料种类、规格、中距；面层材料品种、规格、颜色；面层固定方式；隔离带、框边封闭材料品种、规格；嵌缝、塞口材料种类。

工程量计算规则：按设计图示框外围尺寸以面积计算。与幕墙同种材质的窗所占面积不扣除。

工作内容：骨架制作、运输、安装；面层安装；隔离带、框边封闭；嵌缝、塞口；清洗。

（2）全玻（无框玻璃）幕墙（011209002）【m²】

项目特征：玻璃 品种、规格、颜色；黏结塞口材料种类；固定方式。

工程量计算规则：按设计图示尺寸以面积计算。带肋全玻幕墙按展开面积计算。

工作内容：幕墙安装；嵌缝、塞口；清洗。

M. 10　隔断（编码 011210）

（1）木隔断（011210001）【m²】

项目特征：骨架、边框材料种类、规格；隔板材料品种、规格、颜色；嵌缝、塞口材料品种；压条材料种类。

工程量计算规则：按设计图示框外围尺寸以面积计算。不扣除单个≤0.3 m² 的孔洞所占面积；浴厕门的材质与隔断相同时，门的面积并入隔断面积内。

工作内容：骨架及边框制作、运输、安装；隔板制作、运输、安装；嵌缝、塞口；装钉压条。

（2）金属隔断（011210002）【m²】

项目特征：骨架、边框材料种类、规格；隔板材料品种、规格、颜色；嵌缝、塞口材料品种。

工程量计算规则：同木隔断（011210001）。

工作内容：骨架及边框制作、运输、安装；隔板制作、运输、安装；嵌缝、塞口。

（3）玻璃隔断（011210003）【m²】

项目特征：边框材料种类、规格；玻璃品种、规格、颜色；嵌缝、塞口材料品种。

工程量计算规则：按设计图示框外围尺寸以面积计算。不扣除单个≤0.3 m² 的孔洞所占面积。

工作内容：边框制作、运输、安装；玻璃制作、运输、安装；嵌缝、塞口。

（4）塑料隔断（011210004）【m²】

项目特征：边框材料种类、规格；隔板材料品种、规格、颜色；嵌缝、塞口材料品种。

工程量计算规则：同玻璃隔断（011210003）。

工作内容：骨架及边框制作、运输、安装；隔板制作、运输、安装；嵌缝、塞口。

（5）成品隔断（011210005）【m²、间】

项目特征：隔断材料品种、规格、颜色；配件品种、规格。

工程量计算规则：以平方米计量，按设计图示框外围尺寸以面积计算；以间计量，按设计间的数量计算。

工作内容：隔断运输、安装；嵌缝、塞口。

（6）其他隔断（011210006）【m²】

项目特征：骨架、边框材料种类、规格；隔板材料品种、规格、颜色；嵌缝、塞口材料品种。

工程量计算规则：同玻璃隔断（011210003）。

工作内容：骨架及边框安装；隔板安装；嵌缝、塞口。

N 天棚工程

N.1 天棚抹灰（编码 011301）

天棚抹灰（011301001）【m²】

项目特征：基层类型；抹灰厚度、材料种类；砂浆配合比。

工程量计算规则：按设计图示尺寸以水平投影面积计算。不扣除间壁墙、垛、柱、附墙烟囱、检查口和管道所占的面积，带梁天棚的梁两侧抹灰面积并入天棚面积内，板式楼梯底面抹灰按斜面积计算，锯齿形楼梯底板抹灰按展开面积计算。

工作内容：基层清理；底层抹灰；抹面层。

【例 4-10】某顶棚工程，工程量为 12 088.38 m²，工程做法为：钢筋混凝土板底面清理干净；7 厚 1∶1∶4 水泥石灰砂浆；5 厚 1∶0.5∶3 水泥石灰砂浆；表面喷刷涂料另选。编制顶棚工程量清单如表 4-12 所示。

表 4-12　顶棚工程量清单

序　　号	项目编码	项目名称	项目特征	单　位	工程量
1	020301001001	混合砂浆顶棚	1. 钢筋混凝土板底面清理干净 2. 7 厚 1∶1∶4 水泥石灰砂浆 3. 5 厚 1∶0.5∶3 水泥石灰砂浆 4. 表面喷刷涂料另选	m²	12 088.38

N.2　天棚吊顶（编码 011302）

（1）吊顶天棚（011302001）【m²】

项目特征：吊顶形式、吊杆规格、高度；龙骨材料种类、规格、中距；基层材料种类、规格；面层材料品种、规格；压条材料种类、规格；嵌缝材料种类；防护材料种类。

工程量计算规则：按设计图示尺寸以水平投影面积计算。天棚面中的灯槽及跌级、锯齿形、吊挂式、藻井式天棚面积不展开计算。不扣除间壁墙、检查口、附墙烟囱、柱垛和管道所占面积，扣除单个 >0.3 m² 的孔洞、独立柱及与天棚相连的窗帘盒所占的面积。

工作内容：基层清理、吊杆安装；龙骨安装；基层板铺贴；面层铺贴；嵌缝；刷防护材料。

（2）格栅吊顶（011302002）【m²】

项目特征：龙骨材料种类、规格、中距；基层材料种类、规格；面层材料品种、规格；防护材料种类。

工程量计算规则：按设计图示尺寸以水平投影面积计算。

工作内容：基层清理；安装龙骨；基层板铺贴；面层铺贴；刷防护材料。

（3）吊筒吊顶（011302003）【m²】

项目特征：吊筒形状、规格；吊筒材料种类；防护材料种类。

工程量计算规则：同格栅吊顶（011302002）。

工作内容：基层清理；吊筒制作安装；刷防护材料。

（4）藤条造型悬挂吊顶（011302004）【m²】

项目特征：骨架材料种类、规格；面层材料品种、规格。

工程量计算规则：同格栅吊顶（011302002）。

工作内容：基层清理；龙骨安装；铺贴面层。

（5）织物软雕吊顶（011302005）【m²】

项目特征、工程量计算规则、工作内容：同藤条造型悬挂吊顶（011302004）。

（6）装饰网架吊顶（011302006）【m²】

项目特征：网架材料品种、规格。

工程量计算规则：同格栅吊顶（011302002）。

工作内容：基层清理；网架制作安装。

N.3　采光天棚（编码 011303）

采光天棚（011303001）【m²】

项目特征：骨架类型；固定类型、固定材料品种、规格；面层材料品种、规格；嵌缝、塞口材料种类。

工程量计算规则：按框外围展开面积计算。

工作内容：清理基层；面层制安；嵌缝、塞口；清洗。

N.4　天棚其他装饰（编码 011304）

（1）灯带（槽）（011304001）【m²】

项目特征：灯带形式、尺寸；格栅片材料品种、规格；安装固定方式。

工程量计算规则：按设计图示尺寸以框外围面积计算。

工作内容：安装、固定。

（2）送风口、回风口（011304002）【个】

项目特征：风口材料品种、规格；安装固定方式；防护材料种类。

工程量计算规则：按设计图示数量计算。

工作内容：安装、固定；刷防护材料。

P　油漆、涂料、裱糊工程

P.1　门油漆（编码 011401）

（1）木门油漆（011401001）【樘、m²】

项目特征：门类型；门代号及洞口尺寸；腻子种类；刮腻子遍数；防护材料种类；油漆品种、刷漆遍数。

工程量计算规则：以樘计量，按设计图示数量计量；以平方米计量，按设计图示洞口尺寸以面积计算。

工作内容：基层清理；刮腻子；刷防护材料、油漆。

（2）金属门油漆（011401002）【樘、m²】

项目特征、工程量计算规则：同木门油漆（011401001）。

工作内容：除锈、基层清理；刮腻子；刷防护材料、油漆。

P.2　窗油漆（编码 011402）

（1）木窗油漆（011402001）【樘、m²】

项目特征：窗类型；窗代号及洞口尺寸；腻子种类；刮腻子遍数；防护材料种类；油漆品种、刷漆遍数。

工程量计算规则、工作内容：同木门油漆（011401001）。

（2）金属窗油漆（011402002）【樘、m²】

项目特征、工程量计算规则：同木窗油漆（011402001）。

工作内容：同金属门油漆（011401002）。

P.3　木扶手及其他板条、线条油漆（编码 011403）

（1）木扶手油漆（011403001）【m】

项目特征：断面尺寸；腻子种类；刮腻子遍数；防护材料种类；油漆品种、刷漆遍数。

工程量计算规则：按设计图示尺寸以长度计算。

工作内容：基层清理；刮腻子；刷防护材料、油漆。

（2）窗帘盒油漆（011403002）【m】

项目特征、工程量计算规则、工作内容：同木扶手油漆（011403001）。

（3）封檐板、顺水板油漆（011403003）【m】

项目特征、工程量计算规则、工作内容：同木扶手油漆（011403001）。

（4）挂衣板、黑板框油漆（011403004）【m】

项目特征、工程量计算规则、工作内容：同木扶手油漆（011403001）。

（5）挂镜线、窗帘棍、单独木线油漆（011403005）【m】

项目特征、工程量计算规则、工作内容：同木扶手油漆（011403001）。

P.4 木材面油漆（编码011404）

（1）木护墙、木墙裙油漆（011404001）【m²】

项目特征：腻子种类；刮腻子遍数；防护材料种类；油漆品种、刷漆遍数。

工程量计算规则：按设计图示尺寸以面积计算。

工作内容：基层清理；刮腻子；刷防护材料、油漆。

（2）窗台板、筒子板、盖板、门窗套、踢脚线油漆（011404002）【m²】

项目特征、工程量计算规则、工作内容：同木护墙、木墙裙油漆（011404001）。

（3）清水板条天棚、檐口油漆（011404003）【m²】

项目特征、工程量计算规则、工作内容：同木护墙、木墙裙油漆（011404001）。

（4）木方格吊顶天棚油漆（011404004）【m²】

项目特征、工程量计算规则、工作内容：同木护墙、木墙裙油漆（011404001）。

（5）吸音板墙面、天棚面油漆（011404005）【m²】

项目特征、工程量计算规则、工作内容：同木护墙、木墙裙油漆（011404001）。

（6）暖气罩油漆（011404006）【m²】

项目特征、工程量计算规则、工作内容：同木护墙、木墙裙油漆（011404001）。

（7）其他木材面（011404007）【m²】

项目特征、工程量计算规则、工作内容：同木护墙、木墙裙油漆（011404001）。

（8）木间壁、木隔断油漆（011404008）【m²】

项目特征、工作内容：同木护墙、木墙裙油漆（011404001）。

工程量计算规则：按设计图示尺寸以单面外围面积计算。

（9）玻璃间壁露明墙筋油漆（011404009）【m²】

项目特征、工作内容：同木护墙、木墙裙油漆（011404001）。

工程量计算规则：按设计图示尺寸以单面外围面积计算。

（10）木栅栏、木栏杆（带扶手）油漆（011404010）【m²】

项目特征、工作内容：同木护墙、木墙裙油漆（011404001）。

工程量计算规则：按设计图示尺寸以单面外围面积计算。

（11）衣柜、壁柜油漆（011404011）【m²】

项目特征、工作内容：同木护墙、木墙裙油漆（011404001）。

工程量计算规则：按设计图示尺寸以油漆部分展开面积计算。

（12）梁柱饰面油漆（011404012）【m²】

项目特征、工作内容：同木护墙、木墙裙油漆（011404001）。

工程量计算规则：按设计图示尺寸以油漆部分展开面积计算。

（13）零星木装修油漆（011404013）【m²】

项目特征、工作内容：同木护墙、木墙裙油漆（011404001）。

工程量计算规则：按设计图示尺寸以油漆部分展开面积计算。

（14）木地板油漆（011404014）【m²】

项目特征、工作内容：同木护墙、木墙裙油漆（011404001）。

工程量计算规则：按设计图示尺寸以面积计算。空洞、空圈、暖气包槽、壁龛的开口部分并入相应的工程量内。

（15）木地板烫硬蜡面（011404015）【m²】

项目特征：硬蜡品种；面层处理要求。

工程量计算规则：按设计图示尺寸以面积计算。空洞、空圈、暖气包槽、壁龛的开口部分并入相应的工程量内。

工作内容：基层清理；烫蜡。

P.5　金属面油漆（编码011405）

金属面油漆（011405001）【t、m²】

项目特征：构件名称；腻子种类；刮腻子要求；防护材料种类；油漆品种、刷漆遍数。

工程量计算规则：以吨计量，按设计图示尺寸以质量计算；以平方米计量，按设计展开面积计算。

工作内容：基层清理；刮腻子；刷防护材料、油漆。

P.6　抹灰面油漆（编码011406）

（1）抹灰面油漆（011406001）【m²】

项目特征：基层类型；腻子种类；刮腻子遍数；防护材料种类；油漆品种、刷漆遍数、部位。

工程量计算规则：按设计图示尺寸以面积计算。

工作内容：基层清理；刮腻子；刷防护材料、油漆。

（2）抹灰线条油漆（011406002）【m】

项目特征：线条宽度、道数；腻子种类；刮腻子遍数；防护材料种类；油漆品种、刷漆遍数。

工程量计算规则：按设计图示尺寸以长度计算。

工作内容：同抹灰面油漆（011406001）

（3）满刮腻子（011406003）【m²】

项目特征：基层类型；腻子种类；刮腻子遍数。

工程量计算规则：按设计图示尺寸以面积计算。

工作内容：基层清理；刮腻子。

P.7　喷刷涂料（编码011407）

（1）墙面喷刷涂料（011407001）【m²】

项目特征：基层类型；喷刷涂料部位；腻子种类；刮腻子要求；涂料品种、喷刷遍数。

工程量计算规则：按设计图示尺寸以面积计算。

工作内容：基层清理；刮腻子；刷、喷涂料。

（2）天棚喷刷涂料（011407002）【m²】

项目特征、工程量计算规则、工作内容：同墙面喷刷涂料（011407001）。

（3）空花格、栏杆刷涂料（011407003）【m²】

项目特征：腻子种类；刮腻子遍数；涂料品种、刷喷遍数。

工程量计算规则：按设计图示尺寸以单面外围面积计算。

工作内容：同墙面喷刷涂料（011407001）。

（4）线条刷涂料（011407004）【m】

项目特征：基层清理；线条宽度；刮腻子遍数；刷防护材料、油漆。

工程量计算规则：按设计图示尺寸以长度计算。

工作内容：同墙面喷刷涂料（011407001）。

（5）金属构件防火涂料（011407005）【t、m²】

项目特征：喷刷防火涂料构件名称；防火等级要求；涂料品种、喷刷遍数。

工程量计算规则：以吨计量，按设计图示尺寸以质量计算；以平方米计量，按设计展开面积计算。

工作内容：基层清理；刷防护材料、油漆。

（6）木材构件喷刷防火涂料（011407006）【m²】

项目特征：同金属构件防火涂料（011407005）

工程量计算规则：以平方米计量，按设计图示尺寸以面积计算。

工作内容：基层清理；刷防火材料。

【例4-11】某外墙面工程，工程量为 2 334. 28 m²，工程做法为：刷建筑胶素水泥浆一遍，配合比为建筑胶：水 = 1∶4；12～15 厚 2∶1∶8 水泥石灰砂浆，分两次抹灰；5～8 厚 1∶2.5 水泥砂浆；喷或滚刷底涂料一遍；喷或滚刷底涂料两遍。编制外墙面工程量清单如表 4-13 所示。

表 4-13　外墙面工程量清单

序　号	项目编码	项目名称	项目特征	单　位	工　程　量
1	020201001001	涂料外墙	1. 刷建筑胶素水泥浆一遍，配合比为建筑胶∶水 = 1∶4 2. 12～15 厚2∶1∶8 水泥石灰砂浆，分两次抹灰 3. 5～8 厚 1∶2.5 水泥砂浆 4. 喷或滚刷底涂料一遍 5. 喷或滚刷底涂料两遍	m²	2 334.28

P.8　裱糊（编码 011408）

（1）墙纸裱糊（011408001）【m²】

项目特征：基层类型；裱糊部位；腻子种类；刮腻子遍数；黏结材料种类；防护材料种类；面层材料品种、规格、颜色。

工程量计算规则：按设计图示尺寸以面积计算。

工作内容：基层清理；刮腻子；面层铺粘；刷防护材料。

（2）织锦缎裱糊（011408002）【m^2】

项目特征、工程量计算规则、工作内容：同墙纸裱糊（011408001）。

Q　其他装饰工程

Q.1　柜类、货架（编码011501）

项目特征：台柜规格；材料种类、规格；五金种类、规格；防护材料种类；油漆品种、刷漆遍数。

工程量计算规则：以个计量，按设计图示数量计量；以米计量，按设计图示尺寸以延长米计算；以立方米计量，按设计图示尺寸以体积计算。

工作内容：台柜制作、运输、安装（安放）；刷防护材料、油漆；五金件安装。

Q.2　压条、装饰线（编码011502）

项目特征：基层类型；线条材料品种、规格、颜色；防护材料种类。

工程量计算规则：按设计图示尺寸以长度计算。

工作内容：线条制作、安装；刷防护材料。

Q.3　扶手、栏杆、栏板装饰（编码011503）

（1）金属扶手栏杆、栏板（011503001）【m】

项目特征：扶手材料种类、规格；栏杆材料种类、规格；栏板材料种类、规格、颜色；固定配件种类；防护材料种类。

工程量计算规则：按设计图示以扶手中心线长度（包括弯头长度）计算。

工作内容：制作；运输；安装；刷防护材料。

（2）硬木扶手、栏杆、栏板（011503002）【m】

项目特征、工程量计算规则、工作内容：同金属扶手栏杆、栏板（011503001）。

（3）塑料扶手、栏杆、栏板（011503003）【m】

项目特征、工程量计算规则、工作内容：同金属扶手栏杆、栏板（011503001）。

（4）GRC栏杆、扶手（011503004）【m】

项目特征：栏杆的规格；安装间距；扶手类型规格；填充材料种类。

工程量计算规则、工作内容：同金属扶手栏杆、栏板（011503001）。

（5）金属靠墙扶手（011503005）【m】

项目特征：扶手材料种类、规格；固定配件种类；防护材料种类。

工程量计算规则、工作内容：同金属扶手栏杆、栏板（011503001）。

（6）硬木靠墙扶手（011503006）【m】

项目特征、工程量计算规则、工作内容：同金属靠墙扶手（011503005）。

（7）塑料靠墙扶手（011503007）【m】

项目特征、工程量计算规则、工作内容：同金属靠墙扶手（011503005）。

（8）玻璃栏板（011503008）【m】

项目特征：栏杆玻璃的种类、规格、颜色；固定方式；固定配件种类。

工程量计算规则、工作内容：同金属靠墙扶手（011503005）。

Q.4　暖气罩（编码011504）

（1）饰面板暖气罩（011504001）【m^2】

项目特征：暖气罩材质；防护材料种类。

工程量计算规则：按设计图示尺寸以垂直投影面积（不展开）计算。

工作内容：暖气罩制作、运输、安装；刷防护材料。

（2）塑料板暖气罩（011504002）【m²】

项目特征、工程量计算规则、工作内容：同饰面板暖气罩（011504001）。

（3）金属暖气罩（011504003）【m²】

项目特征、工程量计算规则、工作内容：同饰面板暖气罩（011504001）。

Q.5 浴厕配件（编码011505）

（1）洗漱台（011505001）【m²、个】

项目特征：材料品种、规格、颜色；支架、配件品种、规格。

工程量计算规则：按设计图示尺寸以台面外接矩形面积计算。不扣除孔洞、挖弯、削角所占面积，挡板、吊沿板面积并入台面面积内；以个计量，按设计图示数量计算。

工作内容：台面及支架运输、安装；杆、环、盒、配件安装；刷油漆。

（2）晒衣架（011505002）【个】

项目特征、工作内容：同洗漱台（011505001）。

工程量计算规则：按设计图示数量计算。

（3）帘子杆（011505003）【个】

项目特征、工程量计算规则、工作内容：同晒衣架（011505002）。

（4）浴缸拉手（011505004）【个】

项目特征、工程量计算规则、工作内容：同晒衣架（011505002）。

（5）卫生间扶手（011505005）【个】

项目特征、工程量计算规则、工作内容：同晒衣架（011505002）。

（6）毛巾杆（架）（011505006）【套】

项目特征、工程量计算规则：同晒衣架（011505002）。

工作内容：台面及支架制作、运输、安装；杆、环、盒、配件安装；刷油漆。

（7）毛巾环（011505007）【副】

项目特征、工程量计算规则、工作内容：同毛巾杆（架）（011505006）。

（8）卫生纸盒（011505008）【个】

项目特征、工程量计算规则、工作内容：同毛巾杆（架）（011505006）。

（9）肥皂盒（011505009）【个】

项目特征、工程量计算规则、工作内容：同毛巾杆（架）（011505006）。

（10）镜面玻璃（011505010）【m²】

项目特征：镜面玻璃品种、规格；框材质、断面尺寸；基层材料种类；防护材料种类。

工程量计算规则：按设计图示尺寸以边框外围面积计算。

工作内容：基层安装；玻璃及框制作、运输、安装。

（11）镜箱（011505011）【个】

项目特征：箱体材质、规格；玻璃品种、规格；基层材料种类；防护材料种类；油漆品种、刷漆遍数。

工程量计算规则：按设计图示数量计算。

工作内容：基层安装；箱体制作、运输、安装；玻璃安装；刷防护材料、油漆。

Q.6　雨篷、旗杆（编码 011506）

（1）雨篷吊挂饰面（011506001）【m²】

项目特征：基层类型；龙骨材料种类、规格、中距；面层材料品种、规格；吊顶（天棚）材料品种、规格；嵌缝材料种类；防护材料种类。

工程量计算规则：按设计图示尺寸以水平投影面积计算。

工作内容：底层抹灰；龙骨基层安装；面层安装；刷防护材料、油漆。

（2）金属旗杆（011506002）【根】

项目特征：旗杆材料、种类、规格；旗杆高度；基础材料种类；基座材料种类；基座面层材料、种类、规格。

工程量计算规则：按设计图示数量计算。

工作内容：土石挖、填、运；基础混凝土浇筑；旗杆制作、安装；旗杆台座制作饰面。

（3）玻璃雨篷（011506003）【m²】

项目特征：玻璃雨篷固定方式；龙骨材料种类、规格、中距；玻璃材料品种、规格；嵌缝材料种类；防护材料种类。

工程量计算规则：按设计图示尺寸以水平投影面积计算。

工作内容：龙骨基层安装；面层安装；刷防护材料、油漆。

Q.7　招牌、灯箱（编码 011507）

（1）平面、箱式招牌（011507001）【m²】

项目特征：箱体规格；基层材料种类；面层材料种类；防护材料种类。

工程量计算规则：按设计图示尺寸以正立面边框外围面积计算。复杂形的凸凹造型部分不增加面积。

工作内容：基层安装；箱体及支架制作、运输、安装；面层制作、安装；刷防护材料、油漆。

（2）竖式标箱（011507002）【个】

项目特征、工作内容：同平面、箱式招牌（011507001）。

工程量计算规则：按设计图示数量计算。

（3）灯箱（011507003）【个】

项目特征、工程量计算规则、工作内容：同竖式标箱（011507002）。

（4）信报箱（01150700）【个】

项目特征：箱体规格；基层材料种类；面层材料种类；保护材料种类；户数。

工程量计算规则：按设计图示数量计算。

工作内容：同平面、箱式招牌（011507001）

Q.8　美术字（编码 011508）

项目特征：基层类型；镂字材料品种、颜色；字体规格；固定方式；油漆品种、刷漆遍数。

工程量计算规则：按设计图示数量计算。

工作内容：字制作、运输、安装；刷油漆。

R　拆除工程

R.1　砖砌体拆除（编码 011601）

砖砌体拆除（011601001）【m³、m】

项目特征：砌体名称；砌体材质；拆除高度；拆除砌体的截面尺寸；砌体表面的附着物种类。

工程量计算规则：以立方米计量，按拆除的体积计算；以米计量，按拆除的延长米计算。

工作内容：拆除；控制扬尘；清理；建渣场内、外运输。

R.2　混凝土及钢筋混凝土构件拆除（编码 011602）

（1）混凝土构件拆除（011602001）【m³、m²、m】

项目特征：构件名称；拆除构件的厚度或规格尺寸；构件表面的附着物种类。

工程量计算规则：以立方米计量，按拆除构件的混凝土体积计算；以平方米计量，按拆除部位的面积计算；以米计量，按拆除部位的延长米计算。

工作内容：拆除；控制扬尘；清理；建渣场内、外运输。

（2）混凝土及钢筋混凝土构件拆除（011602002）【m³、m】

项目特征、工程量计算规则、工作内容：同混凝土构件拆除（011602001）。

R.3　木构件拆除（编码 011603）

木构件拆除（011603001）【m³、m²、m】

项目特征、工程量计算规则、工作内容：同混凝土构件拆除（011602001）。

R.4　抹灰层拆除（编码 011604）

（1）平面抹灰层拆除（011604001）【m²】

项目特征：拆除部位；抹灰层种类。

工程量计算规则：按拆除部位的面积计算。

工作内容：拆除；控制扬尘；清理；建渣场内、外运输。

（2）立面抹灰层拆除（011604002）【m²】

项目特征、工程量计算规则、工作内容：同平面抹灰层拆除（011604001）。

（3）立面抹灰层拆除（011604003）【m²】

项目特征、工程量计算规则、工作内容：同平面抹灰层拆除（011604001）。

R.5　块料面层拆除（编码 011605）

（1）平面块料拆除（011605001）【m²】

项目特征：拆除的基层类型；饰面材料种类。

工程量计算规则：按拆除面积计算。

工作内容：拆除；控制扬尘；清理；建渣场内、外运输。

（2）立面块料拆除（011605002）【m²】

项目特征、工程量计算规则、工作内容：同平面块料拆除（011605001）。

R.6　龙骨及饰面拆除（编码 011606）

（1）楼地面龙骨及饰面拆除（011606001）【m²】

项目特征：拆除的基层类型；龙骨及饰面种类。

工程量计算规则：按拆除面积计算。

工作内容：拆除；控制扬尘；清理；建渣场内、外运输。

（2）墙柱面龙骨及饰面拆除（011606002）【m²】

项目特征、工程量计算规则、工作内容：同楼地面龙骨及饰面拆除（011606001）。

（3）天棚面龙骨及饰面拆除（011606003）【m²】

项目特征、工程量计算规则、工作内容：同楼地面龙骨及饰面拆除（011606001）。

R.7　屋面拆除（编码011607）

（1）刚性层拆除（011607001）【m²】

项目特征：刚性层厚度。

工程量计算规则：按铲除部位的面积计算。

工作内容：拆除；控制扬尘；清理；建渣场内、外运输。

（2）防水层拆除（011607002）【m²】

项目特征、工程量计算规则、工作内容：同刚性层拆除（011607001）。

R.8　铲除油漆涂料裱糊面（编码011608）

（1）铲除油漆面（011608001）【m²、m】

项目特征：铲除部位名称；铲除部位的截面尺寸。

工程量计算规则：以平方米计量，按铲除部位的面积计算；以米计量，按铲除部位的延长米计算。

工作内容：拆除；控制扬尘；清理；建渣场内、外运输。

（2）铲除涂料面（011608002）【m²、m】

项目特征、工程量计算规则、工作内容：同铲除油漆面（011608001）。

（3）铲除裱糊面（011608003）【m²、m】

项目特征、工程量计算规则、工作内容：同铲除油漆面（011608001）。

R.9　栏杆栏板、轻质隔断隔墙拆除（编码011609）

（1）栏杆、栏板拆除（011609001）【m²、m】

项目特征：栏杆高度；栏杆、栏板种类。

工程量计算规则：以平方米计量，按拆除部位的面积计算；以米计量，按拆除部位的延长米计算。

工作内容：拆除；控制扬尘；清理；建渣场内、外运输。

（2）隔墙、隔断拆除（011609002）【m²】

项目特征：拆除隔墙的骨架种类；拆除隔墙的饰面种类。

工程量计算规则：按拆除部位的面积计算。

工作内容：拆除；控制扬尘；清理；建渣场内、外运输。

R.10　门窗拆除（编码011610）

（1）木门窗拆除（011610001）【m²、樘】

项目特征：室内高度；门窗洞口尺寸。

工程量计算规则：以平方米计量，按拆除面积计算；以樘计量，按拆除樘数计算。

工作内容：拆除；控制扬尘；清理；建渣场内、外运输。

（2）金属门窗拆除（011610002）【m²、樘】

项目特征、工程量计算规则、工作内容：同木门窗拆除（011610001）。

R.11 金属构件拆除（编码011611）

（1）钢梁拆除（011611001）【t、m】

项目特征：构件名称；拆除构件的规格尺寸。

工程量计算规则：以吨计量，按拆除构件的质量计算；以米计量，按拆除延长米计算。

工作内容：拆除；控制扬尘；清理；建渣场内、外运输。

（2）钢柱拆除（011611002）【t、m】

项目特征、工程量计算规则、工作内容：同钢梁拆除（011611001）。

（3）钢网架拆除（011611003）【t】

项目特征：构件名称；拆除构件的规格尺寸。

工程量计算规则：按拆除构件的质量计算。

工作内容：拆除；控制扬尘；清理；建渣场内、外运输。

（4）钢支撑、钢墙架拆除（011611004）【t、m】

项目特征、工程量计算规则、工作内容：同钢梁拆除（011611001）。

（5）其他金属构件拆除（011611005）【t、m】

项目特征、工程量计算规则、工作内容：同钢梁拆除（011611001）。

R.12 管道及卫生洁具拆除（编码011612）

（1）管道拆除（011612001）【m】

项目特征：管道种类、材质；管道上的附着物种类。

工程量计算规则：按拆除管道的延长米计算。

工作内容：拆除；控制扬尘；清理；建渣场内、外运输。

（2）卫生洁具拆除（011612002）【套、个】

项目特征：卫生洁具种类。

工程量计算规则：按拆除的数量计算。

工作内容：拆除；控制扬尘；清理；建渣场内、外运输。

R.13 灯具、玻璃拆除（编码011613）

（1）灯具拆除（011613001）【套】

项目特征：拆除灯具高度；灯具种类。

工程量计算规则：按拆除的数量计算。

工作内容：拆除；控制扬尘；清理；建渣场内、外运输。

（2）玻璃拆除（011613002）【m²】

项目特征：玻璃厚度；拆除部位。

工程量计算规则：按拆除的面积计算。

工作内容：拆除；控制扬尘；清理；建渣场内、外运输。

R.14 其他构件拆除（编码011614）

（1）暖气罩拆除（011614001）【个、m】

项目特征：暖气罩材质。

工程量计算规则：以个为单位计量，按拆除个数计算；以米为单位计量，按拆除延长米计算。

工作内容：拆除；控制扬尘；清理；建渣场内、外运输。

（2）柜体拆除（011614002）【个、m】

项目特征：柜体材质；柜体尺寸：长、宽、高。

工程量计算规则、工作内容：同暖气罩拆除（011614001）。

（3）窗台板拆除（011614003）【块、m】

项目特征：窗台板平面尺寸。

工程量计算规则：以块计量，按拆除数量计算；以米为单位计量，按拆除延长米计算。

工作内容：拆除；控制扬尘；清理；建渣场内、外运输。

（4）筒子板拆除（011614004）【块、m】

项目特征：筒子板平面尺寸。

工程量计算规则、工作内容：同窗台板拆除（011614003）。

（5）窗帘盒拆除（011614005）【m】

项目特征：窗帘盒的平面尺寸。

工程量计算规则：按拆除的延长米计算。

工作内容：拆除；控制扬尘；清理；建渣场内、外运输。

（6）窗帘轨拆除（011614006）【m】

项目特征：窗帘轨的材质。

工程量计算规则、工作内容：同窗帘盒拆除（011614005）。

R.15　开孔（打洞）（编码011615）

开孔（打洞）（011615001）【个】

项目特征：部位；打洞部位材质；洞尺寸。

工程量计算规则：按数量计算。

工作内容：拆除；控制扬尘；清理；建渣场内、外运输。

S　措施项目

S.1　脚手架工程（编码011701）

（1）综合脚手架（011701001）【m²】

项目特征：建筑结构形式；檐口高度。

工程量计算规则：按建筑面积计算。

工作内容：场内、场外材料搬运；搭、拆脚手架、斜道、上料平台；安全网的铺设；选择附墙点与主体连接；测试电动装置、安全锁等；拆除脚手架后材料的堆放。

（2）外脚手架（011701002）【m²】

项目特征：搭设方式；搭设高度；脚手架材质。

工程量计算规则：按所服务对象的垂直投影面积计算。

工作内容：场内、场外材料搬运；搭、拆脚手架、斜道、上料平台；安全网的铺设；拆除脚手架后材料的堆放。

（3）里脚手架（011701003）【m²】

项目特征、工程量计算规则、工作内容：同外脚手架（011701002）。

（4）悬空脚手架（011701004）【m²】

项目特征：搭设方式；悬挑宽度；脚手架材质。

工程量计算规则：按搭设的水平投影面积计算。

工作内容：同外脚手架（011701002）。

（5）挑脚手架（011701005）【m】

项目特征：搭设方式；悬挑宽度；脚手架材质。

工程量计算规则：按搭设长度乘以搭设层数以延长米计算。

工作内容：同外脚手架（011701002）。

（6）满堂红脚手架（011701006）【m²】

项目特征、工作内容：同外脚手架（011701002）。

工程量计算规则：按搭设的水平投影面积计算。

（7）整体提升架（011701007）【m²】

项目特征：搭设方式及启动装置；搭设高度。

工程量计算规则：按所服务对象的垂直投影面积计算。

工作内容：场内、场外材料搬运；选择附墙点与主体连接；搭、拆脚手架、斜道、上料平台；安全网的铺设；测试电动装置、安全锁等；拆除脚手架后材料的堆放。

（8）外装饰吊篮（011701008）【m²】

项目特征：升降方式及启动装置；搭设高度及吊篮型号。

工程量计算规则：按所服务对象的垂直投影面积计算。

工作内容：场内、场外材料搬运；吊篮的安装；测试电动装置、安全锁、平衡控制器等；吊篮的拆卸。

S.2 混凝土模板及支架（编码 011702）

（1）基础（011702001）【m²】

项目特征：基础类型。

工程量计算规则：按模板与现浇混凝土构件的接触面积计算。现浇钢筋混凝土墙、板单孔面积≤0.3 m² 的孔洞不予扣除，洞侧壁模板亦不增加；单孔面积>0.3 m² 时应予扣除，洞侧壁模板面积并入墙板工程量内计算。现浇框架分别按梁、板、柱有关规定计算；附墙柱、暗梁、暗柱并入墙内工程量内计算。柱、梁、墙、板相互连接的重叠部分，均不计算模板面积。构造柱按图示外露部分计算模板面积。

工作内容：模板制作；模板安装、拆除、整理堆放及场内外运输；清理模板黏结物及模内杂物、刷隔离剂等。

（2）矩形柱（011702002）【m²】

项目特征：无。

工程量计算规则、工作内容：同基础（011702001）。

（3）构造柱（011702003）【m²】

项目特征：无。

工程量计算规则、工作内容：同基础（011702001）。

（4）异形柱（011702004）【m²】

项目特征：柱截面形状。

工程量计算规则、工作内容：同基础（011702001）。

（5）基础梁（011702005）【m²】

项目特征：梁截面形状。

工程量计算规则、工作内容：同基础（011702001）。

（6）矩形梁（011702006）【m²】

项目特征：支撑高度。

工程量计算规则、工作内容：同基础（011702001）。

（7）异形梁（011702007）【m²】

项目特征：梁截面形状、支撑高度。

工程量计算规则、工作内容：同基础（011702001）。

（8）圈梁（011702008）【m²】

项目特征：无。

工程量计算规则、工作内容：同基础（011702001）。

（9）过梁（011702009）【m²】

项目特征：无。

工程量计算规则、工作内容：同基础（011702001）。

（10）弧形、拱形梁（011702010）【m²】

项目特征：梁截面形状、支撑高度。

工程量计算规则、工作内容：同基础（011702001）。

（11）直形墙（011702011）【m²】

项目特征：无。

工程量计算规则、工作内容：同基础（011702001）。

（12）异形墙（011702012）【m²】

项目特征：无。

工程量计算规则、工作内容：同基础（011702001）。

（13）短肢剪力墙、电梯井壁（011702013）【m²】

项目特征：无。

工程量计算规则、工作内容：同基础（011702001）。

（14）有梁板（011702014）【m²】

项目特征：支撑高度。

工程量计算规则、工作内容：同基础（011702001）。

（15）无梁板（011702015）【m²】

项目特征：支撑高度。

工程量计算规则、工作内容：同基础（011702001）。

（16）平板（011702016）【m²】

项目特征：支撑高度。

工程量计算规则、工作内容：同基础（011702001）。

（17）拱板（011702017）【m²】

项目特征：支撑高度。

工程量计算规则、工作内容：同基础（011702001）。

（18）薄壳板（011702018）【m²】

项目特征：支撑高度。

工程量计算规则、工作内容：同基础（011702001）。

（19）空心板（011702019）【m²】

项目特征：支撑高度。

工程量计算规则、工作内容：同基础（011702001）。

（20）其他板（011702020）【m²】

项目特征：支撑高度。

工程量计算规则、工作内容：同基础（011702001）。

（21）栏板（011702021）【m²】

项目特征：无。

工程量计算规则、工作内容：同基础（011702001）。

（22）天沟、檐沟（011702022）【m²】

项目特征：构件类型。

工程量计算规则：按模板与现浇混凝土构件的接触面积计算。

工作内容：同基础（011702001）。

（23）雨篷、悬挑板、阳台板（011702023）【m²】

项目特征：构件类型；板厚度。

工程量计算规则：按图示外挑部分尺寸的水平投影面积计算，挑出墙外的悬臂梁及板边不另计算。

工作内容：同基础（011702001）。

（24）楼梯（011702024）【m²】

项目特征：类型。

工程量计算规则：按楼梯（包括休息平台、平台梁、斜梁和楼层板的连接梁）的水平投影面积计算，不扣除宽度≤500 mm的楼梯井所占面积，楼梯踏步、踏步板、平台梁等侧面模板不另计算，伸入墙内部分亦不增加。

工作内容：同基础（011702001）。

（25）其他现浇构件（011702025）【m²】

项目特征：构件类型。

工程量计算规则：按模板与现浇混凝土构件的接触面积计算。

工作内容：同基础（011702001）。

（26）电缆沟、地沟（011702026）【m²】

项目特征：沟类型；沟截面。

工程量计算规则：按模板与电缆沟、地沟接触的面积计算。

工作内容：同基础（011702001）。

（27）台阶（011702027）【m²】

项目特征：台阶踏步宽。

工程量计算规则：按图示台阶水平投影面积计算，台阶端头两侧不另计算模板面积。架空式混凝土台阶，按现浇楼梯计算。

工作内容：同基础（011702001）。

（28）扶手（011702028）【m²】

项目特征：扶手断面尺寸。

工程量计算规则：按模板与扶手的接触面积计算。

工作内容：同基础（011702001）。

（29）散水（011702029）【m²】

项目特征：无。

工程量计算规则：按模板与散水的接触面积计算。

工作内容：同基础（011702001）。

（30）后浇带（011702030）【m²】

项目特征：后浇带部位。

工程量计算规则：按模板与后浇带的接触面积计算。

工作内容：同基础（011702001）。

（31）化粪池（011702031）【m²】

项目特征：化粪池部位；化粪池规格。

工程量计算规则：按模板与混凝土接触面积计算。

工作内容：同基础（011702001）。

（32）检查井（011702032）【m²】

项目特征：检查井部位；检查井规格。

工程量计算规则：按模板与混凝土接触面积计算。

工作内容：同基础（011702001）。

S.3　垂直运输（编码011703）

垂直运输（011703001）【m²、天】

项目特征：建筑物建筑类型及结构形式；地下室建筑面积；建筑物檐口高度、层数。

工程量计算规则：按建筑面积计算；按施工工期日历天数计算。

工作内容：垂直运输机械的固定装置、基础制作、安装；行走式垂直运输机械轨道的铺设、拆除、摊销。

S.4　超高施工增加（编码011704）

超高施工增加（011704001）【m²】

项目特征：建筑物建筑类型及结构形式；建筑物檐口高度、层数；单层建筑物檐口高度超过20 m，多层建筑物超过6层部分的建筑面积。

工程量计算规则：按建筑物超高部分的建筑面积计算。

工作内容：建筑物超高引起的人工工效降低以及由于人工工效降低引起的机械降效；高层施工用水加压水泵的安装、拆除及工作台班；通信联络设备的使用及摊销。

S.5　大型机械设备进出场及安拆（编码011705）

大型机械设备进出场及安拆（011705001）【台次】

项目特征：机械设备名称；机械设备规格型号。

工程量计算规则：按使用机械设备的数量计算。

工作内容：安拆费包括施工机械、设备在现场进行安装拆卸所需人工、材料、机械和试运转费用以及机械辅助设施的折旧、搭设、拆除等费用；进出场费包括施工机械、设备整体或分体自停放地点运至施工现场或由一施工地点运至另一施工地点所发生的运输、装卸、辅助材料等费用。

S. 6　施工排水、降水（编码 011706）

（1）成井（011706001）【m】

项目特征：成井方式；地层情况；成井直径；井（滤）管类型、直径。

工程量计算规则：按设计图示尺寸以钻孔深度计算。

工作内容：准备钻孔机械、埋设护筒、钻机就位；泥浆制作、固壁；成孔、出渣、清孔等。对接上、下井管（滤管），焊接，安放，下滤料，洗井，连接试抽等。

（2）排水、降水（011706002）【昼夜】

项目特征：机械规格型号；降排水管规格。

工程量计算规则：按排、降水日历天数计算。

工作内容：管道安装、拆除，场内搬运等；抽水、值班、降水设备维修等。

S. 7　安全文明施及其他措施项目（编码 011707）

（1）安全文明施工（011707001）

工作内容及包含范围：

① 环境保护：现场施工机械设备降低噪声、防扰民措施；水泥和其他易飞扬细颗粒建筑材料密闭存放或采取覆盖措施等；工程防扬尘洒水；土石方、建渣外运车辆防护措施等；现场污染源的控制、生活垃圾清理外运、场地排水排污措施；其他环境保护措施。

② 文明施工："五牌一图"；现场围挡的墙面美化（包括内外粉刷、刷白、标语等）、压顶装饰；现场厕所便槽刷白、贴面砖，水泥砂浆地面或地砖，建筑物内临时便溺设施；其他施工现场临时设施的装饰装修、美化措施；现场生活卫生设施；符合卫生要求的饮水设备、淋浴、消毒等设施；生活用洁净燃料；防煤气中毒、防蚊虫咬等措施；施工现场操作场地的硬化；现场绿化、治安综合治理；现场配备医药保健器材、物品和急救人员培训；现场工人的防暑降温、电风扇、空调等设备及用电；其他文明施工措施。

③ 安全施工：安全资料、特殊作业专项方案的编制，安全施工标志的购置及安全宣传；"三宝"（安全帽、安全带、安全网）"四口"（楼梯口、电梯井口、通道口、预留洞口）、"五临边"（阳台围边、楼板围边、屋面围边、槽坑围边、卸料平台两侧），水平防护架、垂直防护架、外架封闭等防护；施工安全用电，包括配电箱三级配电、两级保护装置要求、外电防护措施；起重机、塔吊等起重设备（含井架、门架）及外用电梯的安全防护措施（含警示标志）及卸料平台的临边防护、层间安全门、防护棚等设施；建筑工地起重机械的检验检测；施工机具防护棚及其围栏的安全保护设施；施工安全防护通道；工人的安全防护用品、用具购置；消防设施与消防器材的配置；电气保护、安全照明设施；其他安全防护

措施。

④ 临时设施：施工现场采用彩色、定型钢板、混凝土砌块等围挡的安砌、维修、拆除；施工现场临时建筑物、构筑物的搭设、维修、拆除，如临时宿舍、办公室、食堂、厨房、厕所、诊疗所、临时文化福利用房、临时仓库、加工场、搅拌台、临时简易水塔、水池等；施工现场临时设施的搭设、维修、拆除，如临时供水管道、临时供电管线、小型临时设施等；施工现场规定范围内临时简易道路铺设，临时排水沟、排水设施安砌、维修、拆除；其他临时设施搭设、维修、拆除。

（2）夜间施工（011707002）

工作内容及包含范围：

① 夜间固定照明灯具和临时可移动照明灯具的设置、拆除。

② 夜间施工时，施工现场交通标志、安全标牌、警示灯等的设置、移动、拆除。

③ 包括夜间照明设备及照明用电、施工人员夜班补助、夜间施工劳动效率降低等。

（3）非夜间施工照明（011707003）

工作内容及包含范围：

为保证工程施工正常进行，在地下室等特殊施工部位施工时所采用的照明设备的安拆、维护及照明用电等。

（4）二次搬运（011707004）

工作内容及包含范围：由于施工场地条件限制而发生的材料、成品 半成品等一次运输不能到达堆放地点，必须进行的两次或多次搬运。

（5）冬雨季施工（011707005）

工作内容及包含范围：

① 冬雨（风）季施工时增加的临时设施（防寒保温、防雨、防风设施）的搭设、拆除。

② 冬雨（风）季施工时，对砌体、混凝土等采用的特殊加温、保温和养护措施。

③ 冬雨（风）季施工时，施工现场的防滑处理、对影响施工的雨雪的清除。

④ 包括冬雨（风）季施工时增加的临时设施、施工人员的劳动保护用品、冬雨（风）季施工劳动效率降低等。

（6）地上、地下设施、建筑物的临时保护设施（011707006）

工作内容及包含范围：在工程施工过程中，对已建成的地上、地下设施和建筑物进行的遮盖、封闭、隔离等必要保护措施。

（7）已完工程及设备保护（011707007）

工作内容及包含范围：对已完工程及设备采取的覆盖、包裹、封闭、隔离等必要保护措施。

4.2　工程量清单计价编制

4.2.1　工程量清单计价概述

工程量清单计价规定了从招标控制价的编制、投标报价、合同价款约定、工程计量与价款支付、索赔与现场签证、工程价款调整到工程竣工结算办理及工程造价计价争议处理的全部内容，是建设工程实施阶段的全过程造价确定与控制的方法。

1. 相关规定

（1）采用工程量清单计价，建设工程造价由分部分项工程费、措施项目费、其他项目费、规费和税金组成。

（2）分部分项工程量清单应采用综合单价计价。

（3）招标文件中的工程量清单标明的工程量是投标人投标报价的共同基础，竣工结算的工程量按发、承包双方在合同中约定的应予计量且实际完成的工程量确定。

（4）措施项目清单计价应根据拟建工程的施工组织设计或施工方案，可以计算工程量的措施项目，应按分部分项工程量清单的方式采用综合单价计价；不能计算工程量的措施项目可按"项"为单位的计价，应包括除税金外的全部费用。

（5）措施项目清单中的安全文明施工费应按照国家或省级、行业建设主管部门的规定计价，不得作为竞争性费用。

（6）其他项目清单的金额应按计价规范规定确定。

（7）招标人在工程量清单中提供了暂估价的材料和专业工程属于依法必须招标的，由承包人和招标人共同通过招标确定材料单价与专业工程分包价。若材料不属于依法必须招标的，经发、承包双方协商确认单价后计价。若专业工程不属于依法必须招标的，由发包人、总承包人与分包人按有关计价依据进行计价。

（8）规费和税金应按国家或省级、行业建设主管部门的规定计算，不得作为竞争性费用。如天津地区规定规费计在综合单价中。

（9）采用工程量清单计价的工程，应在招标文件或合同中明确风险内容及其范围（幅度），不得采用"无限风险""所有风险"或类似语句规定风险内容及其范围（幅度）。

2. 招标控制价的编制

1）招标控制价的概念

招标控制价是指招标人根据国家或地方建设主管部门颁发的有关计价依据和办法，以及拟定的招标文件和招标工程量清单，结合工程具体情况编制的招标工程的最高投标限价。

2）招标控制价编制的目的和意义

国有资金投资的工程在进行招标时，根据《中华人民共和国招标投标法》第二十二条二款的规定，"招标人设有标底的，标底必须保密"。但由于实行工程量清单招标后，由于招标方式的改变，仅靠标底保密这一法律规定已不能起到有效控制工程造价标价的作用，我国有的地区和部门已经发生了在招标项目上所有投标人的报价均高于标底的现象，致使中标人的中标价高于招标人的预算，给招标工程的项目业主带来了困扰。因此，为有利于客观、合理的评审投标报价和避免出现标价过高，造成国有资产流失，招标人应编制招标控制价，作为招标人能够接受的最高交易价格。招标控制价的编制特点和作用决定了招标控制价不同于标底，无须保密。为体现招标的公开、公平、公正性，防止招标人有意抬高或压低工程造价，给投标人以错误信息，因此规定招标人应在招标文件中如实公布招标控制价，不得对所编制的招标控制价进行上浮或下调。

3）招标控制价的编制依据

（1）《计价规范》；

（2）国家或省级、行业建设主管部门颁发的计价定额和计价办法；

（3）建设工程设计文件及相关资料；

（4）招标文件中的工程量清单及有关规定；

（5）与建设工程项目有关的标准、规范、技术资料；

（6）施工现场情况、工程特点及常规施工方案；

（7）工程造价管理机构发布的工程造价信息，当工程造价信息没有发布时，参照市场价；

（8）其他相关资料。

4）招标控制价的编制要求

（1）国有资金投资的工程建设项目应编制招标控制价。一个工程项目只能编制一个招标控制价。招标控制价应由具有编制能力的招标人，或受其委托具有相应资质的工程造价咨询人编制。工程造价咨询人不得同时接受招标人和投标人对同一工程项目的招标控制价和投标报价的编制。

（2）招标控制价应在招标文件中公布，公布的内容包括总价、各专业工程价格、风险费用内容及其范围和幅度的相关计算说明。

（3）招标人应在招标控制价公布的同时，将招标控制价资料报送招投标监督管理机构备查。

（4）招标控制价的编制应遵循《计价规范》及《工程预算定额》的相应规定。

5）招标控制价的编制

招标控制价的编制方法，各地区有不同的规定，现以天津地区为例，叙述招标控制价的编制方法。

（1）分部分项工程量清单计价

分部分项工程量清单计价中的综合单价应根据工程量清单、招标文件的有关要求，按照各专业预算基价、各专业计价指引和造价信息或市场价格确定，并应包括招标文件中要求投标人承担的风险费用，如果拟定的招标文件没有明确的，应提请招标人明确。

分部分项工程清单项目，应在各专业计价指引及各专业预算基价的基础上对其组成子目的各要素价格按以下方法进行调整，计算出合价并汇总后折算为该清单项目的综合单价。各子目编制期综合单价也可参照造价信息发布的计价指数计算。

综合单价中相关要素价格的计算包括以下内容：

① 人工工日价格。按照编制期本市工程造价管理机构发布的人工工日价格或人工费计价系数计算。

② 材料价格。按照编制期造价信息发布的市场价格中准价或指数计算，也可参照编制期市场价格，如招标文件中提供暂估价应按其价格计算。

③ 施工机械台班价格。按照编制期造价信息发布的指数或指导价格计算。

④ 企业管理费、规费、利润、税金。按照各专业预算基价的规定计算。

（2）措施项目清单计价

根据《天津市建设工程计价办法》的规定，施工措施项目计价的方法有两种，一种是能够计算工程量的项目，应根据工程量计算规则计算工程量后乘以相应施工措施项目综合单价计算，计算办法同分部分项工程工程量清单计价；另一种是不能计算工程量的项目应按照各专业预算基价规定计价，即乘以相应的计取基数计取。

（3）其他项目清单计价

① 专业工程暂估价，应按照招标文件列出的暂估价格填写。

② 暂列金额，应按照招标文件列出的暂列金额填写。

③ 计日工单价应为综合单价。人工综合单价包括人工工日价格、企业管理费、规费、利润和税金；材料综合单价包括材料价格、材料采购保管费和税金；施工机械台班综合单价包括施工机械台班价格和税金。

④ 总承包服务费，根据招标文件列出的内容和提出的要求估算。

6）控标线的编制

工程建设投资按照资金来源，一般分为国有资金投资和非国有资金投资两种方式。各省市根据本地区的实际情况，不同程度地对非国有资金建设项目加大了监管力度，例如，天津市建交委下达了《关于加强我市非因有资金建设工程造价监督管理的通知》，要求非国有资金建设工程招标的，应由受招标人委托的具有相应资质的工程造价咨询人按照国家和我市有关规定编制控标线，从而保证工程质量安全，维护工程建设各方的合法权益。控标线应当依据招标控制价的有关规定，由具有相应资质的工程造价咨询人进行编制，合理确定下浮比例，作为招标人判别中标人合理报价的基准价。

招标人应当在招标文件中明确以控标线为基准的浮动幅度，并在浮动幅度范围内选择中标人，且不得低于工程成本。在中标结果备案时，应当将控标线、中标人报价和招投标文件一并报招投标监督管理机构备案。

3. 投标报价的编制

1）投标报价的概念

投标价是在工程采用招标发包的过程中，由投标人按照招标文件的要求，根据工程特点，并结合自身的施工技术、装备和管理水平，依据有关计价规定自主确定的工程造价。投标价是投标人希望达成工程承包交易的期望价格，原则上它不能高于招标人设定的招标控制价。

2）投标报价的原则

投标价由投标人自主确定，但不得低于成本。投标价应由投标人或受其委托，具有相应资质的工程造价咨询人编制。

编制投标报价时，各投标人应根据招标文件要求和工程量清单，结合现场实际情况，考虑到施工企业自身的技术能力、管理水平等综合情况，对清单做出一一报价，此报价应该是包括完成清单中工程项目所要发生的人工、材料、机械、管理费、规费、利润和税金，并考虑各种风险因素的综合单价。

编制投标报价时，对招标人清单中所列的措施项目也要有所响应，即对认为必须发生的施工措施项目也要报出其综合单价，对认为可以消化在企业工程成本中的措施项目，为求得企业竞争能力优势，有时可以不报。投标人在投标时要考虑在施工全过程中市场物价变化的可能，在所报的综合单价中要考虑到人工、材料和机械的上涨风险，因此提倡理性投标。非国有资金建设工程投标报价，应当在控标线为基准的浮动幅度范围内。

在商务标评定时，招标人和评标专家除去评审拟定最佳候选人的工程总价，还要评审其各分部分项工程项目的综合单价和各措施项目的综合单价是否为合理低价且不低于成本价格。当在某一项综合单价出现异常时，还要提出质询。通过综合评定，选定出社会信誉、工程质量标准保证体系、技术攻关能力和企业管理水平、施工工期、安全生产措施以及工程报价等诸多方面均优于其他投标人的施工单位作为中标人。

3）投标报价的编制依据

（1）《计价规范》；

（2）国家或省级、行业建设主管部门颁发的计价定额和计价办法；

（3）企业定额，国家或省级、行业建设主管部门颁发的计价定额；

（4）招标文件、工程量清单及其补充通知、招标人对招标文件的答疑纪要；

（5）建设工程设计文件及相关资料；

（6）施工现场情况、工程特点及拟定的投标施工组织设计或施工方案；

（7）与建设项目相关的标准、规范等技术资料；

（8）市场价格信息或工程造价管理机构发布的工程造价信息；

（9）其他的相关资料。

4）投标报价的编制

（1）分部分项工程量清单报价

分部分项工程的人工、材料和施工机械台班消耗量按各专业预算基价的规定计算，综合单价中各要素的价格和确定方法如下：

① 人工工日价格，按照本企业情况自主确定或按照编制期本市工程造价管理机构发布的人工工日价格、人工费计价系数计算。

② 材料价格，按照本企业采购渠道自主确定或按照编制期造价信息发布的市场价格中准价、指数计算，也可参照编制期市场价格，如招标文件中提供暂估价的材料，按暂估的单价计入综合单价。

③ 施工机械台班价格，按照参考市场机械租赁价格结合本企业情况自主确定或按照编制期造价信息发布的指数、指导价格计算。

④ 企业管理费，按照参照各专业预算基价中的管理费自主确定调整系数。

⑤ 规费、利润、税金，按照各专业预算基价的规定计算。

（2）措施项目清单报价

措施项目清单计价中能够计算工程量的项目参照分部分项工程量清单报价的规定计价，不能计算工程量的项目可自主确定或根据各专业预算基价规定计价。

（3）其他项目清单报价

① 专业工程暂估价，按照招标文件列出的暂估价格填写。

② 暂列金额，按照招标文件列出的暂列金额填写。

③ 计日工综合单价，包括人工工日单价、企业管理费、规费、利润和税金；材料综

合单价包括材料单价、材料采购保管费和税金；施工机械台班综合单价包括施工机械台班单价和税金。计日工综合单价根据招标工程量清单列出的项目和数量自主确定，也可参照招标控制价中计日工单价的规定计算。其中，规费和税金应按照各专业预算基价的规定计算。

④ 总承包服务费，根据招标文件列出的内容和提出的要求自主确定。

4. 工程量清单计价编制的格式

工程量清单计价应采用统一格式编制（具体格式参见编制实例中相应附表）。以天津地区为例，工程量清单计价应包括以下内容：

（1）封面（招标控制价、投标报价、竣工结算价）。

（2）编制说明。

（3）工程量清单总价汇总表。

（4）安全文明施工措施费汇总表。

（5）专业工程暂估（结算）价表。

（6）暂列金额项目表。

（7）计日工计价表。

（8）索赔及现场签证汇总表。

（9）工程量清单计价汇总表。

（10）分部分项工程量清单计价表。

（11）分部分项工程量清单综合单价分析表。

（12）措施项目清单计价表。

封面、编制说明、工程量清单总价汇总表、专业工程暂估价表、暂列金额项目表、计日工计价表有关内容按照工程项目填写。工程量清单计价汇总表、分部分项工程量清单计价表、措施项目清单计价表按照专业工程填写，表号由编制人按照专业工程的排列次序以阿拉伯数字顺序填写。

4.2.2　综合单价的确定

1. 综合单价的概念及组成

（1）综合单价的概念

综合单价是指完成一个规定计量单位的分部分项工程量清单项目或措施清单项目所需的人工费、材料费和工程设备费、施工机具使用费和企业管理费、利润，以及一定范围内的风险费用。这里，"一个规定计量单位"是指《计价规范》附录中规定的基本单位，如：$1 m^3$、$1 m^2$、$1 m$、1 吨、1 座、1 台等。所指的风险是工程建设施工阶段发、承包双方在招投标活动和合同履约及施工中所涉及的工程计价方面的风险，这一风险应在招投标文件合同中明确风险内容及其范围，如材料价格、施工机械使用费等的风险。

需要注意的是，综合单价的形成不是简单地将分部分项工程量项目中各单价汇总，而是要根据具体分部分项工程量清单项目的实际内容综合形成。

（2）综合单价的组成

从综合单价的概念可知，其组成可以用下式表示：

综合单价=人工费+机械费+材料费+管理费+利润+承包方应承担的风险费用

2. 综合单价的数学模型

清单工程量乘以综合单价等于该清单工程量对应各计价工程量发生的全部人工费、材料费、施工机械使用费、企业管理费、利润和风险费之和。其数学模型如下：

$$清单工程量 \times 综合单价 = \Big[\sum_{i=1}^{n} (计价工程量 \times 定额用工量 \times 人工单价)_i +$$

$$\sum_{j=1}^{n} (计价工程量 \times 定额材料量 \times 材料单价)_j +$$

$$\sum_{k=1}^{n} (计价工程量 \times 定额台班量 \times 台班单价)_k \Big] \times$$

$$(1 + 管理费费率) \times (1 + 利润率) \times (1 + 风险率) \quad (4\text{-}1)$$

整理式（4-1）后，变为综合单价的数学模型，即：

$$综合单价 = \Big\{ \Big[\sum_{i=1}^{n} (计价工程量 \times 定额用工量 \times 人工单价)_i +$$

$$\sum_{j=1}^{n} (计价工程量 \times 定额材料量 \times 材料单价)_j +$$

$$\sum_{k=1}^{n} (计价工程量 \times 定额台班量 \times 台班单价)_k \Big] \times$$

$$(1 + 管理费费率) \times (1 + 利润率) \times (1 + 风险率) \Big\} \div 清单工程量 \quad (4\text{-}2)$$

天津地区综合单价将规费列入综合单价，其计算数学模型如下：

$$清单工程量 \times 综合单价 = \sum_{i=1}^{n} \big[(计价工程量 \times$$

$$编制期预算基价中人工费 + 计价工程量 \times$$

$$编制期预算基价中材料费 + 计价工程量 \times$$

$$编制期预算基价中机械费 + 计价工程量 \times$$

$$编制期预算基价中管理费 + 计价工程量 \times$$

$$编制期预算基价中人工费 \times 规费费率) \times (1 + 利润率) \big] \quad (4\text{-}3)$$

整理式（4-3）后，变为综合单价的数学模型，即：

$$综合单价 = \sum_{i=1}^{n} \big[(计价工程量 \times 编制期预算基价中人工费 + 计价工程量 \times$$

$$编制期预算基价中材料费 + 计价工程量 \times$$

$$编制期预算基价中机械费 + 计价工程量 \times$$

$$编制期预算基价中管理费 + 计价工程量 \times$$

$$编制期预算基价中人工费 \times 规费费率) \times$$

$$(1 + 利润率) \big] \div 清单工程量 \quad (4\text{-}4)$$

3. 综合单价的确定依据

综合单价的确定依据，包括招标文件、工程量清单、施工图样及图样答疑、消耗量定额（或企业定额）、《建设工程工程量清单计价规范》（GB 50500—2013）、各地方建设行政主管部门颁发的计价办法、施工组织设计或施工方案、工料机市场价格和现场踏勘情况等。

4. 综合单价的确定方法

（1）综合单价的计算方法

以天津地区为例，综合单价的计算方法：用计价工程量分别乘以预算基价中人工、材料、机械、管理费（单价）；用计算出的人工费乘以规费费率得出规费；将计算出人工费、材料费、机械费、管理费和规费汇总后乘以利润率，得出利润；最后计算出计价工程量清单项目费小计，再用该小计除以清单工程量得出综合单价。其计算方法如图4-1所示。

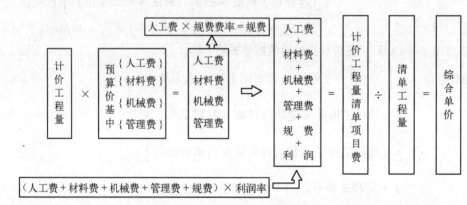

图4-1 综合单价计算方法示意图

① 人工费、材料费、机械费和管理费的计算如表4-14所示。

表4-14 人工费、材料费、施工机械使用费计算方法

费 用 名 称	计 算 方 法
人工费	$\sum$（分部分项工程量×预算基价中人工费）
材料费	$\sum$（分部分项工程量×预算基价中材料费）
机械费	$\sum$（分部分项工程量×预算基价中机械费）
管理费	$\sum$（分部分项工程量×预算基价中管理费）

② 规费：

$$规费 = 计算基数 \times 规费费率 \tag{4-5}$$

天津地区计算基数为人工费。

③ 计价工程量清单项目的计算：

$$计价工程量清单项目费 = 人工费 + 材料费 + 机械费 + 企业管理费 + 规费 + 利润 \tag{4-6}$$

④ 综合单价的计算：

$$综合单价 = \frac{计价工程量清单项目费}{清单工程量} \tag{4-7}$$

（2）填写工程量清单综合单价分析表并计算出工程量清单项目综合单价

① 分部分项工程量清单项目综合单价。

a. 分部分项工程量清单的综合单价，应按设计文件或参照《计价规范》附录的工程内容确定。分部分项工程的综合单价包括：分部分项工程主体项目的每一清单计量单位的人工费、材料费、机械费、企业管理费、规费和利润；与主体项目相结合的辅助项目的每一清单计量单位的人工费、材料费、机械费、企业管理费、规费和利润；在不同条件下施工需增加的人工费、材料费、机械费、企业管理费、规费和利润；以及在不同时期应调整的人工费、材料费、机械费、企业管理费、规费和利润。

b. 分部分项工程量清单综合单价的分析，应根据工程施工图纸，参考建设行政主管部门颁发的消耗量定额或企业定额进行。若套用企业定额投标报价时，除按招标文件的要求外，一般招标人还要求附上相应的分析和说明，便于评标定标。

综合单价的计算必须按清单项目描述的内容计算并从工程量清单综合单价分析表开始（如例题所示）。表中的每一个清单项目的编码、名称、计量单位应与工程量清单相同，而人工费、材料费、机械费、企业管理费、规费和利润均为每一计量单位的价格。

② 措施项目综合单价。可以计算工程量的措施项目，应按分部分项工程量清单的方式采用综合单价计价。其余的措施项目可以"项"为单位的方式计价，应包括除税金外的全部费用。

（3）工程量的变更及其综合单价的确定

天津地区《计价办法》中，对工程量的变更及其综合单价的确定作了明确的规定。

① 因非承包人原因引起的工程量清单项目变化的，合同中已有适用的综合单价，按照已有的综合单价确定；合同中有类似的综合单价，参照类似的综合单价；合同中没有适用或类似的综合单价，由承包人提出，经发包人确认后调整。

② 因设计变更使工程项目与工程量清单项目特征描述不符的，由承包人按照新的项目特征重新提出综合单价，经发包人确认后调整。

③ 因非承包人原因引起的工程量增减，该项工程量变化在合同约定幅度以内的，执行原有的综合单价；该项工程量变化在合同约定幅度以外的，允许调整该清单项目投标报价中的综合单价，其综合单价及措施项目费由承包人提出，经发包人确认后调整。

④ 因分部分项工程量清单偏差、漏项或非承包人原因引起措施项目发生变化的，按照变化后实际采取的措施项目确定措施项目费。原措施项目费中已有的，根据措施项目变更情况在原措施项目的基础上调整；原措施项目费中没有的，由承包人提出相应的措施项目费变更，经发包人确认后调整。

⑤ 因设计变更引起施工图预算增减的，工程量依据设计变更计算，单价按照双方共同确认的价格调整。

【例4-12】某工程外墙保温工程工程量清单如表4-15所示，三类工程，依据计价规范，对该工程项目进行清单列项，并确定综合单价。

表 4-15　分部分项工程量清单

专业工程名称：新建办公楼工程-建筑工程

序　号	项目编码	项目名称	项　目　特　征	单　位	工　程　量
1	010803003001	外墙面保温	外墙外贴聚苯板保温层 30 mm 厚，标准网格布抹面层（厚 3～5 mm）	m²	1 295.34

解：（1）列项并计算工程量

① 外墙外贴聚苯板保温层工程量：1 295.34 m²。

② 外墙外保温层，标准网格布抹面层工程量：1 295.34 m²。

（2）确定综合单价

① 查预算基价 8-195 子目、8-197 子目，得分项工程的人工费、材料费、机械费、管理费、规费和利润单价，乘以工程量并进行汇总，计算结果如表 4-16 所示。

② 表 4-16 中综合单价=合价合计/工程量。

③ 将表 4-16 中综合单价填入分部分项工程量清单综合单价分析表，如表 4-17 所示。

表 4-16　分部分项工程量清单综合单价计算表

专业工程名称：新建办公楼工程-建筑工程
编码：010803003001
项目名称：外墙面　外墙外贴聚苯板保温层 30 mm 厚
计量单位：m²
工程量：1 295.34

编　号	项目名称	单　位	工　程　量	单　价	合　价
8-195	外墙外贴聚苯板保温层	m²	1 295.34	76.66	99 296.27
8-197	外墙外保温层，标准网格布抹面层（厚 3～5 mm）	m²	1 295.34	56.28	72 899.41
	合　计	元			172 195.68
	综合单价	元		132.93	

其　中					
人　工　费	材　料　费	机　械　费	管　理　费	规　费	利　润
35 129.62	36 135.49	0.00	5 259.08	15 531.13	7 240.95
29 274.68	20 995.14	0.00	4 378.25	12 940.45	5 310.89
64 404.30	57 130.63	0.00	9 637.33	28 471.58	12 551.84
49.72	44.10	0.00	7.44	21.98	9.69

表 4-17　分部分项工程量清单综合单价分析表

工程项目名称：新建办公楼工程　　　　　　　　　　　　　　　　　　　金额单位：元

序　号	项目编码	项目名称	计量单位	综合单价	其　中					
					人工费	材料费	机械费	管理费	规费	利润
1	010803003001	外墙外贴聚苯板保温层 30 mm 厚	m²	132.93	49.72	44.10	0.00	7.44	21.98	9.69

4.3　建设工程工程量清单计价编制实例

4.3.1　一般土建工程工程量清单编制实例

以某工程为例，按照国家标准《建设工程工程量清单计价规范》（GB 50500—2013）、《房屋建筑与装饰工程工程量计算规范》《天津市建筑工程工程量清单计价指引 》《天津市装饰装修工程工程量清单计价指引 》编制一般建筑工程工程量清单。本工程拟定 2018 年 2 月 19 日公开招标，2018 年 3 月 2 日开标。施工图见书后建筑工程计量与计价课程配套图纸。具体编制内容如下。

工 程 量 清 单

工程项目名称：新建办公楼工程

招　标　人：（全称、盖章）

法定代表人：（签字或盖章）

编 制 单 位：（全称、盖章）

法定代表人：（签字或盖章）

编　　　制：（签字、加盖资格章）

审　　　核：（签字、加盖注册造价工程师执业章）

编制日期：2018 年 2 月 15 日

编 制 说 明

工程项目名称：新建办公楼工程

一、工程量清单编制依据：办公楼工程施工图，招标项目招标文件及发包人提供的其他资料。

二、工程概况。建筑面积：2 398.65 m²；工程特征：框架结构；计划 2018 年 4 月 1 日开工，2018 年 10 月 15 日竣工；施工场地：已达到七通一平。

三、工程发包范围：为本次招标的办公楼工程施工图范围内的建筑工程和装饰装修工程。

四、工程质量要求：优质。

五、安全文明施工要求：按照《天津市建设工程施工安全管理规定》执行。

编制：　　　　复核：　　　　审核：　　　　　　　　　　　　　　共 1 页

表1（1）

分部分项工程量清单

专业工程名称：新建办公楼工程-建筑工程

序号	项目编码	项目名称	项目特征	单位	工 程 量
		A.1 土（石）方工程			
1	010101001001	平整场地	1. 土壤类别：一般土 2. 弃土运距：1 km	m²	799.55
2	010101003001	挖基坑土方	1. 土壤类别：一般土 2. 基础类型：有梁式满堂基础 3. 挖土深度：1.15 m 4. 弃土运距：1 km 5. 槽底钎探：919.5 m² 6. 挖土运土：590.05 m³	m³	1 057.42
3	010103001001	土方回填	1. 土质要求：一般土 2. 运输距离：1 km	m³	467.37
		A.3 砌筑工程			
4	010401001001	砖基础	1. 砖品种、规格、强度等级：页岩砖 2. 基础类型：带型基础	m³	51.65
5	010401008001	砌块墙	1. 砖品种、规格、强度等级：保温轻质砂加气砌块墙 600 mm×250 mm×250 mm 2. 墙体厚度：250 mm	m³	187.48
6	010401008002	砌块墙	1. 砌块品种、规格、强度等级：空心砖、蒸压加气混凝土砌块 390 mm×190 mm×190 mm 2. 墙体厚度：200 mm	m³	309.09
		A.4 混凝土及钢筋混凝土工程			
7	010501001001	C20 垫层	1. 混凝土强度等级：C20 2. 混凝土拌合料要求：商品混凝土	m³	87.71
8	010501004001	C30 满堂基础	1. 混凝土强度等级：C30 2. 混凝土拌合料要求：商品混凝土	m³	427.47
9	010503001001	C30 基础梁	1. 梁底标高：-1.5 m 2. 梁截面：500 mm×800 mm 3. 混凝土强度等级：C30	m³	47.09
10	010502001001	C30 矩形柱（周长在1.8 m以外）	1. 柱高度：3.6 m 2. 柱截面尺寸：700 mm×600 mm 3. 混凝土强度等级：C30 4. 混凝土拌合料要求：商品混凝土	m³	199.28
11	010502002001	C30 构造柱	1. 混凝土强度等级：C30 2. 混凝土拌合料要求：商品混凝土	m³	1.56

编制：　　　　复核：　　　　审核：　　　　　　　　第1页　共3页

表1（1）

分部分项工程量清单

专业工程名称：新建办公楼工程-建筑工程

序号	项目编码	项目名称	项目特征	单位	工 程 量
12	010503002001	矩形梁	1. 混凝土强度等级：C30 2. 混凝土拌合料要求：商品混凝土	m³	176.47
13	010505003001	平板	1. 板底标高：3.5 m，3.35 m，3.45 m 2. 板厚度：100 mm，150 mm 3. 混凝土强度等级：C30 4. 混凝土拌合料要求：商品混凝土	m³	264.6
14	010506001001	C30 直形楼梯	1. 混凝土强度等级：C30 2. 混凝土拌合料要求：商品混凝土	m²	60.76
15	010507001001	C15 散水	1. 60 厚 C15 混凝土，面上加 5 厚 1:1 水泥砂浆随打随抹光 2. 150 厚 3:7 灰土 3. 素土夯实，向外坡 4% 4. 散水沥青砂浆嵌缝 133.15 m	m²	133.15
16	010507004001	C15 台阶	1. 构件的类型：台阶 2. 60 厚 C15 混凝土台阶（厚度不包括踏步三角部分）	m²	13.23
17	010507005001	C30 压顶	1. 混凝土强度等级：C30 2. 混凝土拌合料要求：商品混凝土	m³	4.63
18	010505008001	C30 雨篷	1. 混凝土强度等级：C30 2. 混凝土拌合料要求：商品混凝土	m³	0.95
19	010503005001	C30 过梁	1. 混凝土强度等级：C30 2. 混凝土拌合料要求：商品混凝土	m³	1.76
20	010515001001	现浇混凝土钢筋	1. 钢筋种类、规格：圆钢筋 D10 以内 1.84 t//圆钢筋 D10 以外 5.165 t//螺纹钢筋 D20 以内 14.41 t//螺纹钢筋 D20 以内 97.926 t//普通箍筋 D10 以内 62.501 t 2. 钢筋种类、规格：电渣压力焊接头 96 个//钢筋冷挤压接头 D38 以内 2848 个	t	184.62

编制：　　　　　复核：　　　　　审核：　　　　　　　　　　第 2 页　共 3 页

表1（1）

分部分项工程量清单

专业工程名称：新建办公楼工程-建筑工程

序号	项目编码	项目名称	项 目 特 征	单位	工 程 量
		A.7 屋面及防水工程			
21	010902001001	屋面：不上人防水屋面	1. 40厚C20细石混凝土捣实压光内配双向φ4钢筋间距150按纵横（6 m）设置分格缝，缝中钢筋断开，缝宽20，与女儿墙留缝30，缝内均用接缝密封材料填实密封 2. 20厚1:3水泥砂浆保护 3. 3 mm厚SBS改性沥青防水卷材1道 4. 20厚1:3水泥砂浆找平 5. 聚苯乙烯泡沫塑料板保温隔热200厚 6. 屋面现浇1:10水泥珍珠岩保温隔热，最薄处30 mm 7. 钢筋混凝土楼面板 8. 防水面积为794.80 m²	m²	762.06
22	010902004001	屋面排水管	1. 排水管品种、规格、品牌、颜色：UPVC管直径φ110 mm 2. UPVC弯头4个//UPVC短管4个	m	46.80
		A.8 防腐、隔热、保温工程			
23	010803003001	外墙面保温	外墙外贴聚苯板保温层30 mm厚，标准网格布抹面层（厚3~5 mm）	m²	1 295.34

编制： 　　　复核： 　　　审核： 　　　　　　　　　　第3页 共3页

表1 (2)

措施项目清单 (一)

专业工程名称：新建办公楼工程-建筑工程

序　号	项目名称	项目特征
1	011707001001 安全文明施工	安全文明施工是指 (1) 环境保护措施费；(2) 文明施工措施费；(3) 安全施工措施费；(4) 临时设施费
2	011707002001 夜间施工	夜间施工是指 (1) 夜间固定照明灯具和临时可移动照明灯具的设置、拆除；(2) 夜间施工时，施工现场交通标志、安全标牌、警示灯等的设置、移动、拆除；(3) 包括夜间照明设备及照明用电、施工人员夜班补助、夜间施工劳动效率降低等
3	011707003001 非夜间施工照明	非夜间施工照明是指为保证工程施工正常进行，在地下室等特殊施工部位施工时所采用的照明设备的安拆、维护及照明用电等
4	011707004001 二次搬运	二次搬运是指由于施工场地条件限制而发生的材料、成品、半成品等一次运输不能到达堆放地点，必须进行二次或多次搬运
5	011707005001 冬雨季施工	冬雨季施工是指 (1) 冬雨季施工时增加的临时设施 (防寒保温、防雨、防风设施) 的搭设、拆除；(2) 冬雨季施工时，对砌体、混凝土等采用的特殊加温、保温和养护措施；(3) 冬雨季施工时，施工现场的防滑处理、对影响施工的雨雪的清除；(4) 冬雨季施工时增加的临时设施
6	01170700600 地上、地下设施、建筑物的临时保护设施	地上、地下设施、建筑物的临时保护设施是指在工程施工过程中，对已建成的地上、地下设施和建筑物进行的遮盖、封闭、隔离等必要保护措施
7	011707007001 已完工程及设备保护	已完工程及设备保护是指对已完工程及设备采取的遮盖、包裹、封闭、隔离等必要保护措施
8	011707301001 竣工验收存档资料编制	竣工验收存档资料编制是指按城建档案管理规定，在竣工验收后，应提交的档案资料所发生的编制费用
9	011707302001 建筑垃圾运输	建筑垃圾运输是指根据《天津市建筑垃圾资源化利用管理办法》中规定的为实现建筑垃圾无害化、减量化、资源化利用所发生的场外运输费用
10	011707303001 危险性较大的分部分项工程措施	危险性较大的分部分项工程措施是指《天津市建设工程重大危险源隔离办法》中重大危险源参考范围

编制：　　　　复核：　　　　　　审核：　　　　　　第1页　共1页

表1（3）

措施项目清单（二）

专业工程名称：新建办公楼工程-建筑工程

序　号	项目编码	项目名称	项目特征	计量单位
	施工排水、降水费			
1	011706301001	集水井	做井、洗井	座
2	011706002001	抽水机抽水	1. 安装抽水机械 2. 抽水 3. 拆除抽水设备	台班
	脚手架措施费			
3	011701001001	综合脚手架	1. 搭设、拆除脚手架 2. 上下翻板子 3. 材料运输	m²
	混凝土模板及支架措施费			
4	011702001001	现浇混凝土基础模板	模板制作、清理、场内运输、安装、刷隔离剂、模板维护、拆除、集中堆放、场外运输	m²
5	011702002001	现浇混凝土矩形柱模板	模板制作、清理、场内运输、安装、刷隔离剂、模板维护、拆除、集中堆放、场外运输	m²
6	011702003001	现浇混凝土构造柱模板	模板制作、清理、场内运输、安装、刷隔离剂、模板维护、拆除、集中堆放、场外运输	m²
7	011702005001	现浇混凝土基础梁模板	模板制作、清理、场内运输、安装、刷隔离剂、模板维护、拆除、集中堆放、场外运输	m²
8	011702006001	现浇混凝土矩形梁模板	模板制作、清理、场内运输、安装、刷隔离剂、模板维护、拆除、集中堆放、场外运输	m²
9	011702009001	现浇混凝土过梁模板	模板制作、清理、场内运输、安装、刷隔离剂、模板维护、拆除、集中堆放、场外运输	m²
10	011702016001	现浇混凝土平板模板	模板制作、清理、场内运输、安装、刷隔离剂、模板维护、拆除、集中堆放、场外运输	m²

编制：　　　　复核：　　　　　　　　审核：　　　　　　第1页　共2页

表1（3）

措施项目清单（二）

专业工程名称：新建办公楼工程-建筑工程

序　号	项目编码	项目名称	项目特征	计量单位
11	011702023001	现浇混凝土雨棚模板	模板制作、清理、场内运输、安装、刷隔离剂、模板维护、拆除、集中堆放、场外运输	m²
12	011702024001	现浇混凝土楼梯模板	模板制作、清理、场内运输、安装、刷隔离剂、模板维护、拆除、集中堆放、场外运输	m²
13	011702027001	现浇混凝土台阶模板	模板制作、清理、场内运输、安装、刷隔离剂、模板维护、拆除、集中堆放、场外运输	m²
14	011702025001	现浇混凝土压顶模板	模板制作、清理、场内运输、安装、刷隔离剂、模板维护、拆除、集中堆放、场外运输	m²
	垂直运输费			
15	011703301001	建筑物垂直运输	1. 各种材料的垂直运输 2. 施工人员上下班使用的外用电梯 3. 上下通信联络 4. 高层建筑施工用水加压	m²
	混凝土泵送费			
16	011703304001	混凝土泵送费（象泵）	1. 混凝土泵送设备运输、安装、调试、移动、维护、拆除 2. 混凝土泵送	m³
	大型机械进出场及安拆费			
17	011705302001	施工电梯固定式基础	1. 模板安装、清理、拆除 2. 钢筋制作、绑扎、安装 3. 混凝土制作、运输、浇筑、振捣、养护	座
18	011705303001	施工电梯安拆费（75m以内）	1. 机械安装、试运转 2. 拆除	台次
19	011705304001	施工电梯场外包干运费（75m以内）	1. 机械安装、试运转 2. 拆除	台次

编制：　　　　复核：　　　　　　审核：　　　　　　第2页　共2页

表2（1）

分部分项工程量清单

专业工程名称：新建办公楼工程-装饰装修工程

序号	项目编码	项目名称	项目特征	单位	工 程 量
		门窗工程			
1	010801004001	木质防火门	1. 实木平开门制作、运输、安装 2. 五金、玻璃安装 3. 刷防护材料、油漆	m²	127.68
2	010802001001	断桥隔热铝合金平开门	1. 断桥隔热铝合金平开门制作、运输、安装 2. 五金、玻璃安装	m²	13.05
3	010807001001	断桥隔热铝合金推拉窗	1. 断桥隔热铝合金推拉窗制作、运输、安装 2. 五金、玻璃安装	m²	326.07
4	010809004001	石材窗台板	1. 窗台板材质：大理石 2. 大理石窗台板 19.47 m²	m²	19.47
		楼地面工程			
5	011102001001	地面1 大理石地面	1. 20厚大理石铺实拍平，水泥砂浆擦缝（大理石规格 500 mm×500 mm×20 mm） 2. 30厚1:4干硬性水泥砂浆 3. 素水泥浆结合层一遍 4. 100厚 C15 混凝土 5. 素土夯实（300 mm 厚）	m²	649.97
6	011102001002	楼面1 大理石楼面	1. 20厚大理石铺实拍平，水泥浆擦缝（大理石规格 500 mm×500 mm×20 mm） 2. 30厚1:4干硬性水泥砂浆 3. 素水泥浆结合层一遍 4. 钢筋混凝土楼板	m²	1 222.10
7	011102003001	地面2 陶瓷地砖防水地面	1. 8～10厚地砖铺实拍平，水泥浆擦缝或1:1水泥砂浆填缝（陶瓷地砖规格 300 mm×300 mm×10 mm） 2. 20厚1:4干硬性水泥砂浆 3. 1.5厚聚氨酯防水涂料，面上撒黄砂，四周沿墙上翻150高 4. 刷基层处理剂一遍 5. 20厚1:3水泥砂浆找平 6. C15细石混凝土找坡不小于0.5%，最薄处不小于30 mm 厚 7. 80厚 C15 混凝土 8. 素土夯实（290 mm 厚） 9. 防水面积为 79.52 m²	m²	67.40

编制：　　　　　复核：　　　　　审核：　　　　　　　　第1页　共4页

表 2（1）

分部分项工程量清单

专业工程名称：新建办公楼工程-装饰装修工程

序号	项目编码	项目名称	项目特征	单位	工 程 量
8	011102003002	楼面 2 陶瓷地砖楼面	1. 8～10 厚地砖铺实拍平，水泥浆擦缝（陶瓷地砖规格 300 mm×300 mm×10 mm） 2. 20 厚 1:4 干硬性水泥砂浆 3. 素水泥浆结合层一遍 4. 钢筋混凝土楼板	m²	14.70
9	011102003003	楼面 3 防滑地砖防水楼面	1. 8～10 厚地砖铺实拍平，水泥浆擦缝或 1:1 水泥砂浆填缝（陶瓷地砖规格 300 mm×300 mm×10 mm） 2. 25 厚 1:4 干硬性水泥砂浆 3. 1.5 厚聚氨酯防水涂料，面上撒黄砂，四周沿墙上翻 150 高 4. 刷基层处理剂一遍 5. 20 厚 1:3 水泥砂浆找平 6. C15 细石混凝土找坡不小于 0.5%，最薄处不小于 30 mm 厚 7. 钢筋混凝土楼板 8. 防水面积为 159.04 m²	m²	134.80
10	011105002001	踢脚 1 大理石踢脚	1. 踢脚线高度：120 mm 2. 灌 20 厚 1:2.5 水泥砂浆 3. 20 厚大理石板材，水泥浆擦缝	m²	147.22
11	011105003001	踢脚 2 瓷砖踢脚	1. 踢脚线高度：120 mm 2. 17 厚 1:3 水泥砂浆 3. 3～4 厚 1:1 水泥砂浆加水重 20% 建筑胶镶贴 4. 8～10 厚地砖，水泥浆擦缝	m²	7.78
12	011106002001	陶瓷地砖楼梯面层	镶铺陶瓷地砖楼梯面层： （1）基层清理；（2）抹找平层；（3）面层铺贴；（4）贴嵌防滑条；（5）勾缝；（6）刷防护材料；（7）酸洗、打蜡；（8）材料运输	m²	60.76
13	011503001001	不锈钢管楼梯栏杆	直线形不锈钢管栏杆（竖条式）制作安装	m	34.16
14	011107002001	花岗岩台阶面	1. 20～25 厚花岗岩踏步及踢脚板，水泥浆擦缝 2. 30 厚 1:4 干硬性水泥砂浆 3. 素水泥浆结合层一遍 4. 300 厚 3:7 灰土 5. 素土夯实	m²	13.23

编制：　　　　复核：　　　　审核：　　　　　　　　第 2 页　共 4 页

表2（1）

分部分项工程量清单

专业工程名称：新建办公楼工程-装饰装修工程

序号	项目编码	项目名称	项目特征	单位	工 程 量
			墙、柱面工程		
15	011201001001	内墙面抹灰	1. 砌块墙基面清理平整干净 2. 涂 TG 胶浆底抹 TG 砂浆干拌砂浆（7 mm+13 mm+5 mm） 3. 刮柔性腻子两遍 4. 白色内墙乳胶漆	m²	4 537.42
16	011407001001	内墙面1 涂料墙面	1. 砌块墙基面清理平整干净 2. 涂 TG 胶浆底抹 TG 砂浆干拌砂浆（7 mm+13 mm+5 mm） 3. 刮柔性腻子两遍 4. 白色内墙乳胶漆	m²	3 777.09
17	011204003001	内墙2 釉面砖墙面	1. 砌块墙基面清理平整干净 2. 涂 TG 胶浆底抹 TG 砂浆干拌砂浆（7 mm+13 mm+5 mm） 3. 3～4 厚 1:1 水泥砂浆加水重 20% 建筑胶镶贴 4. 4～5 厚釉面面砖，白水泥浆擦缝	m²	727.26
18	011201001002	外墙面抹灰	1. 墙体类型：砌块墙 2. 外墙表面清理后，20 厚 1:2.5 水泥砂浆找平 3. 外墙外贴聚苯板保温层 30mm 厚，标准网格布抹灰层（3～5mm） 4. 外墙刷 AC-97 弹性涂料	m²	1 295.39
19	011204001001	外墙裙 花岗岩外墙裙	1. 砌块内墙面 涂 TG 胶浆、TG 砂浆 7 mm 干拌抹灰砂浆 M5 13 mm 干拌抹灰砂浆 M20 5 mm 2. 灌 20 厚 1:2.5 水泥砂浆 3. 20 厚花岗岩，水泥浆擦缝	m²	173.38
20	011407001002	外墙面 涂料墙面	1. 墙体类型：砌块墙 2. 外墙表面清理后，20 厚 1:2.5 水泥砂浆找平 3. 外墙外贴聚苯板保温层 30 mm 厚，标准网格布抹灰层（3～5mm） 4. 外墙刷 AC-97 弹性涂料	m²	1121.2
21	011203001001	压顶抹灰	1. 混凝土基层清理 2. 抹素水泥浆底浆水泥砂浆面（2 mm+12 mm+8 mm）	m²	85.95

编制：　　　复核：　　　审核：　　　　　　　　　　第3页　共4页

表 2（1）

分部分项工程量清单

专业工程名称：新建办公楼工程-装饰装修工程

序号	项目编码	项目名称	项目特征	单位	工 程 量
22	011203001002	雨篷抹灰刷涂料	1. 混凝土基层清理 2. 抹水泥砂浆浆底混合砂浆面（5 mm + 20 mm + 10 mm） 3. 刷乳胶漆二遍	m²	10.38
23	011203001003	女儿墙内侧抹灰	1. 墙体类型：砌块墙 2. 砌块墙基面清理平整干净 3. 涂 TG 胶浆底抹 TG 砂浆干拌砂浆（7 mm+13 mm）	m²	62.94
24	011203001004	楼梯侧面抹灰	1. 混凝土基层清理 2. 抹素水泥浆底浆水泥砂浆面（2 mm + 12 mm + 8 mm）	m²	5.02
		天棚工程			
25	011301001001	顶棚1 顶棚抹灰	1. 钢筋混凝土板底清理干净 2. 7 厚 1:1:4 水泥石灰砂浆 3. 5 厚 1:0.5:3 水泥石灰砂浆	m²	62.36
26	011301001002	楼梯底面抹灰及刷浆	1. 钢筋混凝土楼梯板底清理干净 2. 7 厚 1:1:4 水泥石灰砂浆 3. 5 厚 1:0.5:3 水泥石灰砂浆 4. 刷 106 涂料二遍	m²	69.87
27	011302001001	吊顶1 铝合金条板吊顶	1. 配套轻钢龙骨，规格 300 mm×300 mm 2. 铝合金条形板	m²	1 424.27
28	011302001002	吊顶2 矿棉吸声板吊顶	1. 轻钢龙骨，主龙骨中距 600～1000，H 型龙骨中距 300 或 600，横撑中距 600 2. 15 厚 600 mm×600 mm 矿棉吸声板	m²	621.66
29	011407002001	顶棚1 顶棚涂料	1. 钢筋混凝土板底清理干净 2. 7 厚 1:1:4 水泥石灰砂浆 3. 5 厚 1:0.5:3 水泥石灰砂浆 4. 刷 106 涂料二遍	m²	62.36

编制：　　　　复核：　　　　审核：　　　　　　　第4页　共4页

表 2（2）

措施项目清单（一）

专业工程名称：新建办公楼工程-装饰装修工程

序　号	项目名称	项目特征
1	011707001001 安全文明施工	安全文明施工是指（1）环境保护措施费；（2）文明施工措施费；（3）安全施工措施费；（4）临时设施费
2	011707002001 夜间施工	夜间施工是指（1）夜间固定照明灯具和临时可移动照明灯具的设置、拆除；（2）夜间施工时，施工现场交通标志、安全标牌、警示灯等的设置、移动、拆除；（3）包括夜间照明设备及照明用电、施工人员夜班补助、夜间施工劳动效率降低等
3	011707003001 非夜间施工照明	非夜间施工照明是指为保证工程施工正常进行，在地下室等特殊施工部位施工时所采用的照明设备的安拆、维护及照明用电等
4	011707005001 冬雨季施工	冬雨季施工是指（1）冬雨季施工时增加的临时设施（防寒保温、防雨、防风设施）的搭设、拆除；（2）冬雨季施工时，对砌体、混凝土等采用的特殊加温、保温和养护措施；（3）冬雨季施工时，施工现场的防滑处理、对影响施工的雨雪的清除；（4）冬雨季施工时增加的临时设施
5	011707006001 地上、地下设施、建筑物的临时保护设施	地上、地下设施、建筑物的临时保护设施是指在工程施工过程中，对已建成的地上、地下设施和建筑物进行的遮盖、封闭、隔离等必要保护措施
6	011707301001 室内空气污染测试	室内空气污染测试费是指检测因装饰装修工程而可能造成室内空气污染所需要的费用
7	011707302001 竣工验收存档资料编制	竣工验收存档资料编制费是指按城建档案管理规定，在竣工验收后，应提交的档案资料所发生的编制费用

编制：　　　　复核：　　　　审核：　　　　　　　　第1页　共1页

表2（3）

措施项目清单（二）

专业工程名称：新建办公楼工程-装饰装修工程

序　号	项目编码	项目名称	项目特征	计量单位
		脚手架措施费		
1	011701002001	外脚手架	1. 场内、场外材料搬运 2. 搭、拆脚手架、斜道、上料平台 3. 拆除脚手架后材料的堆放	m²
2	011701008001	外装饰吊篮	1. 场内、场外材料搬运 2. 吊篮的安装 3. 测试电动装置、安全锁、平衡控制器等 4. 吊篮的拆卸	m²
3	011701301001	内墙面粉饰脚手架	1. 场内外材料搬运 2. 搭拆脚手架 3. 拆除脚手架后材料的堆放	m²
4	011701302001	活动脚手架	1. 场内外材料搬运 2. 搭拆脚手架 3. 拆除脚手架后材料的堆放	m²
		垂直运输费		
5	011703301001	多层建筑物 垂直运输	1. 各种材料的垂直运输 2. 施工人员上下班使用外用电梯 3. 上下通信联络	工日
		已完工程及设备保护		
6	011707007001	已完工程及设备 保护（楼地面）	1. 基层清理 2. 铺设、拆除、成品保护 3. 材料清理 4. 清洁表面	m²
7	011707007002	已完工程及设备 保护（楼梯、台阶）	1. 基层清理 2. 铺设、拆除、成品保护 3. 材料清理 4. 清洁表面	m²
8	011707007003	已完工程及设备 保护（内墙面）	1. 基层清理 2. 铺设、拆除、成品保护 3. 材料清理 4. 清洁表面	m²

编制：　　　　复核：　　　　审核：　　　　　　　　第1页　共1页

4.3.2　一般土建工程工程量清单报价文件编制实例

　　以 4.3.1 节中编制的某工程工程量清单为依据，按照国家标准《建设工程工程量清单计价规范》《房屋建筑与装饰工程工程量计算规范》，参照 2016 年《天津市建设工程计价办法》《天津市建筑工程工程量清单计价指引》《天津市装饰装修工程工程量清单计价指引》《天津市建筑工程预算基价》《天津市装饰装修工程预算基价》的规定，编制一般建筑工程工程量清单报价文件。拟定本工程 2018 年 4 月 1 日开工，2018 年 10 月 15 日竣工。施工图见书后建筑工程计量与计价课程配套图纸。具体编制内容如下。

工程量清单投标报价

工程项目名称：新建办公楼工程

投标总价(大写)：陆佰捌拾贰万肆仟壹佰柒拾贰元整

　　　　　 (小写)：6 824 172 元

建 设 单 位：(全称)_____

报 　标 　人：(全称)_____

法定代表人：(签字或盖章)_____

编 　　　 制：(签字、加盖资格章)_____

审 　　　 核：(签字、加盖注册造价工程师执业章)_____

编制日期：2018 年 3 月 1 日

编 制 说 明

工程项目名称：新建办公楼工程

一、编制依据：办公楼工程施工图，招标项目招标文件及发包人提供的其他资料。

二、编制预算时所选用的人工、材料、施工机械台班价格的来源：2016 年天津市建筑工程工程量清单计价指引、2016 年天津市装饰装修工程工程量清单计价指引、2016 年天津市建筑工程预算基价、2016 年天津市装饰装修工程预算基价。

三、本工程排水、降水措施费按 2 座集水井考虑，基础工程工期按 30 天考虑。

四、根据市场价格动态，本报价主要材料参考《天津市工程造价信息》2018 年第 2 期及市场价格。

五、本报价文件中，投标单位结合本单位情况进行自主报价。

编制：　　　　复核：　　　　审核：　　　　　　　　　　　　　　共 1 页

投　标　人：（盖章）

法定代表人：（签字或盖章）

工程量清单总价汇总表

工程项目名称：新建办公楼工程　　　　　　　　　　　　　　　　　　　　　　　金额单位：元

表号	专业工程名称	分部分项工程量清单计价合计	措施项目清单计价（一）合计	措施项目清单计价（二）合计	含税总计
1	新建办公楼工程-建筑工程	2 393 596	112 934	956 906	3 809 840
2	新建办公楼工程-装饰装修工程	2 484 158	81 642	174 502	3 014 332
A 各专业工程工程量清单计价汇总		4 877 754	194 631	1 131 408	6 824 172
B 总承包服务费（含税）					0
C 专业工程暂估价合计					0
D 暂列金额项目合计					0
E 计日工计价合计					0
招标控制总价〔*A*+*B*+*C*+*D*〕：陆佰捌拾贰万肆仟壹佰柒拾贰元整					6 824 172

编制：　　　　　复核：　　　　　审核：　　　　　　　　　　　　　第1页　共1页

投　标　人：（盖章）

法定代表人：（签字或盖章）

安全文明施工措施费汇总表

工程项目名称：新建办公楼工程 金额单位：元

表　号	专业工程名称	计算说明	金　额
1	新建办公楼工程－建筑工程		74 444
2	新建办公楼工程－装饰装修工程		49 056
本表合计			123 500

编制： 复核： 审核： 第 1 页　共 1 页

投　标　人：(盖章)

法定代表人：(签字或盖章)

表1：

工程量清单计价汇总表

工程项目名称：新建办公楼工程-建筑工程 　　　　　　　　　　　　　　　　金额单位：元

表　号	费用项目名称	计　算　公　式	金　　额
1	分部分项工程量清单计价合计	∑（工程量×综合单价）	2 393 596
2	其中：规费	∑（工程量×综合单价中规费）	236 771
3	措施项目清单计价（一）合计	∑措施项目（一）金额	112 989
4	其中：规费	∑措施项目（一）金额中规费	11 495
5	措施项目清单计价（二）合计	∑（工程量×综合单价）	956 906
6	其中：规费	∑（工程量×综合单价中规费）	86 865
7	规　费	[2]+[4]+[6]	335 131
8	税　金	（[1]+[3]+[5]）×0.10	346 349
含税总计（结转至工程量清单总价汇总表）		[1]+[3]+[5]+[8]	3 809 840

编制：　　　　复核：　　　　审核：　　　　　　　　　　第1页　共1页

投　标　人：（盖章）

法定代表人：（签字或盖章）

表1（1）

分部分项工程量清单计价表

工程项目名称：新建办公楼工程　　　　　　　　　　　　　　　　金额单位：元

序号	项目编码	项目名称	计算单位	工程量	金　额		
					综合单价	合价	其中：规费
	A.1　土（石）方工程						
1	010101001001	平整场地 （1）土方挖填；（2）场地找平	m²	799.55	0.72	575.68	63.96
2	010101003001	挖基础土方： （1）人工土方开挖；（2）机械土方开挖；（3）挡土板支拆；（4）截桩头；（5）基底钎探；（6）运输	m³	1 057.42	29.72	31 426.52	3 310.20
3	010103001001	土（石）方回填： （1）回填；（2）分层碾压；（3）夯实；（4）装卸、运输	m³	467.37	53.46	24 985.60	2 818.24
	A.3　砌筑工程						
4	010401001001	砖基础： （1）砂浆制作、运输，运、砌页岩标砖；（2）砂浆制作、运输，防潮层铺设；（3）页岩实心砖	m³	51.65	679.77	35 110.12	3 204.88
5	010401008001	砌保温轻质砂加气砌块墙（600 mm×250 mm×250 mm，墙厚250 mm） （1）砂浆制作、运输，运、砌砖及砌块；（2）勾缝	m³	187.48	754.13	141 384.29	15 200.88
6	010401008002	砌混凝土空心砌块墙（390 mm×190 mm×190 mm，墙厚190 mm，干拌砌筑砂浆）（1）砂浆制作、运输，运、砌砖及砌块；（2）勾缝	m³	309.09	550.93	170 286.95	14 190.32
	A.4　混凝土及钢筋混凝土工程						
7	010501001001	C20垫层： C30商品混凝土制作、运输、浇筑、振捣、养护	m³	87.71	589.05	51 665.58	4 865.27
	本页小计（结转至本表合计）					455 434.74	43 653.75

编制：　　　　　复核：　　　　　审核：　　　　　　　　　　　第1页　共4页

投　标　人：（盖章）

法定代表人：（签字或盖章）

表1（1）

分部分项工程量清单计价表

工程项目名称：新建办公楼工程 　　　　　　　　　　　　　　　　　金额单位：元

序号	项目编码	项目名称	计算单位	工程量	综合单价	合价	其中：规费
8	010501004001	C30 满堂基础： C30 商品混凝土制作、运输、浇筑、振捣、养护	m³	427.47	514.80	220 061.56	11 276.66
9	010503001001	C30 基础梁： C30 商品混凝土制作、运输、浇筑、振捣、养护	m³	47.09	601.00	28 301.09	2 281.98
10	010502001001	C30 矩形柱（周长在 1.8 m 以外）： C30 商品混凝土制作、运输、浇筑、振捣、养护	m³	199.28	684.70	136 447.02	14 126.96
11	010502002001	C30 构造柱： C30 商品混凝土制作、运输、浇筑、振捣、养护	m³	1.56	890.44	1 389.09	193.89
12	010503002001	C30 矩形梁： C30 商品混凝土制作、运输、浇筑、振捣、养护	m³	176.47	561.35	99 061.43	6 735.86
13	010505003001	C30 平板： C30 商品混凝土制作、运输、浇筑、振捣、养护	m³	264.6	562.28	148 779.29	9 795.49
14	010506001001	C30 直行楼梯： C30 商品混凝土制作、运输、浇筑、振捣、养护	m²	60.76	237.66	14 440.22	2 070.09
15	010507001001	C15 散水： C15 商品混凝土制作、运输、浇筑、振捣、养护	m²	133.15	143.06	19 048.44	3 127.27
16	010507004001	C15 台阶： C30 商品混凝土制作、运输、浇筑、振捣、养护	m²	13.23	93.42	1 235.95	105.58
		本页小计（结转至本表合计）				668 764.08	49 713.78

编制：　　　　复核：　　　　审核：　　　　　　　　　　第 2 页　共 4 页

投　标　人：（盖章）

法定代表人：（签字或盖章）

表 1（1）

分部分项工程量清单计价表

工程项目名称：新建办公楼工程   金额单位：元

序号	项目编码	项目名称	计算单位	工程量	综合单价	合价	其中：规费
					金　额		
17	010507005001	C30 压顶： 混凝土浇筑、振捣、养护	m³	4.63	797.96	3 694.55	435.31
18	010505008001	C30 雨篷： C30 商品混凝土制作、运输、浇筑、振捣、养护	m³	0.95	781.26	742.20	89.22
19	010503005001	C30 过梁： C30 商品混凝土制作、运输、浇筑、振捣、养护	m³	1.76	857.92	1 509.94	199.32
20	010515001001	现浇混凝土钢筋： （1）钢筋种类、规格：圆钢筋 D10 以内 1.84 t//圆钢筋 D10 以外 5.165 t//螺纹钢筋 D20 以内 14.41 t//螺纹钢筋 D20 以内 97.926 t//普通箍筋 D10 以内 62.501 t； （2）钢筋种类、规格：电渣压力焊接头 96 个//钢筋冷挤压接头 D38 以内 2848 个	t	184.62	4 531.59	836 622.15	96 711.13
本页小计（结转至本表合计）						842 568.84	97 434.98

编制：　　　　　复核：　　　　　审核：   第 3 页　共 4 页

投　标　人：（盖章）

法定代表人：（签字或盖章）

表1（1）

分部分项工程量清单计价表

工程项目名称：新建办公楼工程 金额单位：元

序号	项目编码	项目名称	计算单位	工程量	金额		
					综合单价	合价	其中：规费
		屋面及防水工程					
21	010902001001	不上人防水屋面： 1. 40厚C20细石混凝土捣实压光内配双向φ4钢筋间距150按纵横（6m）设置分格缝，缝中钢筋断开，缝宽20，与女儿墙留缝30，缝内均用接缝密封材料填实密封 2. 20厚1:3水泥砂浆保护 3. 3mm厚SBS改性沥青防水卷材1道 4. 20厚1:3水泥砂浆找平 5. 聚苯乙烯泡沫塑料板保温隔热200厚 6. 屋面现浇1:10水泥珍珠岩保温隔热，最薄处30mm 7. 钢筋混凝土楼面板 8. 防水面积为794.80 m²	m²	762.06	329.96	251 449.32	17 317.18
22	010902004001	屋面排水管： 1. 排水管及配件安装、固定，接缝、嵌缝 2. 雨水斗、雨水篦子安装//水斗4个//弯头4个	m	46.80	68.09	3 186.61	180.18
		防腐、隔热、保温工程					
23	011001003001	外墙面： 外墙外贴聚苯板保温层30mm厚，标准网格布抹面层（厚3～5mm）	m²	1 295.34	132.93	172 189.55	28 471.58
		本表合计（结转至工程量清单计价汇总表）				426 825.55	45 968.94

编制： 复核： 审核： 第4页 共4页

投 标 人：（盖章）

法定代表人：（签字或盖章）

表 1（1-a）

分部分项工程量清单综合单价分析表

工程项目名称：新建办公楼工程

金额单位：元

序号	项目编码	项目名称	计量单位	综合单价	人工费	材料费	机械费	管理费	规费	利润
							其 中			
		土（石）方工程								
1	01010100101001	平整场地	m²	0.72	0.19	0.00	0.35	0.05	0.08	0.05
2	01010101003001	挖基坑土方	m³	29.72	7.09	0.59	14.69	2.06	3.13	2.17
3	01010103001001	土（石）方回填	m³	53.46	13.63	0	26.15	3.75	6.03	3.89
		砌筑工程								
4	01040101001001	砖基础	m³	679.77	140.35	402.09	8.96	16.79	62.05	49.53
5	01040101008001	保温轻质砂加气砌块墙	m³	754.13	183.4	413.27	0	21.43	81.08	54.95
6	01040101008002	蒸压加气混凝土砌块墙	m³	550.93	103.85	340.85	7.71	12.47	45.91	40.14
		混凝土及钢筋混凝土工程								
7	01050101001001	C30垫层	m³	589.05	125.47	352.69	1.75	10.75	55.47	42.92
8	01050101004001	C20满堂基础	m³	514.80	59.66	382.47	0.48	8.3	26.38	37.51
9	01050103001001	C30基础梁	m³	601.00	109.61	383.14	0.78	15.22	48.46	43.79
10	01050102001001	C30矩形柱（周长在1.8 m以外）	m³	684.70	160.35	380.58	0.78	22.21	70.89	49.89
11	01050102002001	C30构造柱	m³	890.44	281.14	380.52	0.78	38.83	124.29	64.88
12	01050103002001	C30矩形梁	m³	561.35	86.33	383.15	0.78	12.02	38.17	40.9

编制：　　　　　　　复核：　　　　　　　审核：

第 1 页　共 2 页

投　标　人：（盖章）

法定代表人：（签字或盖章）

表1（1-a）

分部分项工程量清单综合单价分析表

工程项目名称：新建办公楼工程

金额单位：元

序号	项目编码	项目名称	计量单位	综合单价	人工费	材料费	其中				利润
							机械费	管理费	规费		
13	01050503001	C30 平板	m³	562.28	83.73	388.12	0.78	11.66	37.02		40.97
14	01050601001	C30 直形楼梯	m²	237.66	77.07	98.23	0.31	10.66	34.07		17.32
15	01050701001	C30 散水	m²	143.06	53.14	48.46	0.88	6.67	23.49		10.42
16	01050704001	C30 台阶	m²	93.42	18.06	57.29	0.67	2.61	7.98		6.81
17	01050705001	C30 压顶	m³	797.96	212.67	402.39	1.25	29.49	94.02		58.14
18	01050508001	C30 雨篷	m³	781.26	212.44	387.82	0.78	29.37	93.92		56.93
19	01050305001	C15 过梁	m³	857.92	256.17	389.82	0.78	35.39	113.25		62.51
20	01051501001	现浇混凝土钢筋	t	4 531.59	1 184.73	2 325.43	64.42	102.91	523.84		330.26
		屋面及防水工程									
21	01090201001	不上人防水屋面	m²	329.96	51.41	0.00	2.01	6.21	22.72		24.05
22	01090204001	屋面排水管	m	68.09	8.72	49.83	0	0.73	3.85		4.96
		防腐、隔热、保温工程									
23	01080303001	外墙面 外墙外贴聚苯板保温层 30 mm厚	m²	132.93	49.72	44.1	0	7.44	21.98		9.69

编制：　　　　　复核：　　　　　审核：

第 2 页　共 2 页

投　标　人：（盖章）

法定代表人：（签字或盖章）

分部分项工程量清单综合单价计算表

表1 (1-b)

专业工程名称：新建办公楼工程-建筑工程

1 编码：010101001001　项目名称：平整场地　计量单位：m²　工程量：799.55

编号	项目名称	单位	工程量	单价	合价	其中					
						人工费	材料费	机械费	管理费	规费	利润
1-26	机械平整场地	m²	799.55	0.72	575.67	151.91	0	279.84	39.98	63.96	39.98
	综合单价	元		0.72		0.19	0.00	0.35	0.05	0.08	0.05

2 编码：010101004001　项目名称：挖基础土方　计量单位：m³　工程量：1057.42

编号	项目名称	单位	工程量	单价	合价	其中					
						人工费	材料费	机械费	管理费	规费	利润
1-19	挖土机挖、自卸汽车运砂砾坚土（运距在1km以内）	m³	1057.42	21.14	22353.86	2389.77	0	15533.5	1744.74	1057.42	1628.43
1-8	槽底钎探	m²	919.5	9.86	9070.81	5103.23	620.59	0	432.17	2252.78	662.04
	合　计	元			31424.67	7493	620.59	15533.5	2176.91	3310.2	2290.47
	综合单价	元		29.72		7.09	0.59	14.69	2.06	3.13	2.17

3 编码：010103001001　项目名称：土（石）方回填　计量单位：m³　工程量：467.37

编号	项目名称	单位	工程量	单价	合价	其中					
						人工费	材料费	机械费	管理费	规费	利润
1-49	机械回填土	m³	467.37	32.69	15278.32	6370.25	0	4038.08	939.41	2818.24	1112.34
1-35	装载机装土自卸汽车运土	m³	590.05	16.45	9706.32	0	0	8183.99	814.27	0	708.06
	合　计	元			24984.64	6370.25	0	12222.07	1753.68	2818.24	1820.4
	综合单价	元		53.46		13.63	0	26.15	3.75	6.03	3.89

第1页　共9页

表 1 (1-b)

分部分项工程量清单综合单价计算表

专业工程名称：新建办公楼工程－建筑工程

4 编码：010401001001　　项目名称：砖基础　　计量单位：m³　　工程量：51.65

编号	项目名称	单位	工程量	合价	单价	其中					
						人工费	材料费	机械费	管理费	规费	利润
3-2	砌页岩标砖基础（干拌砌筑砂浆）	m³	51.65	35 109.92	679.77	7 249.08	20 767.76	462.78	867.2	3 204.88	2 558.22
	综合单价	元			679.77	140.35	402.09	8.96	16.79	62.05	49.53

5 编码：010401008001　　项目名称：蒸压加气混凝土砌块墙　　计量单位：m³　　工程量：187.48

编号	项目名称	单位	工程量	合价	单价	其中					
						人工费	材料费	机械费	管理费	规费	利润
3-86	砌保温岩棉轻质加气砌块墙（600mm×250mm×250mm，墙厚25cm）	m³	187.48	141 384.97	754.13	34 383.83	77 480.53	0.00	4 017.70	15 200.88	10 302.03
	综合单价	元			754.13	183.4	413.27	0	21.43	81.08	54.95

6 编码：010401008002　　项目名称：保温轻质砂加气砌块墙　　计量单位：m³　　工程量：309.09

编号	项目名称	单位	工程量	合价	单价	其中					
						人工费	材料费	机械费	管理费	规费	利润
3-61	砌混凝土空心砌块墙（390mm×190mm×190mm，墙厚19cm，干拌砌筑砂浆）	m³	309.09	170 287.88	550.93	32 099.00	105 354.25	2 383.08	3 854.35	14 190.32	12 406.87
	综合单价	元			550.93	103.85	340.85	7.71	12.47	45.91	40.14

第 2 页　共 9 页

建筑工程计量与计价（第二版）

分部分项工程量清单综合单价计算表

表1（1-b）

专业工程名称：新建办公楼工程-建筑工程

7　编码：010501001001　项目名称：C20垫层　计量单位：m³　工程量：87.71

编号	项目名称	单位	工程量	单价	合价	人工费	材料费	机械费	管理费	规费	利润
								其中			
1-71	C20混凝土基础垫层（厚度在10cm以内）	m³	87.71	589.05	51 665.99	11 004.97	30 934.85	153.49	942.88	4 865.27	3 764.51
	综合单价	元		589.05		125.47	352.69	1.75	10.75	55.47	42.92

8　编码：010501004001　项目名称：C30满堂基础　计量单位：m³　工程量：427.47

编号	项目名称	单位	工程量	单价	合价	人工费	材料费	机械费	管理费	规费	利润
								其中			
4-7	C30满堂红基础	m³	427.47	514.80	220 062.80	25 502.86	163 495.69	205.19	3 548.00	11 276.66	16 034.40
	综合单价	元		514.80		59.66	382.47	0.48	8.3	26.38	37.51

9　编码：010503001001　项目名称：C30基础梁　计量单位：m³　工程量：47.09

编号	项目名称	单位	工程量	单价	合价	人工费	材料费	机械费	管理费	规费	利润
								其中			
4-24	C30现浇混凝土基础梁	m³	47.09	601.00	28 300.97	5 161.53	18 041.94	36.73	716.71	2 281.98	2 062.07
	综合单价	元		601.00		109.61	383.14	0.78	15.22	48.46	43.79

第3页　共9页

268

表1（1-b）

分部分项工程量清单综合单价计算表

专业工程名称：新建办公楼工程－建筑工程

10 编码：010502001001　　项目名称：C30矩形柱（周长在1.8m以外）　　计量单位：m³　　工程量：199.28

编号	项目名称	单位	工程量	单价	合价	其中					
						人工费	材料费	机械费	管理费	规费	利润
4-20	C30现浇混凝土矩形柱（周长在1.8m以外）	m³	199.28	684.70	136 447.02	31 954.55	75 841.98	155.44	4 426.01	14 126.96	9 942.08
	综合单价	元		684.70	684.70	160.35	380.58	0.78	22.21	70.89	49.89

11 编码：010502002001　　项目名称：C30构造柱　　计量单位：m³　　工程量：1.56

编号	项目名称	单位	工程量	单价	合价	其中					
						人工费	材料费	机械费	管理费	规费	利润
4-21	C30现浇混凝土构造柱	m³	1.56	890.44	1 389.09	438.58	593.61	1.22	60.57	193.89	101.21
	综合单价	元		890.44	890.44	281.14	380.52	0.78	38.83	124.29	64.88

12 编码：010503002001　　项目名称：C30矩形梁　　计量单位：m³　　工程量：176.47

编号	项目名称	单位	工程量	单价	合价	其中					
						人工费	材料费	机械费	管理费	规费	利润
4-25	C30现浇混凝土矩形梁	m³	176.47	561.35	99 061.43	15 234.66	67 614.48	137.65	2 121.17	6 735.86	7 217.62
	综合单价	元		561.35	561.35	86.33	383.15	0.78	12.02	38.17	40.9

13 编码：010505003001　　项目名称：C30平板　　计量单位：m³　　工程量：264.6

编号	项目名称	单位	工程量	单价	合价	其中					
						人工费	材料费	机械费	管理费	规费	利润
4-39	C30现浇混凝土矩形梁	m³	264.6	562.28	148 779.29	22 154.96	102 696.55	206.39	3 085.24	9 795.49	10 840.66
	综合单价	元		562.28	562.28	83.73	388.12	0.78	11.66	37.02	40.97

表 1（1–b）

分部分项工程量清单综合单价计算表

专业工程名称：新建办公楼工程 - 建筑工程　　项目名称：C30 直行楼梯

14　编码：010506001001　　　　　　　　　　　　　　　　　　　计量单位：m³　　工程量：60.76

编号	项 目 名 称	单位	工程量	单价	合价	人工费	材料费	机械费	管理费	规费	利润
									其　　中		
4–49	C30现浇混凝土直行楼梯	m³	60.76	237.66	14 440.22	4 682.77	5 968.45	18.84	647.70	2 070.09	1 052.36
	综 合 单 价	无		237.66		77.07	98.23	0.31	10.66	34.07	17.32

项目名称：C30 散水

15　编码：010507001001　　　　　　　　　　　　　　　　　　　计量单位：m³　　工程量：133.15

编号	项 目 名 称	单位	工程量	单价	合价	人工费	材料费	机械费	管理费	规费	利润
									其　　中		
4–68	60 mm 现浇混凝土散水（随打随抹面层）	m²	133.15	55.51	7 391.00	2 433.98	2 938.32	58.59	346.19	1 075.85	537.93
4–69	散水沥青砂浆嵌缝	m	133.15	35.88	4 777.00	2 705.61	155.22	0.00	372.82	1 195.69	347.52
1–62	3:7 灰土基础垫层	m³	19.97	326.24	6 515.00	1 736.99	3 359.31	26.96	148.98	767.85	474.69
1–7	原土打夯	m²	133.15	2.74	365.00	198.39	0.00	31.96	19.97	87.88	26.63
	合　　计				19 048.00	7 074.97	6 452.85	117.51	887.96	3 127.27	1 386.77
	综 合 单 价	无		143.06		53.14	48.46	0.88	6.67	23.49	10.42

表1（1-b）

分部分项工程量清单综合单价计算表

专业工程名称：新建办公楼工程－建筑工程

16 编码：10507004001　项目名称：C15 台阶　计量单位：m²　工程量：13.23

编号	项目名称	单位	工程量	单价	合价	人工费	材料费	机械费	管理费	规费	利润
								其　中			
4-64	C15现浇混凝土台阶	m²	13.23	93.42	1 235.90	238.93	757.90	8.86	34.53	105.58	90.10
	综合单价	元		93.42		18.06	57.29	0.67	2.61	7.98	6.81

17 编码：010507005001　项目名称：C30 压顶　计量单位：m³　工程量：4.63

编号	项目名称	单位	工程量	单价	合价	人工费	材料费	机械费	管理费	规费	利润
								其　中			
4-61	C30现浇混凝土压顶	m³	4.63	797.96	3 694.57	984.66	1 863.08	5.79	136.54	435.31	269.19
	综合单价	元		797.96		212.67	402.39	1.25	29.49	94.02	58.14

18 编码：010505008001　项目名称：C30 雨篷　计量单位：m³　工程量：0.95

编号	项目名称	单位	工程量	单价	合价	人工费	材料费	机械费	管理费	规费	利润
								其　中			
4-54	现浇混凝土雨篷	m³	0.95	781.26	742.20	201.82	368.43	0.74	27.90	89.22	54.08
	综合单价	元		781.26		212.44	387.82	0.78	29.37	93.92	56.93

19 编码：010406001001　项目名称：C30 过梁　计量单位：m²　工程量：1.76

编号	项目名称	单位	工程量	单价	合价	人工费	材料费	机械费	管理费	规费	利润
								其　中			
4-29	C30现浇混凝土过梁	m²	1.76	857.92	1 509.93	450.86	686.07	1.37	62.29	199.32	110.02
	综合单价	元		857.92		256.17	389.82	0.78	35.39	113.25	62.51

第6页 共9页

表 1（1–b）

分部分项工程量清单综合单价计算表

专业工程名称：新建办公楼工程–建筑工程

项目名称：钢筋混凝土钢筋　　　　　　　　　　　　　　　　　计量单位：t　　工程量：184.62

20　　编码：010515001001

编号	项 目 名 称	单位	工程量	单价	合价	人工费	材料费	其　　中			
								机械费	管理费	规费	利润
4–126	现浇混凝土普通圆钢筋（D10以内）	t	1.84	4 748.91	8 738.25	2 349.50	4 488.82	46.40	178.11	1 038.72	636.70
4–127	现浇混凝土普通圆钢筋（D10以外）	t	5.165	4 271.44	22 062.34	4 838.42	12 744.28	300.91	432.10	2 139.08	1 607.55
4–128	现浇混凝土普通螺纹钢筋（D20以内）	t	14.41	4 399.17	63 391.62	13 857.09	36 363.50	1 109.57	1 316.21	6 126.27	4 618.98
4–129	现浇混凝土普通螺纹钢筋（D20以外）	t	97.926	3 779.34	370 095.67	59 090.51	245 917.66	5 986.22	6 010.70	26 123.72	26 966.86
4–141	普通箍筋（D10以内）	t	62.501	5 117.50	319 849.37	113 213.69	121 006.19	3 338.80	8 933.27	50 052.05	23 305.37
4–175	墙体加固钢筋	t	2.775	3 529.37	9 794.40	1 536.52	6 633.22	94.77	136.95	679.29	713.65
4–160	电渣压力焊焊接钢筋接头	个	96	23.02	2 210.25	998.40	362.25	134.40	112.32	441.60	161.28
4–162	冷挤压连接钢筋接头（DN38以内）	个	2 848	14.21	40 481.51	22 840.96	1 805.67	882.88	1 879.68	10 110.40	2 961.92
	合　　计	元			836 623.41	218 725.09	429 321.59	11 893.95	18 999.34	96 711.13	60 972.31
	综 合 单 价	元		4 531.60		1 184.73	2 325.43	64.42	102.91	523.84	330.26

第 7 页　共 9 页

表 1 (1-b)

分部分项工程量清单综合单价计算表

专业工程名称：新建办公楼工程－建筑工程　　　　项目名称：不上人防水屋面　　　　计量单位：m²　　　　工程量：762.06

21　编码：010902001001

编号	项目名称	单位	工程量	单价	合价	人工费	材料费	其　中				
								机械费	管理费	规费	利润	
8-169	屋面现浇 1:10 水泥珍珠岩保温隔热	m³	83.83	429.56	36 009.66	9 880.20	17 660.12	0.00	1 477.08	4 368.38	2 623.88
8-175	屋面聚苯乙烯泡沫塑料板保温隔热	m³	152.41	625.24	95 292.12	8 387.12	74 998.73	0.00	1 254.33	3 708.14	6 943.80
7-23	改性沥青卷材防水（热熔法一层，平面）	m²	794.8	59.38	47 197.96	2 201.60	40 402.42	0.00	182.80	969.66	3 441.48
7-2	水泥砂浆找平层（在填充材料上，厚 2 cm，干拌地面砂浆）	m²	794.8	30.00	23 841.45	5 269.52	13 191.14	810.70	500.72	2 328.76	1 740.61
7-5	水泥砂浆找平层（在混凝土或硬基层上，厚 2 cm，干拌地面砂浆）	m²	794.8	26.34	20 938.06	5 333.11	10 565.91	659.68	492.78	2 360.56	1 526.02
1-296	有筋细石混凝土硬基层上找平层（厚度 40 mm）	m²	762.06	36.96	28 167.85	8 108.32	13 543.93	60.96	823.02	3 581.68	2 049.94
	合　计	元			251 447.10	39 179.87	170 362.25	1 531.34	4 730.73	17 317.18	18 325.73
	综合单价	元		329.96		51.41	223.55	2.01	6.21	22.72	24.05

第 8 页　共 9 页

273

建筑工程计量与计价（第二版）

表 1 （1–b）

专业工程名称：新建办公楼工程 – 建筑工程

分部分项工程量清单综合单价计算表

22 编码：010902004001　项目名称：屋面排水管　　计量单位：m　　工程量：46.80

编号	项目名称	单位	工程量	单价	合价	其中					
						人工费	材料费	机械费	管理费	规费	利润
7-91	UPVC 雨水管（直径 110 mm 以内）	m	46.8	50.09	2 344.10	206.86	1 857.84	0.00	17.32	91.26	170.82
7-100	UPVC 雨水斗	个	4	140.26	561.03	141.92	303.59	0.00	11.88	62.76	40.88
7-107	UPVC 弯头	个	4	70.42	281.66	59.20	170.82	0.00	4.96	26.16	20.52
	合　计	元			3 186.79	407.98	2 332.25	0.00	34.16	180.18	232.22
	综合单价	元		68.09		8.72	49.83	0.00	0.73	3.85	4.96

23 编码：011001003001　项目名称：外墙面 外墙外贴聚苯板保温层 30mm 厚　　计量单位：m²　　工程量：1295.34

编号	项目名称	单位	工程量	单价	合价	其中					
						人工费	材料费	机械费	管理费	规费	利润
8-195	外墙外贴聚苯板保温层	m²	1 295.34	76.66	99 296.27	35 129.62	36 135.49	0.00	5 259.08	15 531.13	7 240.95
8-197	外墙外保温层，标准网格布抹面层（厚 3~5mm）	m²	1 295.34	56.28	72 899.41	29 274.68	20 995.14	0.00	4 378.25	12 940.45	5 310.89
	合　计	元			172 195.68	64 404.30	57 130.63	0.00	9 637.33	28 471.58	12 551.84
	综合单价	元		132.93		49.72	44.10	0.00	7.44	21.98	9.69

274

表 1（2）

措施项目清单计价表（一）

专业工程名称：新建办公楼工程－建筑工程　　　　　　　　　　　　　金额单位：元

序号	项目名称	计算说明	金额	其中：规费
1	11707001001 安全文明施工	自动计算模式	74 444	4 559.67
2	11707002001 夜间施工	夜间施工工日×41.16 元×0.9912 ×1.0005	0	0
3	11707003001 非夜间施工照明	封闭作业工日×80%×18.46 元× 0.9800×1.0010	0	0
4	11707004001 二次搬运	材料费合计×$n.nn$%×1.0386 ×1.0090	0	0
5	11707005001 冬雨季施工	人工费、材料费、机械费合计× 0.97%×1.0147×0.9950	35 680	6 925.23
6	11707006001 地上、地下设施、建筑物的临时保护设施	自行组合补充	0	0
7	11707007001 已完工程及设备保护	自行组合补充	0	0
8	011707301001 竣工验收存档资料编制	人工费、材料费、机械费合计× 0.10%×0.9894×1.0056	2 865	0
9	011707302001 建筑垃圾运输	建筑垃圾量×（11.60 元+0.87 元× 0 千米）×0.8986×1.0049	0	0
10	011707303001 危险性较大的分部分项工程措施	按施工方案计算	0	0
本表合计（结转至工程量清单计价汇总表）			112 989	11 485

编制：　　　复核：　　　审核：　　　　　　　　　　　第 1 页　共 1 页

投　标　人：（盖章）

法定代表人：（签字或盖章）

表1（3）

措施项目清单计价表（二）

专业工程名称：新建办公楼工程－建筑工程 金额单位：元

序号	项目编码	项目名称	计算单位	工程量	金额		
					综合单价	合价	其中：规费
	施工排水、降水费						
1	011706301001	集水井 做井、洗井	座	2	3 029.00	6 058.00	904.86
2	011706002001	抽水机抽水： （1）安装抽水机械；（2）抽水； （3）拆除抽水设备	台班	90	87.57	7 881.30	1 145.7
	脚手架措施费						
3	011701001001	综合脚手架： （1）搭设、拆除脚手架；（2）上下翻板子；（3）材料运输	m²	2 398.65	38.69	92 803.77	19 501.02
	混凝土模板及支架措施费						
4	011702001001	现浇混凝土基础模板： （1）模板制作；（2）模板安装、拆除、整理堆放及场内外运输； （3）清理模板黏结物及模内杂物、刷隔离剂等	m²	42.07	88.97	3 742.97	574.7
5	011702002001	现浇混凝土柱模板： （1）模板制作；（2）模板安装、拆除、整理堆放及场内外运输； （3）清理模板黏结物及模内杂物、刷隔离剂等	m²	1 158.65	91.06	105 506.67	14 575.82
6	011702003001	现浇混凝土构造柱模板： （1）模板制作；（2）模板安装、拆除、整理堆放及场内外运输； （3）清理模板黏结物及模内杂物、刷隔离剂等	m²	7.68	66.99	514.48	67.43
7	011702005001	现浇混凝土基础梁模板： （1）模板制作；（2）模板安装、拆除、整理堆放及场内外运输； （3）清理模板黏结物及模内杂物、刷隔离剂等	m²	201.15	74.66	15 017.86	1 910.93
	本表合计（结转至本表合计）					231 525.05	38 680.46

编制： 复核： 审核： 第1页 共3页

投 标 人：（盖章）

法定代表人：（签字或盖章）

表1（3）

措施项目清单计价表（二）

专业工程名称：新建办公楼工程-建筑工程　　　　　　　　　金额单位：元

序号	项目编码	项目名称	计算单位	工程量	金额		
					综合单价	合价	其中：规费
8	011702006001	现浇混凝土矩形梁模板： （1）模板制作；（2）模板安装、拆除、整理堆放及场内外运输；（3）清理模板黏结物及模内杂物、刷隔离剂等	m²	1 265.98	79.78	100 999.88	14 470.15
9	011702009001	现浇混凝土过梁模板： （1）模板制作；（2）模板安装、拆除、整理堆放及场内外运输；（3）清理模板黏结物及模内杂物、刷隔离剂等	m²	31.64	104.49	3 306.06	550.85
10	011702016001	现浇混凝土平板模板： （1）模板制作；（2）模板安装、拆除、整理堆放及场内外运输；（3）清理模板黏结物及模内杂物、刷隔离剂等	m²	1 970.76	78.68	155 059.40	21 520.7
11	011702023001	现浇混凝土雨棚模板： （1）模板制作；（2）模板安装、拆除、整理堆放及场内外运输；（3）清理模板黏结物及模内杂物、刷隔离剂等	m²	10.84	143.63	1 556.95	266.12
12	011702024001	现浇混凝土楼梯模板： （1）模板制作；（2）模板安装、拆除、整理堆放及场内外运输；（3）清理模板黏结物及模内杂物、刷隔离剂等	m²	112.87	207.42	23 411.50	4 342.11
13	011702027001	现浇混凝土台阶模板： （1）模板制作；（2）模板安装、拆除、整理堆放及场内外运输；（3）清理模板黏结物及模内杂物、刷隔离剂等	m²	4.19	91.00	381.29	37.75
本表合计（结转至工程量清单计价汇总表）						284 715.08	41 187.68

编制：　　　　复核：　　　　审核：　　　　　　　　第2页　共3页

投　标　人：（盖章）

法定代表人：（签字或盖章）

表1（3）

措施项目清单计价表（二）

专业工程名称：新建办公楼工程-建筑工程　　　　　　　　　　　　金额单位：元

序号	项目编码	项目名称	计算单位	工程量	金额		
					综合单价	合价	其中：规费
14	011702025001	现浇混凝土压顶模板： （1）模板制作；（2）模板安装、拆除、整理堆放及场内外运输；（3）清理模板黏结物及模内杂物、刷隔离剂等	m²	39.74	76.40	3 036.14	581
		垂直运输费					
15	011703301001	框架结构建筑物垂直运输（檐高20m以内）： （1）各种材料的垂直运输；（2）施工人员上下班使用的外用电梯；（3）上下通信联络；（4）高层建筑施工用水加压	m²	2 398.65	18.75	44 974.69	0
		混凝土泵送费					
16	011703304001	混凝土泵送费： （1）混凝土泵送设备运输、安装、调试、移动、维护、拆除；（2）混凝土泵送	m³	12 539.4	28.63	359 003.02	2 507.88
		大型机械进出场及安拆费					
17	011705302001	施工电梯固定式基础： （1）模板安装、清理、拆除；（2）钢筋制作、绑扎、安装；（3）混凝土制作、运输、浇筑、振捣、养护	座	1	7 273.62	7 273.62	710.89
18	011705303001	大型机械安拆费： （1）机械安装、试运转；（2）拆除	台次	1	15 124.78	15 124.78	2 697.69
19	011705304001	大型机械进出场费： 机械整体或分体自停放地点运至施工现场（或由一工地运至另一工地）的运输、装卸	台次	1	11 224.17	11 224.17	499.57
		本表合计（结转至本表合计）				440 636.42	6 997.03

编制：　　　复核：　　　审核：　　　　　　　　　　　　第3页　共3页

投　标　人：（盖章）

法定代表人：（签字或盖章）

表 1 (3-a)

措施项目清单综合单价分析表 (二)

专业工程名称：新建办公楼工程－建筑工程

金额单位：元

序号	项目编码	项目名称	计量单位	综合单价	人工费	材料费	其 中 机械费	管理费	规费	利润
		施工排水、降水费								
1	011706301001	集水井	座	3 028.90	1 023.36	1 209.10	55.38	67.93	452.43	220.7
2	011706002001	抽水机抽水	台班	87.57	28.8	0	35.9	3.76	12.73	6.38
		脚手架措施费								
3	011701001001	综合脚手架	m²	38.69	18.39	6.12	0.61	2.62	8.13	2.82
		混凝土模板及支架措施费								
4	011702001001	现浇混凝土基础模板	m²	88.97	30.91	31.02	1.44	5.46	13.66	6.48
5	011702002001	现浇混凝土矩形柱模板	m²	91.06	28.45	35.53	2.72	5.15	12.58	6.63
6	011702003001	现浇混凝土构造柱模板	m²	66.99	19.85	27.10	2.72	3.66	8.78	4.88
7	011702005001	现浇混凝土基础梁模板	m²	74.66	21.48	31.89	2.42	3.92	9.50	5.44
8	011702006001	现浇混凝土矩形梁模板	m²	79.78	25.85	28.36	3.56	4.77	11.43	5.81
9	011702009001	现浇混凝土过梁模板	m²	104.49	39.37	30.47	2.61	7.02	17.41	7.61
10	011702016001	现浇混凝土平板模板	m²	78.68	24.71	29.97	2.84	4.51	10.92	5.73
11	011702023001	现浇混凝土雨棚模板	m²	143.63	55.53	42.25	1.16	9.67	24.55	10.47
12	011702024001	现浇混凝土楼梯模板	m²	207.42	87.02	49.57	2.07	15.18	38.47	15.11
13	011702027001	现浇混凝土台阶模板	m²	91.00	20.39	49.69	1.62	3.66	9.01	6.63
14	011702025001	现浇混凝土压顶模板	m²	76.40	33.08	16.66	0.71	5.76	14.62	5.57

编制：

复核：

审核：

第 1 页 共 2 页

投　标　人：（盖章）

法定代表人：（签字或盖章）

279

表1（3-a）

措施项目清单综合单价分析表（二）

专业工程名称：新建办公楼工程 I 程-建筑工程

金额单位：元

序号	项目编码	项目名称	计量单位	综合单价	人工费	材料费	其中 机械费	其中 管理费	规费	利润
		垂直运输费								
15	011703301001	建筑物垂直运输	m²	18.75	0.00	0.00	16.50	0.88	0.00	1.37
		混凝土泵送费								
16	011703304001	混凝土泵送费	m³	28.63	0.45	2.89	21.81	1.19	0.20	2.09
		大型机械进出场及安拆费								
17	011705302001	施工电梯固定式基础	座	7 273.62	1 607.99	4 097.90	79.97	245.96	710.89	529.91
18	011705303001	大型机械安拆费	台次	15 124.78	6 102.00	63.79	3 972.35	1 186.90	2 697.69	1 102.05
19	011705304001	大型机械进出场费	台次	11 224.17	1 130.00	79.76	7 976.79	720.22	499.57	817.83

编制： 复核： 审核：

第 2 页 共 2 页

投 标 人：（盖章）

法定代表人：（签字或盖章）

表1（3-b）

措施项目清单综合单价计算表（二）

专业工程名称：新建办公楼工程－建筑工程

1　编码：011706301001　项目名称：集水井　计量单位：座　工程量：2.000

编号	项目名称	单位	工程量	单价	合价	人工费	材料费	机械费	管理费	规费	利润
								其中			
11-2	钢筋笼子排水井，集水井（井深在4m以内）	座	2	3 028.9	6 057.80	2 046.72	2 418.20	110.76	135.86	904.86	441.40
	综合单价	元		3 028.9		1 023.36	1 209.10	55.38	67.93	452.43	220.7

2　编码：011706002001　项目名称：排水、降水　计量单位：昼夜　工程量：90

编号	项目名称	单位	工程量	单价	合价	人工费	材料费	机械费	管理费	规费	利润
								其中			
11-5	抽水机抽水（DN100潜水泵）	昼夜	90	87.57	7 881.30	2 592.00	0.00	3 231.00	338.40	1 145.70	574.20
	综合单价	元		87.57		28.8	0	35.9	3.76	12.73	6.38

3　编码：011701001001　项目名称：综合脚手架　计量单位：m²　工程量：2 398.65

编号	项目名称	单位	工程量	单价	合价	人工费	材料费	机械费	管理费	规费	利润
								其中			
12-9	搭拆多层建筑综合脚手架（框架结构，檐高20m以内）	m²	2 398.65	38.69	92 792.02	44 111.17	14 667.98	1 463.18	6 284.46	19 501.02	6 764.19
	综合单价	元		38.69		18.39	6.12	0.61	2.62	8.13	2.82

4　编码：011702001001　项目名称：现浇混凝土基础模板　计量单位：m²　工程量：42.07

编号	项目名称	单位	工程量	单价	合价	人工费	材料费	机械费	管理费	规费	利润
								其中			
13-1	支拆现浇混凝土垫层楼板	m²	13.7	77.11	1056.41	347.43	397.31	19.45	61.65	153.58	76.99
13-9	支拆现浇混凝土满堂基础底板模板	m²	42.07	63.86	2 686.47	952.89	907.74	41.23	167.86	421.12	195.63
	合价	元			3 742.88	1 300.32	1 305.05	60.68	229.51	574.7	272.62
	综合单价	元		88.97		30.91	31.02	1.44	5.46	13.66	6.48

第1页　共5页

表1 (3-b)

措施项目清单综合单价计算表（二）

专业工程名称：新建办公楼工程 工程 建筑工程

5 编码：011702002001 项目名称：现浇混凝土矩形柱模板 计量单位：m² 工程量：1 158.65

编号	项 目 名 称	单位	工程量	单价	合价	人工费	材料费	机械费	管理费	规费	利润
								其		中	
13-16	支拆现浇混凝土矩形柱模板	m²	1 158.65	91.06	105 500.99	32 963.59	41 161.16	3 151.53	5 967.05	14 575.82	7 681.85
	综合单价	元		91.06		28.45	35.53	2.72	5.15	12.58	6.63

6 编码：011702003001 项目名称：现浇混凝土构造柱模板 计量单位：m² 工程量：7.68

编号	项 目 名 称	单位	工程量	单价	合价	人工费	材料费	机械费	管理费	规费	利润
								其		中	
13-17	支拆现浇混凝土构造柱模板	m²	7.68	66.99	514.47	152.45	208.12	20.89	28.11	67.43	37.48
	综合单价	元		66.99		19.85	27.10	2.72	3.66	8.78	4.88

7 编码：011702003001 项目名称：支拆现浇混凝土基础梁模板 计量单位：m² 工程量：201.15

编号	项 目 名 称	单位	工程量	单价	合价	人工费	材料费	机械费	管理费	规费	利润
								其		中	
13-21	支拆现浇混凝土基础梁模板	m²	201.15	74.65	15 015.85	4 320.70	6 414.67	486.78	788.51	1 910.93	1 094.26
	综合单价	元		74.65		21.48	31.89	2.42	3.92	9.5	5.44

8 编码：011702006001 项目名称：现浇混凝土矩形梁模板 计量单位：m² 工程量：1 265.98

编号	项 目 名 称	单位	工程量	单价	合价	人工费	材料费	机械费	管理费	规费	利润
								其		中	
13-17	支拆现浇混凝土矩形柱模板	m²	1 265.98	79.78	100 995.71	32 725.58	35 899.02	4 506.89	6 038.72	14 470.15	7 355.34
	综合单价	元		79.78		25.85	28.36	3.56	4.77	11.43	5.81

第 2 页 共 5 页

表1（3-b）

措施项目清单综合单价计算表（二）

专业工程名称：新建办公楼工程－建筑工程

9 编码：011702009001   项目名称：现浇混凝土过梁模板   计量单位：m²   工程量：31.64

编号	项目名称	单位	工程量	单价	合价	人工费	材料费	机械费	管理费	规费	利润
								其		中	
13-27	支拆现浇混凝土过梁模板	m²	31.64	104.49	3 306.17	1 245.67	964.18	82.58	222.11	550.85	240.78
	综合单价	元		104.49		39.37	30.47	2.61	7.02	17.41	7.61

10 编码：011702016001   项目名称：现浇混凝土平板模板   计量单位：m²   工程量：1 970.76

编号	项目名称	单位	工程量	单价	合价	人工费	材料费	机械费	管理费	规费	利润
								其		中	
13-56	支拆现浇混凝土平板模板	m²	1 970.76	78.68	155 064.13	48 697.48	59 068.41	5 596.96	8 888.13	21 520.70	11 292.45
	综合单价	元		78.68		24.71	29.97	2.84	4.51	10.92	5.73

11 编码：011702023001   项目名称：现浇混凝土雨棚模板   计量单位：m²   工程量：10.84

编号	项目名称	单位	工程量	单价	合价	人工费	材料费	机械费	管理费	规费	利润
								其		中	
13-68	支拆现浇混凝土雨棚模板	m²	10.84	143.63	1 556.99	601.95	458.03	12.57	104.82	266.12	113.49
	综合单价	元		143.63		55.53	42.25	1.16	9.67	24.55	10.47

12 编码：011702024001   项目名称：现浇混凝土直行楼梯模板   计量单位：m²   工程量：112.87

编号	项目名称	单位	工程量	单价	合价	人工费	材料费	机械费	管理费	规费	利润
								其		中	
13-46	支拆现浇混凝土直形楼梯模板	m²	112.87	207.42	23 410.98	9 821.95	5 594.45	233.64	1 713.37	4 342.11	1 705.47
	综合单价	元		207.42		87.02	49.57	2.07	15.18	38.47	15.11

第 3 页 共 5 页

表1（3-b）

措施项目清单综合单价计算表（二）

专业工程名称：新建办公楼工程-建筑工程

13 编码：011702027001　项目名称：现浇混凝土台阶模板　计量单位：m²　工程量：4.19

编号	项目名称	单位	工程量	单价	合价	人工费	材料费	机械费	管理费	规费	利润
13-61	支拆现浇混凝土台阶模板	m²	4.19	91.00	381.28	85.43	208.19	6.79	15.34	37.75	27.78
	综合单价	元		91.00		20.39	49.69	1.62	3.66	9.01	6.63

14 编码：011702025001　项目名称：现浇混凝土压顶模板　计量单位：m²　工程量：39.74

编号	项目名称	单位	工程量	单价	合价	人工费	材料费	机械费	管理费	规费	利润
13-58	支拆现浇混凝土压顶模板	m²	39.74	76.40	3 036.06	1 314.60	662.00	28.22	228.90	581.00	221.35
	综合单价	元		76.40		33.08	16.66	0.71	5.76	14.62	5.57

15 编码：011703301001　项目名称：建筑物垂直运输　计量单位：m²　工程量：2 398.65

编号	项目名称	单位	工程量	单价	合价	人工费	材料费	机械费	管理费	规费	利润
15-2	框架结构建筑物垂直运输（檐高20 m以内）	m²	2 398.65	18.75	44 974.69	0.00	0.00	39 577.73	2 110.81	0.00	3 286.15
	综合单价	元		18.75		0.00	0.00	16.50	0.88	0.00	1.37

16 编码：011703304001　项目名称：混凝土泵送费　计量单位：m³　工程量：12 539.4

编号	项目名称	单位	工程量	单价	合价	人工费	材料费	机械费	管理费	规费	利润
14-3	混凝土泵送费（象泵）	m³	12 539.4	28.63	359 053.18	5 642.73	36 289.02	273 484.31	14 921.89	2 507.88	26 207.35
	综合单价	元		28.63		0.45	2.89	21.81	1.19	0.20	2.09

表1 (3-b)

措施项目清单综合单价计算表（二）

专业工程名称：新建办公楼工程-建筑工程

17　编码：011705302001

项目名称：施工电梯固定式基础　　　计量单位：座　　　工程量：1.00

编号	项目名称	单位	工程量	单价	合价	人工费	材料费	机械费	其　中		
									管理费	规费	利润
16-3	施工电梯固定式基础	座	1.00	7 272.62	7 272.62	1 607.99	4 097.90	79.97	245.96	710.89	529.91
	综合单价	元		7 272.62		1 607.99	4 097.90	79.97	245.96	710.89	529.91

18　编码：011705303001

项目名称：大型机械安拆费　　　计量单位：台次　　　工程量：1.00

编号	项目名称	单位	工程量	单价	合价	人工费	材料费	机械费	其　中		
									管理费	规费	利润
16-12	施工电梯安拆费（75 m 以内）	台次	1.00	15 124.78	15 124.78	6 102.00	63.79	3 972.35	1 186.90	2 697.69	1 102.05
	综合单价	元		15 124.78		6 102.00	63.79	3 972.35	1 186.90	2 697.69	1 102.05

19　编码：011705304001

项目名称：大型机械进出场费　　　计量单位：台次　　　工程量：1.00

编号	项目名称	单位	工程量	单价	合价	人工费	材料费	机械费	其　中		
									管理费	规费	利润
16-36	施工电梯场外包干运费（75 m 以内）	台次	1.00	11 224.17	11 224.17	1 130.00	79.76	7 976.79	720.22	499.57	817.83
	综合单价	元		11 224.17		1 130.00	79.76	7 976.79	720.22	499.57	817.83

第 5 页　共 5 页

表2

工程量清单计价汇总表

工程项目名称：新建办公楼工程–装饰装修工程 　　　　　　　　　金额单位：元

表号	费用项目名称	计 算 公 式	金　额
1	分部分项工程量清单计价合计	$\sum$（工程量 × 综合单价）	2 484 158
2	其中：规费	$\sum$（工程量 × 综合单价中规费）	231 792
3	措施项目清单计价（一）合计	$\sum$ 措施项目（一）金额	81 642
4	其中：规费	$\sum$ 措施项目（一）金额中规费	8 850
5	措施项目清单计价（二）合计	$\sum$（工程量 × 综合单价）	174 502
6	其中：规费	$\sum$（工程量 × 综合单价中规费）	24 991
7	规　　费	[2]+[4]+[6]	265 633
8	税　　金	（[1]+[3]+[5]）＊0.10	274 030
含税总计（结转至工程量清单总价汇总表）		[1]+[3]+[5]+[8]	3 014 332

编制：　　　　复核：　　　　审核：　　　　　　　　　　第 1 页　共 1 页

投　标　人：（盖章）

法定代表人：（签字或盖章）

表2（1）

分部分项工程量清单计价表

工程项目名称：新建办公楼工程　　　　　　　　　　　　　　　　金额单位：元

序号	项目编码	项目名称	计算单位	工程量	综合单价	合价	其中：规费
		门窗工程					
1	010801004001	木质防火门： 1. 实木平开门制作、运输、安装 2. 五金、玻璃安装 3. 刷防护材料、油漆	m²	127.68	673.12	85 943.96	65 79.35
2	010802001001	断桥隔热铝合金平开门： 1. 断桥隔热铝合金平开门制作、运输、安装 2. 五金、玻璃安装	m²	13.05	1 192.35	15 560.17	1 144.88
3	010807001001	断桥隔热铝合金推拉窗： 1. 断桥隔热铝合金推拉窗制作、运输、安装 2. 五金、玻璃安装	m²	326.07	761.48	248 295.78	8 758.24
4	010809004001	石材窗台板： 1. 窗台板材质：大理石 2. 大理石窗台板 19.47 m²	m²	19.47	457.58	8 909.08	715.13
		楼地面工程					
5	011102001001	地面1　大理石地面： 1. 20厚大理石铺实拍平，水泥砂浆擦缝（大理石规格 500 mm×500 mm×20 mm） 2. 30厚1:4干硬性水泥砂浆 3. 素水泥浆结合层一遍 4. 100厚 C15 混凝土 5. 素土夯实（300 mm 厚）	m²	649.97	492.25	319 947.73	16 835.2
		本页合计（结转至本表合计）				678 656.73	34 032.8

编制：　　　　复核：　　　　审核：　　　　　　　　　　　第1页　共6页

投　标　人：（盖章）

法定代表人：（签字或盖章）

表2（1）

分部分项工程量清单计价表

工程项目名称：新建办公楼工程　　　　　　　　　　　　　　　　　　　　　金额单位：元

序号	项目编码	项目名称	计算单位	工程量	综合单价	合价	其中：规费
					金　额		
6	011102001002	楼面1　大理石楼面： 1. 20厚大理石铺实拍平，水泥浆擦缝（大理石规格500 mm×500 mm×20 mm） 2. 30厚1:4干硬性水泥砂浆 3. 素水泥浆结合层一遍 4. 钢筋混凝土楼板	m^2	1 222.10	369.41	451 455.96	16 681.67
7	011102003001	地面2　陶瓷地砖防水地面： 1. 8～10厚地砖铺实拍平，水泥浆擦缝或1:1水泥砂浆填缝（陶瓷地砖规格300 mm×300 mm×10 mm） 2. 20厚1:4干硬性水泥砂浆 3. 1.5厚聚氨酯防水涂料，面上撒黄砂，四周沿墙上翻150高 4. 刷基层处理剂一遍 5. 20厚1:3水泥砂浆找平 6. C15细石混凝土找坡不小于0.5%，最薄处不小于30 mm 7. 80厚C15混凝土 8. 素土夯实（290 mm厚） 9. 防水面积为79.52 m^2	m^2	67.40	426.04	28 715.77	3 755.45
8	011102003002	楼面2　陶瓷地砖楼面： 1. 8～10厚地砖铺实拍平，水泥浆擦缝（陶瓷地砖规格300 mm×300 mm×10 mm） 2. 20厚1:4干硬性水泥砂浆 3. 素水泥浆结合层一遍 4. 钢筋混凝土楼板	m^2	14.70	135.34	1 989.50	230.2
本页合计（结转至本表合计）						482 161.23	20 667.32

编制：　　　　　复核：　　　　审核：　　　　　　　　　　　　　　第2页　共6页

投　标　人：（盖章）

法定代表人：（签字或盖章）

表2（1）

分部分项工程量清单计价表

工程项目名称：新建办公楼工程

金额单位：元

序号	项目编码	项目名称	计算单位	工程量	金额		
					综合单价	合价	其中：规费
9	011102003003	楼面3　防滑地砖防水楼面： 1. 8～10厚地砖铺实拍平，水泥浆擦缝或1:1水泥砂浆填缝（陶瓷地砖规格300 mm×300 mm×10 mm） 2. 25厚1:4干硬性水泥砂浆 3. 1.5厚聚氨酯防水涂料，面撒黄砂，四周沿墙上翻150高 4. 刷基层处理剂一遍 5. 20厚1:3水泥砂浆找平 6. C15细石混凝土找坡不小于0.5%，最薄处不小于30 mm厚 7. 钢筋混凝土楼板 8. 防水面积为159.04 m²	m²	134.80	317.84	42 844.83	6 051.16
10	011105002001	踢脚1　大理石踢脚： 1. 踢脚线高度：120 mm 2. 灌20厚1:2.5水泥砂浆 3. 20厚大理石板材，水泥浆擦缝	m²	147.22	406.86	59 896.46	3 574.5
11	011105003001	踢脚2　地砖踢脚： 1. 踢脚线高度：120 mm 2. 17厚1:3水泥砂浆 3. 3～4厚1:1水泥砂浆加水重20%建筑胶镶贴 4. 8～10厚地砖，水泥浆擦缝	m²	7.78	160.77	1 250.79	182.52
12	011106002001	陶瓷地砖楼梯面层： 1. 基层清理 2. 抹找平层 3. 面层铺贴 4. 贴嵌防滑条 5. 勾缝 6. 刷防护材料 7. 酸洗、打蜡 8. 材料运输	m²	60.76	228.78	13 900.67	1 981.99
13	011503001001	不锈钢管楼梯栏杆： 直线形不锈钢管栏杆（竖条式）制作安装	m	34.16	797.91	27 256.61	1 473.12
	本页合计（结转至本表合计）					145 149.36	13 263.29

编制：　　　　复核：　　　　审核：　　　　　　　　第3页　共6页

投　标　人：（盖章）

法定代表人：（签字或盖章）

表 2（1）

分部分项工程量清单计价表

工程项目名称：新建办公楼工程　　　　　　　　　　　　　　　　　　　金额单位：元

序号	项目编码	项目名称	计算单位	工程量	综合单价	合价	其中：规费
14	011107002001	花岗岩台阶面： 1. 20～25 厚花岗岩踏步及踢脚板，水泥浆擦缝 2. 30 厚 1:4 干硬性水泥砂浆 3. 素水泥浆结合层一遍 4. 300 厚 3:7 灰土 5. 素土夯实	m²	13.23	663.20	8 774.14	465.03
		墙、柱面工程					
15	011201001001	内墙面抹灰： 1. 砌块墙基面清理平整干净 2. 涂 TG 胶浆底抹 TG 砂浆干拌砂浆（7 mm+13 mm+5 mm） 3. 刮柔性腻子两遍 4. 白色内墙乳胶漆	m²	4 537.42	59.38	269 432.00	46 780.8
16	011407001001	内墙面 1　涂料墙面： 1. 砌块墙基面清理平整干净 2. 涂 TG 胶浆底抹 TG 砂浆干拌砂浆（7 mm+13 mm+5 mm） 3. 刮柔性腻子两遍 4. 白色内墙乳胶漆	m²	3 777.09	37.69	142 358.52	29 839.02
17	011204003001	内墙 2　釉面砖墙面： 1. 砌块墙基面清理平整干净 2. 涂 TG 胶浆底抹 TG 砂浆干拌砂浆（7 mm+13 mm+5 mm） 3. 3～4 厚 1:1 水泥砂浆加水重 20% 的建筑胶镶贴 4. 4～5 厚釉面面砖，白水泥浆擦缝	m²	727.26	157.29	114 390.73	16 894.25
		本页合计（结转至本表合计）				534 955.38	93 979.1

编制：　　　　　复核：　　　　　审核：　　　　　　　　　第 4 页　共 6 页

投　标　人：（盖章）

法定代表人：（签字或盖章）

表 2（1）

分部分项工程量清单计价表

工程项目名称：新建办公楼工程　　　　　　　　　　　　　　　　　　金额单位：元

序号	项目编码	项目名称	计算单位	工程量	综合单价	合价	其中：规费
18	011201001002	外墙面抹灰： 1. 墙体类型：砌块墙 2. 外墙表面清理后，20 厚 1∶2.5 水泥砂浆找平 3. 外墙外贴聚苯板保温层 30 mm 厚，标准网格布抹灰层（厚 3～5 mm） 4. 外墙刷 AC-97 弹性涂料	m²	1 295.39	51.18	66 298.06	11 399.43
19	011204001001	外墙裙　花岗岩外墙裙： 1. 砌块内墙面 涂 TG 胶浆、TG 砂浆 7 mm 干拌抹灰砂浆 M5 13 mm 干拌抹灰砂浆 M20 5 mm 2. 灌 20 厚 1∶2.5 水泥砂浆 3. 20 厚花岗岩，水泥浆擦缝	m²	173.38	507.95	88 068.37	5 426.79
20	011407001002	外墙面　涂料墙面： 1. 墙体类型：砌块墙 2. 外墙表面清理后，20 厚 1∶2.5 水泥砂浆找平 3. 外墙外贴聚苯板保温层 30 mm 厚，标准网格布抹灰层（厚 3～5 mm） 4. 外墙刷 AC-97 弹性涂料	m²	1 121.2	34.77	38 984.12	2 455.43
21	011203001001	压顶抹灰： 1. 混凝土基层清理 2. 抹素水泥浆底浆水泥砂浆面（2 mm+12 mm+8 mm）	m²	85.95	205.72	17 681.63	4 141.07
22	011203001002	雨篷抹灰刷涂料： 1. 混凝土基层清理 2. 抹水泥砂浆浆底混合砂浆面（5 mm+20 mm+10 mm） 3. 刷乳胶漆二遍	m²	10.38	51.18	3 169.43	726.4
		本页合计（结转至本表合计）				214 201.62	24 149.12

编制：　　　　复核：　　　　审核：　　　　　　　　　　　第 5 页　共 6 页

投　标　人：（盖章）

法定代表人：（签字或盖章）

表 2（1）

分部分项工程量清单计价表

工程项目名称：新建办公楼工程 　　　　　　　　　　　　　　　　　　金额单位：元

序号	项目编码	项目名称	计算单位	工程量	综合单价	合价	其中：规费
23	011203001003	女儿墙内侧抹灰： 1. 墙体类型：砌块墙 2. 砌块墙基面清理平整干净 3. 涂 TG 胶浆底抹 TG 砂浆干拌砂浆（7 mm+13 mm）	m²	62.94	54.24	3 413.87	655.21
24	011203001004	楼梯侧面抹灰： 1. 混凝土基层清理 2. 抹素水泥浆底浆水泥砂浆面//（2 mm+12 mm+8 mm）	m²	5.02	91.32	458.43	97.44
		天棚工程					
25	011301001001	顶棚 1　顶棚抹灰： 1. 钢筋混凝土板底清理干净 2. 7 厚 1:1:4 水泥石灰砂浆 3. 5 厚 1:0.5:3 水泥石灰砂浆	m²	62.36	41.50	2 587.94	523.20
26	011301001002	楼梯底面抹灰及刷浆： 1. 钢筋混凝土楼梯板底清理干净 2. 7 厚 1:1:4 水泥石灰砂浆 3. 5 厚 1:0.5:3 水泥石灰砂浆 4. 刷 106 涂料二遍	m²	69.87	115.52	8 071.38	1 770.51
27	011302001001	吊顶 1　铝合金条板吊顶： 1. 配套轻钢龙骨，规格 300 mm×300 mm 2. 铝合金条形板	m²	1 424.27	221.59	315 603.99	30 450.89
28	011302001002	吊顶 2　矿棉吸声板吊顶： 1. 轻钢龙骨，主龙骨中距 600～1000，H 型龙骨中距 300 或 600，横撑中距 600 2. 15 厚 600mm×600mm 矿棉吸声板	m²	621.66	154.46	96 021.60	11 587.75
29	011407002001	顶棚 1　顶棚涂料： 1. 钢筋混凝土板底清理干净 2. 7 厚 1:1:4 水泥石灰砂浆 3. 5 厚 1:0.5:3 水泥石灰砂浆 4. 刷 106 涂料二遍	m²	62.36	45.61	2 844.24	615.49
		本表合计（结转至工程量清单计价汇总表）				429 001.45	45 700.49

编制：　　　　　复核：　　　　　审核：　　　　　　　　　　第 6 页　共 6 页

投　标　人：（盖章）

法定代表人：（签字或盖章）

表 2 (1-a)

分部分项工程量清单综合单价分析表

专业工程名称：新建办公楼工程 - 装饰装修工程

金额单位：元

序号	项目编码	项目名称	计量单位	综合单价	人工费	材料费	其中				利润
							机械费	管理费	规费		
		门窗工程									
1	010801004001	木质防火门	m²	673.12	116.56	466.14	0.00	10.92	51.53	27.97	
2	010802001001	断桥隔热铝合金平开门	m²	1 192.35	198.44	839.96	0.00	18.59	87.73	47.63	
3	010807001001	断桥隔热铝合金推拉窗	m²	761.48	60.76	653.59	0.00	5.69	26.86	14.58	
4	010809004001	石材窗台板	m²	457.58	83.08	309.98	0.06	7.79	36.73	19.94	
		楼地面工程									
5	011102001001	地面 1　大理石地面	m²	492.25	58.59	386.40	1.48	5.82	25.90	14.06	
6	011102001002	楼面 1　大理石楼面	m²	369.41	30.88	313.63	0.90	2.94	13.65	7.41	
7	011102003001	地面 2　陶瓷地砖防水地面	m²	426.05	126.01	199.76	1.60	12.71	55.72	30.23	
8	011102003002	楼面 2　陶瓷地砖楼面	m²	135.34	35.43	71.78	0.62	3.35	15.66	8.50	
9	011102003003	楼面 3　防滑地砖防水楼面	m²	317.84	101.51	135.83	1.08	10.17	44.89	24.35	
10	011105002001	踢脚 1　大理石踢脚	m²	406.85	54.93	308.89	0.41	5.17	24.28	13.18	
11	011105003001	踢脚 2　地砖踢脚	m²	160.77	53.07	66.11	0.40	4.99	23.46	12.74	
12	011106002001	陶瓷地砖楼面层	m²	228.78	73.78	96.88	0.83	6.96	32.62	17.71	
13	011503001001	不锈钢管楼梯栏杆	m	797.91	97.54	619.94	4.51	9.37	43.12	23.42	

编制：　　　　复核：　　　　审核：

投　标　人：（盖章）

法定代表人：（签字或盖章）

第 1 页　共 2 页

293

表 2 （1-a）

分部分项工程量清单综合单价分析表

专业工程名称：新建办公楼工程－装饰装修工程

金额单位：元

序号	项目编码	项目名称	计量单位	综合单价	人工费	材料费	其中				利润
							机械费	管理费	规费		
14	01110700 2001	花岗岩台阶面	m²	663.20	79.50	520.23	1.47	7.76	35.15		19.09
	墙、柱面工程										
15	01120100 1001	内墙面抹灰	m²	59.38	23.33	16.95	0.75	2.44	10.31		5.60
16	01140700 1001	内墙1 涂料墙面	m²	37.69	17.87	5.96	0.00	1.67	7.90		4.29
17	01120400 3001	内墙2 釉面砖墙面	m²	157.29	52.54	63.30	0.65	4.96	23.23		12.61
18	01120100 1002	外墙面抹灰	m²	51.18	19.90	14.68	0.93	2.09	8.80		4.78
19	01120400 1001	外墙裙 花岗岩外墙裙	m²	507.95	70.80	381.52	0.67	6.67	31.30		16.99
20	01140700 1002	外墙面 涂料墙面	m²	34.77	4.96	25.93	0.03	0.47	2.19		1.19
21	01120300 1001	压顶抹灰	m²	205.72	108.99	9.29	1.80	11.30	48.18		26.16
22	01120300 1002	雨蓬抹灰及刷涂料	m²	305.34	158.29	20.27	2.52	16.29	69.98		37.99
23	01120300 1003	女儿墙内侧抹灰	m²	54.24	23.54	10.22	1.90	2.52	10.41		5.65
24	01120300 1004	楼梯侧面抹灰	m²	91.32	43.90	10.29	2.64	4.56	19.41		10.53
	天棚工程										
25	01130100 1001	顶棚1 顶棚抹灰	m²	41.50	18.98	6.16	1.39	2.02	8.39		4.56
26	01130100 1002	楼梯底面抹灰及刷浆	m²	115.52	57.33	11.06	2.14	5.89	25.34		13.76
27	01130200 1001	吊顶1 铝合金条板吊顶	m²	221.59	48.36	135.62	0.09	4.54	21.38		11.60
28	01130200 1002	吊顶2 矿棉吸声板吊顶	m²	154.46	42.16	79.51	0.09	3.95	18.64		10.11
29	01140700 2001	顶棚1 顶棚涂料	m²	45.61	22.33	5.96	0.00	2.09	9.87		5.36

编制： 复核： 审核：

投 标 人：（盖章）

法定代表人：（签字或盖章）

第 2 页 共 2 页

294

表2（1-b）

分部分项工程量清单综合单价计算表

专业工程名称：新建办公楼工程－装饰装修工程

1　编码：010801004001　　项目名称：木质防火门　　计量单位：m²　　工程量：127.68

编号	项目名称	单位	工程量	单价	合价	人工费	材料费	其中		规费	利润
								机械费	管理费		
4-6	木质防火门安装	m²	127.68	673.12	85 944.22	14 882.38	59 517.01	0.00	1 394.27	6 579.35	3 571.21
	综合单价	元		673.12		116.56	466.14	0.00	10.92	51.53	27.97

2　编码：010802001001　　项目名称：断桥隔热铝合　　计量单位：m²　　工程量：13.05

编号	项目名称	单位	工程量	单价	合价	人工费	材料费	其中		规费	利润
								机械费	管理费		
4-36	断桥隔热铝合金平开门制作安装	m²	13.05	1 192.35	15 560.21	2 589.64	10 961.52	0.00	242.60	1 144.88	621.57
	综合单价	元		1 192.35		198.44	839.96	0.00	18.59	87.73	47.63

3　编码：010807001001　　项目名称：断桥隔热铝合金推拉窗　　计量单位：m²　　工程量：326.07

编号	项目名称	单位	工程量	单价	合价	人工费	材料费	其中		规费	利润
								机械费	管理费		
4-175	断桥隔热铝合金推拉窗（成品）安装	m²	326.07	761.48	24 8297.35	19 812.01	213 117.66	0.00	1 855.34	8 758.24	4 754.10
	综合单价	元		761.48		60.76	653.59	0.00	5.69	26.86	14.58

第 1 页　共 12 页

表2（1-b）

分部分项工程量清单综合单价计算表

专业工程名称：新建办公楼工程-装饰装修工程

4 编码：010809004001　　项目名称：石材窗台板　　计量单位：m²　　工程量：19.47

编号	项目名称	单位	工程量	单价	合价	其中					
						人工费	材料费	机械费	管理费	规费	利润
4-233	大理石窗台板制作安装（厚度25mm）	m²	19.47	457.58	8 909.10	1 617.57	6 035.32	1.17	151.67	715.13	388.23
	综合单价	元		457.58		83.08	309.98	0.06	7.79	36.73	19.94

5 编码：011102001001　　项目名称：地面1 大理石地面　　计量单位：m²　　工程量：649.97

编号	项目名称	单位	工程量	单价	合价	其中					
						人工费	材料费	机械费	管理费	规费	利润
1-19	镶铺单色大理石楼地面（周长3200mm以内）	m²	649.97	369.41	240 106.33	20 071.07	203 851.01	584.97	1 910.91	8 872.09	4 816.28
1-267	现浇无筋混凝土垫层（厚度100mm以内）	m³	65.25	587.74	38 349.88	8 324.60	23 375.65	109.62	861.95	3 680.10	1 997.96
1-257	垫层素土夯实（包括150m运土）	m³	195.75	211.95	41 489.31	9 687.67	23 918.79	264.26	1 010.07	4 283.01	2 325.51
	合　计				319 945.52	38 083.34	251 145.45	958.85	3 782.93	16 835.20	9 139.75
	综合单价	元		492.25		58.59	386.40	1.48	5.82	25.90	14.06

表 2（1-b）

分部分项工程量清单综合单价计算表

专业工程名称：新建办公楼工程-装饰装修工程

6　编码：011102001002　项目名称：楼面 1　大理石楼面　计量单位：m²　工程量：1 222.1

编号	项 目 名 称	单位	工程量	单价	合价	人工费	材料费	机械费	管理费	规费	利润
								其	中		
1-19	镶铺单色大理石楼地面（周长 3 200 mm 以内）	m²	1 222.1	369.41	451 457.67	37 738.45	383 288.93	1 099.89	3 592.97	16 681.67	9 055.76
	综 合 单 价	元		369.41		30.88	313.63	0.90	2.94	13.65	7.41

7　编码：011102003001　项目名称：地面 2　陶瓷地砖防水地面　计量单位：m²　工程量：67.4

编号	项 目 名 称	单位	工程量	单价	合价	人工费	材料费	机械费	管理费	规费	利润
								其	中		
1-42	镶铺陶瓷地砖楼地面（周长 1200mm 以内）	m²	67.4	135.34	9 121.67	2 387.98	4 837.72	41.79	225.79	1 055.48	572.90
1-284	平面刷聚氨酯防水凉膜二遍（厚 1 mm）	m²	79.52	84.07	6 685.56	2 447.63	2 316.73	0.00	251.28	1 082.27	587.65
1-286	平面刷聚氨酯防水凉膜（每增减 0.1 mm）	m²	397.6	6.94	2 757.87	1 077.50	833.50	0.00	111.33	477.12	258.44
1-267	现浇无筋混凝土垫层（厚度 100 mm 以内）	m³	5.38	587.74	3 162.03	686.38	1 927.37	9.04	71.07	303.43	164.74
1-257	垫层素土夯实（包括 150 m 运土）	m³	19.49	211.95	4 130.92	964.56	2 381.49	26.31	100.57	426.44	231.54
1-290	屋面、地面在砼或硬基层上抹 1:3 水泥砂浆找平层（厚 20 mm）	m²	67.22	19.05	1 280.84	471.21	409.00	29.58	49.74	208.38	112.93
1-295	无筋细石混凝土硬基层上找平层（厚度 30 mm）	m²	67.22	23.45	1 576.26	457.77	758.19	1.34	47.05	202.33	109.57
	合 计	元			28 715.14	8 493.03	13.464	108.06	856.83	3 755.45	2 037.77
	综 合 单 价	元		426.04		126.01	199.76	1.60	12.71	55.72	30.23

第 3 页　共 12 页

表 2 （1-b）

分部分项工程量清单综合单价计算表

专业工程名称：新建办公楼工程－装饰装修工程

8　编码：011102003002　项目名称：楼面 2　陶瓷地砖楼面　计量单位：m²　工程量：14.7

编号	项目名称	单位	工程量	单价	合价	其中					
						人工费	材料费	机械费	管理费	规费	利润
1-42	镶铺陶瓷地砖楼地面（周长1200mm以内）	m²	14.7	135.34	1989.44	520.82	1055.11	9.11	49.25	230.20	124.95
	综合单价	元		135.34		35.43	71.78	0.62	3.35	15.66	8.50

9　编码：011102003003　项目名称：防滑地砖防水楼面　计量单位：m²　工程量：134.8

编号	项目名称	单位	工程量	单价	合价	其中					
						人工费	材料费	机械费	管理费	规费	利润
1-42	镶铺陶瓷地砖楼地面（周长1200mm以内）	m²	134.8	135.34	18243.33	4775.96	9675.44	83.58	451.58	2110.97	1145.80
1-290	屋面、地面在砼或硬基层上抹1:3水泥砂浆找平层（厚20mm）	m²	134.44	19.05	2561.68	942.42	818.00	59.15	99.49	416.76	225.86
1-284	平面刷聚氨酯防水涂膜二遍（厚1mm）	m²	159.04	84.07	13371.11	4895.25	4633.45	0.00	502.57	2164.53	1175.31
1-286	平面刷聚氨酯防水涂膜（每增减0.1mm）	m²	795.2	6.94	5515.77	2154.99	1667.00	0.00	222.66	954.24	516.88
1-295	无筋细石混凝土硬基层上找平层（厚度30mm）	m²	134.44	23.45	3152.53	915.54	1516.39	2.69	94.11	404.66	219.14
	合　计					13684.16	18310.28	145.42	1370.41	6051.16	3282.99
	综合单价	元		317.84		101.51	135.83	1.08	10.17	44.89	24.35

第 4 页　共 12 页

分部分项工程量清单综合单价计算表

表 2 (1-b)

专业工程名称：新建办公楼工程-装饰装修工程

10　编码：011105002001　项目名称：踢脚1 大理石踢脚　工程量：147.22　计量单位：m²

编号	项目名称	单位	工程量	单价	合价	其中					
						人工费	材料费	机械费	管理费	规费	利润
1-122	水泥砂浆镶铺大理石直线形踢脚线	m²	147.22	406.86	59 897.43	8 086.79	45 474.29	60.36	761.13	3 574.50	1 940.36
	综合单价	元		406.86		54.93	308.89	0.41	5.17	24.28	13.18

11　编码：011105003001　项目名称：踢脚2 瓷砖踢脚　工程量：7.78　计量单位：m²

编号	项目名称	单位	工程量	单价	合价	其中					
						人工费	材料费	机械费	管理费	规费	利润
1-134	镶铺陶瓷地砖踢脚线	m²	7.78	160.77	1 250.80	412.88	514.34	3.11	38.82	182.52	99.12
	综合单价	元		160.77		53.07	66.11	0.40	4.99	23.46	12.74

12　编码：011106002001　项目名称：陶瓷地砖楼面层　工程量：60.76　计量单位：m²

编号	项目名称	单位	工程量	单价	合价	其中					
						人工费	材料费	机械费	管理费	规费	利润
1-154	镶铺陶瓷地砖楼面层	m²	60.76	228.78	13 900.74	4 482.87	5 886.50	50.43	422.89	1 981.99	1 076.06
	综合单价	元		228.78		73.78	96.88	0.83	6.96	32.62	17.71

第 5 页　共 12 页

表 2 (1-b)

分部分项工程量清单综合单价计算表

专业工程名称：新建办公楼工程-装饰装修工程

13　编码：011503001001　项目名称：不锈钢管楼梯栏杆　计量单位：m　工程量：34.16

编号	项目名称	单位	工程量	单价	合价	人工费	材料费	其中		规费	利润
								机械费	管理费		
1-179	直线形不锈钢管栏杆（竖条式）制作安装	m	34.16	581.79	19 873.84	2 062.92	16 101.56	103.50	198.81	912.07	494.98
1-207	D60直形不锈钢扶手制作安装	m	34.16	58.49	1 998.09	440.66	1 162.19	50.56	44.07	194.71	105.90
1-325	楼梯、台阶踏步嵌铜防滑条(4×6)	m	115.2	46.74	5 384.54	828.29	3 913.43	0.00	77.18	366.34	199.30
	合　计	元				3 331.87	21 177.18	154.06	320.06	1 473.12	800.18
	综合单价	元		797.91		97.54	619.94	4.51	9.37	43.12	23.42

14　编码：011107002001　项目名称：花岗岩台阶面　计量单位：m²　工程量：13.23

编号	项目名称	单位	工程量	单价	合价	人工费	材料费	其中		规费	利润
								机械费	管理费		
1-26	镶铺单色花岗岩楼地面（周长3 200 mm以内）	m²	5.4	375.65	2 028.51	169.40	1 722.49	4.91	16.15	74.90	40.66
1-245	水泥砂浆铺花岗岩台阶面	m²	7.83	698.29	5 467.61	543.72	4 492.38	9.16	51.44	240.38	130.53
1-259	3:7灰土垫层夯实	m³	3.97	321.92	1 278.01	338.72	667.78	5.36	35.09	149.75	81.31
	合　计	元				1 051.84	6 882.65	19.43	102.68	465.03	252.50
	综合单价	元		663.20		79.50	520.23	1.47	7.76	35.15	19.09

分部分项工程量清单综合单价计算表

表 2（1-b）

专业工程名称：新建办公楼工程-装饰装修工程

15　编码：011201001001　项目名称：内墙面抹灰　计量单位：m²　工程量：4 537.42

编号	项 目 名 称	单位	工程量	单价	合价	其中					
---	---	---	---	---	---	人工费	材料费	机械费	管理费	规费	利润
2-21	砌块墙内墙面涂 TG 胶浆抹 TG 砂浆干拌砂浆（7 mm+13 mm+5 mm）	m²	4 537.42	59.38	269 453.33	105 858.01	76 930.59	3 403.07	11 071.30	46 780.80	25 409.55
	综合单价	元		59.38		23.33	16.95	0.75	2.44	10.31	5.60

16　编码：011407001001　项目名称：涂料墙面　计量单位：m²　工程量：3 777.09

编号	项 目 名 称	单位	工程量	单价	合价	其中					
---	---	---	---	---	---	人工费	材料费	机械费	管理费	规费	利润
5-200	室内墙面刷乳胶漆二遍	m²	3 777.09	22.73	85 864.81	38 450.78	17 612.78	0.00	3 588.24	16 996.91	9 216.10
5-281	墙面满刮腻子二遍	m²	3 777.09	14.96	56 500.36	29 045.82	4 905.31	0.00	2 719.50	12 842.11	6 987.62
	合　计	元			142 365.17	67 496.60	22 518.09	0.00	6 307.74	29 839.02	16 203.72
	综合单价	元		37.69		17.87	5.96	0.00	1.67	7.90	4.29

17　编码：011204003001　项目名称：釉面砖墙面　计量单位：m²　工程量：727.26

编号	项 目 名 称	单位	工程量	单价	合价	其中					
---	---	---	---	---	---	人工费	材料费	机械费	管理费	规费	利润
2-200	水泥砂浆粘贴瓷板 200 mm×300 mm	m²	727.26	157.29	114 389.93	38 210.24	46 034.76	472.72	3 607.21	16 894.25	9 170.75
	综合单价	元		157.29		52.54	63.30	0.65	4.96	23.23	12.61

表2（1-b）

分部分项工程量清单综合单价计算表

专业工程名称：新建办公楼工程-装饰装修工程

18 编码：011201001002　　项目名称：外墙面抹灰　　计量单位：m²　　工程量：1295.39

编号	项目名称	单位	工程量	单价	合价	其中					
						人工费	材料费	机械费	管理费	规费	利润
2-62	砌块、空心砖外墙面抹干拌砂浆面（7 mm+13 mm）	m²	1295.39	51.18	66303.89	25778.26	19022.15	1204.71	2707.37	11399.43	6191.96
	综合单价	元		51.18		19.90	14.68	0.93	2.09	8.80	4.78

19 编码：011204001001　　项目名称：石材墙面（外墙裙）　　计量单位：m²　　工程量：173.38

编号	项目名称	单位	工程量	单价	合价	其中					
						人工费	材料费	机械费	管理费	规费	利润
2-174	砖墙面水泥砂浆粘贴花岗岩	m²	173.38	507.95	88068.68	12275.30	66148.25	116.16	1156.44	5426.79	2945.73
	综合单价	元		507.95		70.80	381.52	0.67	6.67	31.30	16.99

20 编码：011407001002　　项目名称：外墙面喷刷涂料　　计量单位：m²　　工程量：1121.2

编号	项目名称	单位	工程量	单价	合价	其中					
						人工费	材料费	机械费	管理费	规费	利润
5-249	抹灰面外墙刷 AC-97 弹性涂料	m²	1121.2	34.77	38987.60	5561.15	29076.19	33.64	526.96	2455.43	1334.23
	综合单价	元		34.77		4.96	25.93	0.03	0.47	2.19	1.19

表2（1-b）

分部分项工程量清单综合单价计算表

专业工程名称：新建办公楼工程－装饰装修工程

21　编码：01120303001001　项目名称：女儿墙压顶抹灰　计量单位：m²　工程量：85.95

编号	项目名称	单位	工程量	单价	合价	其中					
						人工费	材料费	机械费	管理费	规费	利润
2-140	外墙装饰线抹素水泥浆底水泥砂浆面（2mm+13mm+10mm）	m²	85.95	205.72	17681.22	9367.69	798.06	154.71	971.24	4141.07	2248.45
	综合单价	元		205.72		108.99	9.29	1.80	11.30	48.18	26.16

22　编码：01120303001002　项目名称：雨棚抹灰　计量单位：m²　工程量：10.38

编号	项目名称	单位	工程量	单价	合价	其中					
						人工费	材料费	机械费	管理费	规费	利润
3-18	阳台雨篷抹水泥浆底砂浆混合砂浆面（5mm+20mm+10mm）	m²	10.38	278.10	2886.64	1511.02	161.98	26.16	156.74	668.06	362.68
5-201	室内天棚面刷孔胶漆二遍	m²	10.38	27.24	282.78	132.03	48.40	0.00	12.35	58.34	31.66
	合价	元			3169.42	1643.05	210.38	26.16	169.09	726.40	394.34
	综合单价	元		305.34		158.29	20.27	2.52	16.29	69.98	37.99

23　编码：01120303001003　项目名称：女儿墙内侧抹灰　计量单位：m²　工程量：62.94

编号	项目名称	单位	工程量	单价	合价	其中					
						人工费	材料费	机械费	管理费	规费	利润
2-64	砌块外墙面涂TG胶浆抹TG砂浆底、混合砂浆、水泥砂浆面	m²	62.94	54.24	3413.60	1481.61	642.98	119.59	158.61	655.21	355.61
	综合单价	元		54.24		23.54	10.22	1.90	2.52	10.41	5.65

分部分项工程量清单综合单价计算表

表 2 (1-b)

专业工程名称：新建办公楼工程－装饰装修工程

24　编码：01120300104　　项目名称：楼梯侧面抹灰　　计量单位：m²　　工程量：5.02

编号	项目名称	单位	工程量	单价	合价	人工费	材料费	机械费	管理费	规费	利润
								其中			
2-138	零星项目抹1:1:6混合砂浆 1:1:4混合砂浆（12 mm+8 mm）	m²	5.02	68.59	344.33	169.27	28.23	13.25	18.12	74.85	40.61
5-200	室内墙面刷乳胶漆二遍	m²	5.02	22.73	114.12	51.10	23.41	0.00	4.77	22.59	12.25
	合　价	无			458.45	220.37	51.64	13.25	22.89	97.44	52.86
	综 合 单 价	无		91.32		43.90	10.29	2.64	4.56	19.41	10.53

25　编码：011301001001　　项目名称：顶棚 1　顶棚抹灰　　计量单位：m²　　工程量：62.36

编号	项目名称	单位	工程量	单价	合价	人工费	材料费	机械费	管理费	规费	利润
								其中			
3-1	混凝土天棚抹素水泥浆底混合砂浆面（2 mm+8 mm+7.5 mm）	m²	62.36	41.50	2 587.70	1 183.59	383.89	86.68	125.97	523.20	284.36
	综 合 单 价	无		41.50		18.98	6.16	1.39	2.02	8.39	4.56

分部分项工程量清单综合单价计算表

表 2 (1-b)

专业工程名称：新建办公楼工程－装饰装修工程

26　编码：011301001002　　项目名称：楼梯底面抹灰　　计量单位：m²　　工程量：69.87

编号	项 目 名 称	单位	工程量	单价	合价	人工费	材料费	机械费	管理费	规费	利润
3-17	异形梁抹素水泥浆混合砂浆面（2 mm+9 mm+9 mm）	m2	69.87	88.28	6 168.23	3 116.90	447.27	149.52	328.39	1 377.84	748.31
5-201	室内天棚面刷乳胶漆二遍	m2	69.87	27.24	1 903.48	888.75	325.81	0.00	83.15	392.67	213.10
	合　价	无			8 071.71	4 005.65	773.08	149.52	411.54	1 770.51	961.41
	综合单价	无		115.52		57.33	11.06	2.14	5.89	25.34	13.76

27　编码：011302001001　　项目名称：吊顶天棚（铝合金条板）　　计量单位：m　　工程量：1 424.27

编号	项 目 名 称	单位	工程量	单价	合价	人工费	材料费	机械费	管理费	规费	利润
3-39	装配式U形轻钢天棚龙骨（不上人型、平面、规格300 mm×300 mm）	m2	1 424.27	107.12	152 562.01	40 620.18	80 294.56	128.18	3 817.04	17 960.04	9 742.01
3-137	铝合金条板天棚（闭缝）	m2	1 424.27	114.47	163 038.01	28 257.52	112 860.97	0.00	2 649.14	12 490.85	6 779.53
	合　价	无			315 600.02	68 877.70	193 155.53	128.18	6 466.18	30 450.89	16 521.54
	综合单价	无		221.59		48.36	135.62	0.09	4.54	21.38	11.60

第 11 页　共 12 页

表2（1-b）

分部分项工程量清单综合单价计算表

专业工程名称：新建办公楼工程－装饰装修工程

28　编码：011302001002　项目名称：吊顶天棚（岩棉吸音板）　计量单位：m　　工程量：621.66

编号	项目名称	单位	工程量	单价	合价	人工费	材料费	其中			
---	---	---	---	---	---	---	---	机械费	管理费	规费	利润
3-43	装配式U形轻钢天棚龙骨（不上人型、平面、规格600 mm×600 mm）	m2	621.66	87.35	54 304.43	14 646.31	28 238.22	55.95	1 373.87	6 477.70	3 512.38
3-127	矿棉吸声板天棚	m2	621.66	67.10	41 715.42	11 562.88	21 188.20	0.00	1 081.69	5 110.05	2 772.60
	合　价	无			96 019.85	26 209.19	49 426.42	55.95	2 455.56	11 587.75	6 284.98
	综合单价	无		154.46		42.16	79.51	0.09	3.95	18.64	10.11

29　编码：011407002001　项目名称：天棚喷刷涂料　计量单位：m　　工程量：62.36

编号	项目名称	单位	工程量	单价	合价	人工费	材料费	其中			
---	---	---	---	---	---	---	---	机械费	管理费	规费	利润
5-201	室内天棚面刷乳胶漆二遍	m2	62.36	27.24	1 698.88	793.22	290.79	0.00	74.21	350.46	190.20
5-282	天棚面满刮腻子二遍	m2	62.36	18.37	1 145.47	599.28	80.99	0.00	56.12	265.03	144.05
	合　价	无			2 844.35	1 392.50	371.78	0.00	130.33	615.49	334.25
	综合单价	无		45.61		22.33	5.96	0.00	2.09	9.87	5.36

第 12 页　共 12 页

表2（2）

措施项目清单计价表（一）

专业工程名称：新建办公楼工程-装饰装修工程　　　　　　　　　金额单位：元

序号	项目名称	计算说明	金额	其中：规费
1	011707001001 安全文明施工措施费	人工费×8.69%×0.969 5×1.001 2	49 056	3 128.59
	安全文明施工是指（1）环境保护措施费；（2）文明施工措施费；（3）安全施工措施费；（4）临时设施费			
2	011707002001 夜间施工增加费	夜间施工工日×41.16元×0.991 2×1.000 5	0	0
	夜间施工是指（1）夜间固定照明灯具和临时可移动照明灯具的设置、拆除；（2）夜间施工时，施工现场交通标志、安全标牌、警示灯等的设置、移动、拆除；（3）夜间照明设备及照明用电、施工人员夜班补助、夜间施工劳动效率降低等			
3	011707003001 非夜间施工照明费	封闭作业工日×80%×18.46元×0.980 0×1.001 0	0	0
	非夜间施工照明是指为保证工程施工正常进行，在地下室等特殊施工部位施工时所采用的照明设备的安拆、维护及照明用电等			
4	011707005001 冬雨季施工增加费	人工费、材料费、机械费合计×0.97%×1.014 7×0.995 0	30 395	5 721.13
	冬雨季施工是指（1）冬雨季施工时增加的临时设施（防寒保温、防雨、防风设施）的搭设、拆除；（2）冬雨季施工时，对砌体、混凝土等采用的特殊加温、保温和养护措施；（3）冬雨季施工时，施工现场的防滑处理、对影响施工的雨雪的清除；（4）冬雨季施工时增加的临时设施			
5	011707006001 地上、地下设施、建筑物的临时保护设施	自行组合补充	0	0
	地上、地下设施、建筑物的临时保护设施是指在工程施工过程中，对已建成的地上、地下设施和建筑物进行的遮盖、封闭、隔离等必要保护措施			
6	011707301001 室内空气污染测试费	按检测部门收费标准计算	0	0
	室内空气污染测试费是指检测因装饰装修工程而可能造成室内空气污染所需要的费用			
7	0117073020011 竣工验收存档资料编制费	人工费、材料费、机械费合计×0.10%×0.989 4×1.005 6	2 191	0
	竣工验收存档资料编制费是指按城建档案管理规定，在竣工验收后，应提交的档案资料所发生的编制费用			
	本表合计（结转至工程量清单计价汇总表）		81 642	8 849.72

编制：　　　　　复核：　　　　　审核：　　　　　　　　　　第1页　共2页

投　标　人：（盖章）

法定代表人：（签字或盖章）

表 2（3）

措施项目清单计价表（二）

专业工程名称：新建办公楼工程–装饰装修工程 金额单位：元

序号	项目编码	项目名称	计算单位	工程量	综合单价	合价	其中：规费
		脚手架措施费					
1	011701002001	外脚手架： 1. 场内、场外材料搬运 2. 搭、拆脚手架、斜道、上料平台 3. 拆除脚手架后材料的堆放	m²	1 560.22	23.79	37 112.71	6 100.46
2	011701008001	外装饰吊篮： 1. 场内、场外材料搬运 2. 吊篮的安装 3. 测试电动装置、安全锁、平衡控制器等 4. 吊篮的拆卸	m²	1 560.22	5.73	8 944.92	1 248.18
3	011701301001	内墙面粉饰脚手架： 1. 场内外材料搬运 2. 搭拆脚手架 3. 拆除脚手架后材料的堆放	m²	5 190.49	6.77	35 141.97	6 124.78
4	011701302001	活动脚手架： 1. 场内外材料搬运 2. 搭拆脚手架 3. 拆除脚手架后材料的堆放	m²	2 108.35	16.78	35 370.03	6 599.14
		垂直运输费					
5	011703301001	多层建筑物垂直运输： 1. 各种材料的垂直运输 2. 施工人员上下班使用外用电梯 3. 上下通信联络	工日	4 444.58	5.32	2 3645.17	0.00
		已完工程及设备保护费					
6	011707007001	楼地面： 1. 基层清理 2. 铺设、拆除、成品保护 3. 材料清理 4. 清洁表面	m²	2 088.97	6.76	14 131.61	1 044.49
7	011707007002	楼梯、台阶： 1. 基层清理 2. 铺设、拆除、成品保护 3. 材料清理 4. 清洁表面	m²	73.99	6.16	455.91	62.15
8	011707007003	内墙面： 1. 基层清理 2. 铺设、拆除、成品保护 3. 材料清理 4. 清洁表面	m²	4 537.42	4.34	19 699.07	3 811.43
		本表合计（结转至工程量清单计价汇总表）				329 303.71	49 981.26

编制： 复核： 审核： 第 2 页 共 2 页

投　标　人：（盖章）

法定代表人：（签字或盖章）

表2（3-a）

措施项目清单综合单价分析表（二）

专业工程名称：新建办公楼工程－装饰装修工程　　　　金额单位：元

序号	项目编码	项目名称	计量单位	综合单价	人工费	材料费	其中			
							机械费	管理费	规费	利润
	脚手架措施费									
1	011701002001	外脚手架	m²	23.79	8.84	7.10	0.50	1.31	3.91	2.13
2	011701008001	外装饰吊篮	m²	5.73	1.80	2.40	0.04	0.26	0.80	0.43
3	011701301001	内墙面粉饰脚手架	m²	6.77	2.66	1.83	0.08	0.38	1.18	0.64
4	011701302001	活动脚手架	m²	16.78	7.07	3.45	0.38	1.05	3.13	1.70
	垂直运输费									
5	011703301001	多层建筑物垂直运输	工日	5.32	0.00	0.00	5.05	0.27	0.00	0.00
	已完工程及设备保护									
6	011707007001	已完工程及设备保护（楼地面）	m²	6.76	1.13	4.74	0.00	0.12	0.50	0.27
7	011707007002	已完工程及设备保护（楼梯、台阶）	m²	6.16	1.89	2.79	0.00	0.19	0.84	0.45
8	011707007003	已完工程及设备保护（内墙面）	m²	4.34	1.89	0.97	0.00	0.19	0.84	0.45

第1页　共1页

编制：　　　　复核：　　　　审核：

投　标　人：（盖章）

法定代表人：（签字或盖章）

措施项目清单综合单价计算表（二）

表 2（3-b）

专业工程名称：新建办公楼工程－装饰装修工程

1 编码：011701002001　　项目名称：外脚手架　　计量单位：m²　　工程量：1 560.22

编号	项目名称	单位	工程量	单价	合价	其中					
						人工费	材料费	机械费	管理费	规费	利润
7-2	装饰装修双排外脚手架（15 m 以内）	m²	1 560.22	19.25	30 027.63	13 433.49	4 642.85	780.11	1 997.08	5 944.44	3 229.66
7-20	安全网（立挂式）	m²	1 560.22	4.54	7 085.08	358.85	6 429.79	0.00	46.81	156.02	93.61
	合　价	无			37 112.71	13 792.34	11 072.64	780.11	2 043.89	6 100.46	3 323.27
	综合单价	无		23.79		8.84	7.10	0.50	1.31	3.91	2.13

2 编码：011701008001　　项目名称：外装饰吊篮　　计量单位：m²　　工程量：1 560.22

编号	项目名称	单位	工程量	单价	合价	其中					
						人工费	材料费	机械费	管理费	规费	利润
7-13	吊篮脚手架	m²	1 560.22	5.73	8 944.92	2 808.40	3 749.38	62.41	405.66	1 248.18	670.89
	综合单价	无		5.73		1.80	2.40	0.04	0.26	0.80	0.43

3 编码：011701301001　　项目名称：内墙面粉饰脚手架　　计量单位：m²　　工程量：5 190.49

编号	项目名称	单位	工程量	单价	合价	其中					
						人工费	材料费	机械费	管理费	规费	利润
7-10	内墙面粉饰脚手架（3.6 m～6 m）	m²	5 190.49	6.77	35 141.97	13 806.70	9 500.95	415.24	1 972.39	6 124.78	3 321.91
	综合单价	无		6.77		2.66	1.83	0.08	0.38	1.18	0.64

第 1 页 共 3 页

表2 (3-b)

措施项目清单综合单价计算表（二）

专业工程名称：新建办公楼工程－装饰装修工程

4　编码：01170130302001　项目名称：活动脚手架　计量单位：m²　工程量：2 108.35

编号	项目名称	单位	工程量	单价	合价	其中					
						人工费	材料费	机械费	管理费	规费	利润
7-16	活动脚手架	m²	2 108.35	16.78	3 5370.03	14 906.03	7 265.72	801.17	2 213.77	6 599.14	3 584.20
	综合单价	元		16.78		7.07	3.45	0.38	1.05	3.13	1.70

5　编码：011703301001　项目名称：多层建筑物垂直运输　计量单位：工日　工程量：4 444.58

编号	项目名称	单位	工程量	单价	合价	其中					
						人工费	材料费	机械费	管理费	规费	利润
8-1	多层建筑物垂直运输（檐高 20 m以内，垂直运输高度20 m以内）	工日	4 444.58	5.32	23 645.17	0.00	0.00	22 445.13	1 200.04	0.00	0.00
	综合单价	元		5.32		0.00	0.00	5.05	0.27	0.00	0.00

6　编码：011707007001　项目名称：已完工程及设备保护（楼地面）　计量单位：m²　工程量：2 088.97

编号	项目名称	单位	工程量	单价	合价	其中					
						人工费	材料费	机械费	管理费	规费	利润
10-1	楼地面成品保护	m²	2 088.97	6.76	14 131.61	2 360.54	9 911.88	0.00	250.68	1 044.49	564.02
	综合单价	元		6.76		1.13	4.74	0.00	0.12	0.50	0.27

表 2（3-b）

措施项目清单综合单价计算表（二）

专业工程名称：新建办公楼工程-装饰装修工程

7 编码：011707007002　项目名称：已完工程及设备保护（楼梯、台阶）　计量单位：m²　工程量：73.99

编号	项 目 名 称	单位	工程量	单价	合价	人工费	材料费	机械费	管理费	规费	利润
									其　　中		
10-2	楼梯、台阶成品保护	m²	73.99	6.16	455.91	139.84	206.56	0.00	14.06	62.15	33.30
	综合单价	元		6.16		1.89	2.79	0.00	0.19	0.84	0.45

8 编码：011707007003　项目名称：已完工程及设备保护（内墙面）　计量单位：m²　工程量：4 537.42

编号	项 目 名 称	单位	工程量	单价	合价	人工费	材料费	机械费	管理费	规费	利润
									其　　中		
10-4	内墙面成品保护	m²	4 537.42	4.52	19 699.07	8 575.72	4 407.97	0.00	862.11	3 811.43	2 041.84
	综合单价	元		4.52		1.97	1.01	0.00	0.20	0.87	0.47

第 3 页 共 3 页

复习思考题

1. 什么是工程量清单？什么是工程量清单计价？

2. 编制工程量清单有哪些主要依据？

3. 工程量清单的编制步骤有哪些？

4. 一份完整的工程量清单文件应包括哪些内容和表格？

5. 什么是综合单价？

6. 工程量清单报价文件有哪些？编制依据和编制步骤是什么？

7. 在教师带领下完成书后建筑工程计量与计价课程配套图纸中各分部分项工程工程量清单、措施项目清单及其计价文件。

工程结算与竣工决算

学习目标

（1）知识目标

◆ 了解工程结算、竣工决算、工程预付款、进度款的支付的概念。

◆ 理解工程结算的方式、工程决算书的编制。

◆ 掌握工程价款结算的计算方法。

（2）技能目标

◆ 能够编制工程结算、竣工决算文件。

（3）素质目标

◆ 随着技术的进步、行业更新迭代快，培养学生树立持续学习，终生学习的理念。

随着时代的变迁，技术的发展等，《建筑工程建筑面积计算规范》（GB/T50353—2013）的相关规范会随之而更新，不是一成不变的。打铁还需自身硬，你作为造价人，谈谈对现在的学习成长有什么想法？

5.1　工　程　结　算

5.1.1　工程结算概念及其种类

1. 工程结算概念

工程结算是指承包商在工程实施过程中，依据承、发包合同中关于工程付款条款的规定和已经完成的工程量，按照约定程序进行的工程预付款、工程进度款、工程价款结算活动。

工程结算是一项政策性很强而又非常细致的工作，要求应按照国家财政部、建设部颁发的财建［2004］369号文《建设工程造价结算暂行办法》的规定进行工程结算。

2. 工程结算种类

工程结算在项目施工中通常要多次发生，一直到整个项目全部竣工验收，还需要进行最终建筑产品的工程竣工结算，从而完成最终建筑产品的工程造价的确定和控制。由于建筑产品价值大、生产周期长、影响因素多等特点，工程结算分为工程价款结算、年终结算和竣工结算三种。

3. 工程结算的方式

我国现行工程结算根据不同情况可以采取多种方式。

（1）按月结算

按月结算是采取旬末或月中预支，月终结算，竣工后清算的办法，即每月月末由承包方提出已完工程月报表以及工程款结算清单，交现场监理工程师审查签证并经过业主确认之后，办理已完工程的工程价款月终结算。跨年度竣工的工程，在年终进行工程盘点，办理年度结算。目前，我国建安工程项目中，大多采用按月结算的办法。

（2）竣工后一次结算

当建设项目或单位工程全部建筑安装工程建设期在 12 个月以内时，或者工程承包合同价值在 100 万元以下的，可采取工程价款每月月中预支，竣工后一次性结算的办法。

（3）分段结算

对当年开工，但当年不能竣工的单项工程或单位工程，可以按照工程形象进度，划分不同阶段进行结算。分段结算可按月预支工程款，分段的划分标准由各部门、自治区、直辖市、计划单列市规定。

（4）目标结算

目标结算是在工程合同中，将承包工程的内容分解成不同的控制界面，以业主验收控制界面作为支付工程价款的前提条件，换而言之，是将合同中的工程内容分解为不同的验收单元，当承包商完成单元工程内容并经业主验收后，业主支付构成单元工程内容的工程价款。

在目标结算方式下，承包商欲得到工程款，必须履行合同约定的质量标准完成界面内的工程内容，否则承包商会遭受损失。

目标结算方式中，对控制界面的设定应明确描述，以便量化和质量控制，同时也要适应项目资金的供应周期和支付频率。

5.1.2　工程价款结算

1. 工程价款结算的概念

工程价款结算又叫工程中间结算，主要包括工程预付备料款结算和工程进度款结算。

由于施工企业流动资金有限和建筑产品的生产特点，一般都不是等到工程全部竣工后才结算工程价款。为了及时反映工程进度和施工企业的经营成果，使施工企业在施工过程中消耗的流动资金能及时地得以补偿，目前一般对工程价款实行中间结算的办法，即按逐月完成工程进度及工程量计算价款，向建设单位办理工程价款结算手续，待工程全部竣工后，再办理工程竣工结算。

2. 工程预付款结算

我国目前工程承发包中，大部分工程实行包工包料，就是说承包商必须有一定数量的备料周转金。通常在工程承包合同中，会明确规定发包方（甲方）在开工前拨付给承包方（乙方）一定数额的工程预付备料款。该预付款构成承包商为工程项目储备主要材料、构件所需要的流动资金。

我国《建筑工程施工合同文本》规定，甲乙双方应当在专门条款内约定甲方向乙方预付工程款的时间和数额，开工后按约定的时间和比例逐次扣回。预付时间应不迟于约定的开工日期前 7 天。甲方不按约定预付，乙方在约定预付时间 7 天后向甲方发出要求预付的通知，甲方收到通知后仍不能按要求预付，乙方可在发出通知后 7 天停止施工，甲方应从约定应付之日起向乙方支付应付款的贷款利息，并承担违约责任。

建设部颁布的《招标文件范本》中也明确规定，工程预付款仅用于乙方支付施工开始时与本工程有关的动员费用。如乙方滥用此款，甲方有权立即收回。在乙方向甲方提交金额等于预付款数额（甲方认可的银行开出）的银行保函后，甲方按规定的金额和规定的时间向乙方支付预付款，在甲方全部扣回预付款之前该银行保函将一直有效。当预付款被甲方扣回时，银行保函金额相应递减。

（1）预付备料款的限额

决定预付备料款的限额的主要因素：主要材料（包括外购构件）占工程造价的比重；材料储备期；施工工期。

对于施工企业常年应储备的备料款限额，可按下式计算：

$$备料款数额 = \frac{年度承包工程总值 \times 主要材料占合同价的比例}{年度施工日历天数} \times 材料储备天数 \quad (5-1)$$

一般情况建筑工程不得超过当年建筑工作量（包括水、电、暖）的30%；安装工程按年安装工程量的10%；材料所占比重较多的安装工程按年计划产值的15%左右拨付。

在实际工程中，备料款的数额，亦可根据各工程类型、合同工期、承包方式以及供应体制等不同条件来确定。如像工业项目中钢结构和管道安装所占比重较大的工程，其主要材料所占比重比一般安装工程高，故备料款的数额亦相应提高。

（2）备料款的扣回

由于发包方拨付给承包方的备料款属于预支性质，那么在工程进行中，随着工程所需主要材料储备的逐步减少应以抵充工程价款的方式扣回。其扣款方式有两种：

① 从未施工工程尚需要的主要材料以及构件的价值相当于备料款数额时起扣，从每次结算工程价款中，按材料比重扣抵工程价款，在竣工前全部扣清。备料款起扣点按以下公式计算：

$$T = P - \frac{M}{N} \quad (5-2)$$

式中　T——起扣点，即预付备料款开始扣回时的累计完成工作量金额；

　　　M——预付备料款的限额；

　　　N——主要材料占年度合同价的比重；

　　　P——承包工程价款总额。

② 建设部《招标文件范本》中明确规定，在乙方完成金额累计达到合同总价的10%后，由乙方开始向甲方还款，甲方从每次应付给的金额中，扣回工程预付款，甲方至少在合同规定的完工期前3个月将工程预付款的总计金额按逐次分摊的办法扣回，当甲方一次付给乙方的余额少于规定扣回的金额时，其差额应转入下一次支付中作为债务结转。甲方不按规定支付工程预付款，乙方按《建设工程施工合同文本》第21条享有其应有的权利。

3. 工程进度款结算

建安企业在工程施工中，按照每月形象进度或者控制界面等完成的工程数量计算各项费用，向业主办理工程进度款的支付（即中间结算）。

以按月结算为例，现行的中间结算办法是施工企业在旬末或月中向建设单位提出预支工程款账单，预支一旬或半月的工程款，月终再提出工程款结算账单和已完工程月报表，收取当月工程价款，并通过银行结算，按月进行结算，并对现场已完工程进行盘点，有关资料要提交监理工程师和建设单位审查签证。多数情况下是以施工企业提出的统计进度月报表为支取工程款的凭证，即工程进度款。其支付步骤如图5-1所示。

图5-1　工程进度款支付步骤

工程进度款支付过程中，需遵循如下要求：

（1）工程量的确认

参照FIDIC条款的规定，工程量的确认应做到：

① 乙方应按约定的时间，向工程师提交已完工程量的报告。工程师接到报告后7天内按设计图纸核实已完工程量（以下称计量），并在计量前24小时通知乙方，乙方为计量提供便利条件并派人参加。乙方不参加计量，甲方自行进行，计量结果有效，作为工程价款支付的依据。

② 工程师收到乙方报告后7天内未进行计算，从第8天起，乙方报告中开列的工程量即视为已被确认，作为工程价款的依据。工程师不按约定时间通知乙方，使乙方不能参加计量，计量结果无效。

③ 工程师对乙方超出设计图纸范围或因自身原因造成返工的工程量，不予计量。

（2）合同收入的组成

财政部制定的《企业会计准则——建造合同》中对合同收入的组成内容进行了解释。合同收入包括两部分内容：

① 合同中规定的初始收入，即建造承包商与客户在双方签订的合同中最初商订的合同总金额，它构成合同收入的基本内容。

② 因合同变更、索赔、奖励等构成的收入，这部分收入并不构成合同双方在签订合同时已在合同中商订的合同总金额，而是在执行合同过程中由于合同变更、索赔、奖励等原因而形成的追加收入。

（3）工程进度款支付

我国工商行政管理总局、建设部颁布的《建设工程施工合同文本》中对工程进度款支付作了如下规定：

① 工程进度款在双方计量确认后14天内，甲方应向乙方支付工程进度款。同期用于工程上的甲方供应材料设备的价款以及按约定时间甲方应按比例扣回的预付款，同期结算。

② 符合规定范围的合同价款的调整，工程变更调整的合同价款及其他条款中约定的追加合同价款应与工程进度款同期调整支付。

③ 甲方超过约定的支付时间不付工程进度款，乙方可向甲方发出要求付款通知，甲方收到乙方通知后仍不能按要求付款，可与乙方协商签订延期付款协议，经乙方同意后可延期支付。协议须明确延期支付时间和从甲方计量签字后第15天起计算应付款的贷款利息。

④ 甲方不按合同约定支付工程进度款，双方又未达成延期付款协议，导致施工无法进行，乙方可停止施工，由甲方承担违约责任。

4. 工程保修金的预留

按规定，工程项目总造价中须预留一定比例的尾款作为质量保修金，等到工程项目保修期结束时最后拨付。对于尾款的扣除，通常采取两种方法：

（1）当工程进度款拨付累计额达到该建筑安装工程造价的一定比例（一般为 95% ～ 97%）时，停止支付，预留造价部分作为尾留款。

（2）我国颁布的《招标文件范本》中规定，尾留款（保留金）的扣除，可以从甲方向乙方第一次支付的工程进度款开始，在每次乙方应得的工程款中扣留投标书附录中规定金额作为保留金，直至保留金总额达到投标书附录中规定的限额为止。

5.1.3　工程年终结算

年终结算是指一项工程在本年度内不能竣工而需跨入下年度继续施工，为了正确反映企业本年度的经营成果，由承包商会同业主对在建工程进行已完（或未完）工程量的盘点，以结清年度内的工程价款。

5.1.4　工程竣工结算

1. 工程竣工结算的含义及要求

工程竣工结算指承包商按照合同规定全部完成所承包的工程内容，并经验收质量合格，符合合同要求和竣工条件后，对照原设计施工图，根据增减变化内容，调整工程结算费用，作为向业主进行最终工程价款结算的经济技术文件。

在《建设工程施工合同文本》中对竣工结算作了如下规定：

（1）工程竣工验收报告经甲方认可后 28 天内，乙方向甲方递交竣工结算报告以及完整的结算资料，甲乙双方按照协议书约定的合同价款及专用条款约定的合同价款调整内容，进行工程竣工结算。

（2）甲方收到乙方递交的竣工结算报告及结算资料后 28 天内进行核实，给予确认或者提出修改意见。甲方确认竣工结算报告后通知经办银行向乙方支付工程竣工结算价款。乙方收到竣工结算价款后 14 天内将竣工工程交付甲方。

（3）甲方收到竣工结算报告及结算资料后 28 天内无正当理由不支付工程竣工结算价款，从第 29 天起按乙方同期向银行贷款利率支付拖欠工程价款的利息，并承担违约责任。

（4）甲方收到竣工结算报告及结算资料后 28 天内不支付工程竣工结算价款，乙方可以催告甲方支付结算价款。甲方在收到竣工结算报告及结算资料后 56 天内仍不支付的，乙方可以与甲方协议将该工程折价，也可以由乙方申请人民法院将该工程依法拍卖，乙方就该工程折价或者拍卖的价款优先受偿。

（5）工程竣工验收报告经甲方认可后 28 天内，乙方未能向甲方递交竣工结算报告及完整的结算资料，造成工程竣工结算不能正常进行或工程竣工结算价款不能及时支付，甲方要求交付工程的，乙方应当交付；甲方不要求交付工程的，乙方承担保管责任。

（6）甲乙双方对工程竣工结算价款发生争议时，按争议的约定处理。

在实际工作中，当年开工、当年竣工的工程，只需要办理一次性结算。跨年度的工程在年终办理一次年终结算，将未完工程结转到下一年度，此时竣工结算等于各年度结算的总和。

办理工程价款竣工结算的一般公式为：

$$\text{竣工结算工程价款} = \text{预算（或概算）或合同价款} + \text{施工过程中预算或合同价款调整数额} - \text{预付及已结算工程价款}$$

2. 工程竣工结算的作用

（1）工程竣工结算可作为考核业主投资效果，核定新增固定资产价值的依据。

（2）工程竣工结算亦可作为双方统计部门确定建安工作量和实物量完成情况的依据。

（3）工程竣工结算还可作为造价管理部门经建设银行终审定案，确定工程最终造价，实现双方合同约定的责任依据。

（4）工程竣工结算可作为承包商确定最终收入，进行经济核算，考核工程成本的依据。

3. 工程竣工结算方式

工程竣工结算书以承包商为主进行编制。目前有以下几种结算方式：

（1）以施工图预算为基础编制竣工结算

以施工图预算为基础编制竣工结算的方式对增减项目和费用等，经业主或业主委托的监理工程师审核签证后，编制的调整预算。

（2）按系数包干的结算方式编制竣工结算

这种方式实际上是按照施工图预算加系数包干编制的竣工结算。依据合同规定，倘若未发生包干范围以外的工程增减项目，包干造价就是最终结算造价。

（3）以房屋建筑 m^2 造价为基础编制竣工结算

以房屋建筑 m^2 造价为基础编制竣工结算的方式是双方根据施工图和有关技术经济资料，经计算确定出每 m^2 造价，在此基础上，按实际完成的 m^2 数量进行结算。

（4）以投标的造价为基础编制竣工结算

如果工程实行招、投标时，承包方可对报价采取合理浮动。通常中标一方根据工期、质量奖惩、双方所承担的责任签订工程合同，对工程实行造价一次性包干。合同所规定的造价就是竣工结算造价。在结算时只需将双方在合同中约定的奖惩费用和包干范围以外的增减工程项目列入，并作为"合同补充说明"进入工程竣工结算。

4. 工程竣工结算的编制

（1）工程竣工结算的编制原则

① 工程项目已具备结算条件：如竣工图纸完整无误，竣工报告及所有验收资料完整。业主或委托工程建设监理单位对结算项目逐一核实，是否符合设计及验收规范要求，不符合不予结算，需返工的，应返工合格后再结算。

② 实事求是，正确确定造价。施工单位要有对国家负责的态度认真编制工程竣工结算。

（2）工程竣工结算的编制依据

① 原施工图预算及工程承包合同。

② 竣工报告和竣工验收资料；如基础竣工图和隐蔽资料等。

③ 经设计单位签证后的设计变更通知书、图纸会审纪要、施工记录、业主委托监理工程师签证后的工程量清单。

④ 预算定额及其有关技术、经济文件。

（3）工程竣工结算的编制内容

① 工程量增减调整。这是编制工程竣工结算的主要部分，即所谓量差，就是指所完成的实际工程量与施工图预算工程量之间的差额。量差主要表现为：

设计变更和漏项。因实际图纸修改和漏项等而产生的工程量增减，该部分可依据设计变更通知书进行调整。

现场工程更改。实际工程中施工方法出现不符、基础超深等均可根据双方签证的现场记录，按照合同或协议的规定进行调整。

施工图预算错误。在编制竣工结算前，应结合工程的验收和实际完成工程量情况，对施工图预算中存在的错误予以纠正。

② 价差调整。工程竣工结算可按照地方预算定额或基价表的单价编制，因当地造价部门文件调整发生的人工、计价材料和机械费用的价差均可以在竣工结算时加以调整。未计价材料则可根据合同或协议的规定，按实调整价差。

③ 费用调整。属于工程数量的增减变化，需要相应调整安装工程费的计算，属于价差的因素，通常不调整安装工程费，但要计入计费程序中；换言之，该费用应反映在总造价中，属于其他费用，如像停窝工费用、大型机械进出场费用等，应根据各地区定额和文件规定，一次结清，分摊到工程项目中去。

5. 工程竣工结算的审查

工程竣工结算审查是竣工结算阶段的一项重要工作。审查工作还常由业主、监理公司或审计部门把关进行。审核内容通常有以下几方面：

（1）对合同条款。主要针对工程竣工是否验收合格，竣工内容是否符合合同要求，结算方式是否按合同规定进行；套用定额、计费标准、主要材料调差等是否按约定实施。

（2）审查隐蔽资料和有关签证等是否符合规定要求。

（3）审查设计变更通知是否符合手续程序，加盖公章否。

（4）根据施工图核实工程量。

（5）审核各项费用计算是否准确，主要从费率、计算基础、价差调整、系数计算、计费程序等方面着手进行。

5.2 竣 工 决 算

5.2.1 建设项目竣工决算和分类

建设项目竣工决算是指在竣工验收交付使用阶段，由业主编制的建设项目从筹建到竣工投产或使用全过程的全部实际支出费用的经济文件。该文件是竣工验收报告的重要组成部分。

根据规定，所有新建、扩建、改建和恢复项目竣工后均要编制竣工决算。根据建设项目规模的大小，可分大、中型建设项目竣工决算和小型建设项目竣工决算两大类。

施工企业在竣工后，也要编制单位工程（或单项工程）竣工成本决算，用作预算和实际成本的核算比较，以便总结经验，提高管理水平。但两者在概念和内容上存在着不同。

5.2.2 竣工决算的作用

（1）竣工决算是国家对基本建设投资实行计划管理的重要手段

根据国家基本建设投资的规定，在批准基本建设项目计划任务书时，可依据投资估算来估计基本建设计划投资额。在确定基本建设项目设计方案时，可依据设计概算决定建设项目计划总投资最高数额。在施工图设计时，可编制施工图预算，用以确定单项工程或单位工程的计划价格,同时规定其不得超过相应的设计概算。因此,竣工决算可反映出固定资产计划完成情况以及节约或超支原因,从而控制投资费用。

(2) 竣工决算是竣工验收的主要依据

我国基本建设程序规定,对于批准的设计文件规定的工业项目经负荷运转和试生产,生产出合格产品,民用项目符合设计要求,能够正常使用时,应及时组织竣工验收工作,并全面考核建设项目,按照工程的不同情况,由负责验收委员会或小组进行验收。

(3) 竣工决算是确定建设单位新增固定资产价值的依据

竣工决算中需要详细计算建设项目所有的建筑工程费、安装工程费、设备费和其他费用等新增固定资产总额及流动资金,作为建设管理部门向企、事业使用单位移交财产的依据。

(4) 竣工决算是基本建设成果和财务的综合反映

建设项目竣工决算包括项目从筹建到建成投产(或使用)的全部费用。除了采用货币形式表示基本建设的实际成本和有关指标外,同时包括建设工期、工程量和资产的实物量以及技术经济指标,并综合了工程的年度财务决算,全面反映了基本建设的主要情况。

5.2.3　竣工决算的编制

1. 竣工决算的编制依据

竣工决算的编制依据主要有:

(1) 建设项目计划任务书和有关文件。

(2) 建设项目总概算书以及单项工程综合概算书。

(3) 建设项目设计图纸以及说明,其中包括总平面图、建筑工程施工图、安装工程施工图以及相关资料。

(4) 设计交底或者图纸会审纪要。

(5) 招投标标底、工程承包合同以及工程结算资料。

(6) 施工记录或者施工签证以及其他工程中发生的费用记录,如工程索赔报告和记录、停(交)工报告等。

(7) 竣工图以及各种竣工验收资料。

(8) 设备、材料调价文件和相关记录。

(9) 历年基本建设资料和历年财务决算及其批复文件。

(10) 国家和地方主管部门颁布的有关建设工程竣工决算的文件。

2. 竣工决算的编制内容

竣工决算的内容包括竣工决算报表、竣工决算报告说明书、工程竣工图和工程造价比较分析四部分。大中型建设项目竣工决算报表通常包括建设项目竣工财务决算审批表、竣工工程概况表、竣工财务决算表、建设项目交付使用资产总表以及明细表、建设项目建成交付使用后的投资效益表等;对于小型建设项目竣工决算报表是由建设项目竣工财务决算审批表、竣工财务决算总表和交付使用资产明细表组成。

(1) 竣工决算报告说明书

竣工决算报告说明书概括了竣工工程建设成果和经验,是全面考核分析工程投资与造价的书面总结,也是竣工决算报告的重要组成部分,主要内容如下:

① 建设项目概况及评价。

② 会计财务的处理、财产物资情况及债权债务的清偿情况。

③ 资金结余、基建结余资金等的上交分配情况。

④ 主要技术经济指标的分析、计算情况。

⑤ 基本建设项目管理以及决算中存在的问题以及建议。

⑥ 需要说明的其他事项。

（2）竣工决算报表结构

根据国家财政部财基字［1998］4号关于"基本建设财务管理若干规定"的通知以及财基字［1998］498月文"基本建设项目竣工财务决算报表"和"基本建设项目竣工财务决算报表填表说明"的通知，建设项目竣工财务决算报表格式有建设项目竣工财务决算审批表；大、中型建设项目概况表；大、中型建设项目竣工财务决算表；大、中型建设项目交付使用资产总表；建设项目交付使用资产明细表等（略）。小型建设项目竣工财务决算报表有建设项目竣工财务决算审批表；小型建设项目竣工财务决算总表；建设项目交付使用资产明细表等。

（3）工程竣工图

工程竣工图是真实记录和反映各种建筑物、构筑物等情况的技术文件，它是工程交工验收、改建和扩建的依据，是国家的重要技术档案。对竣工图的要求是：

① 根据原施工图未变动的，由施工单位在原施工图上加盖"竣工图"图章标志后，即可作为竣工图。

② 施工过程中尽管发生了一些设计变更，但可以将原施工图加以修改补充作为竣工图的，可以不重新绘制，由施工单位负责在原施工图（必须是新蓝图）上注明修改的部分，并附以设计变更通知单和施工说明，加盖"竣工图"图章标志后作为竣工图。

③ 结构形式改变、工艺变化、平面布置改变、项目改变以及有其他重大改变时，不宜再在原施工图上修改、补充者，应重新绘制改变后的竣工图。属设计原因造成的，由设计单位负责重新绘制；属施工原因造成的由施工单位负责重新绘制；属其他原因造成的，由建设单位自行绘制或委托设计单位绘图，施工单位负责在新图上加盖"竣工图"图章标志，并附以记录和说明，作为竣工图。

④ 为满足竣工验收和竣工决算需要，应绘制能反映竣工工程全部内容的工程设计平面示意图。

3. 竣工决算书的编制步骤

（1）收集、整理和分析有关资料

收集和整理出一套较为完整的相关资料，是编制竣工决算的必要条件。在工程进行的过程中应注意保存和收集资料，在竣工验收阶段则要系统的整理出所有技术资料、工程结算经济文件、施工图纸和各种变更与签证资料，分析其准确性。

（2）清理各项账务，债务和结余物资

在收集、整理和分析资料过程中，应注意建设工程从筹建到竣工投产（或使用）的全部费用的各项账务、债权和债务的清理，既要核对账目，又要查点库存实物的数量，做到账物相等、相符；对结余的各种材料、工器具和设备要逐项清点核实，妥善管理，且按照规定及时处理、收回资金；对各种往来款项要及时进行全面清理，为编制竣工决算提供准确的依据。

（3）填写竣工决算报表

依照建设项目竣工决算报表的内容，根据编制依据中有关资料进行统计或计算各个项目的数量，并将其结果填入相应表格栏目中，完成所有报表的填写。这是编制工程竣工决算的主要工作。

（4）编写建设工程竣工决算说明书

根据建设项目竣工决算说明的内容、要求以及编制依据材料和填写在报表中的结果编写说明。

（5）上报主管部门审查

以上编写的文字说明和填写的表格经核对无误，可装订成册，即可作为建设项目竣工文件，并报主管部门审查，同时把其中财务成本部分送交开户银行签证。竣工决算在上报主管部门的同时抄送设计单位，大、中型建设项目的竣工决算还需抄送财政部、建设银行总行和省、市、自治区财政局和建设银行分行各一份。

建设项目竣工决算编制的一般程序如图 5-2 所示。

图 5-2　建设项目竣工决算编制程序

建设项目竣工决算文件，由建设单位负责组织人员编制，在竣工建设项目办理验收交付使用一个月之内完成。

复习思考题

1. 什么是工程结算？工程结算的方式有哪些？
2. 什么是工程预付款、工程进度款、竣工结算？
3. 工程预付款在什么时间拨付？什么时间扣回？
4. 工程进度款的结算方式有哪两种？
5. 什么是竣工决算？
6. 竣工决算书的编制步骤有哪些？

参考文献

［1］《房屋建筑与装饰工程工程量计算规范》（GB 50854—2013）

［2］《建设工程工程量清单计价规范》（GB 50500—2013）

［3］《建筑工程建筑面积计算规范》（GB/T 50353—2013）

［4］《天津市建设工程计价办法》（DBD 29-001—2020）

［5］《天津市建筑工程预算基价》（DBD 29-101—2020）

［6］《天津市装饰装修工程预算基价》（DBD 29-201—2020）

［7］《天津市建筑工程工程量清单计价指引》（DBD 29-901—2020）

［8］《天津市装饰装修工程工程量清单计价指引》（DBD 29-902—2020）

［9］贾莲英，高秀玲．建筑工程计量与计价 ［M］．北京：化学工业出版，2010.

［10］李佐华．建筑工程计量与计价 ［M］．北京：高等教育出版社，2009.

［11］钱昆润，戴望炎，张星．建筑工程定额与预算 ［M］．5 版．南京：东南大学出版社，2006.

［12］陈国安．建筑工程计量与计价 ［M］．武汉：武汉理工大学出版社，2009.

［13］广联达软件股份有限公司．广联达工程造价类软件实训教程—案例图集 ［M］．2 版．北京：人民交通出版社，2010.

建筑工程计量与计价课程

配套图纸

结 施 目 录

序号	图 纸 名 称	图 号	实际张数	折合标准张	备注
1	结构设计说明	结施-01	1		
2	基础平面图 基面图	结施-02	1		
3	-1.000~10.750柱平法施工图	结施-03	1		
4	3.550,7.150梁平法施工图	结施-04	1		
5	3.550,7.150纵梁平法施工图	结施-05	1		
6	10.750屋面梁平法施工图	结施-06	1		
7	3.550,7.150楼面板配筋图（平法标注）	结施-07	1		
8	3.550,7.150楼面板配筋图（传统标注）	结施-08	1		
9	10.750屋面板配筋图（平法标注）	结施-09	1		
10	10.750屋面板配筋图（传统标注）	结施-10	1		
11	一层楼梯配筋图	结施-11	1		
12	二层楼梯配筋图	结施-12	1		

建 施 目 录

序号	图 纸 名 称	图 号	实际张数	折合标准张	备注
1	建筑设计说明	建施-01	2		
2	首层平面图	建施-02	1		
3	二层平面图	建施-03	1		
4	三层平面图	建施-04	1		
5	屋顶平面图	建施-05	1		
6	屋顶挑檐柱平面布置图	建施-06	1		
7	南、北立面图	建施-07	1		
8	东、西立面图	建施-08	1		
9	楼梯平面图 散水台阶详图	建施-09	1		

建筑设计说明

一、工程概况

本工程为框架结构，地上三层，基础为有梁式满堂基础。

二、内装修做法

层号	房间名称	地面（楼面）	踢脚（高120mm）	墙面	天棚吊顶（高3000mm）
一层	大厅	地面1	踢脚1	内墙面1	吊顶1
	办公室，会客室	地面1	踢脚1	内墙面1	吊顶1
	会议室	地面1	踢脚1	内墙面1	吊顶1
	厕所	地面2		内墙面2	吊顶2
	走廊	地面1	踢脚1	内墙面1	吊顶1
	楼梯间	地面1	踢脚1	内墙面1	顶棚1
二层	办公室，会客室	楼面1	踢脚1	内墙面1	吊顶1
	会议室，展示厅	楼面1	踢脚1	内墙面1	吊顶1
	厕所	楼面3		内墙面2	吊顶2
	走廊	楼面1	踢脚1	内墙面1	吊顶1
	楼梯间	楼面2	踢脚2	内墙面1	顶棚1
三层	办公室，会客室	楼面1	踢脚1	内墙面1	吊顶1
	会议室，展示厅	楼面1	踢脚1	内墙面1	吊顶1
	厕所	楼面3		内墙面2	吊顶2
	走廊	楼面1	踢脚1	内墙面1	吊顶2
	楼梯间	楼面2	踢脚2	内墙面1	顶棚1

三、室外装修设计

1. 屋面（不上人防水屋面）
(1) 40厚C20细石混凝土捣实压光配双向φ4钢筋间距150按纵横（6m）设置分格缝。
(2) 20厚1:3水泥砂浆保护。
(3) 3mm厚SBS改性沥青防水卷材一道。
(4) 20厚1:3水泥砂浆找平。
(5) 聚苯乙烯泡沫塑料板保温隔热200厚。
(6) 屋面现浇1:10水泥珍珠岩保温隔热。最薄处30mm厚钢筋混凝土板。

2. 混凝土散水
(1) 60厚C15混凝土，面上加5厚1:1水泥砂浆随打随抹光。
(2) 150厚3:7灰土。
(3) 素土夯实，向外收4%。

3. 花岗岩贴面台阶
(1) 20~25厚花岗岩踏步及踢脚板，水泥浆擦缝。
(2) 30厚1:4干硬性水泥砂浆。
(3) 素水泥浆结合层一遍。
(4) 100厚C15混凝土台阶（厚度不包括踏步三角部分）。
(5) 300厚3:7灰土。
(6) 素土夯实。

4. 外墙面
(1) 外墙表面清理后，20厚1:2.5水泥砂浆找平。
(2) 外墙外贴聚苯苯板30mm厚，标准网格布抹面层（厚3~5mm）。
(3) 外墙刷AC-97弹性涂料。

5. 勒脚
(1) 1:1:6混合砂浆10mm。
(2) 1:2水泥砂浆20mm。
(3) 1:3水泥砂浆5mm。
(4) 白水泥砂浆两遍。

6. 外墙裙（从室外地面至窗台高1350mm（900mm+450mm）
(1) 灌20厚1:2.5水泥砂浆。
(2) 20厚花岗岩，水泥浆擦缝。

7. 压顶抹灰
(1) 素水泥砂浆2mm厚。
(2) 水泥砂浆12mm厚。
(3) 1:2水泥浆20mm厚。

8. 窗台板，花岗岩窗台板。

| 工程名称 | 办公楼 | 图名 | 建筑设计说明 | 图号 | 建筑-01-1 |

四、室内装修设计

(一) 地面

1. 地面1 大理石地面
(1) 20厚大理石铺实拍平，水泥浆擦缝（大理石规格500mm×500mm×20mm）。
(2) 30厚1:4干硬性水泥砂浆。
(3) 素水泥浆结合层一遍。
(4) 100厚C20混凝土。
(5) 素土夯实。

2. 地面2 陶瓷地砖防水地面
(1) 8-10厚地砖铺实拍平，水泥浆擦缝（陶瓷地砖规格300mm×300mm×10mm）。
(2) 20厚1:4干硬性水泥砂浆。
(3) 1.5厚聚氨酯防水涂料。
(4) 刷基层处理剂一遍。
(5) C20细石混凝土找平。
(6) 80厚C20混凝土。
(7) 素土夯实。

(二) 楼面

1. 楼面1 大理石楼面
(1) 20厚大理石铺实拍平，水泥浆擦缝（大理石规格500mm×500mm×20mm）。
(2) 30厚1:4干硬性水泥砂浆。
(3) 素水泥浆结合层一遍。
(4) 钢筋混凝土楼板。

2. 楼面2 陶瓷地砖楼面
(1) 8-10厚地砖铺实拍平，水泥浆擦缝（陶瓷地砖规格300mm×300mm×10mm）。
(2) 20厚1:4干硬性水泥砂浆。
(3) 素水泥浆结合层一遍。
(4) 钢筋混凝土楼板。

3. 楼面3 陶瓷地砖防水楼面
(1) 8-10厚地砖铺实拍平，水泥浆擦缝（陶瓷地砖规格300mm×300mm×10mm）。
(2) 25厚1:4干硬性水泥砂浆，面上撒黄砂，四周沿墙上翻150mm高。
(3) 1.5厚聚氨酯防水涂料。
(4) 刷基层处理剂一遍。
(5) 20厚1:3水泥砂浆找平。
(6) C15细石混凝土找坡不小于0.5%，最薄处不小于30mm厚。
(7) 钢筋混凝土楼板。

(三) 踢脚

1. 踢脚1 120高 大理石踢脚
(1) 灌20厚1:2.5水泥浆。
(2) 20厚石质板材，水泥浆擦缝。

2. 踢脚2 120高 地砖踢脚
(1) 17厚1:3水泥砂浆。
(2) 3~4厚1:1水泥砂浆加水重20%建筑胶镶贴。
(3) 8~10厚地砖，水泥浆擦缝。

(四) 内墙面

1. 内墙1 涂料墙面
(1) 砌块墙基面清理平整干净。
(2) 涂TG胶砂底抹TG砂浆干拌砂浆（7mm+13mm+5mm）。
(3) 刮柔性腻子二遍。
(4) 白色内墙乳胶漆。

2. 内墙2 釉面砖墙面（贴至吊顶底面）
(1) 砌块墙基面清理平整干净。
(2) 涂TG胶砂底抹TG砂浆干拌砂浆（7mm+13mm+5mm）。
(3) 3~4厚1:1水泥砂浆加水重20%建筑胶镶贴。
(4) 4~5厚釉面面砖，白水泥浆擦缝。

(五) 顶棚（混合砂浆涂料顶棚）
(1) 钢筋混凝土板底面清理干净。
(2) 素水泥浆一道。
(3) 16厚1:0.3:3混合砂浆。
(4) 刮腻子二遍。
(5) 刷106涂料二遍。

(六) 吊顶

1. 吊顶1 铝合金条板吊顶
(1) 配套轻钢龙骨，规格300mm×300mm。
(2) 铝合金条形板。

2. 吊顶2 岩棉吸音板吊顶
(1) 轻钢龙骨，主龙骨中距600×600，横撑吸音板。
龙骨中距300或600，岩棉吸音板。
(2) 15厚600×600矿棉吸声板。

(七) 楼梯
(1) 直线形不锈钢管栏杆（竖条式）制作安装表。
(2) 镶铺陶瓷地砖楼梯面层。
(3) 镶铺陶瓷地砖踢脚线120高。
(4) 楼梯防滑条视楼梯面层而定。

门窗表

类别	名称	宽度(mm)	高度(mm)	离地高(mm)	材质	首层	二层	三层	总数
门	M1	4500	2900	0	断桥隔热铝合金平开门（成品）安装	1	0	0	1
	M2	900	2400	0	木质防火门	16	18	18	52
	M3	750	2100	0	木质防火门	4	4	4	12
窗	C1	1500	2100	900		10	10	10	30
	C2	3000	2100	900	断桥隔热铝合金全玻窗（成品）安装	10	10	10	30
	C3	3900	2100	900		1	1	1	3
	C4	4500	2000	900		0	1	1	2

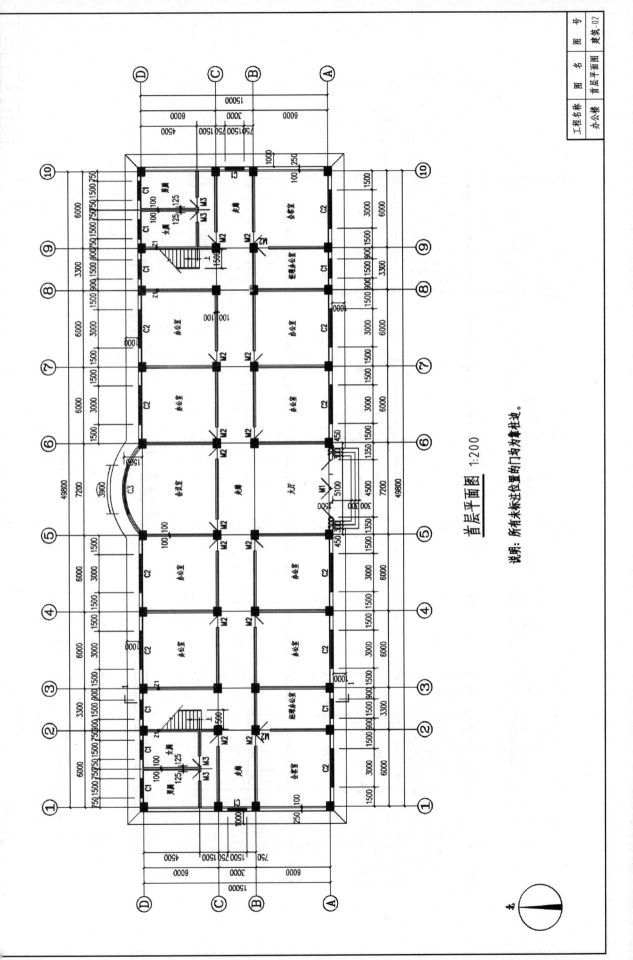

首层平面图 1:200

说明：所有未标注位置的门均为靠柱边。

北

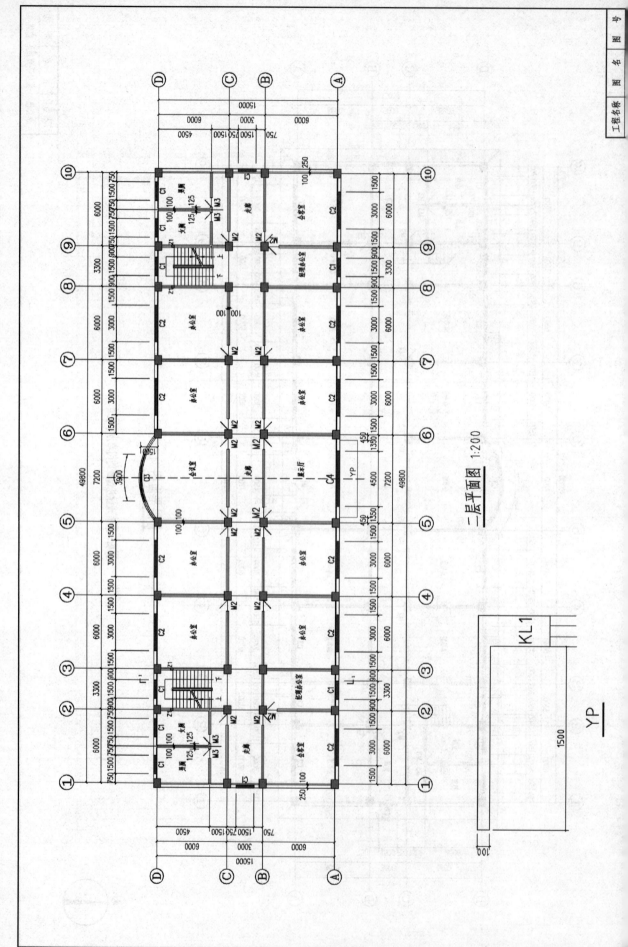

二层平面图 1:200

YP

KL1

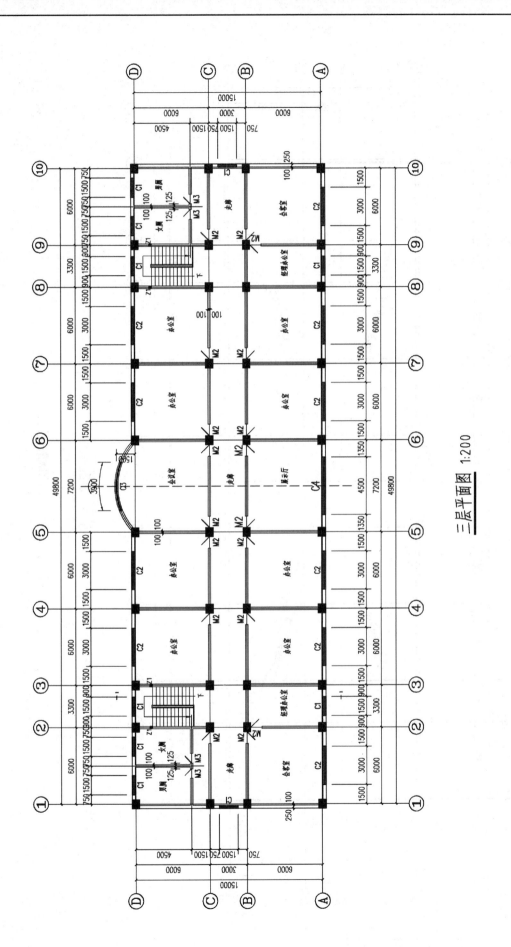

三层平面图 1:200

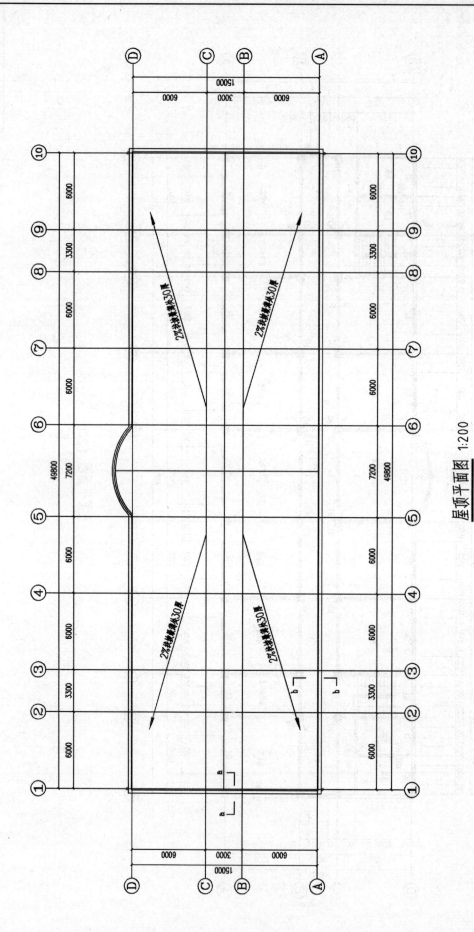

屋顶平面图 1:200

注: a-a, b-b剖面见建施-08

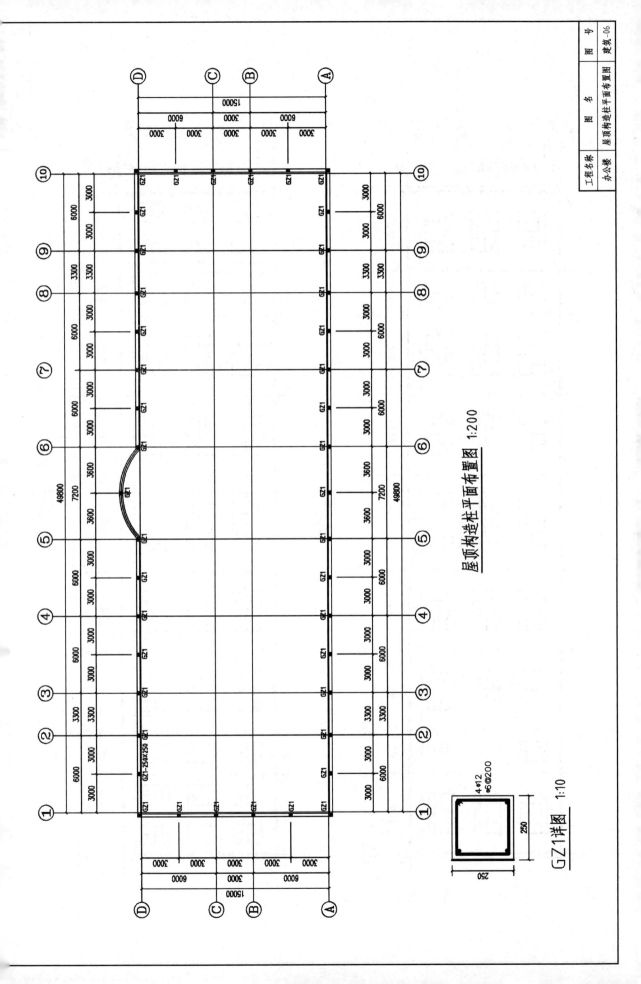

屋顶构造柱平面布置图 1:200

GZ1详图 1:10

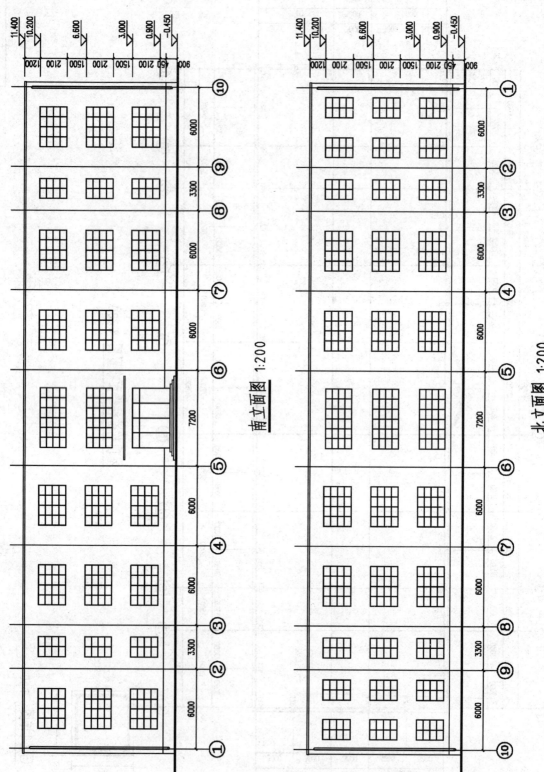

南立面图 1:200

北立面图 1:200

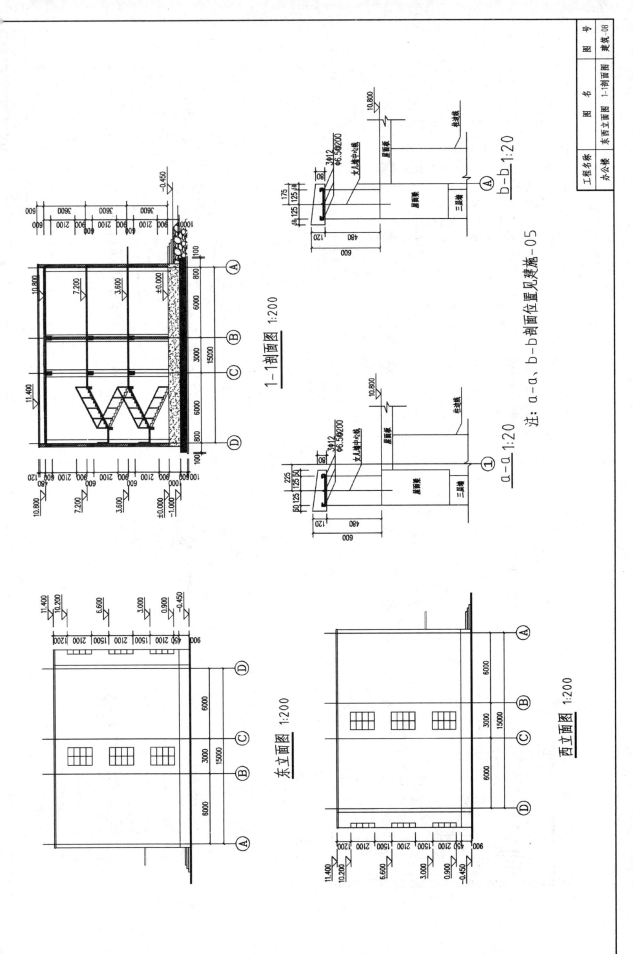

1-1剖面图 1:200

a-a 1:20

b-b 1:20

注：a-a、b-b剖面位置见建施-05

东立面图 1:200

西立面图 1:200

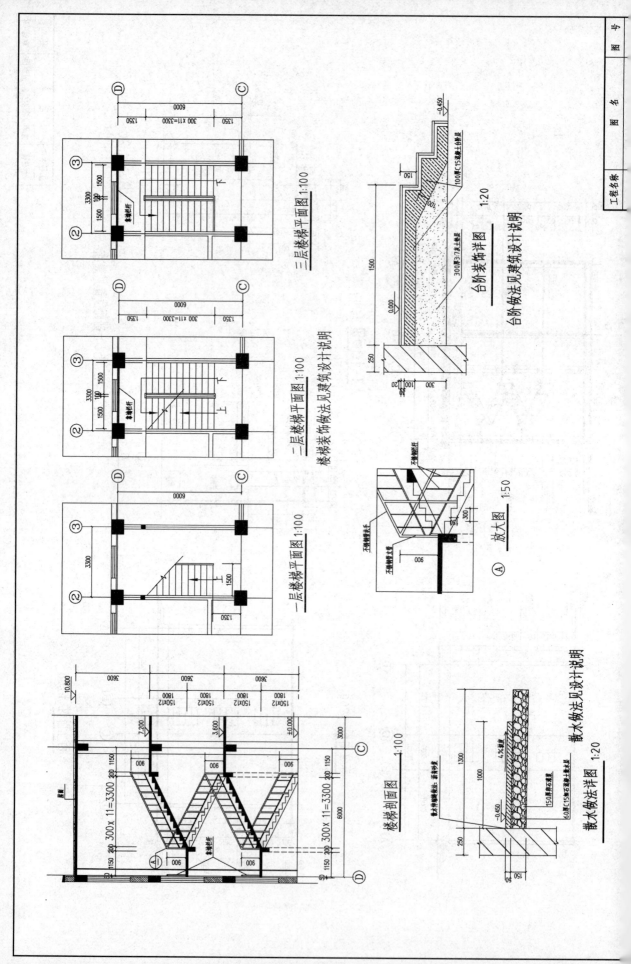

三层楼梯平面图 1:100

二层楼梯平面图 1:100

楼梯装饰做法见建筑设计说明

一层楼梯平面图 1:100

台阶做法见建筑设计说明

台阶装饰详图 1:20

放大图 1:50

楼梯剖面图 1:100

散水做法见建筑设计说明

散水做法详图 1:20

结构设计说明

1. 工程概况

本工程为钢筋混凝土框架结构，地上三层，基础为有梁式满堂基础，檐口标高为11.400m。

2. 设计依据
2.1 岩土工程勘察报告（略）。
2.2 本工程设计按现行国家设计标准进行设计。

3. 图纸说明
3.1 本套结构图纸中，标高以米（m）为单位，尺寸以毫米（mm）为单位。
3.2 建筑物室内地面标高±0.000对应的大沽高程为3.650米。
3.3 本工程采用标准图集：

本工程制图表示方法采用国标G101系列标准图集的平法表示方法，G101系列图集见表3.3.1。

表3.3.1 平法G101系列图集

序号	图集名称	图集代号
1	混凝土结构施工图 现浇混凝土框架、剪力墙、梁、板	11G101-1
2	平面整体表示方法 现浇混凝土板式楼梯	11G101-2
3	锚固灌浆和构造详图 独立基础、条形基础、筏形基础、桩基础及承台	11G101-3

3.4 本工程采用商品混凝土。
3.5 本工程设计文件须经当地规划、消防等主管部门审查批复后方可施工。
3.6 施工全过程应严格按现行国家规范及规程进行。

4. 主要荷载
取值（略）。

5. 主要结构材料
5.1 本工程主体结构设计使用年限为50年。
5.1 混凝土强度等级见表5.1.1。

表5.1.1 混凝土强度等级

层数	标高	垫层	基础	地梁	柱	梁、板	雨篷	楼梯	构造柱、圈梁、过梁
基础	±0.000以下	C20	C30	C30	C30	C30		C30	
一~三层	±0.000~屋顶				C30	C30	C30		C30

5.2 砌体、砂浆。
5.2.1 非承重墙砌体及砌筑砂浆的材料及强度等级要求见表5.2.1。
5.2.2 砌体结构施工质量控制等级为B级。
5.3 钢筋

钢筋种类：HPB300，HRB400。

表5.2.1 非承重墙砌体及砌筑砂浆的材料及强度等级

构件部位		砌体		砂浆	
	材料	γ重度(kN/m³)	强度等级	材料	强度等级
±0.000以下		页岩多孔砖	19	MU10	水泥砂浆	M10
±0.000以上	内墙	蒸压加气混凝土砌块	8	MU5	混合砂浆	M5
	外墙	保温轻质陶粒加气砌块	5.5	MU5	混合砂浆	M5

6. 基础工程
地基设计施工要求见《基础设计说明》（另详）。

7. 钢筋混凝土
7.1 混凝土保护层厚度（钢筋混凝土保护层厚度表示最外层钢筋的保护层厚度）见表7.1.1。

表7.1.1 混凝土保护层厚度

构件类别	正常环境下，混凝土保护层的最小厚度(mm)		腐蚀环境下，混凝土保护层的最小厚度(mm)		
	板、墙、壳、梁、柱、杆	基础、承台、筏板、地下室外墙、水池侧壁	构件类别	强腐蚀 中、弱腐蚀	
一	15	20		板、墙等面形构件	35	30
二a	20	25	4.0	梁、柱等条形构件	40	35
二b	25	35		基础、承台、筏板	50	50

注：1) 混凝土强度等级不大于C25时，表中保护层厚度数值应增加5mm；
2) 构件中受力钢筋的保护层厚度不应小于钢筋的公称直径 d；

7.2 钢筋的锚固。
受拉钢筋的锚固长度 La，抗震锚固长度 LaE详见 11G101-1。

7.3 钢筋连接。
受力钢筋的绑扎搭接、机械连接、焊接应符合国家现行有关标准的规定。

8. 过梁表
过梁表见表8.1.1。

表8.1.1 过梁表

类别	名称	洞口宽度(mm)	过梁高度(mm)	过梁宽度(mm)	过梁长度(mm)	过梁配筋
门	M1	4500	无	无		
	M2	900	120	同墙宽	洞口宽+250	
	M3	750	120	同墙宽	洞口宽+250	3Φ12 φ6@200
窗	C1	1500				
	C2	3000	无	同墙宽	无	
	C3	3900				
	C4	4500				

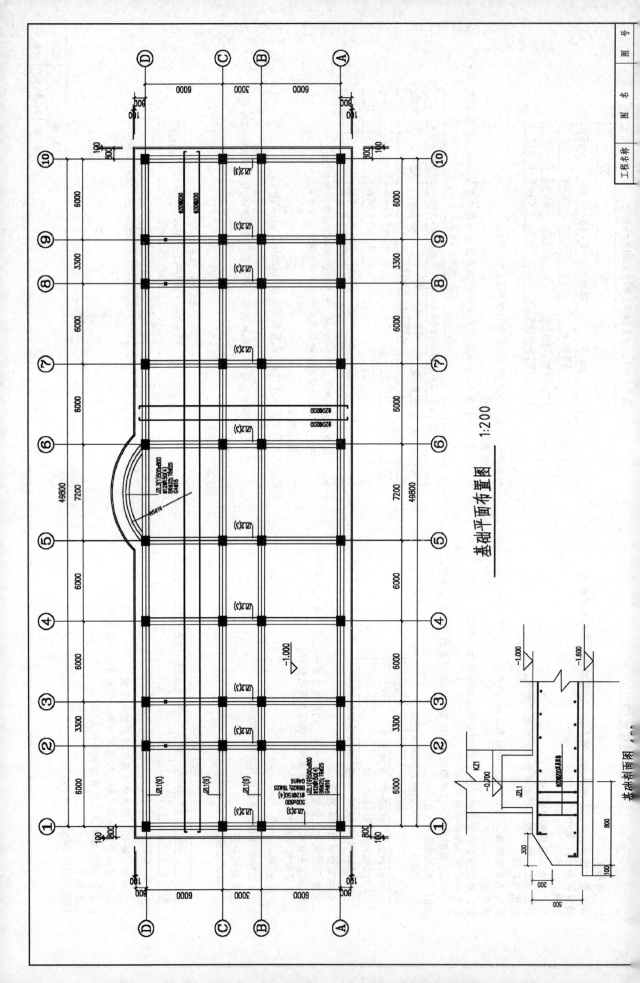

基础平面布置图 1:200

基础剖面图

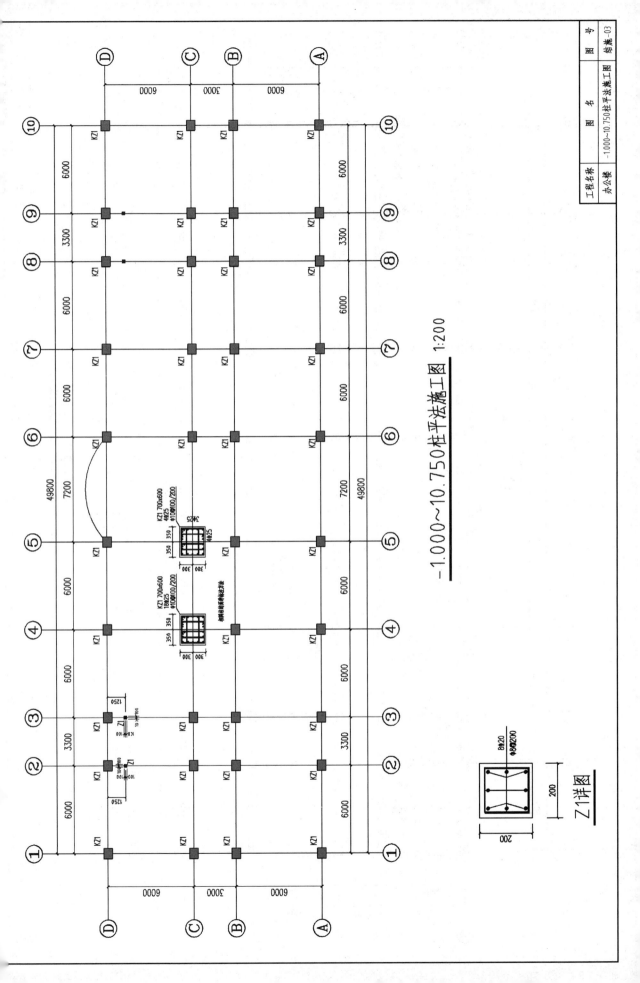

−1.000~10.750柱平法施工图 1:200

Z1详图

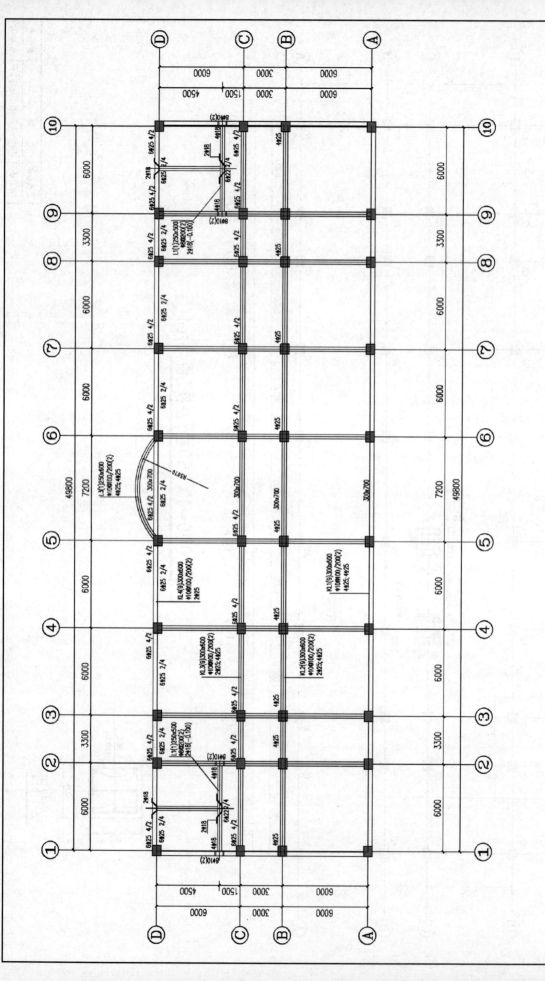

3.550、7.150横梁平法施工图 1:200

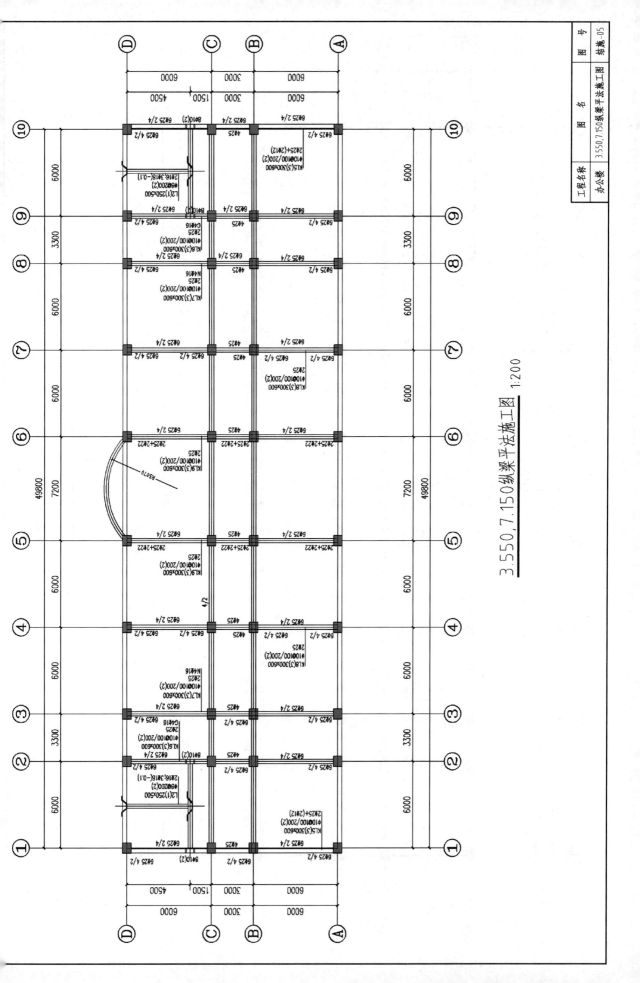

3.550、7.150纵梁平法施工图 1:200

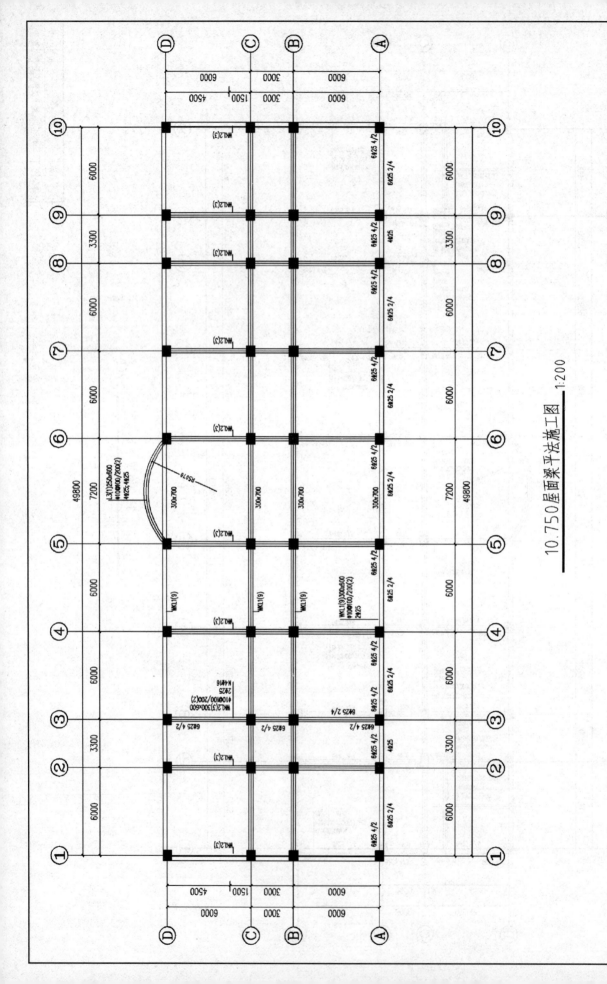

10.750屋面梁平法施工图 1:200

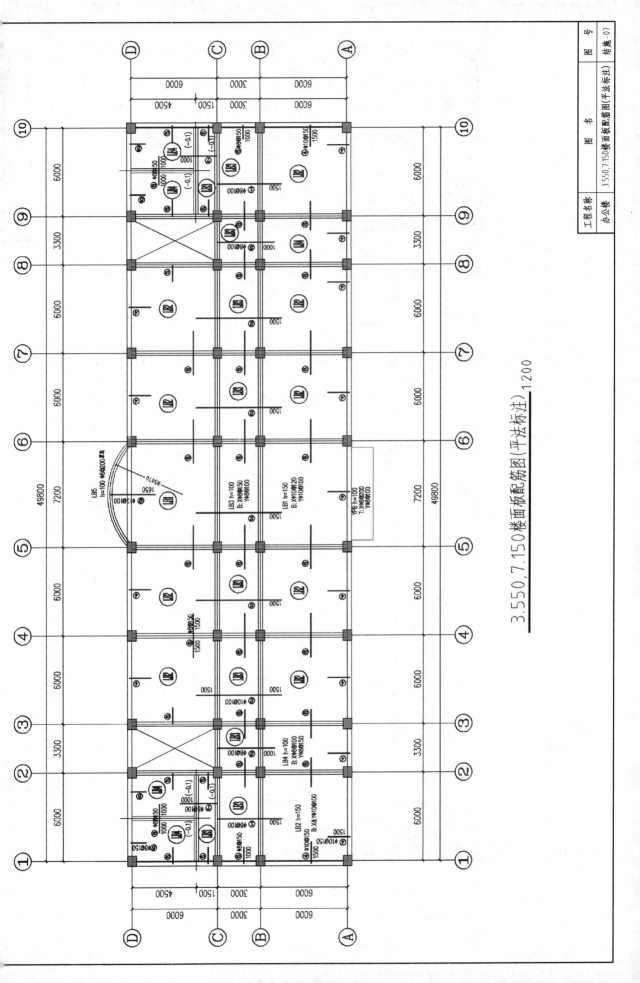

3.550,7.150楼面板配筋图(平法标注) 1:200

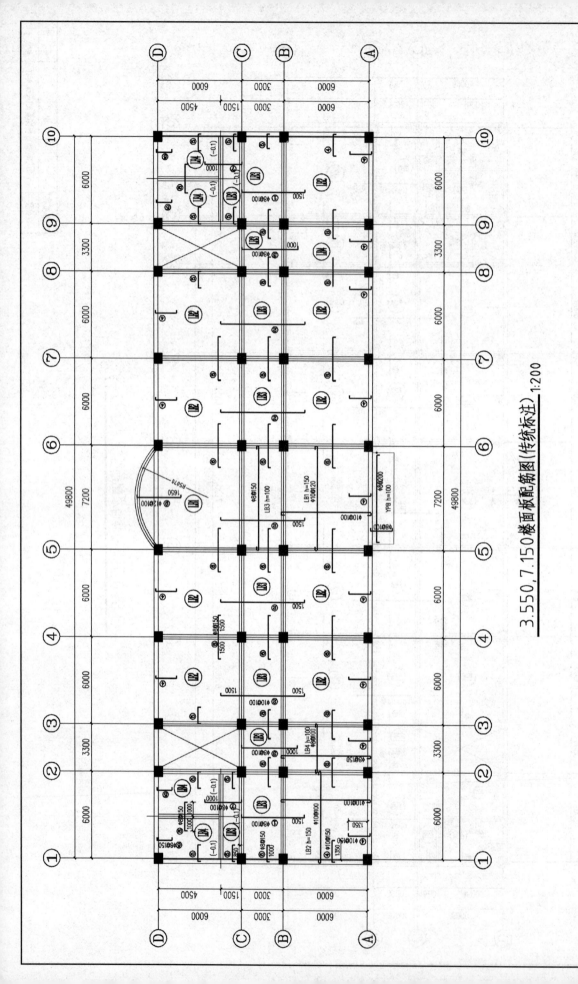

3.550,7.150楼面板配筋图(传统标注) 1:200

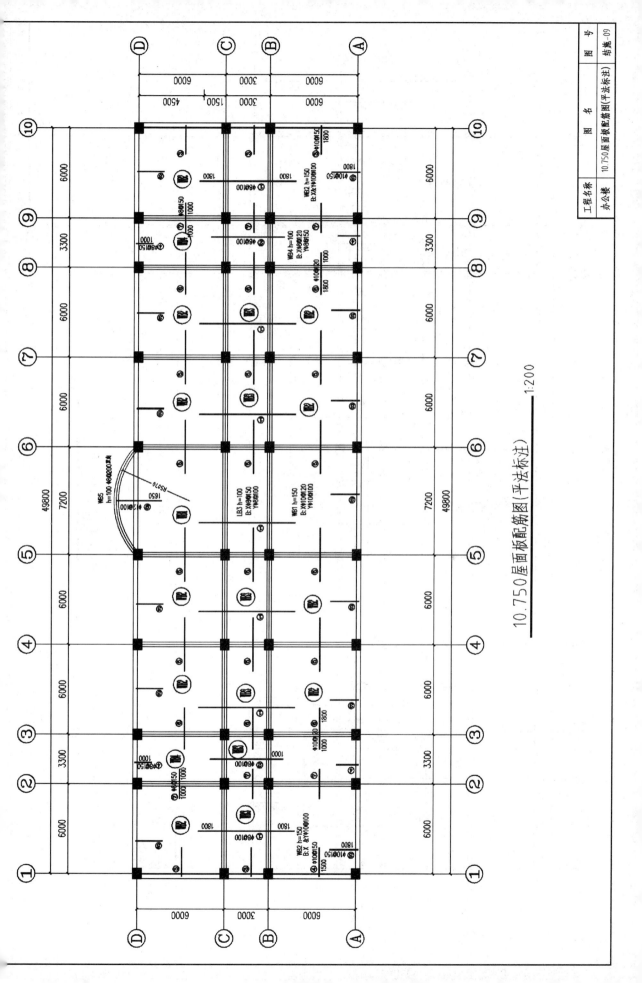

10.750屋面板配筋图(平法标注) 1:200

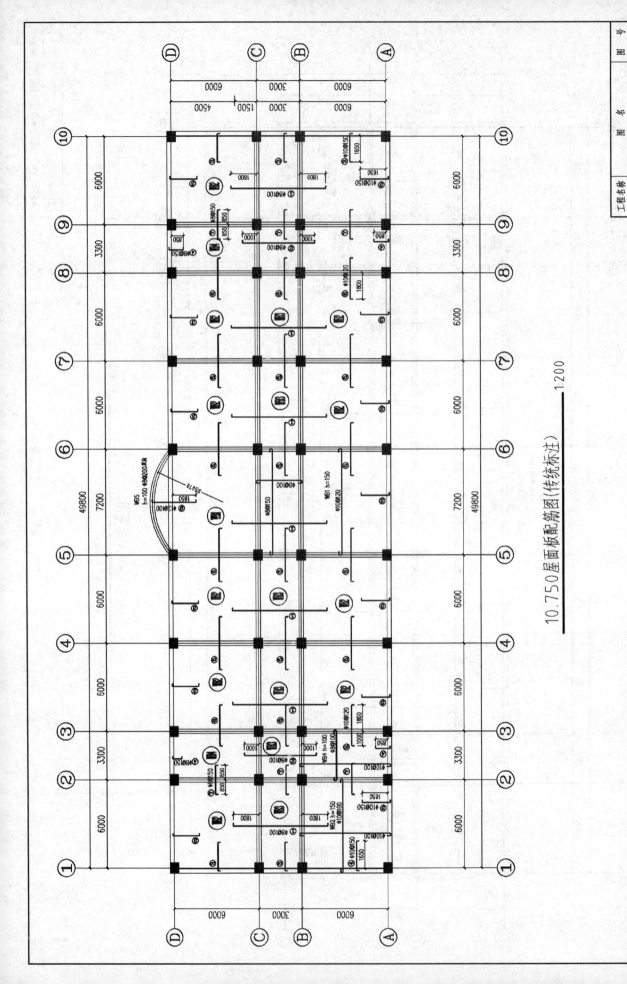

10.750屋面板配筋图（传统标注）

1:200

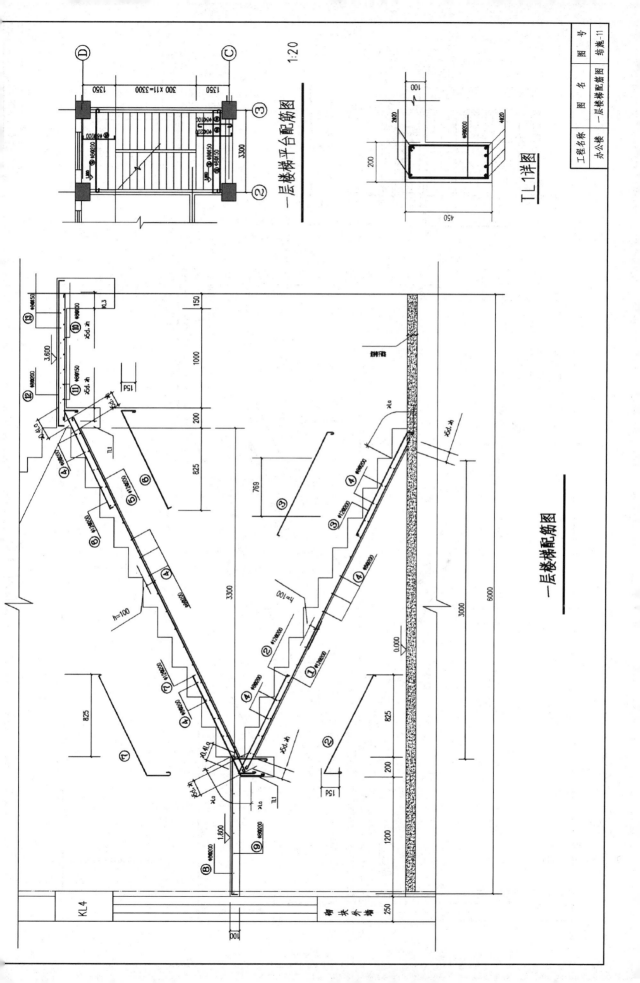

一层楼梯平台配筋图　1:20

TL1详图

一层楼梯配筋图

| 工程名称 | 办公楼 | 图　名 | 一层楼梯配筋图 | 图　号 | 结施-11 |

二层楼梯平台配筋图
1:20

TL详图

二层楼梯配筋图

工程名称　　图　名

图　号